低空技术与工程系列教材

现代航空图像处理

李明磊　黎　宁　吴伯春　编著

電子工業出版社
Publishing House of Electronics Industry
北京 · BEIJING

内 容 简 介

本书面对航空特色专业和信息工程领域的发展需求，深入探讨现代航空图像处理与计算机视觉的专业知识，强调学科交叉，结合国内外航空领域的创新创业活动，开展编写工作。全书共7章，主要内容包括：绪论，机载成像传感器，航空图像增强、复原和几何校正，图像特征分析与景象匹配，遥感图像中的地物分类，对地观测目标定位与跟踪，基于航空图像的三维重建等。读者能够获得必要的航空图像处理知识与技能，以及分析和解决复杂工程问题的能力，以适应未来科学研究、产品开发和工程管理的需求。

本书适用于面向高年级本科生与研究生的产教融合教学，也可供相关领域的工程技术人员学习、参考。

图书在版编目（CIP）数据

现代航空图像处理 / 李明磊，黎宁，吴伯春编著.
北京 : 电子工业出版社, 2025. 5. -- ISBN 978-7-121
-50250-7

Ⅰ. V2-39

中国国家版本馆 CIP 数据核字第 2025H5K465 号

责任编辑：王晓庆　　特约编辑：高旭雯
印　　刷：天津嘉恒印务有限公司
装　　订：天津嘉恒印务有限公司
出版发行：电子工业出版社
　　　　　北京市海淀区万寿路 173 信箱　邮编：100036
开　　本：787×1092　1/16　印张：18　字数：461 千字　彩插：5
版　　次：2025 年 5 月第 1 版
印　　次：2025 年 5 月第 1 次印刷
定　　价：69.00 元

凡所购买电子工业出版社图书有缺损问题，请向购买书店调换。若书店售缺，请与本社发行部联系，联系及邮购电话：（010）88254888，88258888。

质量投诉请发邮件至 zlts@phei.com.cn，盗版侵权举报请发邮件至 dbqq@phei.com.cn。

本书咨询联系方式：（010）88254113，wangxq@phei.com.cn。

序 一

航空图像的诞生极大地改变了人类观察与理解世界的方式，对陆地、海洋、城市和人类活动等相关数据进行记录与分析，可为人类社会的可持续发展目标提供丰富的多尺度和多周期的信息。伴随着20世纪八九十年代的高性能传感器和计算平台的出现，现代航空图像处理逐渐发展成为一个融合了多源数据、人工智能和自动化等技术的综合性技术领域，通过构建多维信息体系来实现高效的目标检测分类、识别定位和场景建模等任务，相关的航空系统平台也被广泛应用于各行各业，包括军事侦察、环境监测、灾后应急以及市政规划等。在过去的十年中，大数据、深度学习和轻小型无人机等新兴技术的不断涌现，进一步为现代航空图像处理提供了新的发展平台和创新动力。

航空图像处理在数据的空间分辨率、视场范围、数据动态性和任务模式等方面明显有别于其他类型的数字图像处理，需要人们进行专门的研究理解和方法设计。尽管数字图像处理技术已经发展了数十年，但目前国内专门针对航空图像处理的教科书仍然相对稀缺，在一定程度上滞后于产业需求，缺乏跨多学科和多技术的融合创新知识介绍。这本名为《现代航空图像处理》的书籍，试图填补这一领域的空白。该书由南京航空航天大学的教师团队与中国航空无线电电子研究所的技术专家紧密协作、倾力打造，充分结合了实际案例和数据，系统地阐述了机载航空图像的传感器工作原理、航空图像的数据获取与处理方法，以及多个具体应用领域的实践过程。此外，该书也是专创融合的一个典范成果，目标是避免行业和学科间的研究与教学割裂，推进交叉学科和实践知识的融合，提高学生的创新思维和实践能力。

我国正在积极推进低空经济产业发展和新一代航空产业转型升级，技术创新是争取全球航空产业战略制高点的关键。这本书的出版恰逢我国航空事业迈入一个新的发展时期，书中介绍的内容有助于培养更多高素质、高技能的航空图像处理专业人才，建立多元化的人才培养体系，助力于新一轮航空科技革命和产业发展。我们希望这本书能够帮助读者对现代航空图像处理技术有全新的认识，也希望它能为相关从业人员提供有价值的参考。

该书付梓之际，诚挚地向业界推荐这本书。随着越来越多的从业者投身于现代航空图像处理的研究与应用，新理论、新技术和新方法正在以前所未有的速度迭代更新。我们期待航空领域的专家和学者们可以立足国际前沿，大胆创新，为推动我国现代航空事业的高质量发展贡献更多的智慧与力量。

吴启晖

吴启晖教授，现任南京航空航天大学副校长

长江学者，IEEE 会士

2025 年 2 月

序　二

航空图像处理技术作为现代遥感技术的核心部分，在国防和经济建设中发挥着越来越重要的作用。《现代航空图像处理》这本书系统地阐述了航空图像处理的基础理论，以由浅入深的方式呈现专业知识，同时介绍了其在实际应用中的实践案例，分析了最新发展趋势与技术创新，帮助读者了解理论方法和行业应用前沿。

回顾航空图像处理技术的发展历程，其从早期的图像变换、编码压缩、特征提取等内容，逐步发展到如今复杂的智能化任务分析。在发展过程中，数字图像处理系统不断完善，涵盖图像获取、处理、存储与显示等核心环节。在图像获取方面，航空相机从早期的低分辨率相机发展到如今种类繁多的不同光谱、不同分辨率的传感器，获取的图像信息更丰富；图像显示也从简单的黑白图像显示发展到高清、三维显示，以及基于虚拟现实、增强现实技术的沉浸式显示。近年来，航空图像处理技术不断迭代更新，人工智能技术的发展为航空图像处理领域带来新的活力。深度学习等先进算法的引入，显著提升了图像处理的精度与效率，解决了传统方法难以应对的复杂问题。在目标识别、场景理解等领域，深度学习的技术优势明显，为解决实际应用问题提供了多种手段，通过对图像数据进行深度处理与分析，可获取精准的空间场景观测信息，为科学研究和决策提供依据。

展望未来，航空图像处理技术将朝着高效率、智能化方向发展。随着算法优化和计算能力提升，其将在更多领域得到应用，如在灾害预警领域更精准地预测洪水、地震等灾害的发生区域和影响范围，在城市建设规划中为城市合理布局提供科学依据。同时，有望催生新的业务模式与产业链，如基于航空图像处理的地理信息服务平台，为企业和个人提供定制化的地理信息数据服务。高分辨率相机与无人机技术的发展，将为航空图像处理提供更丰富的地球观测数据和智能化分析工具，无人机可在复杂环境中灵活采集图像，结合先进的航空图像处理技术，可获取更全面、细致的地球观测数据。

《现代航空图像处理》一书在该领域蓬勃发展时期出版，系统梳理了基础理论与关键技术，既适合初学者入门，也为专业人士提供知识总结，同时展现了领域的最新研究进展与未来发展方向，为科研人员和从业者提供指导。随着数据规模的持续增长，航空图像处理技术将在安防监控、环境监测、资源调查等领域发挥更重要的作用，推动科技进步与经济社会发展。希望本书能为读者构建全面深入的知识体系，激发创新思维与实践探索，助力航空图像处理技术取得更大突破。

朱岱寅教授，国家“万人计划”科技创新领军人才

教育部新世纪优秀人才

2025 年 2 月

前　　言

本书面向航空特色专业以及信息工程相关领域的专业发展需求，以现代航空图像处理和计算机视觉的专业知识介绍为主要内容，注重学科交叉，结合国内外正在蓬勃开展的航空领域的创新创业活动，开展编撰工作。本书是为广大信息工程专业的学科建设提供更加细分内容的专业化书籍，充实丰富航空电子与图像处理方面的课程和专业建设。本书是一本通过对现代航空图像处理和计算机视觉的专业知识进行梳理与提炼，结合学科专业课程建设，具有技术先进性和时代创新性的“专创融合”性质的图书。

人类从空中采集图像的历史最早可以追溯到 19 世纪中叶，经过一个半多世纪的发展，航空图像处理技术早已发生了翻天覆地的变化。数字图像处理技术在 20 世纪 60 年代开始兴起，并在医学、新闻出版业和军事等领域最早应用。航空图像处理的研究方向将航空业的发展与数字图像处理技术结合，面向不同的行业应用，形成了具有特殊的数据特性和处理方式的研究内容。以往的图像处理论著和相关教材往往对于分析和处理航空图像数据与设计算法缺少针对性，因此，需要一本专门面向航空图像处理的图书。

作者对现有体系的航空遥感、数字图像处理和计算机视觉等方面的理论知识与技术方法进行总结凝练，内容涵盖了光学、电子学、数学、计算机和自动化科学等方面的理论知识。作者对当前典型的理论方法进行提炼总结，希望为高等学校的专业教育提供参考资料。本书适合作为高年级本科生和研究生课程的教学材料，在学习本书内容之前，读者应了解“高等数学”“线性代数”“计算机基础”等先修课程，这样可以快速开展航空图像处理和计算机视觉技术的学习。

本书呈现了具有强烈的学科交叉特色的知识体系，是对高校航空图像相关的教育教学基础和实验实训条件的补充与完善。本书的内容介绍遵循知识传播规律，形成具有创新创业引导性的专业知识体系。读者通过学习本书，能够具备航空图像处理领域知识、技能和科学研究的素质，形成面向复杂工程的分析问题与解决问题的能力，培养国际视野和创新意识，能够跟踪信息工程前沿发展，能够胜任相关领域的科学研究、产品开发和工程管理等工作。

本书由李明磊、黎宁、吴伯春编著。本书的出版得到了南京航空航天大学创新创业教育精品教材项目、国家自然科学基金项目（42271343）的资助。感谢参与本书资料整理和校稿的研究生，他们是赵兴科、李家松、刘琴、张彩煜、彭澍、李佳、李正、李明帆、许立、曹亚楠。

现代航空图像处理领域的发展日新月异，并随着互联网、人工智能、高性能计算机的出现迸发出巨大的前景。本书所介绍领域中的理论和技术也在不断地充实、发展和完善。在写作过程中，作者查阅了很多与之相关的资料，吸收了多方学者的研究成果，借鉴了很多同行专家的观点，在此表示感谢！同时，限于作者的研究水平，以及部分研究仍有待深化，书中存在不足和纰漏之处，欢迎读者朋友批评指正，作者将在后续工作中不断完善。再次感谢所有予以帮助和支持的人们。

目　　录

第1章　绪　　论

1.1　引言

现代航空图像是一种现代航空飞行器和数字图像处理技术结合的产物，是通过航空摄影（也称航拍）产生的一种对外部环境感知的探测数据。航空摄影通过远距离非接触式的探测方法来获取数据，属于一种遥感技术。一个世纪前，飞机和高空摄影技术极大地改变了人们看待和理解世界的方式。在其丰富多彩的发展历史中，航拍技术被用于从地理勘探到间谍侦察任务等众多领域，为人们提供了一个新颖的观察世界的真实视角。从热气球拍摄的最早期航空图像开始，军事侦察在推动该领域创新方面发挥了积极作用。另外，遥感数据作为一种重要的遥感工具，对诸多经济和社会文化领域的发展做出了巨大贡献。人们已经认识到，航空图像从根本上挑战了传统的人类对世界的观感和空间体验的模式，揭示了从地面上看不到的形式和模式，并为熟悉的物体提供了新的观察视角。

航空图像处理技术主要是指利用数学理论知识并结合数字图像处理和计算机视觉处理的方法，分析航空图像的底层特征和上层结构，通过对图像中感兴趣的目标进行识别和测量，建立对图像目标的描述，进而提取用户感兴趣的信息。随着计算机处理能力的提高和图像处理算法的发展，航空图像的数据处理和分析能力得到了大幅提升。图像处理软件和人工智能技术的应用，使得航空图像可以进行自动化的特征提取、目标识别和变化检测等操作，为各行业提供更准确和实用的信息。

现代航空图像数据采集设备具有机动灵活、空间分辨率高和搭载平台丰富等许多优点，能够在电磁波段、空间位置和采集时相等方面呈现出多样性。光学摄影相机的发展也从可见光扩展至近红外、多光谱和微波等不同形式的传感器，面向航空图像的辐射校正和几何校正等处理技术日趋完善，对应用目标的解译分析方法也逐步形成体系。目前，在航空图像处理领域逐渐建立起坚实的理论基础和处理流程，在大地测量、国土规划、工程建设、灾害应急、资源勘察、农业监测和军事国防等方面显示了它的巨大应用能力。

此外，驾驶与操纵各类直升机和无人机等航空飞行器，至今都是非常具有挑战性的工作。飞行器的飞行安全长期以来十分依赖人的操作熟练程度。人的主观判断错误会给飞行器及其周围的环境带来安全问题，尤其是在视线受限的次优条件下，例如，扬尘、大雾、大雨和严重的暴风雪可以使飞行员的视线受阻，使操纵飞行器变得异常危险。当遇到低能见度的环境时，飞行器驾驶员需要更加谨慎地判断，实现安全的起飞和降落。使用多样化的航空图像数据，可以为驾驶员提供辅助的观测画面，即使在恶劣的条件下，也能提供对周围物体的更精细的视图，以帮助驾驶员观察外部环境，为未来的航空飞行器实现独立决策和任务规划的能力提供技术保障。

航空摄影可以避免一些高风险的地面行动任务，在危及人身安全的地面环境或无法进入的区域，以直升机低空飞行或无人飞行器抵近探测等形式，达到探测侦察的目的。例如，自然灾害地点、山区和火山区、洪泛平原、地震和沙漠地区，以及交通事故现场等。使用航空计算机视觉技术可以进行辅助定位、智能避障、地形制图、三维建模、目标探测和目标跟踪等复杂的信息处理，对飞行探测任务具有很广泛的应用价值。

本书的重点内容是面向航空图像的图像处理和计算机视觉技术，它包含基本的数字图像处理、摄影测量与遥感、计算机视觉和图形学等相关领域的学科知识。对数学基础和算法设计层面而言，上述学科相互影响和相互渗透。本书将结合航空图像的特点和应用领域特色，对相关知识进行梳理和凝练，形成具有理论先进性和实践指导意义的内容体系。

1.1.1 数字图像基础

图像是针对物体或场景而采集到的图片或照片等形式的二维表示，图像中的信息以亮度或颜色进行基本的表达呈现。数字图像是二维的数据阵列，其中的单元称为像素，其像素位置和亮度数值是对空间位置和光通量分布的离散化表示。作为二维阵列，数字图像由行和列中的数据组成，像素的位置由其行坐标和列坐标来索引，这种规则排列的数据通常又称为栅格数据。数字图像可以通过数字化设备（如数码相机、扫描仪等）采集来自现实世界的视觉信息，也可以通过计算机生成。由于数字图像实质上是二维的数据阵列，因此可以对数字图像采用线性代数和矩阵等理论进行数学运算。

数字图像数据除行、列两个维度外，也可以具有第三个维度，即颜色图层（Layer，也被称为通道），每个图层包含不同的光谱信息。在多光谱图像中，图层又称为不同光谱波段范围的图像通道。例如，日常生活中的数码相机拍摄的可见光照片由 3 个波段组成，分别包含场景对应的红色、绿色和蓝色的光谱信息。如图 1.1 所示，从左至右分别是单通道的灰度图像、三通道的可见光彩色图像和局部放大的像素可视化效果，其中可见光彩色图像可见本书最后的彩插页。

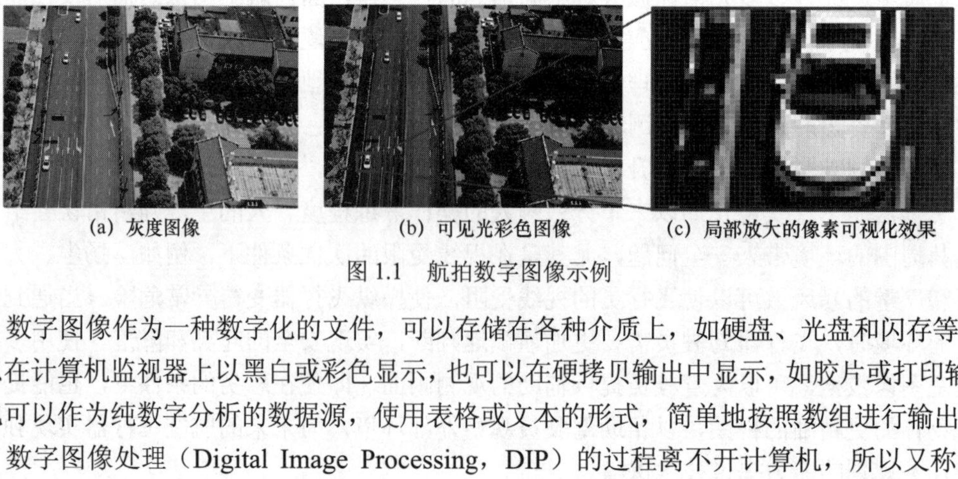

(a) 灰度图像　(b) 可见光彩色图像　(c) 局部放大的像素可视化效果

图 1.1 航拍数字图像示例

数字图像作为一种数字化的文件，可以存储在各种介质上，如硬盘、光盘和闪存等。它可以在计算机监视器上以黑白或彩色显示，也可以在硬拷贝输出中显示，如胶片或打印输出。它也可以作为纯数字分析的数据源，使用表格或文本的形式，简单地按照数组进行输出。

数字图像处理（Digital Image Processing，DIP）的过程离不开计算机，所以又称为计算机图像处理，它是指为达到某种预期目的，利用计算机将图像对应的数字信号进行处理的过程。DIP 是对数字图像进行分析、加工和处理，可以提高图像视觉质量，选择性地增强和突出特定图像特征，并从图像中分类、识别、提取代表不同主题信息的光谱和空间模式。DIP 还可以任意改变图像的几何形状和照明条件，以给出同一图像的不同视图。随着计算机技术的迅速发展，人们还可以人为地创造出色彩丰富的多种图像。较高的分辨率意味着图像具有更多的细节和更好的清晰度，而较低的分辨率会导致图像模糊或失真。

图像处理经历了从模拟图像处理到数字图像处理的历程。从 20 世纪 60 年代起，随着电子计算机技术的进步，数字图像处理获得了飞跃式发展。数字图像处理的特点包括以下几个。

（1）再现性好。数字图像在存储、传输或复制等一系列变换操作后，仍能够较好地保持图像质量，使人类能够直观地观察。

（2）处理精度高。现代数字图像的每个像素的灰度等级可以量化为 16 比特甚至更高，这意味着图像的数字化精度可以满足非常高的需求。

（3）灵活性强。数字图像处理不仅能完成线性运算，而且能实现非线性处理，即凡是可以用数学公式或逻辑关系来表达的一切运算，均可用数字图像处理实现。

（4）占用频带较宽。与语音信号相比，数字图像占用的频带要大几个数量级，信息量也更加丰富。如人类语音信号的带宽约为 4kHz，而三路 4K 视频同时播放需要的带宽为 50MHz 以上。现代多媒体通信对视频信号的传输、处理、存储提出了更高的技术要求。

（5）图像质量评价受主观因素的影响。数字图像处理后的结果通常都是“一幅新的”图像，经过处理的图像是供人们观察和评价的，因此受观察者的主观因素的影响较大。

1.1.2 摄影测量与遥感

摄影测量与遥感（Photogrammetry and Remote Sensing）是一门结合艺术、科学和技术的学科，它通过记录、测量和解释来自非接触传感器系统的图像和能量模式的数字表示过程，获取有关实物和环境的可靠信息。“遥感”（Remote Sensing）一词于 1960 年由美国海军研究办公室的 Evelyn L. P. 首次提出，而第一张航空照片拍摄于 1858 年，比“遥感”一词出现的时间还早 102 年。

1826 年，Niépce J. N. 第一次成功地实现了用相机拍摄图像，但这个时期需要相机曝光至少 8 小时甚至几天，而且成像结果非常粗糙。之后，Niépce J. N. 的合伙人 Daguerre L.（路易斯・达盖尔）开发了达盖尔银版照相法，这是第一种公开宣布的商业可行的摄影法。银版照相法只需在相机中曝光几分钟，就可以产生清晰、细致的结果。这些细节于 1839 年被公布于世，这一年被普遍认为是实用摄影的诞生年份。

1849 年，法国人 Laussedat A.第一次实现利用影像交会的方法进行地形图编制，因此他也被称为“摄影测量之父”，之后摄影测量技术逐渐在军事和民用测绘领域被推广与应用。1893 年，Meydenbauer A.提出了摄影测量（Photogrammetry）这一名词，而 Meydenbauer A.也是已知最早使用摄影测量技术进行建筑测量的人。摄影测量是一种使用照片来测量和绘制物体、风景和其他特征的技术，其主要优点是有非常高的准确度。这项技术通过使用从不同角度拍摄的物体或区域的多幅图像，通过严密的几何重建算法创建高度详细和准确的地图与三维模型。在1900年之前，几乎所有的摄影测量建模技术都服务于地形制图和测绘工作。

在我国，1932年同济大学的工学院开设了测量系，开始培养大地测量与摄影测量专业的高级技术人才。初期，摄影测量等相关教材主要以引用外文教材为主，直到王之卓、夏坚白、陈永龄三位教授合作编著了《航空摄影测量学》《测量平差法》《大地测量学》《实用天文学》四本测绘图书，才形成了国内编著的用于大专院校教学的测绘科学系列教材。1956年，武汉测量制图学院正式成立，合并了同济大学、天津大学、华南工学院、南京工学院和青岛工学院的相关测量专业。这一阶段，在我国摄影测量与遥感学科的奠基人王之卓院士的带领下，摄影测量学科和专业建设开始快速发展。

相机照相的技术诞生至今经历了将近200年的发展，如今的摄影测量与遥感技术的探测器种类已经十分丰富。从广义上讲，遥感包括使用许多不同类型的遥感探测器来感知观测场景或目标的电磁波谱的分布（数码相机或光谱仪）、力的分布（重力仪）、声音的分布（声呐）、微波的分布（雷达）或激光雷达（激光）数据探测等。这些遥感探测器有一个共同点，即可在不与观测的目标源进行物理接触的情况下来获取数据。遥感图像代表了与地球表面物质的物理性质和化学成分有关的光谱的客观记录，面对不同的应用需求，人们能够从同一图像中获得不同的主题信息。为了进行更深入的分析，有时还需要结合其他补充数据对图像进行分析，如导航数据、地形地貌或土地利用的现有专题图等。

在光学遥感领域，使用最广泛的传感器主要包括可见光相机、多光谱相机、高光谱传感器、红外探测器、无线电探测和测距仪（Radio Detection and Ranging，RADAR）、合成孔径雷达（Synthetic Aperture Radar，SAR）以及激光雷达（Light Detection and Ranging，LiDAR）等。另外，搭载遥感探测器的载体平台种类也不断丰富，包括卫星、亚轨道飞行器、直升机和无人机（Unmanned Aerial Vehicles，UAV）、车载平台和水面舰船等。通常人们可以把遥感图像的获取平台分为以下几类：①航天平台，通常高度在100km以上，比如位于赤道上空的静止轨道卫星（高度约为35800km）、航天飞机（高度为300km左右）、极轨卫星（美国Landsat、法国SPOT、中国GF系列卫星等，高度为600～900km）；②航空平台，包括低空飞机、中空飞机、高空飞机、飞艇和气球等，可以涵盖数万米高空以下的空间；③地表平台，如车辆和船舶等载体平台。

航空遥感图像是基于遥感应用而从数字图像中衍生出的一大类图像，可以作为遥感研究的一个分支来讨论。在本书介绍的内容中，航空图像处理主要使用物体反射或发射的不同电磁波生成的遥感图像，进行空对地形式的目标观测和感知。根据不同的任务需求，飞行平台上搭载的遥感探测器设备还可以包含磁场异常探测设备、声音检测设备、远距离雷区探测设备、核生化检测和监测设备、通信中继设备、目标特征信号模拟设备、电子战诱饵和干扰机等。

航天图像和航空图像的区别主要如下。一是使用的遥感平台不同，航天遥感使用的是空间飞行器，航空遥感使用的是空中飞行器，这也是最主要的区别。二是遥感的高度不同，航天遥感使用的极地轨道卫星的高度一般为几百千米到上千千米，静止气象卫星轨道在地球赤道上空约35800km，与地球自转同步运行，航天遥感因具有更大的观测距离，在同样的视场角情况下，单次扫描可以获得更大的观测视场范围；而航空遥感使用的飞行器的飞行高度只有几百米、几千米或几十千米，所以航空图像相比航天图像的获取方式更加灵活便利，成像空间分辨率也更高（见图1.2）。

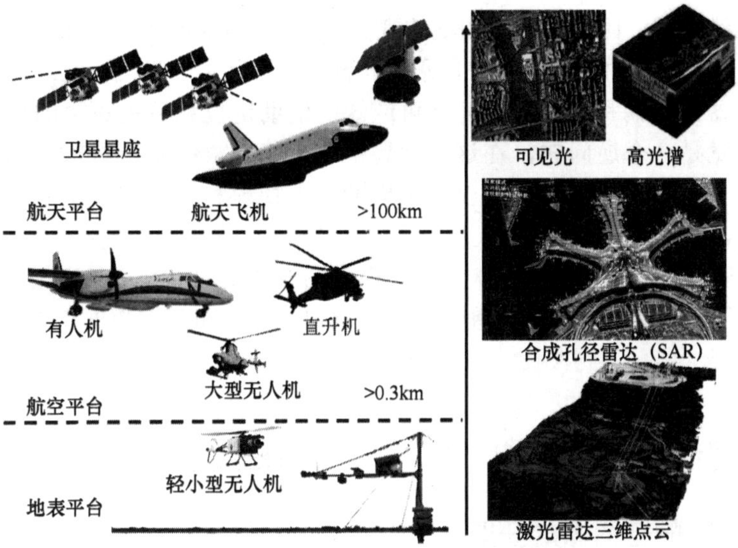

图 1.2　多样化的遥感观测平台和数据形式

1.1.3　计算机视觉

从 20 世纪 70 年代中期开始，随着计算机技术、人工智能和脑科学等研究的迅速发展，数字图像处理向更高更深层次的方向发展。人们已开始研究如何用计算机系统解释图像，实现用类似人类的视觉系统理解外部世界，这被称为计算机视觉。在 20 世纪 80 年代初期，Marr D. 概括提出了计算机视觉理论，解释了一种从二维影像到三维几何结构的重建理论框架，随后相关领域的大量学者不断地丰富和完善了该理论。

在 Marr D. 的计算机视觉理论框架中，将计算机视觉系统的研究分为了三个层次，即计算理论层次、表达与算法层次、硬件实现层次。计算理论层次要解决系统的各个部分之间的设计目标与计算策略。比如，如何基于输入的二维图像，重建物体的几何位置和三维形状。在表达与算法层次，拟解决各模块的输入/输出和内部的信息表达，以及实现计算理论所规定的目标算法。不同的表达与算法，在计算理论层次上可以相同。最后，硬件实现层次是研究如何用硬件实现计算机视觉的算法。

人类可以很容易地感知周围世界的三维结构，可以通过光线和阴影的微妙图案来辨别物体的形状，可以通过二维图像判断物体的类型和位置等信息。这种几何位置和目标语义信息的自动化判断对于计算机而言，仍然是非常复杂的处理过程，这也是如今在计算机视觉领域着重研究和解决的问题。计算机视觉处理的目的是让机器（如无人机或者飞机上的辅助系统）模仿人的视觉感知能力，从空中采集的照片或者视频中理解和解析出有用的信息。比如，在航空飞行器的自主导航系统中，计算机视觉技术可以提供实时的视觉信息以帮助进行准确的飞行控制和定位，也可以用于空对地观测时的目标自动检测和跟踪。

一些计算机视觉任务会伴随着图像预处理的需要，如图像去噪、特征提取、边缘和轮廓检测等。图像数据的特征设计，如特征提取和描述，曾是计算机视觉的首要难题。随着深度学习技术的突破，图像特征设计难题很大一部分被卷积神经网络（Convolutional Neural Network，CNN）突破。深度学习技术极大地丰富了计算机视觉在目标识别和语义理解领域的成熟应用。计算机视觉领域的视觉里程计（Visual Odometry，VO）和运动恢复结构（Structure from Motion，SfM）等技术的发展，也使计算机视觉逐渐成为现代移动载体（如飞行器、车辆和机器人等）不可或缺的辅助定位和智能避障的环境感知手段。因为计算机视觉是一个逆问题，在这个问题中，人们寻求恢复一些未知的信息，而这些信息不足以完全指定解决方案，所以必须借助基于物理和概率的模型来消除潜在解决方案之间的歧义。

本书中的航空计算机视觉技术关注基于航空图像的空间三维场景建模和目标的跟踪定位研究，这对于一些航空器辅助驾驶、目标侦察定位任务和三维数据建模等需求，具有非常重要的意义。

1.2 航空图像的发展历史

1.2.1 早期航空图像的获取

可考证的第一张航拍照片是 1858 年由法国摄影师兼热气球运动员 Tournachon G. F. 拍摄的，他也被称为纳达尔（Nadar）。他首先申请了一项专利，内容是使用航拍照片来实现地图制作和测量。3 年后，他乘坐热气球拍摄了法国的小贝斯特雷村，成功地制作了一张航拍照片。然而，纳达尔的照片并没有被保存下来。现存最早的航拍照片拍摄于波士顿地区，是 Wallace J. 于 1860 年创作的《鹰与雁见》（*The Eagle and the Wild Goose See*）。图 1.3 中从左至右是纳达尔乘坐热气球航拍、纳达尔的自画像、1860 年波士顿航拍照片。

图 1.3 最早期的乘坐热气球的航空摄影和 1860 年波士顿航拍照片

随着摄影技术的进步，早期的先驱开始使用风筝、火箭甚至鸽子将相机带上天空。1882 年，英国气象学家 Archibald E. D. 开创了风筝航拍的先河，他设计了一种计时器，相机随着风筝飞到空中，由定时器控制相机拍摄照片。几年后，Batut A. 将一个在当时而言相当大的相机挂在一只风筝上，用缓慢燃烧的熔丝来控制定时自动曝光，然后从风筝上拍摄照片。

1906 年 4 月 18 日，旧金山发生了一场大地震，5 月 28 日，Lawrence G. 拍摄了著名的该大地震震后的照片（见图 1.4）。这幅 160° 的全景照片是由悬挂在 2000 英尺（约 610m）高空的风筝上的相机拍摄的，从照片上可以看到市场街景、海滨和联合渡轮大厦等场景。

图 1.4　名为《San Francisco in ruins，1906》的早期航空照片

在第一次世界大战期间，一开始交战双方就使用航空飞机搭乘观察员对战场态势进行侦察。观察员与飞行员一起乘坐双座飞机，通过绘制草图和口头汇报的方式，对地面情况进行空中侦察，包括对方的阵地、补给和行动轨迹。然而，一些观察员倾向于夸大或曲解情况。之后，一些英国观察员开始使用相机记录敌人的位置，并发现航空摄影比素描和观察更容易、更准确。很快，所有卷入冲突的国家都开始使用航空摄影进行侦察。英、德双方在 1915 年的新沙佩勒战役中使用的地图都是根据航空照片制作的。在第一次世界大战后期，德国人和英国人每天至少记录两次整个战线。这两个国家都拥有敌人战壕建设的最新记录。据英国估计，其侦察机在战争期间拍摄了 50 万张照片，而德国计算出如果所有的航空照片并排排列，它们将覆盖该国 6 次。在军事用途的激励下，相机的质量得到非常大的提升。这一时期的相机已经能够在 15000 英尺（4572m）高空拍摄的照片中，显示出泥土中的行进痕迹（见图 1.5）。

图 1.5　第一次世界大战期间的空中摄影师以及航拍的法国的一个机场

在第一次世界大战结束时，航拍相机的尺寸和焦距大幅增大。第一次世界大战期间的相机由于曝光时间长，飞机飞行中航拍的照片通常会有比较大的畸变。第一次世界大战后期，Fairchild S. 开发了一款装在镜头内部带快门的相机，显著提高了图像质量，并为未来

50 年的航拍系统定下了标准。第一次世界大战后，Fairchild S. 拍摄了一系列具有重叠度的照片，成功制作了曼哈顿岛的航拍全图，从此航拍相机开始被商业化使用。Aerofilm 公司是英国第一家商业航空摄影公司，以勘测和制图为目的开展垂直摄影，这家公司开创了利用航空照片进行测绘制图的商业发展模式，促进了摄影测量学的发展。几年后，Fairchild S. 成立了自己的仙童（Fairchild）飞机公司，开发和制造了一种用于高空勘测任务的专用飞机。

第二次世界大战对航空摄影发展的影响更深远，这期间的航空摄影侦察已经能够辅助精准打击任务。之后，20 世纪 50 年代延续第二次世界大战时期的技术发展，可见光-红外相机、多光谱传感器、机载侧视雷达（Side-Looking Air-borne Radar，SLAR）和合成孔径雷达已经有许多测试应用。西屋电气公司和德州仪器公司为美国空军在这些方面完成了大部分工作。

1979 年，最早的固定翼无人机摄影测量实验之一由 Przybilla H. 和 Wester-Ebbinghaus W. 完成。他们测试使用 Hegi 公司的手动控制固定翼无人机，飞行高度为 150m，速度为 11m/s（见图 1.6）。这架无人机长 3m，翼展 2.6m，最大有效载荷为 3kg。Lindhof Technika 公司的导航设备用于操纵飞机，而飞行高度由图像查看器中飞机的大小决定。结合地面图像，可以获取考古区域的图像，以重建遗址的建筑。

图 1.6　20 世纪 80 年代用于航拍的无人机

1980 年，Wester-Ebbinghaus W.首次使用旋翼无人机进行摄影测量，其采用的旋翼无人机的最大有效载荷为 3kg。该直升机能够在 10～100m 的高度范围内飞行，系统能够携带 Rolleiflex SLX 中型相机。为了补偿发动机引起的震动，在直升机上安装了聚苯乙烯减震球。飞行操作需要一名飞行员和一名领航员，其中，飞行员控制起飞、着陆和飞行，而领航员必须验证高度，并通过无线电链路手动启动相机快门。

1.2.2　航空飞行平台

按照原理划分，航空器分为轻于空气的航空器和重于空气的航空器两大类。轻于空气的航空器主要包括气球和气艇，其余的航空器基本都重于空气。重于空气的航空器又分为定翼、动翼和弹箭三类，其中弹箭类特指在大气层高度范围的战术导弹和低空火箭。

航空业的发展与军事应用密不可分，如 1.2.1 节所述，飞机诞生之初就开始尝试在军事领域中侦察探测。发展航空业需要强大的工业基础和丰富的物质基础。从全球来看，航空业经历了三个发展阶段，第一阶段是初创期，第二阶段是扩张期，第三阶段是整合垄断期。航空业的扩张期为从第二次世界大战开始到冷战结束，这对世界航空航天格局有深刻的影响。军事航空能力过剩会形成溢出效应，带来了民用航空的蓬勃发展，而且是大容量、高可靠、低成本的民用航空。

1. 早期军用侦察机

20 世纪 50 年代，侦察机的飞行性能显著提高，飞行速度超过声速，机载侦察设备也有很大改进。拍摄目标后几十秒就能印出照片，并可用无线电传真传送到地面。同时，还出现了一些专门研制的侦察机，如美国的 U-2 侦察机。U-2 侦察机被设计用于高空执行全天候侦察任务，在冷战时期和战争中为决策者提供情报。此外，侦察机也用于电子感应器研发、确认卫星资料和校准。虽然首飞已经 60 多年，但 U-2 侦察机仍然活跃于前线。U-2 侦察机装备了 8 台用于侦察的全自动相机，胶卷长 3.5km，可将长 200km、宽 5000m 范围内的景物拍成 4000 张照片。还配有电子侦察雷达信号接收机、无线电通信侦收机、辐射源方位测向机和电磁辐射源磁带记录机。图 1.7 展示了一张于 1962 年 10 月 14 日通过 U-2 侦察机拍摄的关于古巴导弹危机背景下的航空照片。

图 1.7　U-2 侦察机拍摄的关于古巴导弹危机背景下的航空照片

20 世纪 60 年代，人们研制出了 3 倍声速的战略侦察机，如美国的 SR-71 侦察机，其最大飞行速度超过 3 马赫（3 倍于声速，3×340m/s），升限达 25km 左右，照相侦察 1 小时的拍摄范围可达 15 万平方千米。20 世纪 80 年代初，有的国家着手研制飞行速度为 5.0 马赫左右、升限超过 3 万米的高空高速侦察机。

随着我国的经济和工业的发展，我国航空业实现了从无到有、从弱到强的蜕变。1954 年，我国生产的第一架飞机“初教 5”试飞成功。发展到今天，我国已经建立了完善的航空工业体系，实现了从仿制到独立研制创造，逐步建立起成熟的航空科学与试验的工业体系、完备的航空设计与制造体系，以及发动机、航空电子、自动控制、风洞等研究试验机构和试验设施。

2. 专业遥感大飞机

使用大飞机进行航空摄影的显著优势包括：大飞机可以携带多个或大型的成像设备，每次飞行可以覆盖广阔的地区，可以进行大范围地图制作和土地勘测等任务。可以同时进行多项测量任务，如同时进行光学成像、雷达扫描和电子监测等。大飞机可以在多样化的气候条件下正常运行，比如强风、低温或较差的湿度条件。需要注意的是，大飞机进行航空摄影的成本相对更高，且运营和维护要求也更为严格，通常需要专业的飞行员和技术人员，因此，它们往往应用于大规模和高预算的航空摄影项目中。

如图 1.8 所示，我国的运 7、运 8、运 15 等型号飞机都被用作航空摄影的重要飞机平台，近年基于新舟 60 的遥感飞机平台投入运行，促进了我国遥感设备的技术创新、遥感应用的领域拓展，以及遥感产业的转型升级。

(a) 运7飞机　(b) 运8飞机

(c) 运15飞机　(d) 新舟60遥感飞机

图 1.8　国内应用于航空摄影的飞机平台示例

3. 武装飞行器

武装飞行器中的光电传感器设备主要体现在光电瞄准系统，其中夜视技术、激光技术、计算机技术、光学技术、新材料技术等已经被逐渐推广运用，使得传统“空战”的概念产生了质的飞跃。

就直升机而言，据统计一半以上的飞机坠毁是由退化的低能见度环境（Degraded Visual Environment，DVE）造成的，常见的 DVE 包括烟雾、扬尘、雨雪、夜晚、逆光等。在 DVE 下，直升机在起飞、低空飞行和降落过程中，机组人员的肉眼观察判断力下降，环境感知度降低。目前，没有一种传感器能够通过单独工作完全减少所有形式的 DVE 负面影响。趋势是多传感器获取的信息进行融合，通过多尺度、多方面、多层次的处理获得更丰富、更精确、更可靠的信息，为飞行引导提供支撑。

在航空领域，“态势感知”是指飞行员持续监控和评估多种信息线索，包括视觉、仪表读数和声音，以确保精确且安全地驾驶飞机、导航以及对各种飞行条件做出响应。武装飞行器的一种常见的态势感知系统叫作增强飞行视景系统（Enhanced Flight Vision Systems，EFVS），它采用电子成像传感器设备显示前视外部地形场景。EFVS 作为一类系统的统称，其涵盖的传感器设备可以包含可见光摄像机、红外摄像机、毫米波雷达和激光雷达等多类传感器。这些传感器也是现阶段直升机机载的光电传感器最主要的态势感知数据获取设备。此外，参与综合处理的其他数据还包括已有的地形图数据、高分辨率卫星遥感影像、气象雷达数据和地面侦察数据等。

2007 年，由洛克希德 • 马丁公司为 F-35 飞机研制的内藏式光电瞄准系统（EOTS）开始装备。该系统安装于机腹内，其性能与夜间低空导航及目标定位吊舱相仿，但是没有吊舱特有的气动阻力等问题。EOTS 采用了由 7 片蓝宝石玻璃拼接而成的单口径共光路模式，集成了对地前视红外和空空红外搜索与跟踪系统，其隐身和气动性能有效保证了飞机的全向攻击能力。法国 Sagem 公司开发的装备于直升机平台的 Euroflir 410 系统，用于飞行导航、夜间侦察、目标识别和打击指示引导。该系统的光电转塔包含中波红外成像传感器、电视传感器、微光夜视传感器、激光测距机、激光照射器及光斑跟踪器，云台的总质量小于 45kg。随着精确打击技术的发展，对侦察图像的清晰度、目标定位精度的要求不断提高，而图像清晰度的提高取决于伺服稳定控制技术和像移补偿技术的进步。目前，先进光电载荷的稳定精度已经达到 2～5μrad。

还有一类与增强飞行视景系统相呼应的系统，叫作先进智能的头盔显示器（Head Mounted Display，HMD）系统，简称头显或 HMD。HMD 系统集成了多种机载传感器探测的数据，使用尖端光学技术将抬头显示器（HUD）、头盔显示器和夜视投影显示系统集成在头盔内。公开的资料显示，我国的歼 20 已经装备了新一代 HMD，目前全球 F-35、台风、歼 20 等先进战机也装备了 HMD。

4．无人驾驶飞行器

无人驾驶飞行器简称无人机（Unmanned Aerial Vehicle，UAV），利用无线电遥控设备和自备的程序控制装置操纵不载人的飞行器，也可以由机载计算机完全地或间歇地自主操作，其与有人驾驶飞机最大的区别就是没有驾驶座舱。无人机种类繁多，由于任务不同，其尺寸、外形、质量、航程、速度以及飞行高度等也各不相同。按照用途的不同，可将无人机划分为军用无人机与民用无人机两大类。而军用无人机又可分为无人攻击机、无人侦察机、无人侦察-攻击机、无人电子对抗机以及无人靶机等，民用无人机包含农用无人机、巡查无人机和测绘无人机等。

无人机航空侦察主要有成本低、操作灵活、隐蔽性强和数据丰富等特点。许多无人机还装有摄像头、热成像设备、多光谱相机、激光雷达（LiDAR）和合成孔径雷达（SAR）等，可以适应复杂的天气环境并抵抗外部干扰。无人机遥感系统因造价低廉、起降方便、操作灵活、机动性强等特点，而被广泛应用于小区域航空摄影测量、危险区域目标影像获取、灾害监测与应急指挥、海上空中缉私巡逻等领域。无人机遥感系统所代表的无人化、全自动化、高效率化、高分辨率化是未来航空遥感的主要发展趋势。

军用无人机对灵敏度、飞行高度/速度、智能化等有着更高的要求，是技术水平最高的一种无人机，包括侦察、诱饵、电子对抗、通信中继、靶机和无人战斗机等机型。无人侦察机执行任务的灵活性弥补了远程和空间平台的不足，特别适用于目标识别、精确定位、打击指引和效果评估。我国的“翔龙”高空长航时无人侦察机可执行高空持续侦察、监视和情报搜集任务。美军的“全球鹰”无人机可以在两万米高空执行战略侦察任务，而且体积大、续航能力强。美国海军型 MQ-4C“全球鹰”无人侦察机可在 16000m 以上高空飞行，侦察范围可覆盖两千多海里（1 海里=1852 米）海域，能 24h 作业。2020 年，彩虹-5 作为国内中高空长航时察打一体无人机开始被采购使用，其最大续航时间可达 35h，最大飞行速度为 300km/h，最大起飞质量为 3300kg，任务载荷质量为 480kg，巡航高度为 2000～7000m，升限为 8300m，在航程等方面甚至超过了运-8 反潜巡逻机，如图 1.9 所示。

(a) 美国海军型MQ-4C“全球鹰”无人侦察机　　(b) 我国彩虹-5察打一体无人机

图 1.9　美国海军型 MQ-4C“全球鹰”无人侦察机和我国彩虹-5 察打一体无人机

对于无人飞行器，地面控制站是其指挥控制中枢。地面控制站根据任务需求，控制飞行器的发射、巡航和回收，并接收和处理来自任务载荷的传感器数据、控制传感器的指向运动等，以及提供无人飞行器与外部系统的接口。地面控制站可通过数据通信链路控制飞行器的飞行。在飞行过程中，操控人员必须掌握飞行器的位置，以便执行规划好的飞行路线及设定传感器的姿态和指向。目前大多数系统都能在计算机屏幕上显示地图与飞行器的位置及航迹。如果任务区域处于数据链路的通信范围之内，各种命令可传送至飞行器，以控制飞行路线，激活和控制各种传感器。如果任务区域超出通信范围，可以通过执行预先制定的飞行路线到达任务区域，并执行预先编程的命令后自动返回。如果无人飞行器用来获取信息，如利用摄像机获取视频图像，地面控制站就要包含接收下行信号和显示任务载荷所收集信息的装置。传送至飞行器和传感器的指令信号使用数据链路系统的上行链路，来自飞行器的状态信号及传感器获取数据使用下行链路。因此，地面控制站包括发送上行链路信号的天线和发射机、捕获下行链路信号的天线和接收机，以及用来操作数据链路的其他控制装置。

地面控制站可以为操作员显示两类信息：第一类是飞行器自身控制需要显示的基本状态信息，如位置、高度、航向、空速及剩余燃料或电力等，这些信息的显示与有人驾驶飞机的驾驶舱内的显示极为相似；第二类信息是传感器任务载荷收集到的数据，显示信息的显示器特性各异，取决于传感器的特性和使用信息的方式。

在最近十几年，民用无人机得到了空前发展。民航局已批准建立民用无人驾驶航空试验区 17 个、试验基地 3 个，覆盖城市、海岛、支线物流、综合应用拓展等场景。工业和信息化部等四部门于 2024 年提出，到 2030 年，通用航空装备全面融入人民生产生活各领域，成为低空经济增长的强大推动力，形成万亿元级市场规模。民用无人机一般对速度、升限和航程等的要求相对较低，但对人员操作培训、综合成本有较高的要求，因此需要形成成熟的产业链，提供尽可能低廉的零部件和支持服务，并且在空域管制、适航审定、飞行保障等方面进一步优化提升。

1.2.3　现代航空图像

现代航空图像按飞行高度，分为低空（600～3000m）、中空（3000～10000m）、高空（10000m 以上）三级，此外还有超高空和超低空的航空遥感。随着飞行高度的增大，相机焦距也需要逐渐增大，以实现清晰的对地成像。新兴的遥感传感器和地理信息系统（Geographic Information System，GIS）等新型多源融合技术带来的可能性，将航空摄影提升到了一个前所未有的水平。

第一次世界大战期间，用于侦察的飞机首先挂装的是半自动式胶片相机，需要飞行员进行辅助操作，获取到的胶片需要在飞机返航后进行冲洗才能够获取目标区域的信息，操作不方便且获取信息周期长。1969 年，美国贝尔实验室发明了电荷耦合器件（Charge-Coupled

Device，CCD），之后的航空侦察相机开始普遍采用光电子探测器替代传统胶片，以提高侦察的实时性。近年来，随着数据高速传输技术的发展，实现了将航空侦察机获取的图像通过空天数据链实时传输到地面指挥中心，极大地提高了航空侦察的实时性与灵活性，对目标区域的第一时间数据获取的高效性是其他侦察手段所不能比拟的。除数字式航空相机外，科技水平的提升和传感器种类的极大丰富促进了不同航空图像获取手段的发展，其中以红外探测器、多光谱高光谱探测器、合成孔径雷达、机载激光雷达等探测器的发展最为迅速。

（1）数字式航空相机是航空拍照相机的最主要组成部分。航空拍照用的 CCD 可以分成两类，分别是线阵 CCD 和面阵 CCD。线阵 CCD 在拍照时，通过相机进行推扫或摆扫动作，同时对进光量进行时间延迟积分（Time Delay Integration，TDI），实现对景物的连续成像。其优点是探测器靶面小，光学系统设计相对简单；缺点是在对目标进行连续成像的过程中，容易受到载机飞行姿态变化的影响，图像容易产生弯曲和变形。自 20 世纪 90 年代起，面阵 CCD 出现后就立即成为航空侦察的主要研究方向。初期的面阵 CCD 探测器的靶面尺寸较小，随着科学技术水平的提高，大靶面的面阵 CCD 可以很好地替代传统胶片相机。相较于线阵 CCD 相机，面阵 CCD 相机的曝光时间更短，受载机姿态的扰动更小。

（2）红外探测器的主要应用是弥补可见光相机在夜间成像的退化，同时针对热目标成像的工作原理，提供了热辐射目标的识别能力。机载红外夜视装备是现代飞机的重要传感器，主要用于辅助低空飞行、飞行着陆、侦察瞄准等方面。机载红外夜视仪主要利用目标与背景的热辐射进行成像，并送给飞行员进行视觉观察，工作波段主要覆盖短波、中波和长波。不同波段的传感器可满足不同任务场景的需求，短波红外传感器的烟雾穿透能力强，相比中波红外传感器在目标与场景温度差异大的情况下成像效果好；长波传感器在目标与场景温度差异小的情况下具有更好的成像效果；微光传感器生成的图像与可见光图像相仿，更适合人眼视觉观察。通过图像融合技术，将多波段红外成像图像和微光夜视图像合成为一幅图像，这种技术有助于综合发挥微光成像和红外成像两种技术的优势，拓展视觉显示波段范围，使图像纹理细节更丰富，可有效提升机载夜视设备的观察能力。

（3）多光谱高光谱探测器是针对景物不同谱段的光谱信息分别成像的，其对目标的识别能力极强。自 1980 年以来，航空高光谱探测器已经得到很大发展，并且在水质监测、叶面积指数监测等研究中进入实用阶段。高光谱成像仪作为新一代探测器，能够获取连续窄带宽的光谱信息，通过对各谱段的信息综合分析，能够针对目标的特征谱段开发出分析识别数学模型，可以有效提升航空图像目标解析的能力。

（4）合成孔径雷达（SAR）是 20 世纪 50 年代基于科学家提出的基于目标与雷达的相对运动所产生的多普勒频移可提高分辨力成像的思想而研发的。相对于可见光相机或红外相机，SAR 的特点是成像效果不直观，需要复杂的数值计算才能提取出目标区域的信息，优点是成像距离远，可以获取精确的距离信息，并且受天气的影响小，可以实现全天候的成像观测。近年来，随着应用需求的增加，SAR 技术得到迅速发展。功能模式从条带成像、聚束成像扩展至地面运动目标指示、海面广域搜索与目标跟踪、ISAR 成像、多极化成像、干涉三维成像等。分辨率等性能指标不断提高，设备的质量、体积、耗电量逐步减少。多通道 SAR 技术的发展包括时间、空间、极化、频率以及处理方式上的多通道形式，具体针对收发和处理通道的设计与选择方面，通过收发通道的增加，可以对极化、空间维度进行扩展，获取全极化和三维成像结果。

（5）机载激光雷达（LiDAR）技术作为一种重要的对地观测技术，通过主动式激光遥感探测，可实现对地表目标的高精度三维空间获取。2004 年，在国际摄影测量与遥感学会（ISPRS）大会上，Nagai M. 等人提出了一种航空成像系统，他将 LiDAR 和光学 CCD 相机以及全球导航定位系统（GPS）等多源数据探测手段进行集成，用于生成数字表面模型（Digital Surface Model，DSM）。该系统使用了一架斯巴鲁直升机进行数据采集，该飞机的有效载荷质量为 100kg，主旋翼直径为 4.8m。到目前为止，类似的三维地形数据采集系统已经得到了长足的发展，其中基于轻小型无人机的三维测量系统表现得尤为耀眼，如图 1.10 所示，2009 年 Aeroscout 公司的一架 B1-100 直升机模型配备了奥地利瑞格（Riegl）公司的机载激光雷达扫描仪 LMS-Q160 进行空中作业。

图 1.10　直升机模型 B1-100 配备了 Riegl 公司的机载激光雷达扫描仪 LMS-Q160

进入 21 世纪，使用商用相机以无人机为载体的方式获取航空图像，成为非常受欢迎的航空影像数据采集方法。随着无人机技术的快速发展，航空图像的获取变得更加灵活和可行。无人机具有操控灵活、成本低和适应性强的特点，可以在较低的飞行高度下获取高分辨率的航空图像。这种成像方式的数据质量主要取决于无人机系统机载的综合导航和稳定系统以及系统本身。近年来，使用低成本和小尺寸系统，集成各种传感器的趋势很明显。此外，嵌入式系统的使用使机载实时处理得到发展，嵌入式平台能够执行明确的图像处理任务，具有强烈的指向性和实时性特征，能够使图像采集与处理同步进行，满足在特定环境下的一些作业需求。

2018 年，作为消费级无人机行业领军企业的大疆公司与热成像制造商 FLIR 合作，推出了一款 Mavic 2 行业双光版无人机，三轴增稳云台集成了 FLIR 热成像传感器和 4K 可见光相机，可以在一次飞行任务中提供两种光学图像，让作业效率显著提升。2023 年 10 月，大疆公司发布了一款无人机机载高精度测绘激光雷达禅思 L2，这款激光雷达通过三维点云扫描的方式，可以解决地形测绘、输电线通道建模、林业调查、工程测量等工程领域的数据获取问题（见图 1.11）。

(a) Mavic 2行业双光版无人机　　(b) 禅思L2

图 1.11　大疆公司的 Mavic 2 行业双光版无人机和禅思 L2 激光雷达

目前，大多数的军用飞行平台都装有集成化的光电吊舱，由光电传感器、控制指令、处理器、显示器等组成。其主要工作原理是通过光电传感器从外部环境采集图像信息，再通过内部的处理器、显示器等进行处理和显示，从而实现目标搜索、瞄准、观察等功能。光电传感器是整个设备的“眼睛”，可以通过红外、可见光、激光和紫外等不同光谱范围的传感器获取目标图像信息。控制指令可以通过人机界面或者自动化程序进行输入，控制光电吊舱的工作状态和目标选择、追踪等操作。处理器负责对采集的图像进行处理和分析，根据需要进行目标检测、跟踪、瞄准等处理。显示器可以将处理后的图像实时呈现给操作员，方便其进行目标判断和操作。

图 1.12 展示了一种无人机对地观测目标定位系统，这套系统由地面控制站、数据通信传输链路以及带有机载光电平台的无人机组成。无人机由中国科学院长春光学精密机械与物理研究所研发，可以用于伤员救援和森林防火等民用领域。地面控制站负责无人机与机载光电平台的控制和状态显示。数据通信传输链路负责机载传感器探测的数据的实时下载。机载光电平台由可见光相机、热成像相机、激光测距仪、稳定平台、图像跟踪器、惯性测量单元（IMU）等组成。稳定平台包括方位轴和俯仰轴，每个轴都有一个编码器，可以实时输出当前的方位角和俯仰角。

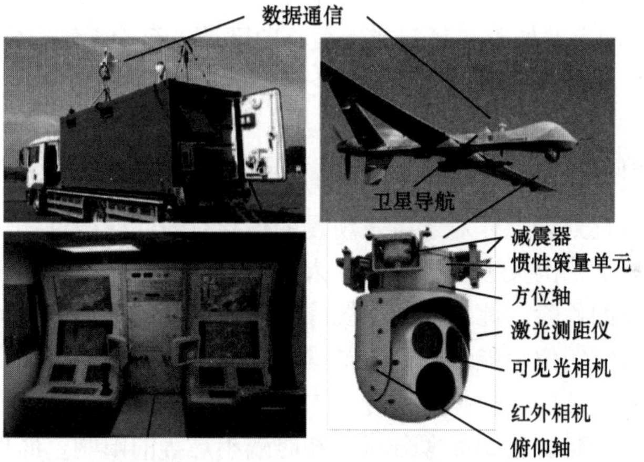

图 1.12 中国科学院长春光学精密机械与物理研究所的无人机对地观测目标定位系统（Sun H. 等，2021 年）

这套系统提供了一种基于视轴标定的观测目标定位方法。利用机载光电平台的方位角、俯仰角和激光测距仪的测距值的组合计算，可以获得目标在机载光电平台坐标系下的坐标值。然后，根据惯性测量系统建立的飞行平台机体坐标系和机载光电平台坐标系之间的偏移，将目标的位置坐标从图像坐标系转换到飞行平台机体坐标系，再转换到具有地理意义的大地坐标系。

1.3 航空图像的应用举例

1.3.1 地图制图学

长期以来，测绘领域的地图制图学与航空摄影有着密不可分的关系。20 世纪初，研制出的航空摄影机和立体测图仪使地图测绘开始广泛采用航空摄影的方法。早期，用于制图的航空摄影大多是基于全尺寸的载人飞机或卫星完成的，可以完成中小比例尺（大范围、低精度）的地图更新。在一些难以徒步勘测的大片区域，航空图像制图成为首选的解决方式，它们使土地勘测的整个过程更加经济、高效。另外，对于绘制局部的大比例尺（较小区域、高精度）的地图而言，近年来，无人机航空摄影技术的发展日趋成熟并且备受青睐。

照相和平版彩色胶印技术的发展，使地图特别是专题地图的科学内容、表现形式和印刷质量提高到了一个新的水平。例如，越来越多的制图师和规划师在为房产和其他边界绘制新地图时，会选择使用航拍制图的方式获取数据。再如，在旅游产业制图时，可以使用航空图像给旅游者提供更加准确和详细的旅游信息，如景点的位置、景观的描述和交通路线图等。

在考古学中，考古学家和地质学家在调查考古遗址时，会经常使用航空摄影技术，对一些人员不便到达的遗址进行预先勘测。航空图像处理是寻找和定位那些隐秘的历史遗迹的理想手段之一，通过多光谱和合成孔径雷达等手段，能够对那些在地面上看不到的土壤下的区域进行大范围的观测。比如，寻找古人类的农业痕迹。在夏季，地下的农作物痕迹表现为不规则的农作物图案。对于现存的遗迹（如石头地基），作物的生长可能会受到阻碍。对于地下水系或早已消失的人工水域，生长的作物可能会高于周围的作物。对于地下水迅速干涸的地区和地下水可能较多的地区，在航空图像上能够比较清晰地分辨。一些历史遗迹，如纪念碑，从地面上看像天然隆起或者很小的区域以至于无法察觉，但从空中观察时，其外表的形貌会更为显著。

1.3.2 防灾应急

自然灾害突发事件处理工作对于事发现场的信息有着高时效性和快速判查的需求。在地震、野火和洪水等大范围灾害发生期间，人们现场评估财产损失和开展人道主义援助可能会面临许多不确定的危险。此时，航空图像遥感技术能够使勘测和侦察人员更安全、更方便地开展工作，航空图像也能给应急人员提供救灾辅助信息。比如，在空中拍摄的照片和视频可用于计划救援工作，如扑灭部分野火或营救被困人员。以地震灾害为例，可用于侦测灾区图像的卫星遥感会受到图像分辨率和时效不足等的限制，而根据航空图像能够快速获得大幅面的事发现场的俯视图像数据，直观地展现现场情况，其中无人机遥感系统因具有成本较低、灵活快速的特点，可以达到快速获取灾害现场情报的目的。

应急救灾型无人机可以承担极端条件下的应急救援任务，在近些年发生的地震、洪涝灾害现场都有应急救灾型无人机的身影，它们完成了灾情现场侦察、应急通信保障等任务，探明受灾点和坍塌处，为救灾现场高效指挥调度提供强力保障。

1.3.3 军事与公共安全

航空图像很早就在军事上得到应用，如空中侦察。1910 年 6 月 9 日，法国陆军的玛尔科奈大尉和弗坎中尉驾驶着一架“亨利・法尔曼”双翼机进行了世界上首次试验性的侦察飞行。第二次世界大战中，侦察机应用得更广泛，出现能够进行垂直照相及倾斜照相的高空航空相机和雷达侦察设备，在第二次世界大战的后期还出现了专门的电子侦察飞机。目前的航空摄影已经能够采用先进的高清摄像技术，远距离拍摄目标并实时传输给地面指挥部，为指挥员提供全面准确的情报支持。此外，航空图像在军事领域被用于远程引导系统，指引精确制导武器打击目标。

航空图像的另一个实际用途是公共安全，包括事故现场的重建和实时安防监控，比如，在车祸现场上空飞行的无人机可以鸟瞰整个情况。事故现场重建技术可以将照片转换为三维（3D）模型，调查人员可以方便地使用计算机进行回顾检查或在法庭上使用。

1.3.4　其他

事实上，航空图像的应用远不止上述范围，其应用的场景范围取决于人们的想象力。比如，农业管理者可以通过对航空图像进行分析，获取农作物的生长情况、土地的使用状况等信息，帮助农民更好地管理农业。在环境监测领域，人们能够通过对航空图像进行分析，关注环境污染监测、气候变化、生物多样性等问题，帮助保护环境。

1.4　航空图像处理的问题与挑战

尽管数字图像处理的理论和技术在许多应用领域都取得了突破性的进展，当前的航空图像在实际应用中仍面临诸多的难点，比如，地图制图任务和目标侦察任务对高分辨率图像的需求在不断增长，而现有光学成像系统始终无法完全满足需求。此外，传感器的暗电流和传输系统等因素都会导致图像受噪声污染。大多数数字图像处理技术可以通过适当的参数调节，将处理算法直接应用在航空图像中，提高图像的数据质量和信息提取能力。而面向航空图像的特色问题，有一些针对性的处理技术，比如：①航空图像由于飞行高度、姿态变化、地形起伏等因素会出现图像几何畸变，使用地面控制点和图像校正算法进行几何校正，可以确保图像准确匹配真实世界的位置和尺度；②对图像进行辐射校正，可以消除传感器特性、大气条件和目标表面反射特性等因素导致的图像辐射亮度失真情况，从而得到真实反映地表反射光谱特征的图像；③使用大气校正算法，能够去除大气中的水汽、灰尘和其他悬浮粒子对光路传输的影响，恢复地表的真实辐射反射率；④通过对不同波段或用不同传感器获得的数据进行融合，可以增强图像质量，如增强空间分辨率、改善图像对比度、丰富光谱信息等。

常见的影响航空图像的不利因素有运动像移、航空相机的调焦、曝光量偏差、大气条件和 CCD 传感器质量等（见图 1.13）。

(a) 运动像移　(b) 航空相机的调焦　(c) 曝光量偏差　(d) 大气条件

图 1.13　影响航空图像的部分不利因素

1. 运动像移

航空成像环境复杂，曝光期间飞机高速运动或机载振动导致成像系统不可避免地与目标场景发生相对运动而造成运动模糊。在航空摄影的曝光瞬间，影像在成像介质上的移动叫作影像位移，简称像移。像移可以使影像的形状和色调发生变化，使影像的清晰度降低，特别是当像移大时，图像上的影像就会模糊。像移不仅能引起影像形状和色调的变化，而且会使影像的清晰度降低，甚至使影像模糊。像移使物体影像的外形变大，影像在成像介质上的位置不断变化，而每个位置上的影像都被记录在成像介质上。

像移使影像的清晰度降低的问题，可以用两个相同的被照物体的图像来说明。没有像移时，影像和背景之间具有很大的亮度比，能够清楚地看出是两个物体的影像；如果产生了像移，则两个影像的色调及其亮度分布将发生变化。

像移补偿是一种在曝光过程中补偿被摄景物的像与感光面之间的相对运动的摄影装置技术。像移补偿的方法可以是机械的、光学的或者电子的。像移补偿的作用是使影像与感光面之间没有相对运动。在航空摄影中，像移补偿是提高影像质量的重要措施。如果地面上的同一点的光谱信息被多个像素记录，则图像将失去清晰度，这可以用以下方程进行数学量化：$b = v \cdot t/p$，其中 b 是像移像素的数量，v 是飞行器的地面速度，t 代表相机的曝光时间，p 是每个像素的地面采样距离。

2. 航空相机的调焦

环境条件的变化会造成航空相机光学焦面位置的前后移动。照相时，如果感光胶片或 CCD 感光平面所处的位置不能随之变化，或者两者变化不匹配，将发生离焦现象。只有当物距为无穷大时，像距才等于焦距。物距小于无穷大时，像距则大于焦距，或者说焦面向远离镜头的方向移动。照相时，如果焦平面的位置不能随之变化，将引起离焦。离焦会使图像的对比度下降，在日常拍照中也可以发现，正确对焦时的图像清晰且对比度高，而越偏离对焦位置，图像的对比度就越低。

3. 曝光量偏差

曝光时间是指拍摄时胶片或 CCD 接收面见光的时间，它是决定影像质量的一个极为重要的条件。航空摄影的曝光时间取决于很多因素，如传感器的感光度（或 CCD 的灵敏度和动态范围）、景物的照度、景物的亮度系数、大气的亮度系数以及航空相机的光学特性等。但是，在影响曝光时间的多个因素中，传感器的感光度和景物的照度对曝光时间的影响最大，而且景物的照度还经常变化，比较难以掌握。

曝光正常时，景物的最大亮度范围被容纳在特性曲线的直线部分，特性曲线的直线部分能按比例地表现景物的各种亮度。所以，在景物中各个部分上相同的相邻亮度范围反映在传感器上则为相同的密度差。因而，影像密度适中，细节丰富，分辨率高，其色调能正确反映景物的所有亮度。曝光过度时，传感器得到的曝光量较大，景物的明亮部分会反映在特性曲线的高亮区间上，由于曲线高亮区间的密度增量随着曝光量对数的增大而逐渐减小，因此，影像亮度过大，分辨率过低，景物明亮部分的细节不能被正确地反映出来。曝光不足时，传感器得到的曝光量小，景物的阴暗部分会反映在曲线的低区间上，由于密度在低区间的增量小，因此，景物阴暗部分的相邻亮度范围有较小的亮度差，分辨率降低，景物阴暗部分的细节不能被正确地反映出来。

4. 大气条件

大气对光具有折射、吸收和散射的作用。航空成像时，太阳光射到地面和地面反射光射入航空相机，光线先后两次都要经过大气。大气对光的折射能使光的传播路径弯曲，从而引起像移和变形；大气对光的吸收和散射，则可减小射入相机的光量和降低影像的反差。

由于存在大气光学不稳定性，当透过大气层观测物体时会发现三种现象：物体亮度和颜色的瞬时变化（闪烁现象）、物体形状的瞬时变化（脉动现象）、物体位置的瞬时变化（抖动现象）。在航空摄影中，闪烁、脉动和抖动现象影响成像质量，会使像点产生位移，在许多情况下还会降低影像清晰度。低频振荡只引起影像位移，而不会影响其清晰度，因为航空摄影的曝光时间远小于这种振荡周期的 1/4 的高频振荡既是产生像点位移的原因，又是降低清晰度的原因，这种情况多发生在曝光时间大于或等于这种振荡周期的 1/4 时。但是如果曝光时间小于振荡周期的 1/4，那么不会引起影像清晰度的下降。针对上述问题，在航空图像处理中，通常需要综合多种技术和方法来解决数据质量问题。在实际处理过程中，根据任务的目的和条件，选择合适的处理策略和工具。

5. CCD 传感器质量

航空相机的 CCD 传感器作为一种图像传感器，无论是线阵结构还是面阵结构，其输出信号都是一列离散的模拟信号，其中还混杂着各种噪声和干扰信号。CCD 传感器对图像质量的影响主要是 CCD 传感器在工作过程中产生的各种噪声。从频域来说，图像的大部分有用信息集中在低频部分，少量的细节信息集中在高频部分，而噪声一般集中在图像的高频部分，所以，噪声的存在对图像高频部分的影响较大，也就是对图像的细节信息有较大影响。如今，许多机载成像系统都在同一机载平台上将多种传感器结合使用，对同时采集的多源异构成像数据进行集成处理，多传感器图像融合处理可以提高图像分析、理解与目标识别的能力。图像融合充分利用多幅图像资源，通过对观测信息的合理支配和使用，把多幅图像在空间或时间上的互补信息依据某种准则融合，获得对场景的一致性解释或描述，这就需要对不同属性及其测量中的不确定性成分进行深入了解。

1.5　本章小结

本章通览了与航空图像相关的背景通识知识，包括数字图像、摄影测量与遥感和计算机视觉的简要定义及关系，以及航空图像的发展历史。航空图像经历了从原来的高端设备和军事应用逐渐演化而进入人们平常的生产生活当中，通过本章列举的部分现代航空图像的应用案例，可以窥见一斑。综合国内外的技术发展方向以及应用需求，机载图像采集和处理系统的主要发展趋势是提高成像分辨率、扩展智能化处理功能和实现装载平台的多样化。最后，针对航空图像处理会面临的技术问题进行了概括分析，为本书后面各章研究内容的技术背景做了铺垫。

第 2 章　机载成像传感器

现代航空图像的获取原理，主要是利用从目标反射或辐射来的电磁波在传感器上形成能量响应，由传感器将光信号转换为电信号，再转换为数字信号进行记录和传输，这是一种远距离的、非接触的目标探测技术。用于接收从目标反射或辐射来的电磁波信息的设备称为传感器，其中最主要的一种传感器是航空相机，此外，多光谱传感器、微波辐射计、合成孔径雷达等传感器经过多年的发展也越来越多地被推广和应用。使用航空图像处理技术可通过对目标图像进行采集和分析，获取场景中的目标数据，如位置、类型、尺寸等，然后对所获取的数据进行加工处理，从而实现对目标进行定性或定量的描述。不同的机载成像传感器的成像原理不同，学习了解不同的机载成像传感器的基本原理，对了解图像数据的特性和设计相应的数据处理方法具有重要的指导意义。

2.1　电磁波谱成像

传感器是探测和记录电磁辐射的一种器件，其性能决定了航空成像的能力。传感器的类型丰富，不同类型传感器之间的差异很大，这些差异体现在对电磁波段的响应能力、空间分辨力、图像的几何特征、获取地物信息量的大小和可靠程度等方面。被探测的物体可以通过自身发射的电磁辐射，或通过反射从照明源照射到其上的辐射来向外辐射能量。如果传感器主动提供照射源，则它是主动传感器；如果它依赖一个独立的光源，比如太阳或者来自物体本身的辐射，如地球热辐射，那么它是一个被动传感器。相机通常是被动传感器，但相机在黑暗中与手电筒一起使用时，可以变成主动传感器。在这种情况下，相机提供自己的光源来照亮物体，同时拍摄照片。

常见的相机是基于可见光成像传感器制造的被动传感器，其利用可见光波段的光电或数字图像进行观测，记录了目标反射的太阳光或其他可见光源的光谱特征。多光谱相机也是被动传感器，其记录目标物体反射或辐射的电磁波，同时覆盖从可见光到红外等多个不同的光谱波段（见图 2.1）。通过获取目标在不同波段的光谱特征，可以进行更详细的特征分析。合成孔径雷达（Synthetic Aperture Radar，SAR）是一种典型的有源主动传感器系统，它发送微波辐射脉冲以照射目标区域，并接收返回的信号以生成图像。与主动传感器遥感技术（如雷达、激光雷达等）相比，可见光和多光谱相机通常具有设备简单、成本低等特点。

传感器技术的发展目标主要集中于提高空间分辨率和光谱分辨率。对于给定的传感器系统，其空间分辨率由电磁辐射（Electromagnetic Radiation，EMR）的最小能量水平决定，电磁辐射可以将信号与仪器的电子背景噪声（暗电流）区分开。电磁辐射的最小能量与光谱范围内的辐射强度瞬时视野（IFOV）和相机的曝光时间的乘积成正比。IFOV由光学传感器系统的空间样本密度决定，并决定图像的像素大小。对于给定的相机曝光时间和光谱范围，IFOV 越大，传感器将接收到越多的能量，但空间分辨率将越低。为了提高空间分辨率，必须降低 IFOV，但为了保持相同的能量水平，必须延长曝光时间或增大光谱范围，或两者同时延长/增大。

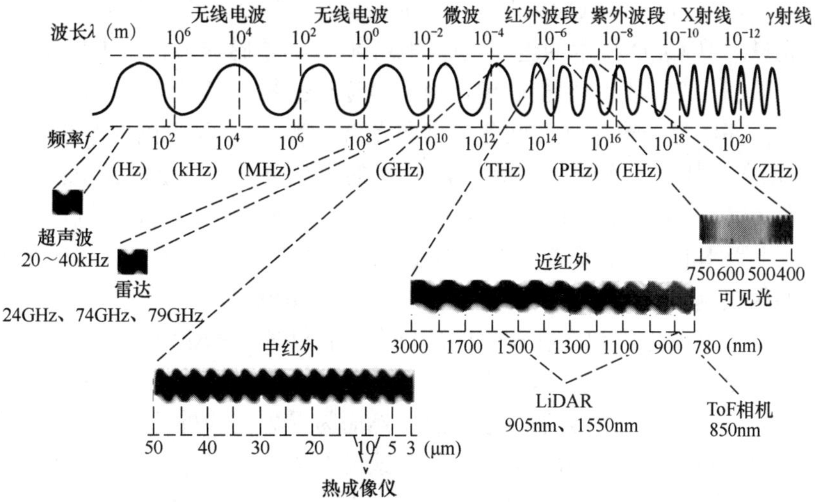

图 2.1　电磁波谱的划分

当传感器接收到来自地表反射的太阳辐射时，它可以用相对高的分辨率将较宽的光谱范围内的能量记录为单幅图像，即全色图像；也可以将光谱分为多个光谱带，并将其分别记录为光谱范围较窄的多幅图像，即多光谱图像。在多光谱图像中，到达每个窄光谱范围的检测器的能量明显弱于全色图像。为了达到相同的能量水平，一种解决方案是增大 IFOV，即降低空间分辨率。这就是为什么几乎所有的光学成像系统在全色波段的空间分辨率都要高于多光谱波段的空间分辨率。例如，SPOT 1-3 HRV 全色波段的空间分辨率为 10m，而多光谱波段的空间分辨率为 20m；我国的高分 2 号（GF-2）卫星搭载的全色波段相机的空间分辨率为 1m，而多光谱波段相机的空间分辨率为 4m。提高全色图像和多光谱图像空间分辨率的另一种方法是延长载体平台的停留时间或曝光时间，这是传感器设计中的一个重要考虑因素。然而，对于机载遥感平台和星载遥感平台来说，延长驻留时间的能力非常有限，因为图像是从移动平台拍摄的，长曝光时间会使图像模糊。

2.2　成像传感器的类型

2.2.1　机载数码相机

无源被动传感器系统占据了目前的光学相机系统的绝大多数，而数码相机已经彻底改变了机载摄影测量数据的收集方式。数码相机的成像传感器通常是一种电荷耦合器件（Charge Coupled Device，CCD）或互补金属氧化物半导体（Complementary Metal Oxide Semiconductor，CMOS）芯片（感光元件），这些感光元件可以基于线阵阵列或者面阵阵列来设计。传感器的感光元件将光能转换为电能，这些电能变化可以被测量并转换为辐射强度值。

数码相机利用镜头作为聚焦装置，用快门控制曝光时间的长短。透镜镜头将来自外部世界的光聚焦到探测器的线阵或者面阵阵列组上，照亮每个探测器的光子会产生与入射辐射能直接相关的电荷。这个模拟信号被电子采样，并转换为8～16位的数字亮度值。从模数（Analog-Digital，A/D）转换中获得的亮度值，可以由计算机系统存储和读取。与传统模拟彩色和彩色红外航空摄影中使用的卤化银晶体相比，CCD对场景中的光谱反射率的变化更为敏感。

随着多光谱二维CCD技术的进步，新一代无源被动传感器将在很大程度上基于数码相机机制，即在瞬间面阵阵列中拍摄图像，而不是逐行扫描。其结果是可以放松对平台飞行参数的约束，提高图像分辨率（空间分辨率和光谱分辨率），简化图像的几何校正处理。

在可见光谱范围内工作的数码相机，采用的主要波段是三原色波段：蓝色（380～440nm）、绿色（440～600nm）和红色（600～750nm）。在曝光的瞬间，相机使用内部过滤器，快速记录了三个版本的场景。这样处理的结果是，其中第一幅图像仅基于物体反射的蓝光成像；第二幅图像仅基于物体反射的绿光成像；第三幅图像仅基于物体反射的红光成像。这三幅单独的亮度灰度图像被记录在相机的随机存取存储器（RAM）中，并可以使用附加颜色理论进行颜色合成，以生成一张自然外观的彩色照片。可见光波段的图像最符合人的视觉观察特点，能够反映目标的自然颜色信息，然而易受大气和外部光照环境的影响。

大画幅数码相机通常有非常大的线阵阵列或者面阵CCD阵列，这些相机的性能超过了大画幅模拟相机（见图2.2）。过去数码相机曾经与传统的模拟相机共同使用一段时间，如今模拟相机已经非常少见了。徕卡机载ADS-80相机使用线阵CCD阵列来收集全色、红色、绿色、蓝色（RGB）和近红外（Near Infrared，NIR）波段的数据。将入射的全色、红色、绿色、蓝色和近红外能量分散到每个线阵CCD阵列的12000个探测器上。每个线阵CCD阵列由12000像素组成，线阵CCD阵列中的像素大小为6.5μm（见图2.3）。

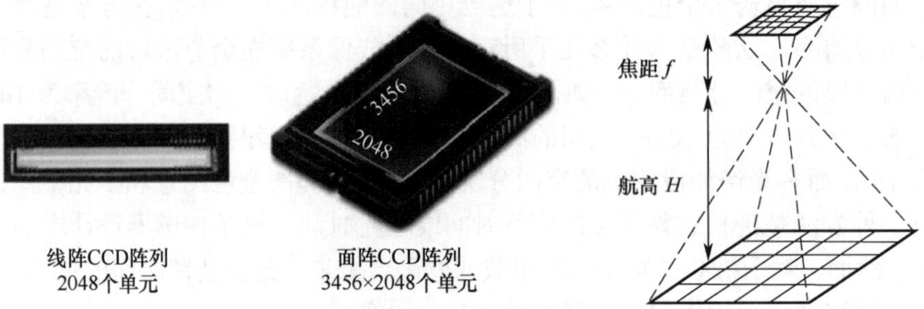

图2.2 线阵和面阵CCD阵列示例

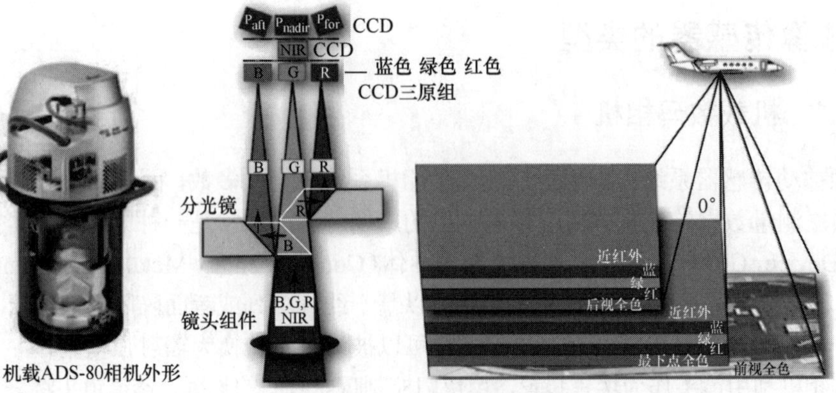

图2.3 机载ADS-80相机

近 10 年中，出现了许多倾斜航空摄影的设备。比如，采用 5 台数码相机同步曝光来组装摄影装置，主要用于城市区域的三维制图工作。在收集一张垂直航拍照片的同时，在前后左右四个方向同时获得另外 4 张倾斜照片。将飞行航线的重叠率设置为 20%～30%，可以从许多不同的有利位置记录和观看场景中目标的各个方向的特征。

图 2.4 显示了倾斜航摄仪和由 5 台数码相机组成的倾斜摄影系统，由 1 个下视相机和前后左右 4 个倾斜相机（40°～45°）组成，可以获取多视角建筑物墙体的真实纹理。这类系统采集的多视图图像可以帮助获取完整清晰、高精度的三维模型，基于多视图图像进行三维重建的技术原理将在本书的第 7 章中进行介绍。当使用无人机作为飞行载体平台，在低空飞行进行倾斜摄影时，空间分辨率可以达到 5cm 甚至更高的精度。

图 2.4　四维远见公司开发的倾斜航摄仪和由 5 台数码相机组成的倾斜摄影系统

2.2.2　热辐射传感器

热辐射传感器也是无源的，其接收的辐射能量是从地表发射的，而不是从目标反射的。因此，热辐射传感器不需要照明源，因为目标本身就是照明源。一切温度高于 0K 的物体都能产生热辐射，温度越高，辐射的总能量越大，短波成分也越多。热辐射的光谱是连续谱，一般热辐射对应的主要是波长较大的可见光和红外波段。地球表面可以近似认为是 300K 的黑体，根据维恩定律，可以计算出地球的辐射峰值大约在 10μm。在这个光谱范围内，辐射可以通过温度而不是可见光亮度来感知和测量。陆地表面不同的物体材料具有不同的热辐射特性，因此热辐射传感器是地质和环境研究、目标侦察的重要工具（见图 2.5）。

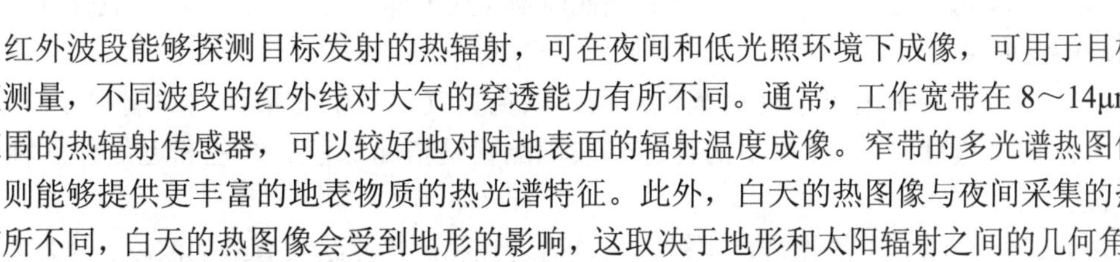

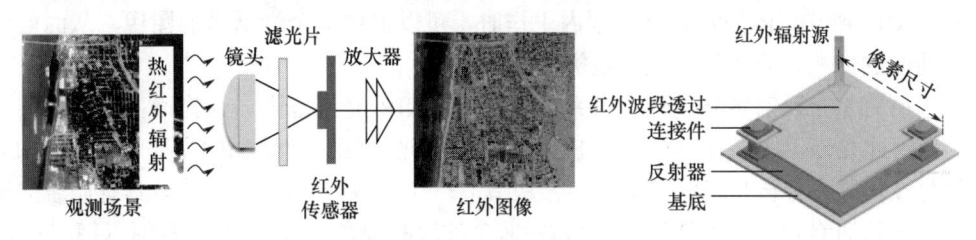

图 2.5　热辐射传感器示例

红外波段能够探测目标发射的热辐射，可在夜间和低光照环境下成像，可用于目标的温度测量，不同波段的红外线对大气的穿透能力有所不同。通常，工作宽带在 8～14μm 光谱范围的热辐射传感器，可以较好地对陆地表面的辐射温度成像。窄带的多光谱热图像数据，则能够提供更丰富的地表物质的热光谱特征。此外，白天的热图像与夜间采集的热图像有所不同，白天的热图像会受到地形的影响，这取决于地形和太阳辐射之间的几何角度。

黎明前夜间的热图像几乎完全由地球表面的热辐射决定，显示出更好的地面材质的热辐射性质。1982 年开发的热红外多光谱扫描仪（TIMS）在 8.2～12.2μm 光谱范围内有 6 个波段。美国 NASA 发射的陆地卫星（Landsat）搭载的专题成像仪（Thematic Mapper，TM）和增强型专题成像仪 ETM+采集的是波长范围为 10.4～12.5μm 的热红外波段。

2.2.3 多光谱传感器

作为被动传感器，多光谱成像系统通过记录地表反射的太阳辐射或地表发射的辐射来成像。随着传感器技术的进步，从机械扫描仪到推扫扫描仪，再到数码相机，宽带多光谱图像的空间分辨率一直在提高。

太阳是地球的主要照明源，对于地球观测遥感，大多数被动传感器系统在白天的阳光照射下工作，这些系统包括从航空摄影到卫星星载多光谱扫描仪。这些传感器检测来自陆地表面的反射太阳能，以产生全色图像和多光谱图像，有

$$M_{\mathrm{r}}(\lambda)=\rho(\lambda)E(\lambda) \tag{2.1}$$

式中，$M_{\mathrm{r}}(\lambda)$ 为陆地表面对波长为 λ 的光谱反射的太阳辐射，或者说对应了光谱波段 λ 的图像亮度能量；$E(\lambda)$ 为辐照度，即入射到陆地表面的太阳辐射，与地形起伏有一定的关系；$\rho(\lambda)$ 为地表对波长 λ 的电磁波的光谱反射率，是地物的一种物理性质，定量地描述了不同材质在不同波长下的反射率。

不同材质的目标对电磁波谱的辐射和反射特性不同，可以使用多光谱图像数据，基于光谱特征，确定目标的类型或材质。近红外（Near Infrared，NIR）（750～1100nm）、短波红外（Short-Wave Infrared，SWIR）（1550～2400nm）、可见近红外（Visible Nearer Infrared，VNIR）光谱范围内的波段数量和波段光谱宽度由大气窗口与传感器设计决定。例如，如果要实现相同的空间分辨率，SWIR 波段的光谱宽度需要比可见光波段宽得多，SWIR 中的太阳辐射明显弱于可见光谱范围内的太阳辐射。

一般来说，术语“宽带”意味着光谱范围比几纳米大得多。宽带反射式多光谱传感器系统是一种结合了空间分辨率和光谱分辨率两个方面优势的成功设计。由于具有相对较宽的光谱带，传感器系统提供了合理的空间分辨率和高信噪比（Signal to Noise Ratio，SNR），并且在 VNIR 到 SWIR 的宽光谱范围内工作时，可以提供多个光谱带的图像，从而能够识别主要地面物体和区分各种土地覆盖类型。

几乎所有宽带反射多光谱传感器系统都使用 VNIR 光谱范围。该光谱范围在太阳辐射峰值内，因此允许生成高分辨率和高 SNR 图像。它还包括主要地物的光谱特征，例如，植被对绿色波段具有轻微反射峰，对红色波段具有一个吸收峰，对 NIR 波段具有显著的反射峰，这种现象通常被称为“红边”；水体对蓝色波段和绿色波段具有较强的扩散和反射性，其对 NIR 波段几乎实现了完全吸收；氧化铁地物（红土等）对蓝色波段的吸收性强而对红色波段的反射率高。

许多传感器系统选择不使用蓝色波段，以免大气中发生非常强烈的瑞利散射效应，避免使图像“模糊”。一种典型的传感器波谱配置是搭配绿色、红色和近红外三种宽光谱波段。

短波红外（SWIR）的光谱范围被认为是对岩性和矿物测绘最有效的波段，因为大多数

岩石类型地物对 1.55～1.75μm 的红外波段具有高反射率，并且含水的矿物（通常是热液蚀变的产物，如黏土）在 2.0～2.4μm 的光谱范围内具有很强的吸收特性。SWIR 传感器系统的设计在技术层面更加困难和复杂，因为 SWIR 探测器必须在非常低的温度下工作，因此需要冷却系统。

2.2.4 高光谱传感器

无源被动传感器技术的发展一直致力于提高空间分辨率和光谱分辨率。高光谱传感器系统代表了光学传感器光谱分辨率进步的革命性发展，其光谱分辨率可能高达几纳米，可以生成陆地表面材质的几乎连续的光谱轮廓。高光谱传感器系统是成像系统的空间成像能力与光谱仪的光谱分析能力的组合，具有更高的光谱分辨率，每个光谱带的带宽较窄，一般为 5～20nm，可以提供更为详细的和连续的光谱曲线信息。

高光谱传感器的每个像素都对应一个高维的光谱向量，包含该像素在所有波段上的光谱响应。一幅高光谱图像是一个真正的 3D 数据立方体，它有助于更好地识别材质类型，更重要的是可以分析每个像素的光谱特征，而不是增强图像以改善可视化，尽管后者在检查图像数据和呈现结果时仍然至关重要。高光谱数据存在一定冗余，需要使用特征提取、降维等手段对图像数据进行分析。

最早和最具代表性的高光谱传感器系统之一是由喷气推进实验室（JPL）开发的高级可见红外图像光谱仪（AVIRIS）。来自陆地表面的入射的电磁辐射穿过传感器光学器件，然后由光谱色散装置（如干涉滤波器）将其分成数百个（例如，AVIRIS 为 224 个）非常窄的光谱束，最后由对应于光谱束数量的 CCD 阵列来完成光谱信号的检测。高光谱传感器系统可以是一个跨轨道机械扫描仪，每个波段都有少量探测器；也可以是一台沿轨道推扫扫描仪，面板上有数百个 CCD 阵列。

图 2.6 展示了一组线阵阵列推扫式高光谱传感器，该传感器将能量分配到 1500×288 像素的阵列上，对 380～1050nm 波长范围内的电磁波进行分频数据采集。

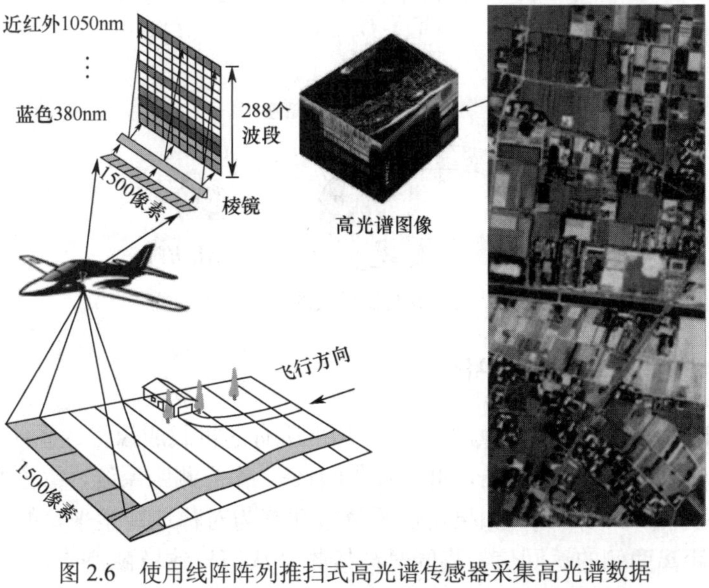

图 2.6　使用线阵阵列推扫式高光谱传感器采集高光谱数据

2.2.5 微波辐射计

尽管地物的微波辐射明显弱于热辐射，但陆地表面在微波范围内也是有效的辐射体。微波辐射计作为另一种无源被动传感器，被设计成在这个光谱范围内对来自地球表面的辐射进行成像。来自地球表面的热辐射从热红外波段的峰值延伸到微波波段，地球观测微波辐射计在该光谱范围内工作，以接收来自地球的微波辐射。作为无源被动传感器系统，必须了解微波辐射计与雷达传感器（测距系统）的本质区别。两者之间唯一的相似之处是它们都在微波光谱范围内工作。

无源微波传感器系统，即微波辐射计，工作起来更像热传感器系统。它收集微波光谱范围内从地球辐射的能量，并提供与表面温度、粗糙度和材料介电特性相关的有用信息。这种类型的传感器已被用于全球温度测绘、极地冰测绘和区域土壤湿度监测。

星载微波辐射计通常是多通道扫描仪，它由天线及其扫描机构、接收器和数据处理系统组成。接收到的发射微波信号与大气中的观测角度和路径长度密切相关，确保这些扫描参数恒定可以显著提高从微波亮度温度所导出表面参数的精度。锥形扫描配置适用于无源微波扫描仪。天线足迹（Antenna Footprint）指的是天线的辐射图覆盖范围，也称天线图样，体现了天线在空间中辐射能量的分布情况。

如图 2.7 所示，天线观测方向与最低点可以固定角度防止偏移，围绕垂直轴（最低点）旋转扫描，从而扫过圆锥体表面。如果扫描配置为 360°，则可以获得航天器前后的双重覆盖。随着传感器沿着运行轨道方向向前运动，形成一幅陆地表面的带状成像图。显然，在锥形扫描结构中，观察角度和到任何扫描位置的距离都是常数。由于微波光谱范围内的信号微弱，无源微波扫描仪的空间分辨率通常比较低，从几千米到几十千米不等。

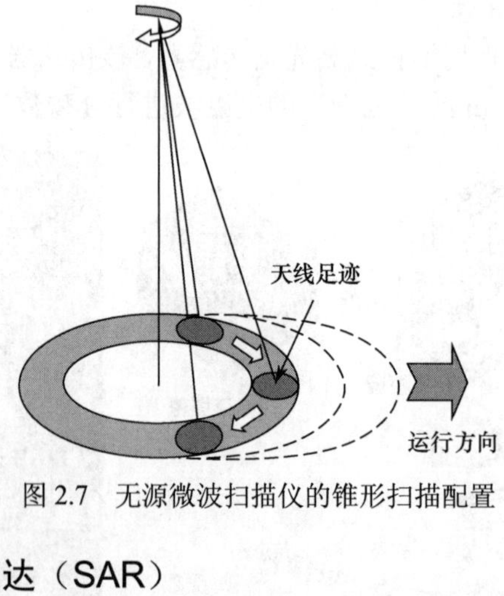

图 2.7 无源微波扫描仪的锥形扫描配置

2.2.6 合成孔径雷达（SAR）

雷达（Radar）本质上是一种测距设备，几乎所有的机载成像雷达系统都配置为侧视，称为侧视雷达（Side-Looking Radar，SLR）。原因是：作为测距系统，雷达通过基于时间记录返回信号的位置来形成图像。如果雷达系统被配置为对称地观察平台的两侧（飞机和卫星），则来自等距离两侧的返回信号将同时被接收，从而导致模糊。

雷达系统以载波波长发射微波脉冲，然后接收由地面物体散射回来的这些脉冲的回波。表 2.1 列出了常用的微波脉冲载波的波长和频率（雷达波段）。表中雷达波段的代码是在第二次世界大战期间给出的，一直沿用至今。

表 2.1　雷达波段的波长和频率

序　号	波段代码	波长 λ/cm	频率/MHz
1	K_a	0.75～1.1	26.5～40.0
2	K	1.1～1.67	18.0～26.5
3	K_u	1.67～2.4	12.5～18.0
4	K	2.4～3.75	8.0～12.5
5	C	3.75～7.5	4.0～8.0
6	S	7.5～15	2.0～4.0
7	L	15～30	1.0～2.0
8	P	30～100	0.3～1.0

雷达图像数据根据两个坐标进行配置：斜距（Slant Range）和方位角（Azimuth）。其中，斜距对应于双程信号延迟时间。通过测量脉冲发射和接收来自不同目标的反向散射"回波"（Echo）之间的时间延迟，可以确定它们与雷达的距离，从而确定它们的位置，这样就可以在倾斜范围内构建雷达图像。在方位向上，根据脉冲束序列构建图像。当雷达平台向前移动时，它发射微波脉冲束，逐条扫描飞行路径的一侧，同时记录反向散射信号，这样，建立了二维（2D）雷达图像。

实孔径的侧视雷达（SLR）的方位向分辨率 R_a 可以由一个函数方程计算得出，方程参数包括雷达波长 λ、斜距 S 和雷达天线长度 D_r

$$R_a = \frac{\lambda \cdot S}{D_r} \tag{2.2}$$

根据式（2.2）可知，方位向分辨率 R_a 与雷达天线长度 D_r 成反比。对于给定的雷达波长和斜距，天线越长，则方位向分辨率的值越小。然而，飞机或卫星上雷达天线的长度存在物理限制，这限制了空间分辨率。

SAR 是为解决这一问题而催生的一项技术。与传统的实孔径雷达相比，SAR 通过非常短的天线的运动，合成虚拟的长天线，并根据多普勒频移信息，对相干后向散射雷达信号进行密集的数据处理，从而实现了高的沿轨（方位向）分辨率。

如图 2.8 所示，当 SAR 平台在高度 H 处沿其路径移动时，它以脉冲重复频率（PRF）的速率将微波脉冲发射到天线的覆盖区（雷达波束脉冲的照射区域），并接收从目标表面反向散射的每个脉冲的回波。SAR 的短天线在地面上产生了很宽的足迹。如果平台运动与 PRF 下的足迹宽度相比较小，则一系列连续足迹重叠。SAR 平台的典型 PRF 在 1～10kHz 范围内，相对于平台的行进频率而言，这是相对较高的，因此当 SAR 平台经过时，地面上的每个点都会被一系列连续足迹多次照亮。

根据多普勒频移效应，相同点的这些重复照射的回波，在 SAR 接近照射点时，将由天线以比载波频率稍高的频率$(f_c + \Delta f)$接收；当 SAR 远离照射点时，将由天线以比载波频率稍低的频率$(f_c - \Delta f)$接收，其中，f_c 是 SAR 的标称调制载波频率。因此，根据其在重叠的

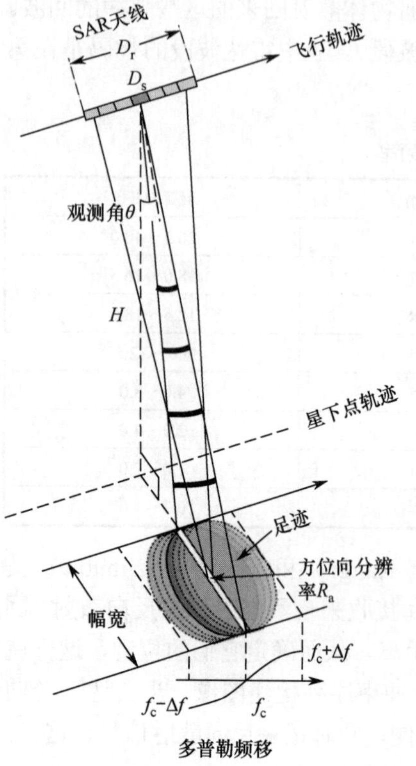

图 2.8　合成孔径雷达（SAR）的原理

足迹堆栈中的位置，一个点通过其多普勒频移特征被唯一地编码。所以，来自多普勒频移效应的匹配滤波的信号处理，可以在 SAR 足迹宽度的一小部分尺度上实现非常高的方位向分辨率。该效果相当于当 SAR 沿着其路径行进时，连接短天线的一系列位置对应于接地点上的重叠足迹，从而形成一个非常长的虚拟天线，就好像它是一个非常大的真实孔径天线，以聚焦该点。显然，短的 SAR 天线意味着宽的足迹范围，因此允许更多的足迹范围重叠，从而形成长的虚拟天线以实现高方位向分辨率。

可以证明，SAR 的方位向分辨率是其天线长度的一半（Curlander J. C. 和 McDonough R. N.，1991 年），或者 SAR 的较短天线直径 D_s 实现了较高的方位向分辨率

$$R_a = \frac{D_s}{2} \tag{2.3}$$

对于高斜距分辨率，SAR 发射带宽为 MHz 量级的线性调频脉冲 B_v，调制载波频率为 f_c（SAR 的标称调制载波频率）。根据线性调频频率的增大或减小，有上升调频和下降调频。对于上升调频的情况，到达地面的雷达脉冲的准确频率在远地范围比近地范围高，来自不同地面范围的回波也是如此，这同样适用于下降调频。然后利用线性调频形式对回波信号进行解调，并通过匹配滤波技术，使用与 SAR 标称调制载波频率一致的线性调频频率对其进行采样，从而提高距离分辨率。

在讨论微波能量时，辐射的偏振也很重要。极化是指电子场的方向，大多数雷达系统设计用于发射水平极化（H）或垂直极化（V）的微波辐射。类似地，天线接收水平或垂直极化的反向散射能量，一些雷达系统可以同时接收这两种能量。因此，可以有如下发射和接收极化的 4 种组合：

（1）HH——用于水平发射和水平接收；
（2）VV——用于垂直发射和垂直接收；
（3）HV——用于水平发射和垂直接收；
（4）VH——用于垂直发射和水平接收。

前两种极化组合称为同极化，因为发射极化和接收极化相同。后两种极化组合称为交叉极化，因为发射极化和接收极化是正交的。SAR 图像数据以几种不同的格式提供，通常，单视复数（Single Look Complex，SLC）数据为 8 字节复数，而多视（强度）图像为 16 位无符号整数。

具体来说，雷达天线足迹主要包括以下几个方面的特性。①主瓣宽度：天线辐射能量集中分布的主瓣区域的角度范围，决定了天线的辐射方向性。②边缘衰落：主瓣与副瓣之间过渡区域的辐射强度衰减情况，影响图样的清晰度。③副瓣水平：除主瓣外其他区域

的辐射强度水平，副瓣越低越好。④峰值增益：天线在主瓣方向上的增益大小。⑤功率分布：整个空间中天线辐射功率的分布和衰减趋势。⑥近场和远场特性：近场图样和远场图样的差异。⑦极化特性：线极化、圆极化等不同极化下的辐射图样。

2.3 光学相机的数学模型

在航空摄影系统中，基于可见光传感器的光学图像占据了绝大比例，本节着重讨论可见光传感器成像的数学模型。光学透镜成像系统中最常用的相机模型是小孔成像模型，即光线通过小孔时，在像平面上会呈现出物体的清晰图像。小孔成像遵循透视几何学成像原理，在实际情况下，小孔总是有一定物理尺寸的，因此像平面上的一点能够接收到锥形区域内的所有光线。孔越小，所成的像越锐利，但当孔越来越小时，光的衍射效应使得图像变得越来越模糊。

人眼的成像原理类似于小孔成像（见图 2.9），人眼的瞳孔就像一个小孔，将进入眼睛的光线聚焦在视网膜上，形成倒立的实像。视神经和大脑的共同作用可以让人感受到正常的像。人眼的瞳孔孔径决定了人眼的分辨率。根据小孔衍射理论，小孔孔径越大，衍射圈越小，成像的分辨率也就越高。人眼瞳孔的孔径为 2～8mm，决定了正常人眼能识别和鉴别物体的最小特征的角度通常是 1′。人眼也存在小孔衍射现象，在对点光源进行观察时，会出现明亮的衍射圆和暗环，这是光通过圆形瞳孔衍射造成的。人眼和小孔成像都存在球面像差，需要通过晶状体调节来进行校正。

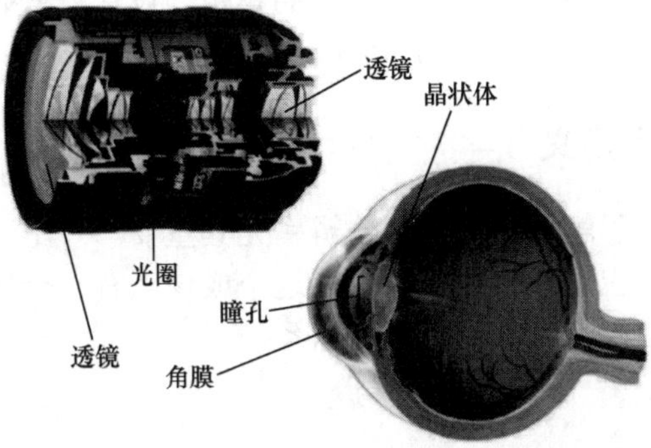

图 2.9　相机和人眼成像类似于小孔成像过程

人类最早的相机的结构就是基于小孔成像的原理进行设计的，利用光通过小孔在胶片上成像。现代相机使用的镜头组成与小孔成像也有类似之处。镜头的光圈可以看作一个可调节孔径的小孔，通过调节光圈控制进入镜头的光通量。相机的快门与小孔成像的曝光时间相当，可控制图像的曝光时间。现代相机的镜头由多个透镜组成，利用折射成像原理，最终保证形成倒立的实像。相机的景深与光圈孔径有关，孔径越小，景深越大。

2.3.1 成像模型的基本元素

根据光线沿直线传播的原理，物理世界中的一点经过小孔相机后，形成倒立的实像，在像平面上将得到一个投图像点，这个过程满足三点一线的几何关系，即光心、像点、物点共线。投图像点的位置是由投影中心和成像平面的位置决定的。

图 2.10 描绘了成像模型中的各组成结构的几何元素及其关系。*C* 点表示光心（Optical Center），又被称为摄影中心，它是在空间中介于三维场景和二维像平面之间的一个点。像平面（焦平面）位于光心的后方且呈现倒置，但通常为了直观表示，将像平面描述在负焦距的方向上。

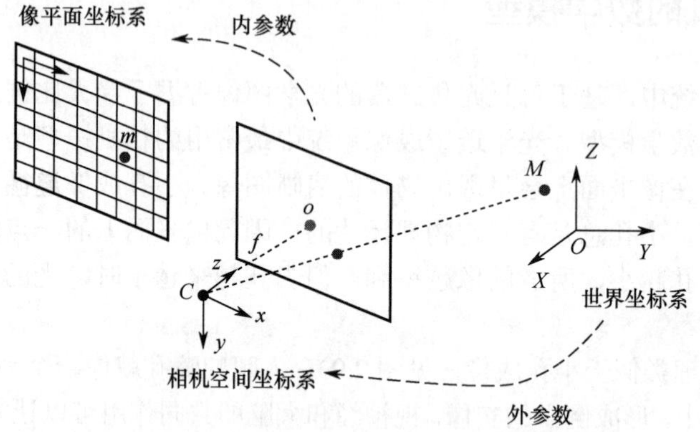

图 2.10　小孔成像相机的光心–像点–物点共线关系

主光轴（Principal Axis）是过光心垂直于像平面的一条直线，主光轴与像平面的交点称为主点（Principal Point），光心与主点之间的距离称为主距，以 f 表示。传统的航空摄影相机的物镜中心到成像底片平面的距离是一个固定值，称为相机主距 f。主距之所以固定，是因为飞行器的航高很大，可以近似于无穷远成像，所以主距约等于相机物镜的焦距。一般对于实际镜头而言，主距通常会稍大于镜头的焦距，设计算法时考虑到摄影目标的距离远大于 f，可以直接把焦距和主距做等价处理。

2.3.2　成像坐标系定义

在分析图像问题时，了解像素的空间分辨率尤其重要。一个三维世界中的点，经过投影变换在二维像平面中对应形成一个成像点，这个成像点有一个像素坐标参数。为了描述光学成像的过程，通常需要引入以下几种坐标系。

1. 世界坐标系

为了描述观测场景的空间位置属性，第一个需要建立的基本的三维坐标系是世界坐标系，也称为全局坐标系。因为所有需要测量的物体以及相机本身都存在于现实的三维空间中，所以需要有一个统一的坐标基准描述这些物体的位置，以及它们之间的相对位置关系。它是一种三维坐标系，可以运用欧氏空间理论中的内积运算来计算角度值、使用模运算来计算长度值。摄影成像中的世界坐标系不必限定为大地测量领域的全球坐标框架（如 WGS 84 坐标系），世界坐标系可以由观测场景自身的结构来定义，根据观测的任务寻找参考点构建参考框架，可以自定义原点、三个坐标轴的指向等。

2. 相机空间坐标系

第二个坐标系是相机空间坐标系，它类似于摄影测量学中的像空间辅助坐标系。它是描述以相机为分析基准的坐标系，也是从三维空间转换到二维空间的一个桥梁。它的原点定义在相机镜头光心的位置，x 轴和 y 轴的指向与像平面的行、列方向平行，z 轴垂直于像平面，与主光轴共线。

观测目标点在 z 轴方向的距离值就可对应得到深度值。摄影测量和计算机视觉两个学科通常在定义相机空间坐标系时，对于 y 轴和 z 轴的指向存在关于 x 轴 180° 对称的区别，即 y 轴和 z 轴呈相反指向关系。这是由于最早的摄影测量源自航空测绘应用，高程信息向上取正，传递到航摄相片，由此定义 z 轴与视线方向相反为正。计算机视觉中直接以沿着摄影视线发出方向为正。以计算机视觉的坐标指向为例，x 轴为向右正方向，y 轴为向下正方向，z 轴沿摄影方向向前延伸为正方向。如图 2.10 所示，相机空间坐标系的坐标原点为光心 C 所处的位置。

3. 像平面坐标系

第三个重要的坐标系是像平面坐标系。相机对三维场景拍照，属于透视投影变换，是将观测点的坐标值从三维空间转换到二维空间的射影变换。像平面坐标系的长度单位以像素数为记，它描述图像内部点的坐标系，与前面两个坐标系不同，这是一个二维坐标系。图像数据矩阵的行、列两个维度形成了理想的正交关系，因此可以直接定义坐标轴的方向。但原点的位置和坐标轴的正、负指向仍有不同的定义方式，比如，坐标原点定义在图像的左上角第一个像素起始位置（数字图像处理中广泛采用的方式），该平面坐标系称为像素坐标系；坐标原点定义在图像的左下角第一个像素起始位置（OpenGL 绘图引擎中纹理图像的定义方式）；坐标原点定义在图像的主点位置，主点是指主光轴与像平面的交点，通常靠近图像的中心点，这类定义在三维计算机视觉和摄影测量领域被广泛采用。

2.3.3　透视投影成像模型

小孔成像的过程采用透视投影成像的数学模型。一个三维目标点在世界坐标系和相机空间坐标系两套三维坐标系下的转换关系，能够通过一个旋转矩阵与一个平移矩阵计算得到。射影空间中，n 维的点 $\boldsymbol{x}$ 的坐标用一个 $n+1$ 维的向量来表示，$\boldsymbol{x}=[x_1\ x_2\cdots x_{n+1}]^{\mathrm{T}}$，这些坐标中至少有一项是非零的，这样的坐标被称为齐次坐标。当点的坐标中的 $x_{n+1}=0$ 时，该点被认为是无穷远处的点。

如图 2.11 所示，利用射影空间的理论知识，M 点在世界坐标系和相机空间坐标系下的齐次坐标分别为 $\boldsymbol{M}^{\mathrm{C}}=[x_M^{\mathrm{C}}\ y_M^{\mathrm{C}}\ z_M^{\mathrm{C}}\ 1]^{\mathrm{T}}$ 和 $\boldsymbol{M}^{\mathrm{W}}=[X_M^{\mathrm{W}}\ Y_M^{\mathrm{W}}\ Z_M^{\mathrm{W}}\ 1]^{\mathrm{T}}$，则 M 点的两套坐标系的转换关系为

$$\boldsymbol{M}^{\mathrm{C}}=\begin{bmatrix}\boldsymbol{R}^{\mathrm{WC}} & \boldsymbol{t}\\ \boldsymbol{0}_3^{\mathrm{T}} & 1\end{bmatrix}\boldsymbol{M}^{\mathrm{W}} \tag{2.4}$$

式中，$\boldsymbol{t}$ 为 3×1 的平移向量，$\boldsymbol{R}^{\mathrm{WC}}$ 为从世界坐标系到相机空间坐标系的 3×3 旋转矩阵。由 $-\boldsymbol{R}^{\mathrm{WC}}\boldsymbol{t}$ 计算出的是光心在世界坐标系中的位置。

暂时不考虑畸变因素的影响，相机空间坐标系和像平面坐标系的关系存在一个相似性变换。如图 2.11 所示，三角形 Cmo 和三角形 CMQ 相似，Q 是 M 点在射影深度 z 方向上的投影点。相似三角形的比例因子等于像点 m 在相机空间坐标系中的深度值（所有像点的深度值都等于主距 f）与目标点 M 在相机空间坐标系中的深度值 $CQ=z_M^{\mathrm{C}}$ 的比值，即

f / z_M^C。为简化符号，后面将省略上标 C 和 W。因此，像点 m 在相机空间坐标系下的 x 和 y 坐标分别为

$$x_m = \frac{f}{z_M} x_M \\ y_m = \frac{f}{z_M} y_M \tag{2.5}$$

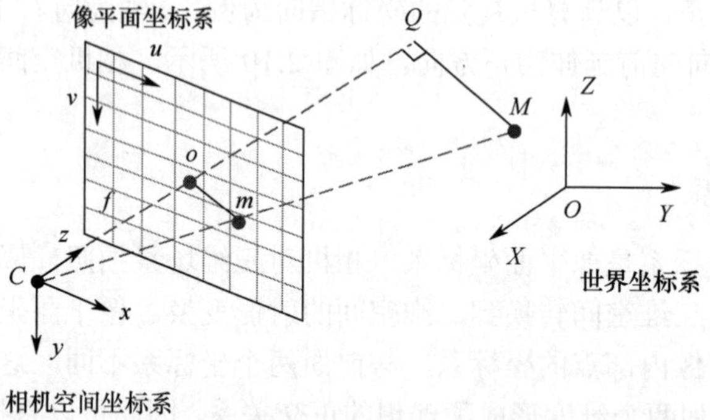

图 2.11 空间坐标转换示意图

注：尽管实际成像的相机由多个镜片组成，但光学系统模型可以用一个单一的焦距和光圈数对其进行描述。

此外，图像中的坐标点并不会对应到成像平面上的物理尺寸的坐标点。对于 CCD 相机而言，两者之间的关系取决于像素感光单元的物理尺寸和形状，以及 CCD 芯片在相机中的位置。通常定义像平面坐标系的原点在左上角，所以像点坐标通过加上像主点的像素坐标 $[u_o\ v_o\ 1]^T$ 可以平移到像平面坐标系基准下，得到像平面点的坐标 u_m 和 v_m

$$\begin{bmatrix} u_m \\ v_m \\ 1 \end{bmatrix} = \begin{bmatrix} \frac{1}{p_x} & \tan\alpha \frac{1}{p_y} & u_o \\ 0 & \frac{1}{p_y} & v_o \\ 0 & 0 & 1 \end{bmatrix} \begin{bmatrix} x_m \\ y_m \\ 1 \end{bmatrix} = \begin{bmatrix} \frac{f}{p_x} & \tan\alpha \frac{f}{p_y} & u_o \\ 0 & \frac{f}{p_y} & v_o \\ 0 & 0 & 1 \end{bmatrix} \begin{bmatrix} \frac{x_M}{z_M} \\ \frac{y_M}{z_M} \\ 1 \end{bmatrix} \tag{2.6}$$

其中，p_x、p_y 分别为一个像素在物理尺寸上的宽与高，利用这两个量可以把坐标值从物理坐标过渡到整型的像素坐标。α是图 2.12 中标注的倾斜角度。由于只有 f/p_x 和 f/p_y 的值比较重要，因此用 f_x 和 f_y 代替，可以把公式简化为

$$\begin{bmatrix} u_m \\ v_m \\ 1 \end{bmatrix} = \begin{bmatrix} f_x & s & u_o \\ 0 & f_y & v_o \\ 0 & 0 & 1 \end{bmatrix} \begin{bmatrix} \frac{x_M}{z_M} \\ \frac{y_M}{z_M} \\ 1 \end{bmatrix} \tag{2.7}$$

在这里 f_x 和 f_y 是以像素为单位的在行和列方向上测量的焦距尺寸，s 是由非矩形像素引起的倾斜因子。上述的上三角矩阵称为相机的标定内参数矩阵，用 $\boldsymbol{K}$ 表示。对于大多数相机来说，像素都是完整的矩形，因此 s 十分接近 0。而且，主点一般距离图像中心都很近。

在计算精确的标定参数时，这些假设经常会用作初始参数，参与一个更复杂的迭代优化计算过程。

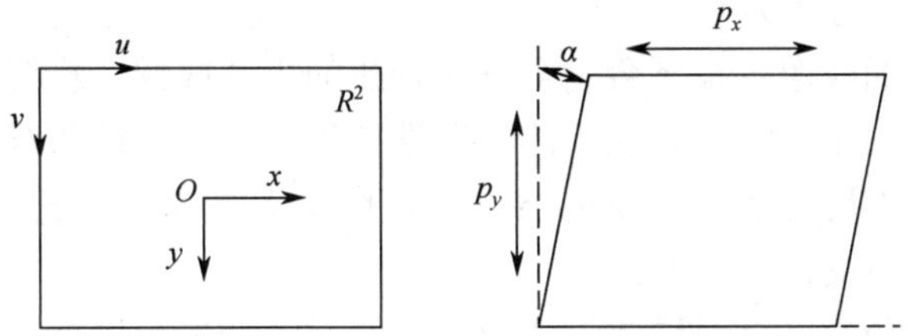

图 2.12　从像平面物理坐标到像素坐标

综上所述，场景中的三维点 $\boldsymbol{M}=[X_M\ Y_M\ Z_M\ 1]^{\mathrm{T}}$ 投影到二维像平面上得到像面点 $\boldsymbol{m}=[u_m\ v_m\ 1]^{\mathrm{T}}$ 的转换过程可以用如下两个公式表示

$$\begin{bmatrix} x_M \\ y_M \\ z_M \end{bmatrix} = \begin{bmatrix} r_{11} & r_{12} & r_{13} & t_1 \\ r_{21} & r_{22} & r_{23} & t_2 \\ r_{31} & r_{32} & r_{33} & t_3 \end{bmatrix} \begin{bmatrix} X_M \\ Y_M \\ Z_M \\ 1 \end{bmatrix} \tag{2.8}$$

$$\begin{bmatrix} u_m \\ v_m \\ 1 \end{bmatrix} = \lambda \begin{bmatrix} f_x & s & u_o \\ 0 & f_y & v_o \\ 0 & 0 & 1 \end{bmatrix} \begin{bmatrix} x_M \\ y_M \\ z_M \end{bmatrix} \tag{2.9}$$

式中，$\lambda = 1/z_M$ 为尺度因子。像主点 $[u_o\ v_o\ 1]^{\mathrm{T}}$ 通常接近像平面中心的某一位置。用 $[\boldsymbol{R}|\boldsymbol{t}]$ 代表一个三维点的坐标从世界坐标系到相机空间坐标系的转换，式（2.9）可进一步简写为

$$\boldsymbol{m} \sim \boldsymbol{K}[\boldsymbol{R}|\boldsymbol{t}]\boldsymbol{M} \tag{2.10}$$

或

$$\boldsymbol{m} \sim \boldsymbol{P}\boldsymbol{M} \tag{2.11}$$

这个 3×4 的 $\boldsymbol{P}$ 矩阵称为射影相机矩阵（Camera Matrix）。相机中心 C 这一点在世界坐标系中的坐标为

$$[X_C\ Y_C\ Z_C]^{\mathrm{T}} = -\boldsymbol{R}^{\mathrm{T}}\boldsymbol{t} \tag{2.12}$$

因为 $\boldsymbol{R}$ 是正交矩阵，所以 $\boldsymbol{R}^{\mathrm{T}} = \boldsymbol{R}^{-1}$。

相机的运动等价于场景的反向运动，因此可以建模为

$$\boldsymbol{M}^{\mathrm{W}} = \begin{bmatrix} \boldsymbol{R}^{\mathrm{T}} & -\boldsymbol{R}^{\mathrm{T}}\boldsymbol{t} \\ \boldsymbol{0}_3^{\mathrm{T}} & 1 \end{bmatrix} \boldsymbol{M}^{\mathrm{C}} \tag{2.13}$$

容易证明 $\begin{bmatrix} \boldsymbol{R}^{\mathrm{T}} & -\boldsymbol{R}^{\mathrm{T}}\boldsymbol{t} \\ \boldsymbol{0}_3^{\mathrm{T}} & 1 \end{bmatrix}$ 是 $\begin{bmatrix} \boldsymbol{R} & \boldsymbol{t} \\ \boldsymbol{0}_3^{\mathrm{T}} & 1 \end{bmatrix}$ 的逆矩阵。

2.3.4　图像畸变数学模型

透视投影成像模型描述满足大多数相机的成像过程，但在某些情况下还要考虑到其他情况的影响，如径向畸变和对焦模糊等。在要求高精度测量或者使用低端相机时，这些因素的影响就必须考虑。

在光学系统中，需要考虑由目标点到单一图像或者到指定的几何位置所造成的误差，这些误差称为像差，在一般相机模型中存在着很多种像差（如像散、色差、球面像差、慧差、场相差曲率和畸变像差）。

实际使用的镜头的成像效果不会完全满足理想的小孔成像，最终的成像总会存在一些畸变。畸变是光线穿过相机镜头时发生的非线性现象，原因是镜头难以实现理想的薄度，特别是短焦距镜头。当现实情况不满足小孔相机的假设时，解决办法是将相机的数学模型进行扩展，加入图像畸变数学模型。

相机镜头引起的畸变可以通过数学建模的方法对畸变参数进行估计，进而获得对观测图像的适当的校准纠正结果。具体而言，透镜导致的图像失真的数学模型称为畸变模型。可以利用非线性优化的方法计算出畸变模型的系数，从而提供应用于数字图像处理中去除几何畸变的校正公式。

常用的图像畸变数学模型包含径向畸变模型和切向畸变模型。径向畸变和切向畸变在使用广角镜头（短焦镜头）的情况下尤其明显，成像点越远离像平面中心，这些畸变就越严重。径向畸变是指像素径向向图像中心或图像边缘偏移，这一现象是物体与透镜轴角度不同而受到不同的放大造成的。

Brown D. C. 在 1966 年提出了一种基于级数展开的镜头畸变的解析模型，该方法通过求解整体光束法平差，可以同时确定镜头参数、图像的外参数和控制点在相机空间坐标系下的三维坐标。1971 年，Brown D. C. 又提出利用透视投影直线保持的性质，通过图像中的直线特性，推导径向畸变和切向畸变。

这里介绍的畸变模型是由 Heikkilä J. 和 Silvén O. 在 1997 年进行扩展的模型。首先将成像点在像辅助空间坐标系下将深度按照主距 f 的比例归一化为单位 1 的深度。如图 2.13 所示，在 $z=1$ 的平面上，根据光心、像点和物点三点一线的原理，归一化投影平面上的坐标为

$$\begin{bmatrix} x' \\ y' \\ 1 \end{bmatrix} = \begin{bmatrix} x_M / z_M \\ y_M / z_M \\ 1 \end{bmatrix} \tag{2.14}$$

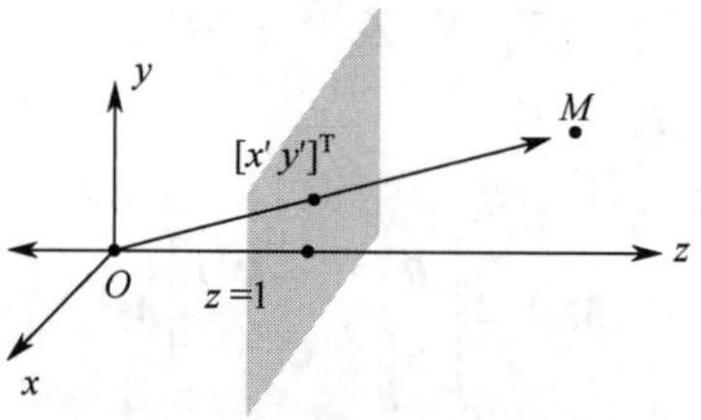

图 2.13　深度归一化的像空间坐标系

下面考虑畸变模型的像点计算式

$$\begin{cases} x'' = x' \dfrac{1 + k_1 r^2 + k_2 r^4 + k_3 r^6}{1 + k_4 r^2 + k_5 r^4 + k_6 r^6} + 2 p_1 x' y' + p_2 (r^2 + 2x'^2) \\ y'' = y' \dfrac{1 + k_1 r^2 + k_2 r^4 + k_3 r^6}{1 + k_4 r^2 + k_5 r^4 + k_6 r^6} + p_1 (r^2 + 2y'^2) + 2 p_2 x' y' \end{cases} \tag{2.15}$$

式中，$r^2 = x'^2 + y'^2$ 为径向距离，$k_1, k_2, \cdots, k_6$ 和 p_1, p_2 分别为径向畸变参数和切向畸变参数。

k_1 用来校正变化较小的中心位置，k_2 用来校正变化较大的边缘位置，k_3 用来校正鱼眼镜头，一般的镜头只需用到 k_1 和 k_2 两个参数。然后投影点在像平面上的实际观测位置的坐标为

$$\begin{bmatrix} u \\ v \\ 1 \end{bmatrix} = \begin{bmatrix} f_x & s & u_o \\ 0 & f_y & v_o \\ 0 & 0 & 1 \end{bmatrix} \begin{bmatrix} x'' \\ y'' \\ 1 \end{bmatrix} \tag{2.16}$$

图像的畸变通常是必须考虑的因素，对图像畸变进行纠正的过程叫作图像校正。图像校正需要用到相机的内参数标定的计算结果，对径向畸变和切向畸变的畸变像差进行补偿计算。对于光学结构固定的相机设备来说，这些内参数在标定之后对于相机而言拍摄的所有图像都是不变的。对于具有放大和聚焦功能的相机来说，焦距可以发生明显改变，主点位置也可能会改变，故需要重新标定。

2.3.5　光学相机的几何标定

“标定”一词本身是一个十分广泛的概念，现实应用中的标定任务包含辐射标定（Radiometric Calibration）、颜色标定（Color Calibration）、几何标定（Geometric Calibration）和噪声标定（Noise Calibration）等。通过光学相机的几何标定可以获得相机的内参数，利用这些参数能够通过几何校正（Rectification）的方法改善图像的质量。

光学相机的几何标定是航空图像处理中十分重要的一项处理内容，几何标定的相关参数主要包含内参数和外参数。其中，内参数是相机固有的参数，从出厂时刻就伴随而来。如果硬件系统不发生改变，在一次标定获得内参数之后，可以长期使用内参数。外参数则是反映相机在世界坐标系中的位置和姿态的参数，是一个与观测任务和观测场景相关的参数。在基于光学图像的三维场景建模、机器人视觉导航、视频目标跟踪定位等任务中，都会涉及相机的外参数的计算，也可以理解为相机或传感器在世界坐标系中的位置和姿态参数计算。

1. 内参数

在透视投影成像的过程中，光学相机使用镜头来增大进入像平面的光亮度，减小光线传输所需的能量。如图 2.14 所示，在实际应用的相机中，镜头要由多个透镜组成，因此透镜的成像效果不会像小孔成像那样完全符合线性模型的特点。光线传输穿过透镜在感光器件平面上产生非线性失真的现象就是图像畸变。

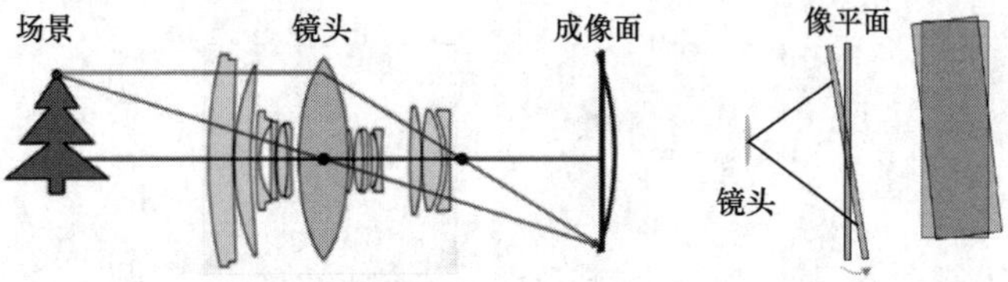

图 2.14　镜头与像平面的硬件位置关系

有了相机的主距和主点等参数，以及镜头的畸变参数，就可以得到完整的相机的固有几何参数，即相机的内参数。内参数主要包含：主距的像素长度参数 (f_x, f_y)、主点的像素坐标参数 (u_o, v_o)、像素的倾斜因子 s、镜头畸变的径向畸变参数和切向畸变参数（$k_1, k_2, \cdots, k_6$ 和 p_1, p_2）。

径向畸变一般是由透镜本身的形状造成的。在实际的工业生产中，透镜本身就是薄厚不一的，这导致物理世界中的一条直线投影到像平面时会变成一条曲线。相较于图像中心位置，靠近边缘位置的畸变会更明显。焦距越小，这些失真就越明显。由于机械模具制作的透镜是中心对称的，因此径向畸变一般也是中心对称的，径向畸变大致分为两种：桶形畸变和枕形畸变（见图 2.15）。

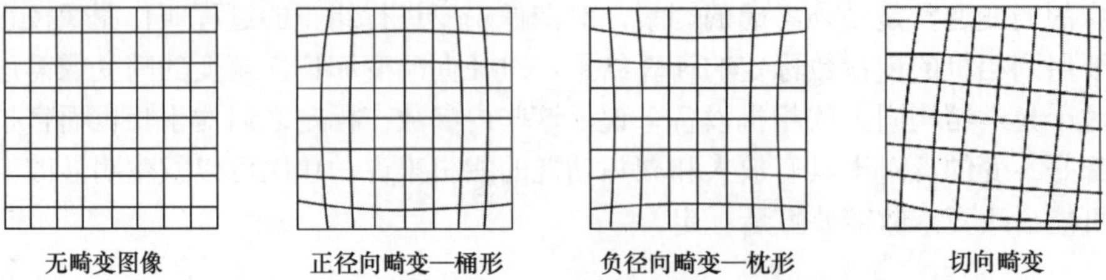

图 2.15　像素畸变的类型

切向畸变通常是由透镜安装位置不良造成的。当透镜没有与像平面保持完全平行时，镜头的主光轴偏向使其与像平面不完全垂直，就会产生切向畸变。图 2.16 给出了一组实验测定的径向畸变和切向畸变的分量在图像中的分布情况。畸变校正的工作就是使图像的这些失真变形得到纠正，如图 2.17 所示。

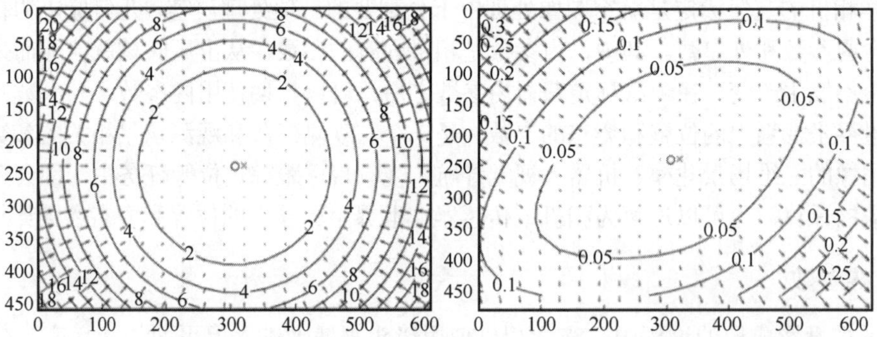

(a) 畸变模型的径向分量　　(b) 畸变模型的切向分量

图 2.16　径向畸变和切向畸变的分量在图像中的分布情况

(a) 由于镜头畸变的原因，天际线具有明显的弯曲畸变形状　　(b) 校正后的图中天际线恢复平直

图 2.17　畸变校正前后的一组无人机图像比较图

2．外参数

广义上的图像几何标定工作，除了包括解算出相机的内参数，还包含求解图像的外参

数。与内参数呼应，外参数是像空间辅助坐标系在观测目标所在的世界坐标系中的转换关系参数，由一组旋转角和平移向量表示，对应了式（2.17）中的 3×4 转换矩阵

$$\begin{bmatrix} r_{11} & r_{12} & r_{13} & t_1 \\ r_{21} & r_{22} & r_{23} & t_2 \\ r_{31} & r_{32} & r_{33} & t_3 \end{bmatrix} \tag{2.17}$$

这和一个三维点的坐标从世界坐标系到相机空间坐标系的转换$[\boldsymbol{R}\,|\,\boldsymbol{t}]$有相同的形式，但注意，这两者有不同的作用。

3. 标定方法

使用相机的标定技术可以对内参数和外参数分别进行标定，也可以将内外参数模型进行绑定，统一标定内外参数。相机标定方法包含传统相机标定方法、自标定法和主动视觉标定法等。

（1）传统相机标定方法。传统相机标定方法需要借助具有已知坐标的参照物，通过建立参照物与图像上的同名像素之间的对应关系，由特定算法来完成标定，获得相机的内参数和外参数。在工业测量领域，传统相机标定方法是相机标定最常使用的方法，因为这种方法具有较高的精度、较强的稳定性和可靠性。在工业测量时，对相机的内参数标定一般不需要实时处理，并且能够用多种灵活的方式交互设置标定物的控制条件。

标定使用的参照物可以分为平面参照物、三维参照物和三维标定场，如图 2.18 所示。当利用三维参照物做标定时，甚至可以只用一幅图像就完成解算。但三维参照物的构建和维护成本比较高，需要测量出三维点的高精度坐标，参照物的移动和组装过程都有可能造成这些三维点的坐标测量值发生变化。平面参照物的结构相对简单，制作起来也比较容易，但使用平面参照物的算法需要采集两幅或更多幅图像进行标定。

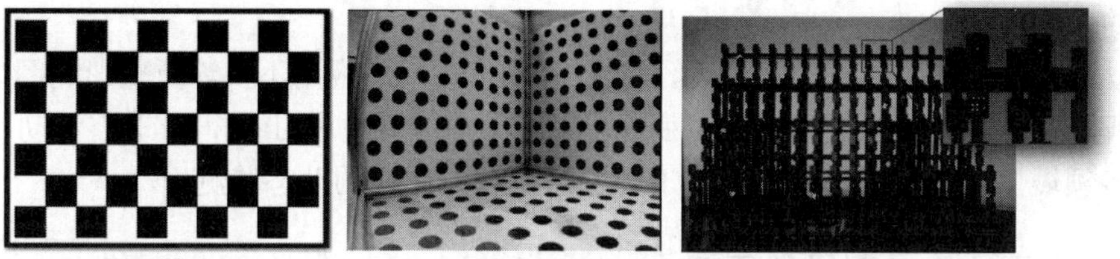

(a)　(b)　(c)

图 2.18　二维和三维标定参照物

此外，参照物的独立校准测量过程是必不可少的，即要事先获得精确的参照点的几何坐标。三维参照物的校准工作通常需要高精度的测量仪器（如测量机器人、经纬仪）和复杂专业的操作才能完成。由于已知标定物中参考点的精确坐标，因此这种标定方法的标定结果通常具有良好的精度。在传统相机标定方法中，常采用的算法包括 DLT 算法、Tsai1987 算法和张正友标定算法。

（2）自标定法。自标定法是不需要已知坐标的参照物的一种标定方法。自标定法源于 20 世纪 90 年代初，这种方法从图像上自动或半自动地提取特征点来作为控制点，仅依靠未标定的图像之间的几何关系确定相机参数，相对来说灵活方便。

目前出现的自标定法主要利用相机运动的约束。相机的运动约束条件太苛刻，因此使其在实际的很多应用中会失效。此外，利用场景约束是较常见的自标定法，它主要利用场

景中的一些平行或者正交的信息来解算内参数。在场景约束中，三维空间中的平行线在图像平面上的交点被称为灭点，即射影几何中二维平面上的无穷远点。灭点是射影几何中一个非常重要的特征，所以很多学者都研究了基于灭点的自标定法。

（3）主动视觉标定法。主动视觉标定法借助相机本身的已知的或可控的运动信息进行标定。采用这种标定法不需要参照物，只需运动相机本身就可以做标定。首先，约束相机在三维场景中做两组纯平移运动，用图像间的特征匹配结果来解算相机内参数，或者通过控制相机围绕光轴做旋转运动来解算相机内参数。该标定法的算法比较简单，通常可以获得线性解。但操作起来比较困难，并且不适用于运动参数未知且无法控制的场合。

在 20 世纪中期，航空摄影测量使用的相机基本都采用传统相机标定法在实验室内进行内参数标定工作。因为那一时期的航空相机的镜头以固定方式聚焦到无穷远并且不包含光圈（iris）元件，在这种情况下相机的主距等于焦距。可以利用一个含有标记的平板，确定透镜的角投影特性来计算主距。该方法为沿图像平面中的若干径向射线进行测量，以隐式模拟的方法找到能够最好补偿径向畸变的参数，选择补偿校准参数的平均值作为主距。像平面主点坐标是基于自准直方法确定的。另外，在一些立体测绘的装置中，可以通过光学校正元件补偿径向畸变。早期由于用于图像采集的胶片分辨率比较低，因此不考虑切向畸变的影响。

2.4 干涉合成孔径雷达成像

本节将介绍用于三维（3D）地形测量的干涉合成孔径雷达（Interferometric Synthetic Aperture Radar，InSAR）技术，InSAR 技术可以被用于定量地测量地表形变和检测随机地表变化。InSAR 通常不属于图像处理的一般范围，但它已成为机载遥感 SAR 数据处理中非常重要的一个领域。

InSAR 最初用来对地球表面测图，目前 InSAR 技术的应用不仅涉及地形测图，还涉及数字高程模型、洋流、水文、森林、变化监测、地面沉降、火山灾害、地震活动、极地研究等诸多领域。此外，InSAR 还可用于舰船监测和海岸线的动态监测。

2.4.1 雷达干涉测量的原理

许多航空成像应用任务，使用多幅 SAR 图像进行综合处理之后的数据作为输入。这些数据代表多个雷达的平均强度（或幅度）图像，能够减少雷达斑点。来自雷达回波信号的所有信息的原始 SAR 图像是一种单视复（Single Look Complex，SLC）图像。SLC 图像由复数像素组成，不仅记录了强度（从目标返回的微波信号的能量），还记录了取决于目标和雷达天线之间距离的信号的相位。

给定 SLC 像素的复数值：$c = a + \mathrm{i}b$，$\mathrm{i} = \sqrt{-1}$，则 c 的幅值 $M_c = \sqrt{a^2 + b^2}$ 。c 表示 SAR 强度图像，而 c 的相位角 $\varphi = \arctan(b/a)$。

InSAR 技术利用 SAR 的 SLC 图像中的相位信息进行地球和行星观测。SAR 干涉图显示了从近重复轨道拍摄的两幅 SAR 图像中同一物体对应像素之间的相位差，它将地形表示为干涉条纹。基于这一原理，InSAR 技术已被成功开发并用于地形测绘和测量地震、沉降、火山通缩、冰川流运动引起的地表形变。数字高程模型（DEM）生成的垂直精度为几十米，地表变化测量的垂直精度则为厘米级。

雷达波束名义上是单频电磁波，它的性质与单色相干光类似。当两个几乎平行的相干光束照射同一表面时，可以生成干涉图。同样的原理适用于雷达回波信号。

从历史上看，InSAR 技术的发展起源于 Yong T. 于 1801 年所做的“杨氏双缝干涉实验”（见图 2.19）。InSAR 正是受这一实验的启发而发展来的。InSAR 技术是 20 多年来发展起来的极具潜力的微波遥感新技术，它利用两副天线同时观测（单轨双天线模式）或两次近平行观测（重复轨道模式）获得同一地区的两景数据，通过获取同一目标对应的两个回波信号之间的相位差并结合轨道数据来获取高精度、高分辨率的地面高程信息。

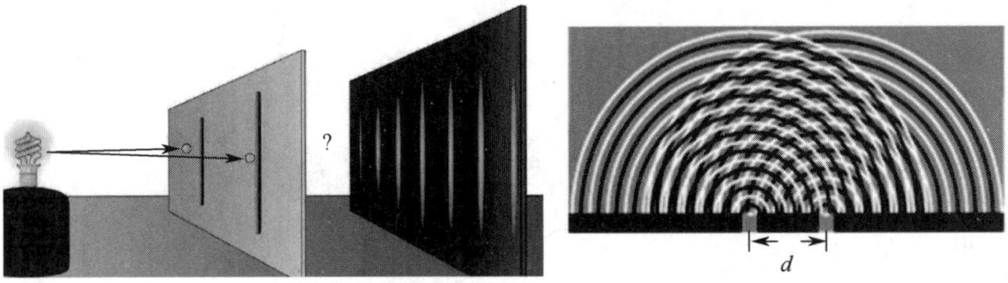

图 2.19　杨氏双缝干涉实验

SAR 干涉仪采集同一场景的两幅 SLC 图像，天线之间的距离 B 称为基线。对于单通道 SAR 干涉仪，如飞机或航天飞机上的 SAR 干涉仪通过基线 B 分开的两个天线同时采集两幅图像，一个天线用于发送和接收信号，另一个仅接收信号（见图 2.20）。

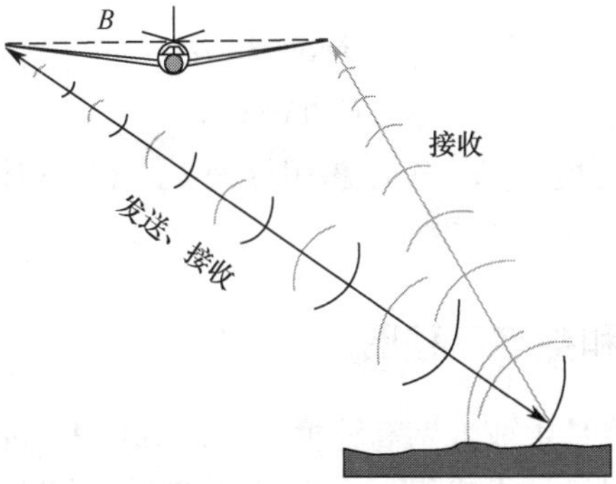

图 2.20　带有用于发送和接收信号的有源天线与仅接收信号的无源天线（相隔距离 B）的单通道 SAR 干涉仪

InSAR 的目的是导出 SAR 干涉图，即计算两幅相干 SLC 图像（通常称为条纹对）之间的相位差。首先，基于局部相关性和 SLC 中嵌入的位置数据，两幅 SLC 图像以亚像素精度逐像素地精确配准。然后，根据这两个像素的相位角 φ_1 和 φ_2，通过其复数计算两个对应像素之间的相位差 ϕ：

$$\phi = \varphi_1 - \varphi_2 \tag{2.18}$$

为了理解相位差和 InSAR 成像几何结构之间的关系，设想一个 SAR 系统从两个位置 A_1 和 A_2 观察同一地面条带，如图 2.21 所示，然后从距离 r（斜距）和 $r+\delta$ 观察接地点 C 两次。往返雷达回波信号之间的距离差为 2δ。

$$\phi = \frac{4\pi}{\lambda}\delta \tag{2.19}$$

即 2π 乘以往返差 2δ，再除以雷达波长 λ。

从图 2.21 中的三角形 A_1A_2C 中，根据余弦定理，允许由成像几何结构求解 δ，如下

$$(r+\delta)^2 = r^2 + B^2 - 2rB\cos\left[\frac{\pi}{2} - (\theta - \alpha)\right] \tag{2.20}$$

或
$$(r+\delta)^2 = r^2 + B^2 - 2rB\sin(\theta - \alpha)$$

式中，B 为基线长度，r 为到地面某一点的雷达倾斜距离，θ 为 SAR 视角，α 为基线相对于传感器水平面的角度。

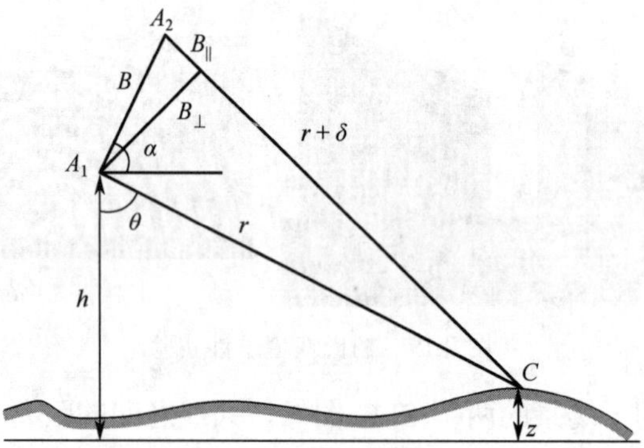

图 2.21 雷达干涉测量的几何学

基线 B 可以分解为垂直基线 $B_\perp$ 和平行基线 $B_\parallel$ 这两个分量

$$B_\perp = B\cos(\theta - \alpha) \tag{2.21}$$

$$B_\parallel = B\sin(\theta - \alpha) \tag{2.22}$$

InSAR 的应用在很大程度上基于干涉图相位差 ϕ、地形和地表形变之间的关系，其中基线 B，尤其是垂直基线 $B_\perp$ 起着关键作用。

2.4.2 雷达干涉图和数字高程图

InSAR 的一个主要应用是生成数字高程模型（DEM）。Roger A. E. 和 Ingalls R. P.（1969 年）率先将无线电波干涉测量技术应用到金星和月球表面的观测，成功提取了月球表面的高程信息。Graham L. C.（1974 年）首次提出了 InSAR 在地形制图方面的应用设想，并利用机载 InSAR 数据获取了能满足 1:250000 比例尺精度要求的高程地形图数据，开创了 InSAR 技术在对地观测中获取地表三维信息的先河。欧美一些发达国家在机载和星载（包括航天飞机）的合成孔径雷达的理论与应用方面做了大量的研究，获取了大量的商用 SAR 图像，其中以欧洲空间局（ESA）的 ERS1/2、ENVISAT ASAR，日本的 JERS-1、ALOS PALSAR，德国的 TerraSAR-X，加拿大的 RADARSAT-1、RADARSAT-2，意大利的 COSMO-SkyMed 等星载 SAR 图像为代表。

下面介绍通过 InSAR 处理生成 DEM 的基本原理。从图 2.21 可以清楚地看出，测量点 C 的高程可以定义为

$$z = h - r\cos\theta \tag{2.23}$$

式中，h 为传感器在基准面上方的高度。

式（2.23）看起来很简单，但从 SLC 图像中无法直接知道准确的 SAR 视角 θ，必须从 InSAR 提供的数据中找出这些未知因素。从 SAR 干涉图中，可以通过重新排列式（2.19）来表示 δ

$$\delta = \frac{\phi\lambda}{4\pi} \tag{2.24}$$

把式（2.20）修改为正弦函数左置的形式

$$\sin(\theta - \alpha) = \frac{r^2 + B^2 - (r+\delta)^2}{2rB} \tag{2.25}$$

在式（2.25）中，基线 B 和斜距 r 是已知的，并且 B 和 r 对于整幅条纹对图像都是一组常数，而唯一的变量 δ 可以使用式（2.24）根据相位差 ϕ 轻松计算，这样就得到了 $\sin(\theta-\alpha)$ 的值。

将式（2.23）中的 $\cos\theta$ 表示为 α 和 $\sin(\theta-\alpha)$ 的函数，有

$$\begin{aligned} z &= h - r\cos\theta = h - r\cos(\alpha + \theta - \alpha) \\ &= h - r\cos\alpha\cos(\theta-\alpha) + r\sin\alpha\sin(\theta-\alpha) \\ &= h - r\cos\alpha\sqrt{1-\sin^2(\theta-\alpha)} + r\sin\alpha\sin(\theta-\alpha) \end{aligned} \tag{2.26}$$

在式（2.26）中，基线相对于传感器水平面的角度 α 由成像状态决定，而 $\sin(\theta-\alpha)$ 可以使用式（2.24）和式（2.25）从干涉图的相位差 ϕ 导出，从而得出高程 z。

原则上，可以测量图像中每个点的相位差，并基于成像几何知识应用上述 3 个公式来生成高程数据。然而，其中存在一个问题，即 InSAR 测量的相位差是 2π 周期内的一个变量，或者是 2π 包裹的。图 2.22 显示了由 ERS-2 SAR 图像的条纹对生成的干涉图。图 2.22（b）所示的条纹图案类似于显示地形的等高线，但在数字上，这些条纹以重复的 2π 周期出现，不会给出实际的相位差。相位信息作为复数记录在 SAR 数据中，只能导出 2π 内的主相位值 ϕ_p。实际的相位差可能是 n 乘以 2π 加上 InSAR 测量的相位差，n 是整周模糊度。因此，实际相位差应为

$$\phi = \phi_p + 2n\pi \tag{2.27}$$

用斜距差表示为

$$\delta = \frac{\lambda\phi}{4\pi} = \frac{\lambda}{4\pi}(\phi_p + 2n\pi) = \frac{\lambda\phi_p}{4\pi} + \frac{n\lambda}{2} \tag{2.28}$$

因此，需要对干涉相位进行解缠，以消除 2π 周期的模糊性，从而生成 DEM 数据。对于 2π 周期的完美干涉图，可以通过基于空间搜索的方案精确地实现解缠，但是条纹对图像之间的各种去相关因素意味着 InSAR 干涉图通常是有噪声的。有许多成熟的技术来解缠有噪声的 InSAR 干涉图，每种技术都有其优点和缺点，相位解缠技术目前仍是一项研究重点，相位解缠的细节超出了本书的范围。还有其他必要的修正，如消除由地球曲率和两条路径之间的方向角引起的斜坡，因为它们通常不是完全平行的。一些商用 InSAR 软件包集成了相关功能。

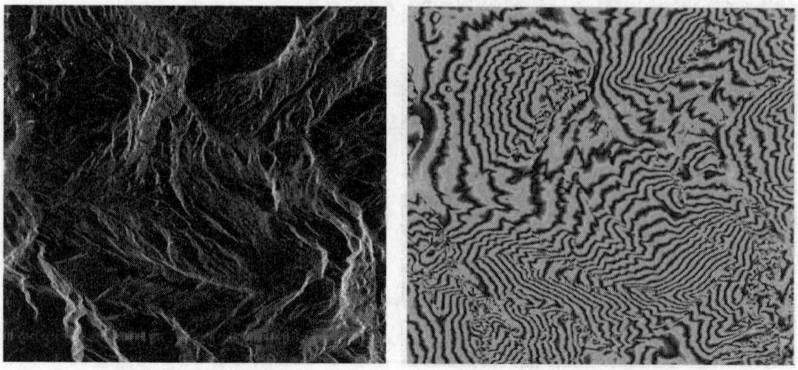

(a) ERS-2 SAR多视图像 (b) InSAR干涉图

图 2.22 ERS-2 SAR 多视图像和 InSAR 干涉图（2π 周期的条纹类似于显示地形的等高线）

现在证明高程分辨率与垂直基线 $B_\perp$ 成正比。高程 z 对倾斜范围增量 δ 的偏导数为

$$\frac{\partial z}{\partial \delta}=\frac{\partial z}{\partial \theta}\times\frac{\partial \theta}{\partial \delta} \tag{2.29}$$

由式（2.23）得

$$\frac{\partial z}{\partial \theta}=r\sin\theta \tag{2.30}$$

由式（2.20）得

$$\frac{\partial \theta}{\partial \delta}=-\frac{r+\delta}{Br\cos(\theta-\alpha)} \tag{2.31}$$

考虑 δ 与 r 相比非常小，因此有

$$\begin{aligned}\frac{\partial z}{\partial \delta}&=r\sin\theta\left[-\frac{r+\delta}{Br\cos(\theta-\alpha)}\right]\\&\approx-\frac{r\sin\theta}{B\cos(\theta-\alpha)}=-\frac{r\sin\theta}{B_\perp}\end{aligned} \tag{2.32}$$

然后，可以导出高程 z 对相位差 ϕ（干涉图）的偏导数。由式（2.24）得

$$\frac{\partial \delta}{\partial \phi}=\frac{\lambda}{4\pi} \tag{2.33}$$

$$\frac{\partial z}{\partial \phi}=\frac{\partial z}{\partial \delta}\times\frac{\partial \delta}{\partial \phi}\approx-\frac{\lambda r\sin\theta}{4\pi B_\perp} \tag{2.34}$$

因此，对于相位增量 $\Delta\phi$，有

$$\Delta z=-\frac{\lambda r\sin\theta}{4\pi B_\perp}\Delta\phi \tag{2.35}$$

在此状况下对于一个条纹周期，$\Delta\phi=2\pi$，有

$$\Delta z_{2\pi}=-\frac{\lambda r\sin\theta}{2B_\perp} \tag{2.36}$$

式（2.36）中的分子是恒定的，因此 $B_\perp$ 越大，2π 周期的高程增量越小，高程分辨率越高。鉴于 $r=h/\cos\theta$，可以把式（2.36）重写为

$$\Delta z_{2\pi} = -\frac{\lambda h \tan\theta}{2B_\perp} \tag{2.37}$$

对于 ENVISAT 卫星的 SAR 传感器情况，参数 λ=0.056m，h=800 000m，SAR 视角 θ = 23°，$B_\perp$=300m，则得到$|\Delta z_{2\pi}|\approx$31.7m。可以发现，即使在 300m 垂直基线下，InSAR 的高程分辨率也不是很高。这是因为根据图 2.21 所示的几何结构，从相位差到高程的转换是间接的。

如式（2.37）所示，$B_\perp$ 允许从不同视角观察相同高度的地面位置，这是使用 InSAR 生成 DEM 的关键因素，类似于从一对立体图像生成 DEM，尽管基于完全不同的原理。作为一个简单的演示，考虑一种特殊情况，即 $B_\perp$=0，其中在相同视角下从两幅 SAR 图像中观察一个点，如图 2.23 所示，那么 $\delta = B_\| = B$ 是一个常数，与 SAR 视角 θ 无关。在这种独特的情况下，干涉图相对于位置是恒定不变的，因此它不包含地形信息，故在 $B_\perp$ 非常小时，SAR 条纹对高程不敏感。另外，非常大的 $B_\perp$ 虽然对高程更敏感，但会显著降低相干水平，从而降低干涉图的信噪比（SNR），因为两个雷达波束变得不那么平行。大多数 InSAR 应用要求 $B_\perp / r$ 的值小于1/1000，将其转换为轨道高度约为800km、标称SAR视角为23° 的ERS-2 和 ENVISAT，有效 InSAR 的理想 $B_\perp$ 应小于 1000m。

现在利用 InSAR 技术在平坦地区可以取得 2m 左右的高程精度，地形起伏较大地区的高程精度可以达到 5m 左右（见图 2.24）。

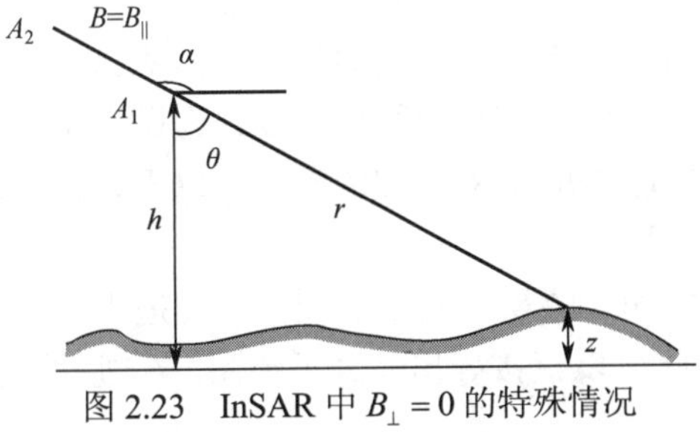

图 2.23　InSAR 中 $B_\perp = 0$ 的特殊情况

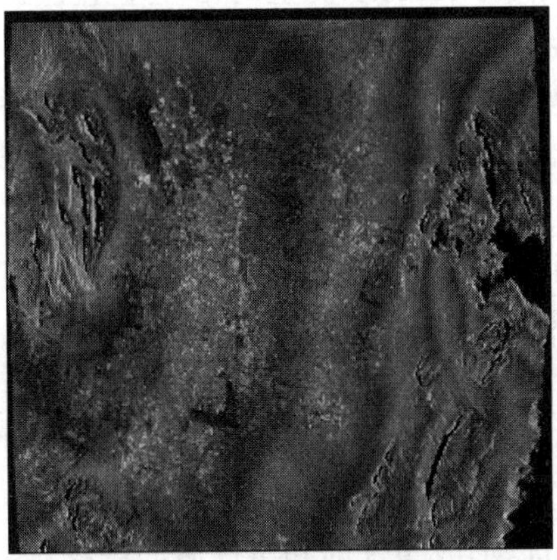

图 2.24　InSAR 提取的 DEM（每个干涉条纹代表 160m 高程差）

2.4.3　DInSAR 和变形测量

差分干涉合成孔径雷达（Differential InSAR，DInSAR）是由合成孔径雷达复数图像的相位信息获取地表变化信息的技术，是合成孔径雷达卫星应用的一种拓展。雷达图像的差分干涉图可用于监测厘米级或更微小的地表形变。Grabriel A. K.（1989 年）等首次论证了 DInSAR 技术可被用于探测厘米级的地表形变，并用 Seasat L 波段 SAR 数据测量美国加利福尼亚州东南部的英佩瑞尔河谷（Imperial Valley）灌溉区的地表形变。但在当时这项工作没有得到足够的重视，直到 Massonnet D. 等人利用 ERS1/2 SAR 数据采集了 Landers 地震（M=7.2，1992 年）的形变场，并将 DInSAR 的测量结果与其他类型的测量数据以及弹性形变模型进行比较，结果相当吻合。这项研究成果发表在 *Nature* 期刊上，引起了国际地震界的震惊，至此 DInSAR 技术在探测地表形变方面的能力才被大家所认识。DInSAR 从此发展成为一种专门探测地表形变的新技术，可高精度地探测大面积的微小地表形变。

DInSAR 是基于星载雷达干涉仪在同一区域上空重复过境的形式实现的。如图 2.25 所示，如果地形因断层上的地震而变形，则变形将直接转换为两次 SAR 观测之间的相位差，即地震前、后的相位差。

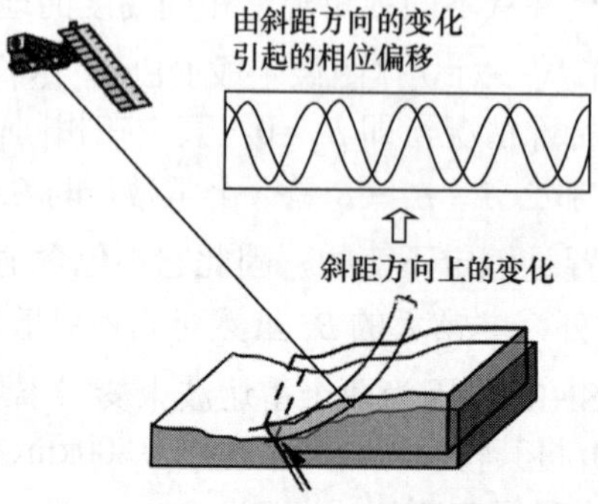

图 2.25 通过差分 InSAR 测量的地表形变引起的相移图示

如图 2.22 所示，如果精确控制卫星轨道以从完全相同的位置或至少 $B_{\perp}=0$ 进行两次重复观测，则 InSAR 测量的相位差完全由倾斜方向的变形产生。然而，在大多数具有 SAR 传感器系统的地球观测卫星中，不太可能完美获得这种理想的零基线情况。所以一般而言，跨地表形变事件的 SAR 测量采用的是基线 $B_{\perp}\neq 0$ 条件，因而两次测量到的相位差是由地表形变和地形本身高度起伏两种因素混合形成的。从逻辑上讲，从地表形变之前的两个 SAR 测量值生成的干涉图，与从变形事件中的两个 SAR 测量值生成干涉图之间的差异，应该能够抵消地形本身高度起伏的因素影响，并保留仅代表地表形变的相位差。所以，可以从原始干涉图或展开的干涉图实现地形消除。然后，DInSAR 的结果可以作为微分干涉图或变形图（展开的微分干涉图）呈现。为了简化描述 DInSAR 处理的概念，以下讨论中的相位差指的是真实的相位差，而不是 2π 包裹的主相位值。

使用地表形变事件发生前两幅 SAR 图像和一幅事件发生后图像（在适当的基线范围内），可以形成事件前和事件后的条纹对，因此可以直接导出差分干涉图。经过地球曲率平坦化校正后的 DInSAR 公式为

$$\Delta\phi=\phi_{2\text{flat}}-\frac{B_{2\perp}}{B_{1\perp}}\phi_{1\text{flat}}=\frac{4\pi}{\lambda}D \tag{2.38}$$

$$\phi_{\text{flat}}=\frac{4\pi}{\lambda}(\theta-\theta_0)\cdot B_{\perp} \tag{2.39}$$

式中，θ_0 为假设地面上的局部高程为零（地球的参考椭球体）的图像中每个点的视角；$\phi_{1\text{flat}}$ 和 $\phi_{2\text{flat}}$ 分别是经过地球曲率平坦化校正的形变事件发生前的干涉图和形变事件发生后的干涉图；D 为经过陆地表面在雷达视线（Line Of Sight，LOS）中的位移。

两个条纹对的垂直基线之间的比例是必要的，因为根据式（2.37），相同的 2π 相位差可能表示不同的高程，而这取决于 $B_{\perp}$。该操作消除了固定的地形影响，揭示了陆地表面的几何形变。式（2.38）表明，D 与差分相位差 $\Delta\phi$ 成正比，因此 DInSAR 可以提供优于 SAR 波长一半的地表形变测量的毫米级精度。例如，ENVISAT 的 C 波段 SAR 载荷的波长为

56mm，因此，斜距方向的 28mm 的地表形变将与形变事件前后 C 波段 SAR 干涉图中的 2π 相位差相关。

如果已经有了调查区域的高质量 DEM 数据，则有一种替代方法，即可以使用 DEM 数据和人工估计的形变事件前后基线长度，计算一幅 ϕ_1 的模拟图像 $\phi_{1\text{sim}}$。在这种情况下，DInSAR 是形变事件前后的 SAR 干涉图 ϕ_2 与基于 DEM 模拟的干涉图 $\phi_{1\text{sim}}$ 之间的简单差异，即存在计算关系

$$\Delta\phi = \phi_2 - \phi_{1\text{sim}} = \frac{4\pi}{\lambda}D \tag{2.40}$$

使用 DEM 生成 $\phi_{1\text{sim}}$ 的优点在于，即使没有事前合适的 SAR 条纹对仍然能够计算，并且在不需要展开的情况下可以保证 $\phi_{1\text{sim}}$ 的质量。2.4.4 节将进一步讨论 SAR 干涉图的质量通常会因去相干因素而显著降低，因此，相位展开将不可避免地引入误差。

InSAR 测量的倾斜范围方向的形变 D 通常称为 LOS 位移。值得注意的是，基于 SAR 的侧向成像的几何原理，垂直或水平或两个方向的形变都会产生相同的 LOS 位移。如图 2.26 所示，地表形变将使点 A 移动到位置 A' 或位置 A''，将在相同定向上产生相同的 LOS 位移。事实上，水平运动和垂直运动的任何组合形式将使点 A 移动到线 $A'A''$ 上的某个位置，都会产生相同的 LOS 位移。

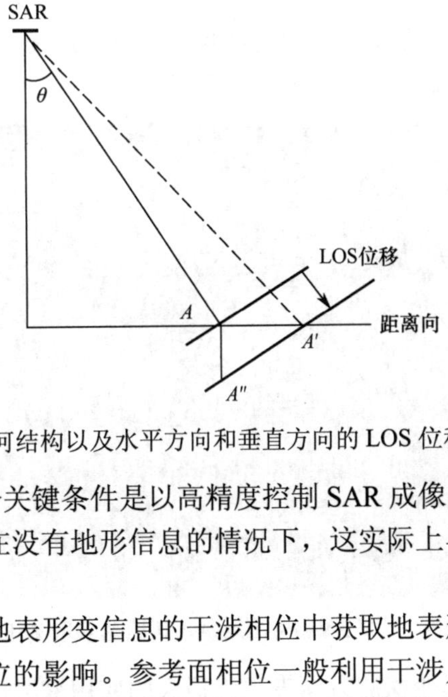

图 2.26　SAR 成像的几何结构以及水平方向和垂直方向的 LOS 位移与地表形变之间的关系

显然，DInSAR 的一个关键条件是以高精度控制 SAR 成像的卫星位置，并频繁记录，以确保准确的基线计算。在没有地形信息的情况下，这实际上与直接测量形变的 DInSAR 相同。

综上所述，要从包含地表形变信息的干涉相位中获取地表形变量，需要从干涉相位中去除参考面相位和地形相位的影响。参考面相位一般利用干涉几何和成像参数，通过多项式拟合去除。对于地形相位，需要利用多余的 SAR 观测数据或已知的 DEM，通过二次差分处理消除。根据去除地形相位采用的数据和处理方法，可将差分干涉测量分为二轨法、三轨法、四轨法，不同方法的数据处理过程不相同。二轨法利用研究区域地表形变事件发生前后的两幅 SAR 图像生成干涉图，然后利用外部 DEM 数据模拟该区域的地形相位，并从干涉图中剔除模拟的地形相位得到研究区域的地表形变相位信息。三轨法利用研究区域的 3 幅 SAR 图像，其中两幅在形变前或形变后获取，另一幅要跨越形变期获取。选其中一

幅 SAR 图像为公共主图像，其余两幅 SAR 图像为从图像，分别与选定的主图像进行干涉生成两幅干涉图：一幅反映地形信息，另一幅反映地形和形变信息。最后将两幅干涉图进行再次差分，就获得了只反映地表形变的信息。四轨法同三轨法类似，四轨法利用 4 幅 SAR 图像，其中两幅 SAR 图像在形变前获取，另两幅在形变后获取。其中两幅 SAR 图像进行干涉形成地形对，另两幅 SAR 图像进行干涉形成地形和形变对，同样对这两幅干涉图进行再次差分处理，得到形变相位。

在许多应用中，并不总是需要经过这种相当复杂的处理来生成差分 SAR 干涉图。由地形和地表形变引起的条纹图案基于不同的原理，因此它们在空间上非常不同，通常可以使用视觉分离进行定性分析。此外，由地表形变引起的条纹是从形变到相位差的直接转换，因此它们通常是局部的，并且显示出比地形条纹明显更高的密度，特别是在具有短 $B_{\perp}$ 的干涉图中。对于没有明显地形起伏的平坦区域，形变事件发生前后的 SAR 干涉图中任何明显的条纹图案都应该是地表变形的结果。在这种情况下，可以非常简单地将 InSAR 用于 DInSAR。

图 2.27 是一幅 ENVISAT ASAR 传感器获取的干涉图（覆盖在 Landsat 7 ETM+真彩色合成图像上），显示了 2003 年 9 月 27 日西伯利亚阿尔泰地区发生的 7.3 级地震引起的地表形变。高质量条纹主要在盆地内产生，在海拔小于 250m 的范围内缓慢变化。传感器使用的波长 λ=56mm，轨道姿态 h=800km，视角 θ=23°。因此，250m 的高程范围转换为不超过 5 个 2π 条纹。该干涉图中的密集条纹图案主要由地震形变产生。尽管人们说 DInSAR 可以在毫米尺度上测量形变，这里的尺度指的是图像像素中 SAR 斜距方向（LOS）的平均形变，但还无法获得精确位置点形变的绝对测量值。

图 2.27　一幅 ENVISAT ASAR 传感器获取的干涉图

尽管 DInSAR 技术在形变探测方面表现出极大的应用潜力，并获得了一些成功的应用成果，但该技术要完全走向实用化，还受到多方面因素的影响和制约。

（1）时间失相关。时间失相关是 DInSAR 应用于区域地表形变探测的一个重要限制，尤其在植被覆盖地区，时间间隔稍长就可能引起相位严重失相关而无法获得可靠的干涉测量结果。

（2）空间失相关。空间失相关是由不同雷达侧视角导致雷达散射信号的差异。一般情况下，单通双天线系统几乎不存在空间失相关，而星载重复单天线系统受空间失相关的影响较为显著。获取两幅 SAR 图像的轨道空间间隔越大，干涉相位噪声水平也越高，大大限制了有效干涉对的可用数量，使得干涉测量只能局限在部分满足基线条件的 SAR 图像上进行，这对于那些长期累积的微小地表形变探测来说，探测工作变得异常困难甚至不可能完成。

（3）大气延迟。易变的大气条件可能导致不同的相位延迟，这种不一致性既表现在时间尺度上，也表现在空间尺度上。严重的大气延迟会模糊甚至掩盖感兴趣的信号，若不能完整地提取或剔除大气相位分量，则大气相位分量很容易被误认为是地形起伏或地表形变，这极大地降低了使用 InSAR 技术提取地面高程或地表形变的可靠性。

（4）无法探测单个目标的变形。受雷达空间分辨率的影响，该技术只能探测大面积的地表形变，要监测单个目标（如某个建筑物）的形变，对雷达差分干涉来说还是一个极大的挑战。

要解决 DInSAR 中的失相关和大气效应问题，只能通过数据处理的手段来解决。到目前为止，已发展了两种方法：数据融合法和永久散射体法。不过，数据融合法只能在一定程度上减小大气延迟的影响，还不能解决失相关问题。永久散射体法同时解决了差分干涉测量中的大气效应、时间失相关和空间失相关问题，是目前差分干涉测量中解决上述问题的最好方法之一。

2.4.4　多时间相干图像

到目前为止，重复通过 InSAR 的应用在任何受连续随机变化影响的区域都受到很大限制，如在茂密的植被覆盖区。为了生成有意义的干涉图，两幅 SAR 图像必须高度相干或具有高相干性，InSAR 相位相干性是两幅 SAR 图像之间局部空间相关性的度量。两次采集之间地面散射体的任何随机变化都将导致相位的不规则变化，从而降低相干性。特别是在倾斜距离方向上超过雷达波束一半波长的随机变化将导致相干性的完全丧失。

如图 2.28 所示，地震等引起的地表形变通常包括块体 3D 位移，该位移在很大程度上不会随机改变表面散射体。图 2.28（a）和图 2.28（b）之间沿断层的块体运动导致与两个块体之间的运动方向相同的相干相移，而每个断层块内部都没有随机相移，因此产生了记录地表形变的良好干涉图。换言之，只要没有其他因素导致陆地表面的随机变化，来自地面散射体的回波 SAR 信号的相位都将以与块体运动相同的方式移动［图 2.28（d）］；这种集体相干相移可以记录为高质量 SAR 干涉图，给出形变的定量测量结果［图 2.28（f）］。然而，如果陆地表面受到随机变化的影响，散射体的相位会发生随机变化，不再是一致的［图 2.28（e）］；相干性因此丢失，干涉图变得混乱［图 2.28（g）］。

任何土地表面都会受到许多不相关因素的影响，如植被生长、风沙和侵蚀。由于陆地表面的随机变化是累积的，具有长时间间隔的 SAR 条纹对可能具有低相干性（时间失相关），因此不能用于产生高质量的干涉图。低相干性意味着缺乏干涉信息，但这在指示陆地表面的随机变化时可能仍然有用，尽管它不能提供这些变化性质的直接信息。随着 InSAR 技术和应用的发展，多时相的相干图像作为地表形变检测信息源的价值得到了广泛认可，并报告了许多成功的应用案例。

两幅 SLC SAR 图像的相位相干性表示两次测量之间表面目标的雷达反射特性的局部

相关性，这可以通过对复杂 SAR 数据的 N 个相邻像素进行总体平均来估计，有

$$\rho = \frac{\left|\sum_{l=1}^{N} z_{1l} z_{2l}^{*}\right|}{\left(\sum_{l=1}^{N} z_{1l} z_{1l}^{*} \sum_{l=1}^{N} z_{2l} z_{2l}^{*}\right)^{1/2}} \tag{2.41}$$

式中，ρ 为相干幅度估计，z_1、z_2 为两个 SAR 图像的复数值，$*$ 为复数的共轭。显然，ρ 的取值范围是[0, 1]，表示从完全不相干到完全相干。

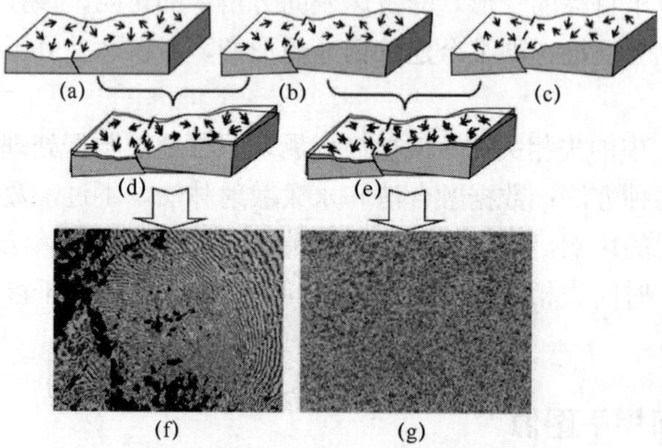

图 2.28　地表形变和随机表面变化对干涉图的影响［图（a）至图（e）中的小箭头表示来自地面散射体的返回 SAR 信号的相角］

除为 SAR 干涉图提供质量评估外，干涉相干技术已被广泛用于快速侵蚀、人类活动引起的土地扰动和地震破坏评估等现象的表面随机变化检测。图 2.29 显示了一个应用示例，显示了撒哈拉沙漠某区域的 ERS-2 SAR 多视图像［图 2.29（a）］和该区域的相干图像［图 2.29（b）］，该图像来自两次 SAR 采集，时间间隔为 350 天。相干图像显示了一个暗直线网格，表示在两次 SAR 采集之间的 350 天内进行的地震测量线，而 InSAR 对第二次采集的多视图像没有显示任何内容。为了进行地震勘探，人们挖了壕沟来放置地震传感器，从那时起，地表恢复了原样。因此，在多视图像中看不到这些地震勘探线的迹象。另外，沿测量线的陆地表面材料受到严重干扰，其散射特性发生改变，随机变化导致相干图像中显示的相干性都损失了。

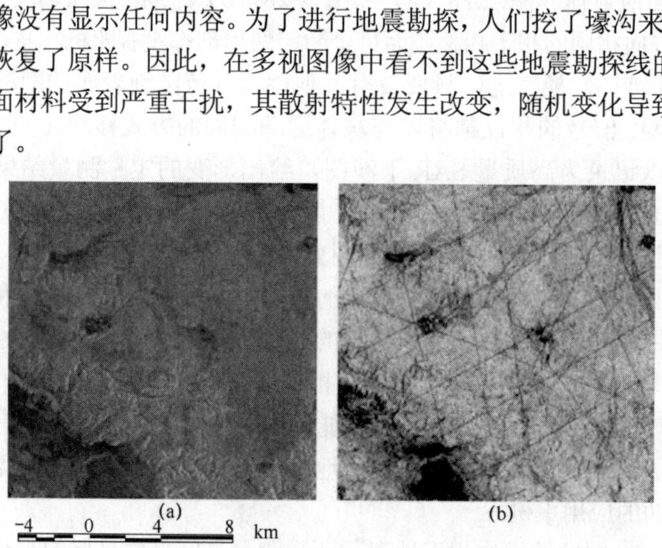

图 2.29　一幅 ERS-2 SAR 多视图像和一幅 InSAR 相干图像

2.4.5　空间去相关和比率相干技术

除在两次 SAR 图像采集之间的时间随机地表变化因素外，还有其他因素可能导致 InSAR 相干图像的相干丢失。在这些去相关因素中，基线和地形因素通常被称为空间去相关，因为它们与传感器位置和目标分布的几何关系相关。在起伏较大的地形中，由坡度角导致的地形相关性通常是主要的相关性因素。这种类型的去相关是侧视和测距 SAR 系统的固有特性。去相关是压倒性的，特别是在缩短或停留的斜坡上，相干度急剧下降到零。这种斜坡的低相干性特征很容易在相干性图像中被误解为不稳定的地表，即使在高度稳定的斜坡上，也会受到地形快速随机变化因素的影响。重要的是将地形空间去相关与时间去相关分开，以实现对随机地表变化的有效检测。

相位相干性随着 $B_\perp$ 的增大而降低，如下

$$\rho_{\text{spatial}} = 1 - \frac{2R_y \cos\beta}{\lambda r} B_\perp \tag{2.42}$$

式中，β 为入射角，R_y 为地面距离分辨率，λ 为雷达波长，r 为从雷达传感器到分辨率元件中心的距离（斜距）。

通常，具有小 $B_\perp$ 的 SAR 条纹对对于相干图像应用是理想的。根据式（2.42）可以进一步证明，空间去相关的影响随地形的不同而变化。设 θ_0 表示 SAR 的标称视角（ERS-2 为 23°），α 是从水平向上测量的局部地形坡度，雷达入射角 $\beta=\theta_0-\alpha$［图 2.30（a）］。因此，地面距离分辨率是局部地形坡度的函数

$$R_y = \frac{c}{2B_w\left|\sin(\theta_0-\alpha)\right|} \tag{2.43}$$

式中，c 为光速，B_w 为传输的啁啾信号的频率带宽。

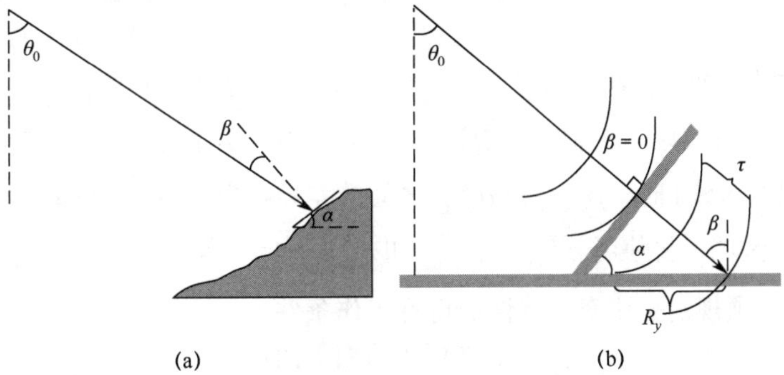

图 2.30　标称视角 θ_0、入射角 β 和局部地形坡度 α 之间的关系

给定标称视角 θ_0 和入射角 β，地面距离分辨率 R_y 由局部地形坡度 α 决定。当斜率垂直于入射雷达波束或 β=0 时，地面距离分辨率 R_y 是不确定的。当地面几乎与雷达波束正交时，R_y 会迅速增加，如果 $\alpha=\theta_0$，则会变得无限大（见图 2.30）。注意，R_y 实际上被限制为有限值，因为局部地形坡度不是无限大的。因此，在给定的局部地形坡度的情况下，较大的 R_y 值对去相关的影响是显著的。将式（2.43）代入式（2.42），得到了一个修正的空间去相关函数，它可作为垂直基线和局部地形坡度的函数

$$\rho_{\text{spatial}} = 1 - AB_{\perp}\left|\cot(\theta_0 - \alpha)\right| \tag{2.44}$$

式中，$A = c / \lambda\pi B_w$，是 SAR 系统的常数。

该空间去相关函数描述了地形去相关和基线去相关的行为。对于给定的基线，相关性随着局部地形坡度接近标称入射角而降低，而基线的增加将加速相关性的恶化。

下面介绍一种用于分析和分离空间去相关与时间去相关现象的比率相干方法。返回雷达信号的近似总观测相关性可以概括为时间相关性和空间相关性的乘积

$$\rho = \rho_{\text{temporal}} \cdot \rho_{\text{spatial}} = \rho_{\text{temporal}} \cdot \left(1 - AB_{\perp}\left|\cot(\theta_0 - \alpha)\right|\right) \tag{2.45}$$

考虑按时间顺序命名为 1、2 和 3 的 3 个 SAR 观测值，可以通过将具有长时间间隔的相干图像除以具有相对短时间间隔的另一幅相干图像来建立比率相干图像。

$$\begin{aligned}\frac{\rho^{13}}{\rho^{12}} &= \frac{\rho_{\text{temporal}}^{13}}{\rho_{\text{temporal}}^{12}} \cdot \frac{\rho_{\text{spatial}}^{13}}{\rho_{\text{spatial}}^{12}} \\ &= \frac{\rho_{\text{temporal}}^{13}}{\rho_{\text{temporal}}^{12}} \cdot \frac{1 - AB_{\perp}^{13}\left|\cot(\theta_0 - \alpha)\right|}{1 - AB_{\perp}^{12}\left|\cot(\theta_0 - \alpha)\right|}\end{aligned} \tag{2.46}$$

其中，上标表示每幅相干图像的图像对。可以声明相干的总比率由时间比率和空间比例组成，即

$$\eta = \eta_{\text{temporal}} \cdot \eta_{\text{spatial}} \tag{2.47}$$

从上述方程可以得出以下结论。

（1）显然，时间比率部分总是满足 $\eta_{\text{temporal}} \leqslant 1$，因为时间变化是累积过程，并且对于时间间隔 $\Delta T^{13} > \Delta T^{12}$，$\rho_{\text{temporal}}^{13} \leqslant \rho_{\text{temporal}}^{12}$ 总是正确的。

（2）如果基线 $B_{\perp}^{13} \geqslant B_{\perp}^{12}$，则 $\rho_{\text{spatial}}^{13} \leqslant \rho_{\text{spatial}}^{12}$，因此空间比率 $\eta_{\text{spatial}} \leqslant 1$ 和所有斜率的总比率 $\eta \leqslant 1$。

（3）对于 $B_{\perp}^{13} < B_{\perp}^{12}$ 的情况，$\rho_{\text{spatial}}^{13} > \rho_{\text{spatial}}^{12}$，并且一般空间比率 $\eta_{\text{spatial}} > 1$。当局部地形几乎垂直于入射雷达波束（局部地形坡度角接近雷达视角）且空间比率异常高（$\eta_{\text{spatial}} \gg 1$），产生相干的总比率 $\eta \gg 1$ 时，$\rho_{\text{spatial}}^{13}$ 和 $\rho_{\text{spatial}}^{12}$ 之间的差异将变得显著。然而，对于直接面向雷达的斜坡以外的区域，将使用 $\rho_{\text{spatial}}^{13} \approx \rho_{\text{spatial}}^{12}$ 和 $\eta_{\text{spatial}} \approx 1$。

上述第（3）项规定了比率一致性的可行工作条件

$$\eta = \frac{\text{长}\Delta T\text{短}B_{\perp}\text{的相干图像}}{\text{短}\Delta T\text{长}B_{\perp}\text{的相干图像}} \tag{2.48}$$

式（2.48）指定了比率相干图像，其中分子相干图像具有比分母相干图像更长的时间间隔和更短的基线。该比率相干图像提供了来自空间和时间去相关的去相干特征的有效识别和分离，如下所示（见图 2.31）：

（1）沿雷达斜坡的总地形不相关区域被突出显示为亮特征，因为 $\eta_{\text{spatial}} \gg 1$，所以 $\eta \gg 1$；

（2）陆地表面随机变化的时间去相关表现为暗特征，因为对于不受严重地形去相关影响的区域，$\eta_{\text{temporal}} < 1$ 并且 $\eta_{\text{spatial}} \approx 1$，因而 $\eta < 1$；

（3）不受时间去相关或空间去相关影响的稳定区域显示为灰色背景，其中随着 $\eta_{\text{temporal}} \approx 1$ 和 $\eta_{\text{spatial}} \approx 1$，有 $\eta \approx 1$。

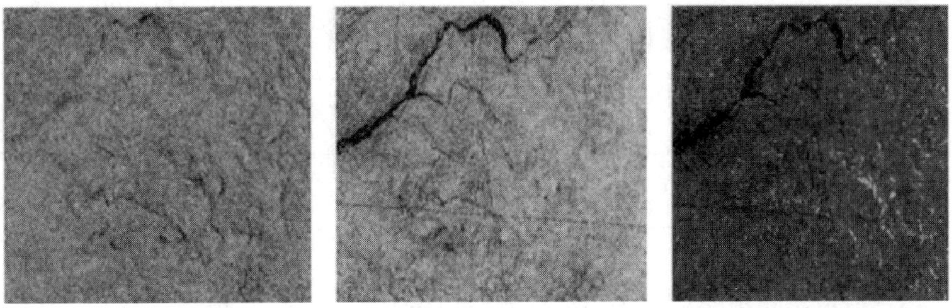

(a) Coh1：35天和 $B_{\perp}$=263m的相干图像（短时间间隔，长基线）
(b) Coh2：350天和 $B_{\perp}$=106m的相干图像（长时间间隔，短基线）
(c) 比率相干图像Coh2/Coh1：亮特征表示面对雷达照明的陡坡上的地形去相关，而暗特征在基本稳定的灰色背景上检测到随机变化

图 2.31　生成比率相干图像

2.4.6　条纹平滑滤波器

如图 2.32（a）所示，时间去相关和空间去相关会导致相干性降低，重复通过 SAR 干涉图通常会产生噪声。如果可以通过平滑来降低噪声，干涉图的质量就可以显著提高。由于干涉图为 2π 模包裹的不连续周期函数（见图 2.33），因此普通的平滑滤波器不直接适用于降噪。

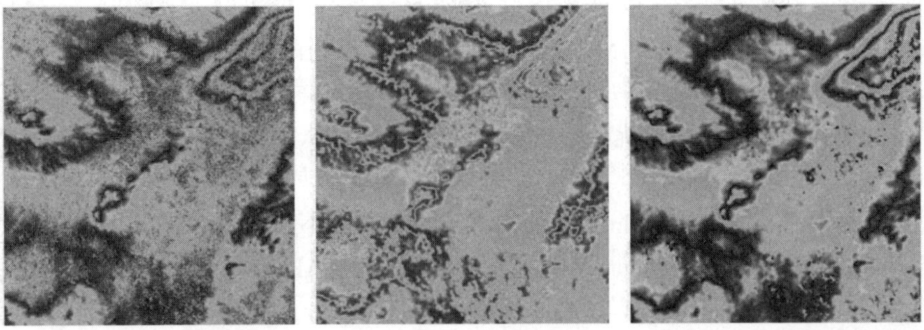

(a) 因时间去相关和空间去相关，原始干涉图的噪声很大
(b) 使用5×5平滑滤波器于干涉图会涂抹条纹图案，使数据退化
(c) 使用5×5平滑滤波器进行条纹平滑滤波后，干涉图条纹比原始条纹保持得更好、更平滑、更清晰

图 2.32　平滑滤波的示例

如图 2.32（b）所示，将平滑滤波器直接应用于干涉图将沿条纹边缘计算出极高值和极低值的平均值，从而产生假数据，使干涉图不可用。一种简单可行的方法是对相位条纹进行滤波，该技术具有以下步骤。

（1）如图 2.33 所示，对于干涉图 ϕ，$\sin\phi$ 和 $\cos\phi$ 是 ϕ 的连续函数，因此将原始干涉图转换为 $\sin\phi$ 和 $\cos\phi$ 的图像，所有三角函数都被包裹在长度为 π 的模中。在 2π 周期内，只能从 $\sin\phi$ 中检索[0, π/2]和[3π/2, 2π]范围内的角度，从 $\cos\phi$ 中检索[0, π]。通过正切函数，$\sin\phi$ 和 $\cos\phi$ 的组合允许检索原始 2π 周期中的相位角。

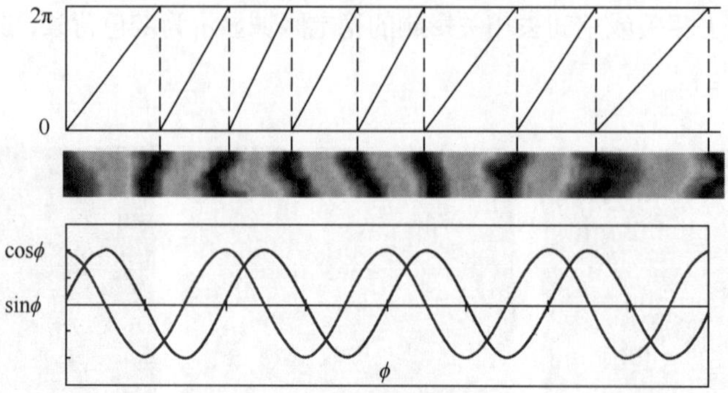

图 2.33　干涉图的相位信息

（2）然后可以将平滑滤波器应用于这两幅图像（$\sin\phi$ 和 $\cos\phi$）。

（3）通过 $\overline{\phi}=\arctan\left(\dfrac{\overline{\sin\phi}}{\overline{\cos\phi}}\right)$ 从平滑滤波处理的 $\overline{\sin\phi}$ 和 $\overline{\cos\phi}$ 中检索滤波后的干涉图 $\overline{\phi}$。

这里 $\overline{\sin\phi}$ 和 $\overline{\cos\phi}$ 的符号指示平滑相位角 $\overline{\phi}$ 的象限。平滑相位角 $\overline{\phi}$ 在 0～π/2 范围内是(+, +)，在 π/2～π 范围内是（−, +），在 π～3π/2 范围内是（−, −），在 3π/2～2π 范围内是（+, −）。

所用平滑滤波器的窗口尺寸必须小于干涉图中 $\sin\phi$ 和 $\cos\phi$ 的半波长。图 2.32（c）是用 5×5 平滑滤波器处理条纹得到的干涉图，显示出良好的条纹图案和显著降低的噪声。

本节介绍了几种 InSAR 技术，需要注意的是，不同的技术适用于不同的领域，如下所述。

（1）InSAR 干涉图用于 DEM 生成。InSAR 的单通道配置对于完全消除时间去相关和确保高质量干涉图是优选的。垂直基线 $B_{\perp}$ 越宽，高程分辨率越高。更宽的 $B_{\perp}$ 引入了更严重的空间去相关，这会降低干扰图的质量，进而降低 DEM 的质量，通常使用几十米到几百米的 $B_{\perp}$。InSAR 和地形之间的关系是通过两次观测之间略微不同视角的几何结构建立的，例如，对于 C 波段 SAR，InSAR 的高程分辨率一般不超过 10m。

（2）DInSAR 用于测量地表形变。这将重复通过 InSAR 与至少一对地表形变事件前后的 SAR 采集相结合。差分相位差直接从半雷达波长［例如，欧洲资源卫星（ERS）/欧洲环境卫星（ENVISAT）C 波段 SAR 为 28mm］在 2π 处测量的变形幅度转换而来，因此，该技术对地表形变非常敏感，可以达到毫米级精度。然而，这种毫米级精度是图像像素上的平均变形，对于 ERS InSAR 而言，像素对应的空间分辨率大约为 25m。对于 DInSAR，最好使用短 $B_{\perp}$，以最小化地形起伏因素带来的干涉条纹。理想情况下，用零基线 InSAR 配置替代 DInSAR。

（3）比率相干技术用于分离空间去相关和时间去相关。比率相干图记录了一幅相干图像（具有长时间间隔和短 $B_{\perp}$）除以另一幅相干图像（具有短时间间隔和长 $B_{\perp}$）的比率。针对观测到的平稳地表的灰色背景图，这种比率相干图的亮色调区域代表空间去相关，而暗色调区域代表随机变化的时间去相关。

2.5　激光雷达扫描仪

激光的全称是“由受激辐射的光放大而产生的光”（Light Amplification by Stimulated Emission of Radiation，LASER），爱因斯坦（Einstein A.）在 1913 年首次提出“受激辐射技术”概念，并预测未来会有受激辐射光放大器的出现，因此，爱因斯坦被认为是激光之父，他的这项假设和相关研究获得了诺贝尔奖。1960 年，Maiman T. 开发了一种放大光的设备，从而制造了第一台激光器。激光器发射一束单色光，或近红外光谱范围内的辐射。辐射实际上不是单一波长的，但它的光谱带非常窄，比 10nm 还小。激光的特殊之处还在于发射辐射的强度非常高。如今，激光被用于许多不同的场景，其中包括外科手术。激光会损伤细胞，它可以加热细胞中的水分，因此对于眼睛的安全性有潜在的危险。对此，业界为激光测距仪建立了安全等级，在测量应用中必须遵守这些安全等级。

如今在遥感和自动化领域人们提到的激光雷达主要是指一种光探测和测距（Light Detection And Ranging，LiDAR）的光电探测传感器。LiDAR 使用激光进行距离测量，并创建观测场景的三维数据。LiDAR 测距主要基于飞行时间法（Time of Flight，ToF），而 ToF 测量系统的基础工作可以追溯到基于无线电波测量的雷达（Radar）时代。雷达主要使用的是无线电波，遇到障碍物时无线电波比较容易被吸收，但其有效工作距离更大，随着后期激光的出现，使用具有更高的角度和距离分辨率的激光使表面成像成为可能。

2.5.1　LiDAR 成像特点

20 世纪 70 年代，LiDAR 技术开始用于地理空间行业，特别是用于地图和测量领域。这是由更先进的激光技术的发展和能够处理 LiDAR 产生的大量数据的计算机系统的引入实现的。在 20 世纪 80 年代，LiDAR 技术不断进步，开发出了更复杂的算法和软件，可以处理大型激光雷达数据集，LiDAR 扫描的数据可以称为三维点云。随后，这项技术在地理空间行业被广泛采用，特别是在地形测绘和基础设施规划等应用中。

LiDAR 利用相位、频率、振幅或者偏振来承载目标信息，主要使用的是近红外、可见光及紫外等电磁波段，波长范围为 250～1100nm，比传统雷达使用的微波和毫米波要高 2～4 个数量级，具有全天时、主动快速、高精度和高密度等测量特点。激光来自激光发射器，激光发射器可以分为半导体激光器、固体激光器、光纤激光器和二氧化碳气体激光器 4 种类型。综合 LiDAR 技术方案，适用于 1550nm 波长的一般选用光纤激光器，适用于 Flash 雷达技术方案的选用固体激光器。

机载 LiDAR 系统能够收集大面积的场景三维数据，如森林、城市和矿区等。我国在 1996 年即开始了机载激光雷达系统的研制，中国科学院遥感应用研究所（现已整合组建为中国科学院空天信息创新研究院）李树楷教授的团队完成了第一台线扫描原理样机的研制，开拓性地使激光测距扫描仪与多光谱扫描成像仪公用一套扫描光学系统。

因激光束发散角小、波束窄、能量相对集中，光束本身具有良好的相干性，这样就可以达到非常高的距离分辨率、速度分辨率和角分辨率，使得更小尺度的目标物也能产生回波信号，能够探测微小自然目标，包括大气中的气体浓度和气溶胶等。此外，LiDAR 扫描不受阴影和太阳高度角的影响，例如，采用激光测距主动测量方法，不受太阳高度角、植被、山岭等的影响，可全天候作业。在电力行业，机载 LiDAR 扫描系统可以提高输电线路走廊的快速巡检能力，通过三维点云的形式呈现高度详细和精确的三维场景快照，从而实现准确、高效的电力走廊检测和管理。

随着自动化、人工智能和机器学习等领域的持续研发，针对三维点云数据的处理技术也在不断进步。目前，国内外的 LiDAR 设备制造厂商已经推出了不同逻辑的基于 ToF 技术的产品。市场上的一些消费类产品的制造商也在各种智能设备终端上开始设计集成 ToF 测距模块，以提供三维成像、靠近感应、人脸识别和手势识别等功能。

2.5.2 飞行时间法

LiDAR 设备通过向环境中发射激光束来测量该方向物体的距离，距离是通过测量发射信号和反射信号的时间差来计算的。基本的计算式为 $d = ct/2$，其中 d 是观测距离，c 是电磁波在空气介质中的传播速度，t 是时间差。为了获得多方位的距离信息，通过激光头或者反光镜使激光传感器能够环绕一个中心轴来扫描环境，并逐点测量距离，生成三维点云。飞行时间法包含脉冲式测量方法和相位式测量方法，如图 2.34 所示。

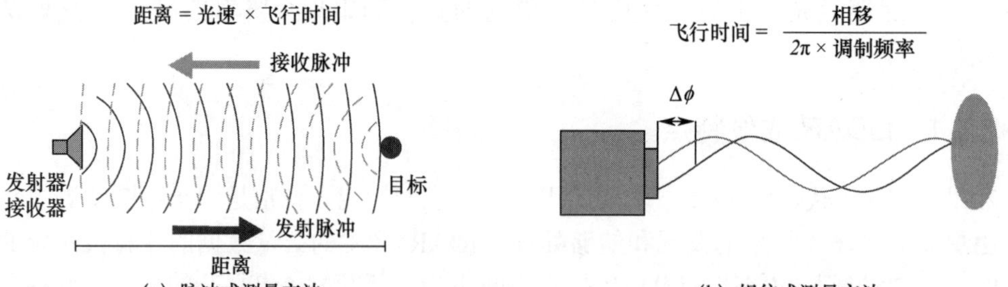

(a) 脉冲式测量方法 (b) 相位式测量方法

图 2.34 脉冲式和相位式测量方法的原理示意图

脉冲式激光测距仪通过发送一个短的激光脉冲，直接测量激光脉冲从扫描仪到物体再回到扫描仪所需要的时间，然后通过光速计算距离。激光脉冲被调制在一个载波上，若使用皮秒级（10^{-12} s）测量工具，则精度可以精确到 10mm。基于脉冲的激光扫描仪可以测量几千米的距离，因此，其优势在于测量长距离。

除了脉冲式激光测距仪，还有以固定频率发射相位调制激光的激光扫描仪。激光扫描仪通过测量发射信号和接收信号之间的相位变化来确定激光的传播时间。由于相移仪在 0～2π 内是无二义性的，因此这些器件的测量范围是有限的。目前基于相位的激光扫描仪的测量范围可以达到大约 200m。由于基于相位的激光扫描仪需要连续发射激光，除了测量与物体的距离，激光扫描仪还测量反射光的强度，而反射光的强度受限于物体表面反射率，即可以测量物体的材质。激光雷达系统与彩色相机的进一步结合，将被测表面的颜色信息纳入点云数据。

2.5.3　系统基本组成

一套 LiDAR 系统的硬件部分主要由扫描组件、激光发射组件、探测组件、综合控制和信息处理模块等构成。

扫描组件由转镜、驱动电机和码盘等组成，使用密集扫描方式，可实现激光束的偏转发射与空间快速扫描。

在激光发射组件中，由于各种激光器发射的激光束并不是绝对平行的，因此还需要一套透镜组件，对激光器的输出光束进行准直整形，通过改变发射光束的发散度、波束宽度和截面积来改善输出光束质量，同时使总功率保持不变。发射光学系统主要由透镜、反射器件、衍射器件等光学元器件组成，主要包含准直镜、分束器、扩散片等。准直镜解决激光器准直输出问题，利用光的折射原理将发散的光源通过透镜聚焦成平行光并射出；分束器将一束光分成两束光或多束光；扩散片利用光的衍射原理，将点光源转换为散斑图案。

LiDAR 系统的探测组件也被称为接收光学组件，其主要作用是尽可能多地收集经目标反射后的光能量，并汇集到探测器的光敏面上，其主要由透镜、分束器、窄带滤光片等组成。激光探测器是接收模块的核心，其主要功能是将接收的光信号转换为电信号。其本质是一种半导体器件，目前主要有硅和铟镓砷两种衬底材料。硅基材料技术更成熟，成本更低，适用于 905nm 波段；1550nm 波长的激光需要使用铟镓砷材料接收，但其目前的整体成熟度较低，成本较高。硅基半导体按二极管布局，主要分为 PD、APD、SPAD 和 SiPM/MPPC 这 4 种。当前市场上 APD 应用得较广泛，未来发展 SPAD 和 SiPM 是一种趋势。APD 由于单点接收，灵敏度低，在增益能力和大尺寸阵列方面存在明显劣势。部分激光雷达已开始使用增益能力更强、能够实现大尺寸阵列的 SPAD 或 SiPM，但 SPAD 及 SiPM 技术仍待发展。

综合控制和信息处理模块在一个 LiDAR 系统中主要负责协调和控制各个硬件组件，并对采集到的数据进行处理和存储。该模块通过精确的时间同步和控制算法，确保激光发射组件、扫描组件和探测组件之间的协同工作。它通常包括高性能的嵌入式控制器或工业控制计算机，能够处理来自激光测距和导航定位等传感器的多种数据。此外，该模块还具备数据预处理、噪声过滤和目标分类等功能，能够生成高质量的三维点云数据，为后续的分析和应用提供支持。在复杂环境下，该模块还能通过冗余设计和容错处理，确保系统的稳定性和可靠性。

近年来，车载激光雷达技术在自动驾驶技术的兴起和推动下得到了极大的发展。车载激光雷达扫描组件的主要作用是通过扫描器的机械运动控制光的传播方向，实现对特定区域的扫描，扫描形式的选择主要影响探测范围广度及激光雷达整体的耐用及稳定性。目前市面上的车载 LiDAR 类型按扫描方式进行区分，按照扫描方式是否有机械转动部件可分为机械旋转、混合固态、固态三种（见图 2.35）。

（1）机械旋转架构的车载激光雷达通过伺服电机带动收发阵列进行整体旋转，实现水平 360° 扫描，具有扫描速度快、测距远的优点，但稳定性差且使用寿命短。早期的车载激光雷达大多数是采用机械旋转的架构设计的。

（2）混合固态架构的 LiDAR 又可以继续分为 MEMS、转镜、棱角不同的方式。多数以牺牲激光雷达的水平视场角、点频等性能参数来换取成本降低，以及体积与质量等参数的优化。MEMS 方案用高速振动的二维运动微振镜代替传统的机械旋转装置，可以将点光源扫射到有限视场区域内，采用此技术可以将振动折射部件做到芯片化，减小体积便于集成，同时降低成本便于批量化生产，不足之处在于振镜尺寸与材质对于光通量和激光功率有一定限制。转镜方案是使用转镜折射光线实现激光在视场区域内的覆盖，通常与线光源配合使用，形成视场面的覆盖，也可以与振镜组合使用，配合点光源形成视场面的覆盖。棱角方案根据激光通过棱镜产生折射的原理，利用两块楔形棱镜通过旋转实现激光线束的不同角度折射，从而覆盖视场区域，大疆公司旗下的 Livox 部分激光雷达产品就使用了这一技术，特点是其成像点云呈菊花状。

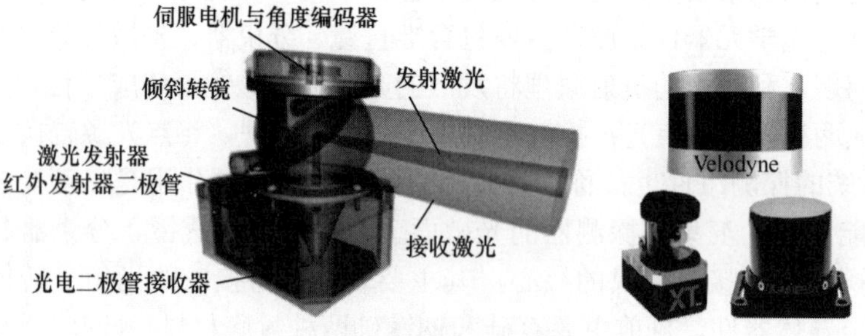

(a) 机械旋转架构的LiDAR

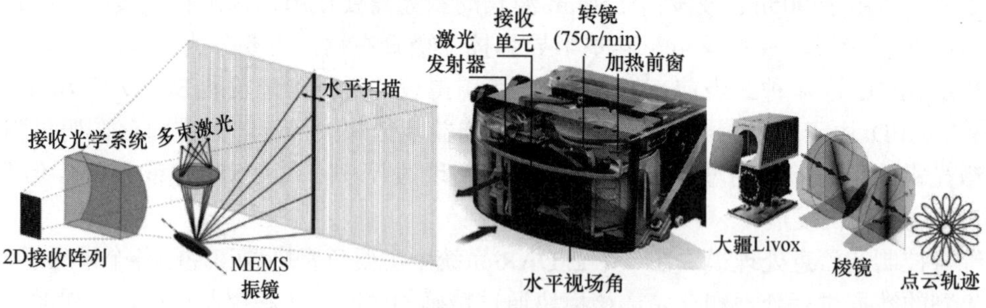

(b) 混合固态架构的LiDAR

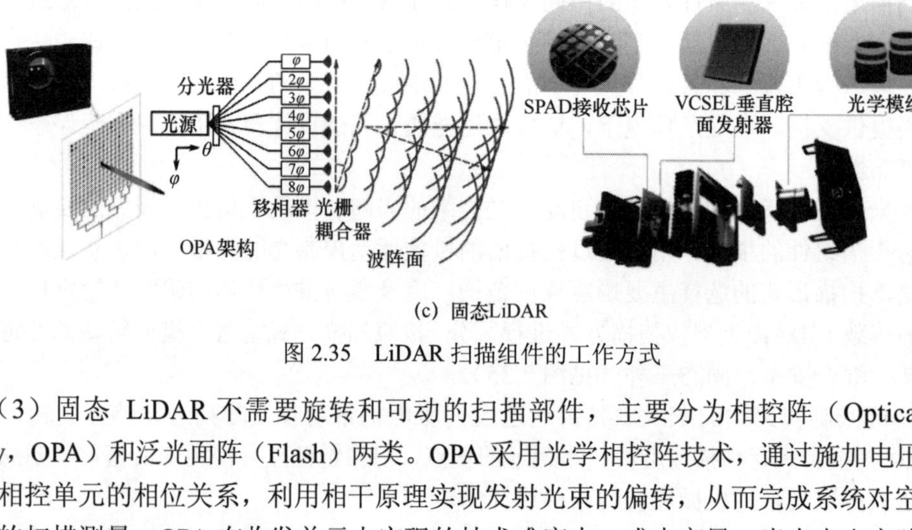

(c) 固态LiDAR

图 2.35 LiDAR 扫描组件的工作方式

（3）固态 LiDAR 不需要旋转和可动的扫描部件，主要分为相控阵（Optical Phase Array，OPA）和泛光面阵（Flash）两类。OPA 采用光学相控阵技术，通过施加电压来调节每个相控单元的相位关系，利用相干原理实现发射光束的偏转，从而完成系统对空间一定范围的扫描测量。OPA 在收发单元上实现的技术难度大，成本高昂，尚未走出实验室，短期内商业化难度巨大。泛光面阵通过短时间直接发射出一大片覆盖探测区域的激光，再用高灵敏度的面阵接收器完成对环境周围图像的绘制。

在机载 LiDAR 工作任务中，扫描仪被安装在固定翼飞机或直升机上，通过连接到飞机上的激光发射器–接收器扫描单元进行距离测量。飞机上和地面上的卫星导航系统（GNSS）和惯性测量单元（IMU）组成了传感器的位姿测量系统，可以获得飞行平台的位置、滚转、俯仰和偏航参数，然后，这些测量数据被计算机进行存储和处理。

目前的机载 LiDAR 扫描仪每秒可以向地面发送多达 1 000 000 个光脉冲，并测量每个脉冲反射回设备所需的时间。这些时间用于计算每个脉冲从扫描仪到地面的距离。GPS 和 IMU 在发射脉冲时确定激光扫描仪的精确位置和姿态，并为每个点计算精确坐标，如图 2.36 所示。

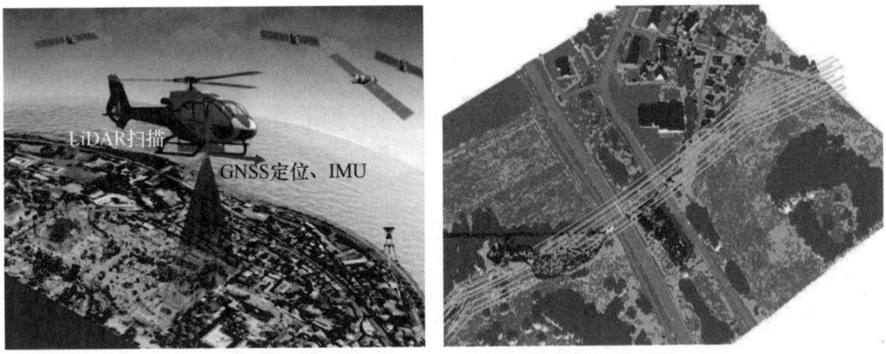

图 2.36　对机载 LiDAR 扫描的三维点云进行地物分类的效果示例

激光雷达的激光脚点的直径较小，能够穿透薄的云雾获取目标信息，且具有多次回波特性，能够穿透树木枝叶间的空隙，获取地面、树枝、树冠等多个高程数据，如图 2.37 所示。

图 2.37　机载 LiDAR 系统对地观测的穿透性

近年来，硬件研发的趋势是将机载 LiDAR 扫描仪与可见光传感器进行融合，可以拍摄获得三维彩色点云。通过对图像传感器和机载 LiDAR 扫描仪进行联合标定，获得可见光传感器的外参数关联，能够获得像素级的数据匹配。光学图像的亮度颜色信息被分配给每个测量点，该测量点在空间上由 x、y 和 z 定义。目前的趋势包括测量速率稳步提高、全波形处理方面的成就、多光谱激光扫描仪的普及、单光子敏感机载传感器的引入及集成有源和无源系统的出现。除此之外，LiDAR 设备正在经历小型化研发阶段，并且使其能够搭载在无人机平台，从而产生具有厘米级精度的超高分辨率三维点云。

2.5.4 三维点云特征分析

激光雷达扫描获得的数据形式是一系列离散的三维点，这些点的集合称为三维点云。三维点云数据处理技术包含数据获取、三维滤波器、场景分割、点云配准、目标检索、特征提取、目标识别、场景分类、表面重建和三维可视化等内容。这些内容与二维图像处理技术有许多是二维向三维拓展的关系。下面简要介绍三维点云的特征，三维点云的特征是进行点云数据处理的基础。三维点云的特征提取策略目前主要有两种，即手工设计特征和基于深度学习的特征提取。

1. 手工设计特征

对于传统的手工设计特征的方法，可以通过考虑提取描述符的区域（基于局部、基于全局和混合类型）、参考帧的类型及使用的属性（几何信息、空间信息、颜色信息、其他统计信息或上述属性的组合）来进行特征描述。

点的局部特征（如表面法线或曲率）与三维点云模型的质量和分辨率直接相关。计算局部特征通常需要为每个点或关键点建立一个局部参考坐标系（LRF），然后通过计算空间分布量或区域间的关系获得局部特征。一般来说，这些描述符可应用于配准、对象识别和分类。

例如，方向直方图特征（Signature of Histogram of Orientation，SHOT）可视为特征与直方图的结合。首先，根据支持区域内点的协方差矩阵的特征值分解，为特征点计算具有消除歧义性和唯一性的可重复的局部参考坐标系。然后，使用各向异性球形网格来定义沿径向、方位角和仰角轴分割邻域的特征结构。对于每个网格，根据特征点的法线与该网格内邻近点的夹角，将点计数累积到不同的网格中。点及其网格内邻近点的法线之间的角度，将点计数累积到一个分区，从而获得局部直方图。此外，这些局部直方图并列构成了最终的 SHOT 描述符。

点特征直方图（Point Feature Histogram，PFH）算法是对邻域范围内空间差异的一种量化，通过数理统计的方法获得一个用于描述某点的邻域点集合几何信息的直方图。PFH 算法将一个点的邻域均值、曲率、几何特性编码到多维的直方图中，这样的高维数据提供了大信息量的特征表达。PFH 特征不仅在旋转和平移六自由度变换下具有不变性，还能很好地适应不同程度的采样密度和噪声影响，属于一个整体尺度和姿态不变的多值特征。PFH 基于某点和其 k 个邻域点之间的位置与法向量的关系来刻画采样场景表面的变化情况。点云的法向量的估计质量对于该 PFH 特征的描述尤为重要。以一点为中心，构建一个三维球体，将中心点与球体内部的 k 个邻域点两两互相连接组成一个网络。PFH 是根据该网络关系，计算点对之间的变化而得到的直方图。

2. 基于深度学习的特征提取

对于基于深度学习的特征提取，输入对象的类型对于深度神经网络架构的设计至关重要，它也会显著影响基于点云应用的计算成本和性能。然而，点云的稀疏、不规则和无序的特性，对将深度学习架构直接扩展到三维点云提出了挑战。因此，如何将点云以可输入深度学习处理流程的格式表示出来，成为许多研究者所关注的关键问题。一种常用的策略是将原始三维点云数据预处理成深度学习架构可以处理的结构化、固定大小的表示形式。

根据输入数据类型，可将这些现有方法分为单模态方法和多模态方法，前者包括基于特征的方法、基于体素化的方法、基于多视图的方法、基于 KD 树的方法、基于八叉树的方法、基于点的方法和基于图的方法。

PPFNet 将非结构化的点云表示为一组点、法线和点对特征，用于局部几何或局部斑块描述。将 N 个这样的局部斑块输入所设计的点对特征网络中，其中用于学习局部特征的迷你点网络通过一个最大池化层集成到一个全局特征中，然后全局特征和每个局部特征的串联由一组多层感知机（MLP）处理，以产生全局上下文感知局部描述符。整个网络的训练过程通过优化新定义的 N 元组损失函数来解决组合问题。

Maturana D. 等人于 2015 年开发的 VoxNet 使三维点云深度学习获得一次突破。他们将三维卷积神经网络应用于从输入点云生成的概率占位网格上，以进行物体识别。由于这种表示法对旋转没有不变性，因此他们提出了一种数据增强策略来解决这个问题。这种方法的巨大成功推动了三维点云深度学习的发展。然而，由于存在大量的未被点云占用的体素空间，转换成网格会产生稀疏性问题，稀疏性问题带来了大量密集三维卷积的乘零运算，因此这种方法的计算成本高昂。

2017 年由 Chen X. 等人设计的 MV3D 是一种新型多视角三维物体检测网络，旨在为自动驾驶应用检测激光雷达点云中的三维物体。它将稀疏的三维激光雷达点云投影成由高度、强度和密度编码的鸟瞰图，以及由高度、距离和强度三通道特征编码的正视图。然后，由三维建议网络和基于区域的融合网络组成的 MV3D 将这两个视图和图像作为输入。三维建议网络首先从鸟瞰图生成三维方框建议，可映射为 3 个视图（鸟瞰图、前视图和图像平面）。然后，通过感兴趣区域（ROI）池将每个视图中长度相同的区域特征融合起来，共同完成类别分类和 3D 框回归任务。

Qi C. R. 等人在 2017 年提出的 PointNet 是第一个使用深度学习直接处理不规则点云的深度神经网络。该网络背后的理念是通过最大池化运算将所有学习到的点状特征聚合到一个全局表示特征中，而最大池化运算作为对称函数使模型不受输入变化的影响。此外，学习到的特征应该对点云的几何变换具有不敏感的特性，因此 PointNet 采用 T-Net 对输入点进行仿射变换。实验表明，PointNet 可以在三维分类和分割任务中实现最先进的性能。

在 PointNet 之后，为了解决 PointNet 无法充分捕捉三维空间的局部结构特征这个问题，Qi C. R. 等人引入了具有分层结构的改进版 PointNet++模型。该网络模型可以通过在不同大小的局部区域中逐步重复以下操作，来分层提取不同尺度的特征：确定中心点的邻域作为局部区域，并使用原版的 PointNet 从这些区域中提取特征。如今 PointNet++已经成为诸多三维神经网络的范本，在其基础上演化或以其为特征提取骨干网络的新型网络层出不穷。

2.6 本章小结

本章介绍了一些典型的机载传感器系统的工作原理和技术特点。机载传感器系统根据工作原理的不同，可以大致分为被动传感器和主动传感器两大类。被动传感器主要依靠探测目标自身发出或反射的电磁波信号进行探测，典型的被动传感器包括光学传感器，如光学相机、多光谱相机等，工作波段主要集中在可见光及近红外波段。红外传感器可以检测和成像地表目标发出的红外辐射，可用于夜间观测。微波辐射计可以测量地表目标的微波辐射，不受云层的影响。主动传感器自带能量源，向目标发出信号然后接收反射回波。例如，合成孔径雷达发出微波信号，通过合成孔径技术产生高分辨率 SAR 图像；激光雷达传感器能够通过激光测距获得观测场景的三维点云数据。这些传感器各有优势，通常需要根据观测目标和需求进行合理搭配，以发挥机载传感器系统的最大效能。

第3章　航空图像增强、复原和几何校正

航空成像系统在数据采集过程中会受到系统噪声、运动模糊、飞行姿态变化和云雾遮挡等不利因素的影响，不可避免地会造成实际获得图像的画质下降，进而给后续的图像处理和识别分析带来困难。图像增强是数字图像处理的最基本内容之一，它是指按照特定的需要突出图像中的某些信息，同时削弱或去除某些不需要的信息。图像增强的主要目标是使处理结果更适合某些特定的应用，一般并不能增加原始图像的信息，而只能提高对某种信息的辨识能力。常用的图像增强方法包括去除噪声、增强边缘、提高对比度、提高亮度、改善颜色效果和细微层次等。此外，对于航空图像处理问题，由于空中成像会受到气象条件的干扰，造成分辨率低等问题，因此需要使用图像复原技术，获得去雾效果的复原图像。

一般的图像处理方法可分为空间域处理和变换域处理两种。空间域是指由像素组成的空间，空间域的图像增强算法直接在空间域中通过线性变换或非线性变换来对图像像素的灰度值进行处理。空间域图像增强是以图像的灰度映射变换为基础的，所用的映射变换函数的类型取决于图像增强的目的。变换域图像增强的方法是首先将图像以某种数学转换形式，从空间域变换到其他的频率域空间（如傅里叶频域或者小波域）中，然后利用频率域空间的特有性质，对变换域的频谱系数进行处理。最后通过相关的逆变换，再变换到原来的图像空间中，从而得到增强后的图像。

3.1　空间域图像增强

空间域图像增强的方法主要分为点处理和邻域（模板）处理两大类，其作用对象是图像的像素位置上的灰度值。一幅图像的灰度级是指图像的灰度值的区域范围，灰度级越大，图像能表达的细节层次越丰富。一幅非黑即白的二值图像的灰度级是 2，而用 8 比特存储一个像素灰度值的图像的灰度级是 256，其能够反映的图像层次也会更丰富。现有的许多航空图像会使用 16 比特进行像素亮度值的存储，所以具有更高的数据精度。

点处理是指在空间域内直接对像素进行运算，每个像素的增强结果仅取决于该像素本身的值，而不受其周围像素的影响。这种方法主要通过对像素值进行调整、变换或运算来实现图像的增强。点处理是作用于单个像素的空间域处理方法，包括图像的基本灰度变换、直方图处理、伪彩色处理等。

空间域图像增强方法中的邻域处理是依靠像素邻域的信息而设计的处理方法，主要包括空间域平滑和空间域锐化等技术。

3.1.1　基本灰度变换

图像的亮度范围较小或非线性会使图像的对比度不理想。灰度变换是将原图像中像素的灰度值经过一个变换函数变换成一个新的灰度值，以调整图像灰度值的动态范围，从而

提高图像的对比度，使图像更加清晰、特征更加明显。基本灰度变换不改变图像内的空间位置关系，其是根据某种特定的灰度变换函数进行的，可以看作“从像素到像素”的复制操作。灰度变换有时也被称为图像的对比度增强或对比度拉伸。

设原图像的二维空间灰度函数为 $f(x,y)$，处理后的图像为 $g(x,y)$，则基本灰度变换可以用一个基本函数的形式表示为

$$g(x,y)=T[f(x,y)] \tag{3.1}$$

式中，$T(\cdot)$ 为对 f 的基本灰度变换的操作函数。$T(\cdot)$ 作用于当前像素 (x,y)，它描述了输入灰度值和输出灰度值之间的变换关系。

$T(\cdot)$ 操作函数最简单的形式是针对单个像素进行计算，也就是在当前像素的 1×1 邻域中，g 仅依赖 f 在像素 (x,y) 的值，T 操作函数即为灰度级变换函数，有

$$s=T(r) \tag{3.2}$$

式中，r、s 分别为 $f(x,y)$ 和 $g(x,y)$ 在像素 (x,y) 的灰度级。也就是说，将输入图像 $f(x,y)$ 中的灰度值 r 通过函数计算得到灰度值 s，映射到输出图像 $g(x,y)$ 中。其运算结果与被处理像素位置及其邻域灰度无关（见图 3.1）。

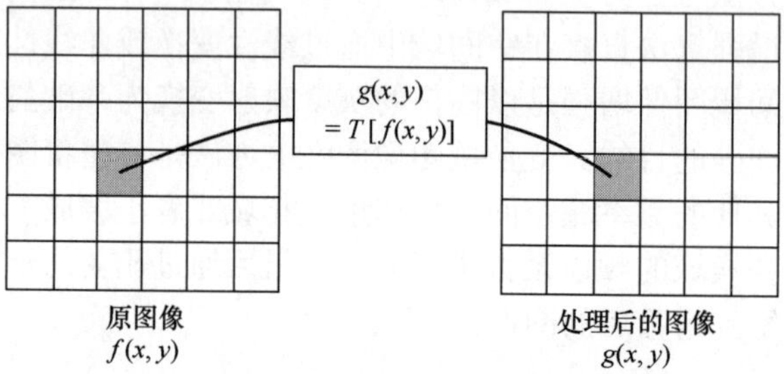

图 3.1　直接对像素进行运算的基本灰度变换

根据变换函数的形式，灰度变换分为线性变换和非线性变换，而非线性变换又包括对数变换和指数（幂次）变换等形式（见图 3.2）。

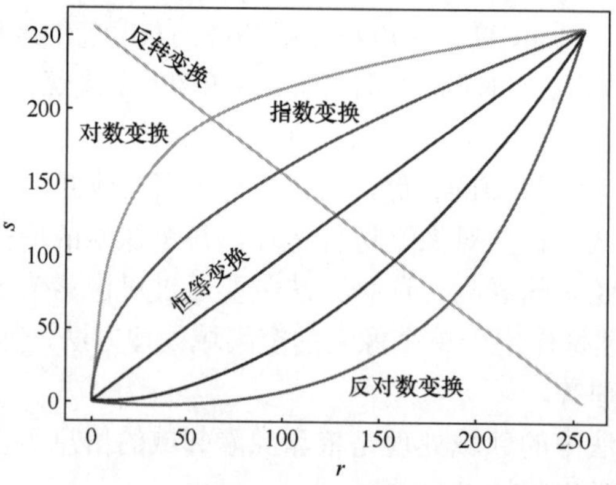

图 3.2　基本灰度变换函数的变换曲线

1. 反转变换

反转变换是指对图像灰度值根据灰度级的范围进行取反操作，简单来说就是使黑变白，使白变黑。将原始图像的灰度值进行翻转，使输出图像的灰度值随输入图像灰度值的增大

而减小。假设对灰度级范围是$[0,L-1]$的输入图像$f(x,y)$变换，则输出图像的灰度值s与输入图像的灰度值r之间的关系为

$$s=L-1-r \tag{3.3}$$

2. 灰度线性变换

灰度线性变换表示对输入图像的灰度级的值域进行线性扩展或压缩，变换函数为一个直线方程。假定原图像$f(x,y)$的灰度级的值域为$[a,b]$，希望变换后的图像$g(x,y)$的灰度级的值域线性地扩展至$[c,d]$。对于图像中的一点(x,y)的输入灰度值r，线性变换后的输出值s的表达式为

$$s=\frac{d-c}{b-a}(r-a)+c \tag{3.4}$$

在曝光不足或过度曝光的情况下，图像的灰度级可能会局限在一个很小的范围内，这时图像可能会表现得模糊不清，或者没有灰度层次。采用灰度线性变换对图像像素的灰度进行线性拉伸，可以有效地改善图像的视觉效果。

3. 分段线性变换

分段线性变换的基本原理是将原图像的灰度区间划分为若干子区间，对每个子区间采取不同的线性变换，其目的是提高特定范围内的对比度，用来突出图像中特定灰度范围的亮度。它与灰度线性变换相似，都是对输入图像的灰度对比度进行拉伸的，只是对不同灰度范围进行不同的映射处理，从而突出感兴趣目标所在的灰度区间，抑制其他灰度区间。

选择不同的参数可以实现不同灰度区间的灰度扩展和压缩，所以分段线性变换的使用是非常灵活的。通过增大灰度区间分割的段数，以及调节各个区间的分割点和变换直线的斜率，就可以对任何一个灰度区间进行扩展和压缩。

4. 对数变换

在某些情况下，例如，在显示图像的傅里叶频谱时，其动态范围远远超过显示设备的上限，在这种情况下，所显示的图像相对于原图像就存在失真。要消除这种因动态范围太大而引起的失真，一种有效的方法是对原图像的动态范围进行压缩，最常用的方法是对数变换。对图像中灰度值为r的像素计算新的灰度值s，对数变换的基本函数形式为

$$s=c\cdot\ln(1+r) \tag{3.5}$$

式中，c为可以调整的常数。$s=c\cdot\log_{v+1}(1+vr)$是基本对数变换的扩展形式，图像灰度值的对数变换可在很大程度上压缩图像灰度值的动态范围，可以将图像的低灰度值部分扩展，显示出低灰度值部分的更多细节，将其高灰度值部分压缩，减少高灰度值部分的细节，从而达到强调图像低灰度值部分的目的。对数变换较适用于过暗的图像，用来扩展被压缩的高灰度值图像中的暗像素，从而使图像的灰度分布均匀，与人的视觉特性相匹配。

5. 指数（幂次）变换

指数变换的函数形式为

$$s=c\cdot r^{\gamma} \tag{3.6}$$

式中，c为可以调整的参数，γ是指数变换的指数系数。

指数变换是通过指数函数中的γ值把输入的窄带值映射为宽带输出值。当$\gamma<1$时，把输入的窄带暗值映射为宽带输出亮值；当$\gamma>1$时，把输入的高亮值部分拉伸成宽带输出（见图 3.3）。

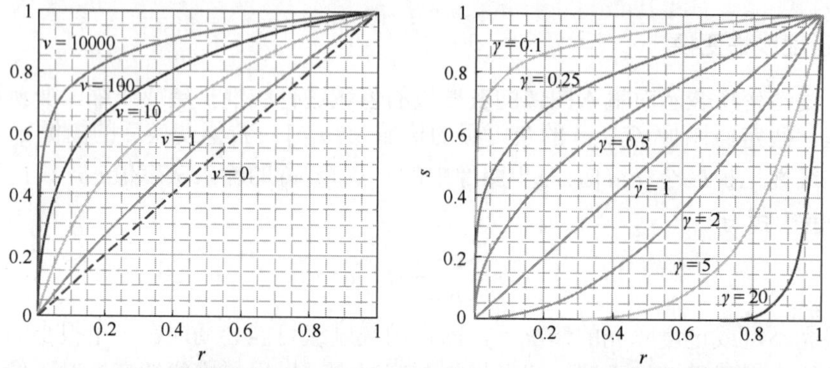

(a) 对数变换曲线　　(b) 指数变换曲线

图 3.3　对数变换曲线和指数变换曲线

3.1.2　基于直方图的图像增强

1. 灰度直方图的原理

给定一幅图像，对应每个灰度值统计出具有该灰度值的像素数，并据此绘出统计图形，则该图形称为该图像的灰度直方图，简称直方图（见图 3.4）。直方图的横坐标是灰度值，纵坐标是具有某个灰度值的像素数，也可以是某一灰度值的像素数占全图像总像素数的百分比（某一灰度值出现的概率）。直方图能够直观地展示出图像中各个灰度值所占的数目。

直方图事实上就是图像亮度分布的概率密度函数，用来反映数字图像中的每个灰度级与其出现频率之间的关系，是一幅图像所有像素集合的最基本的一种统计规律。

设一幅数字图像的灰度级范围为$[0, L-1]$，这幅数字图像的直方图的数学形式是一个离散函数

$$h(r_k) = n_k \tag{3.7}$$

式中，r_k为第k级灰度值，n_k为图像中灰度值为r_k的像素数目。常以图像中像素的总数（用n表示）来除它的每个灰度值的像素数目来得到归一化直方图

$$P(r_k) = n_k / n \tag{3.8}$$

式中，$k = 0,1,\cdots,L-1$，$P(r_k)$为灰度值r_k的概率值，即r_k出现的频数。因此归一化直方图的所有值之和应等于 1。

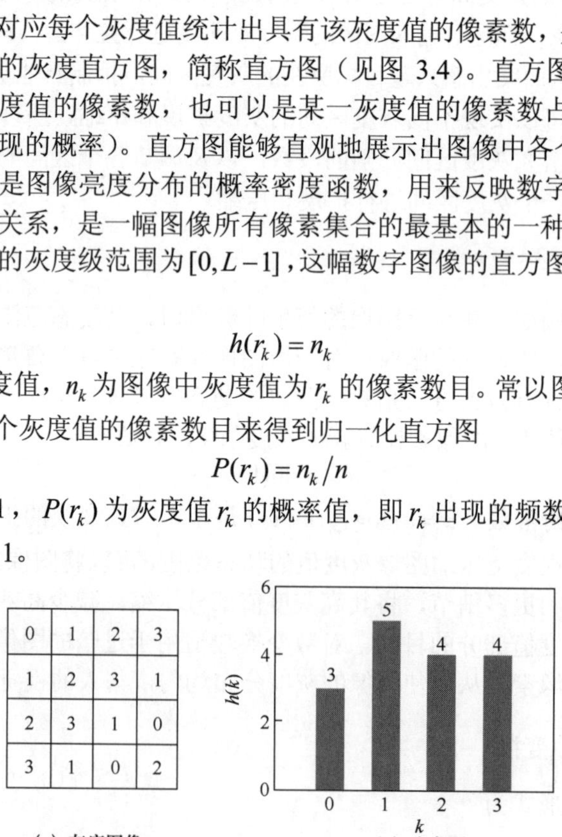

(a) 灰度图像　　(b) 直方图

图 3.4　灰度图像的直方图示例

一幅数字图像的直方图具有如下性质。

（1）直方图是一幅图像中各像素灰度值的出现频数的统计结果，它只反映图像中不同灰度值出现的次数，不反映某一灰度值所在的位置。也就是说，它只包含该图像的某一灰度值像素出现的概率，而忽略其所在的位置信息。

（2）任意一幅图像都有唯一确定的直方图与之对应，但不同的图像可能有相同的直方图。

（3）由于直方图是对具有相同灰度值的像素统计得到的，因此一幅图像各子区的直方图之和等于该图像全图的直方图。

直方图是多种空间域图像处理技术的基础，一些直方图操作能有效地用于图像增强。除提供有用的图像统计资料外，直方图固有的信息在其他图像处理的应用中也是非常有用的，如图像压缩与分割。

2. 直方图均衡化

直方图均衡化是一种最常用的图像增强方法，其可以提高图像的对比度。它运用灰度点运算来实现原始图像直方图的变换，得到一幅灰度直方图为均匀分布的新图像，使得图像的灰度分布趋向均匀。通过把图像像素的灰度值间距拉开，来提高图像的对比度，改善视觉效果，达到图像增强的目的。在图像处理前期，经常会采用此方法来修正图像。

直方图均衡化的主要思想是将一幅图像的直方图分布通过累积分布函数变成近似均匀分布，从而提高图像的对比度。为了将原图像的亮度范围进行扩展，需要一个映射函数将原图像的像素值均衡映射到新直方图中，这个映射函数有两个条件。

（1）保持像素值的单调性，不能打乱原有像素的亮度值的大小关系，即映射后像素的亮暗的相对关系不能改变；

（2）映射后必须在原有的范围内，即像素映射函数的值域应为 0～255。

综合以上两个条件，概率学中的累积分布函数是一个很好的选择。因为累积分布函数是单调递增函数，并且输入、输出的值域都为 0～1，所以直方图均衡化使用累积分布函数作为点操作的变换函数。

图像的直方图均衡化通过离散形式的累积分布函数求解实现，变换函数为

$$s_k = \sum_{j=0}^{k} \frac{n_j}{n} \quad (k = 0,1,2,\cdots,L-1) \tag{3.9}$$

式中，s_k 为当前灰度级经过累积分布函数映射后的值，n 为图像中像素的总和，n_j 为当前灰度级的像素数目，L 为图像中的灰度级总数。综上所述，对一幅图像进行直方图均衡化的步骤如下。

首先，依次统计原始灰度图像的每个像素，计算出图像的灰度直方图。

然后，计算灰度直方图的累积分布函数，根据累积分布函数和直方图均衡化原理，得到输入与输出之间的映射关系，即点运算的变换函数。

最后，根据映射关系，替换像素的亮度值得到变换后的图像。

注意，直方图均衡化采用的变换函数是累积分布函数，其实现方法简单，效率也较高，但只能产生近似均匀分布的直方图。以南京航空航天大学江宁校区的教学楼群图片为例，图 3.5 所示为经过直方图均衡化前、后的对比图像，可以看出图像的对比度得到一定程度的改善。实际在进行彩色图像的直方图均衡化时，通常首先将图像从 RGB 彩色模式变换为

HIS 彩色模式，包括色调（Hue）、饱和度（Saturation）、亮度（Intensity）。在这样的模式下，和亮度有关的信息被投影到 I 通道中，仅需要对 I 通道的数据进行直方图均衡化操作，就可获得新的 I 通道。然后进行 HIS 到 RGB 通道的逆变换，获得新的对比度拉伸的彩色图像。

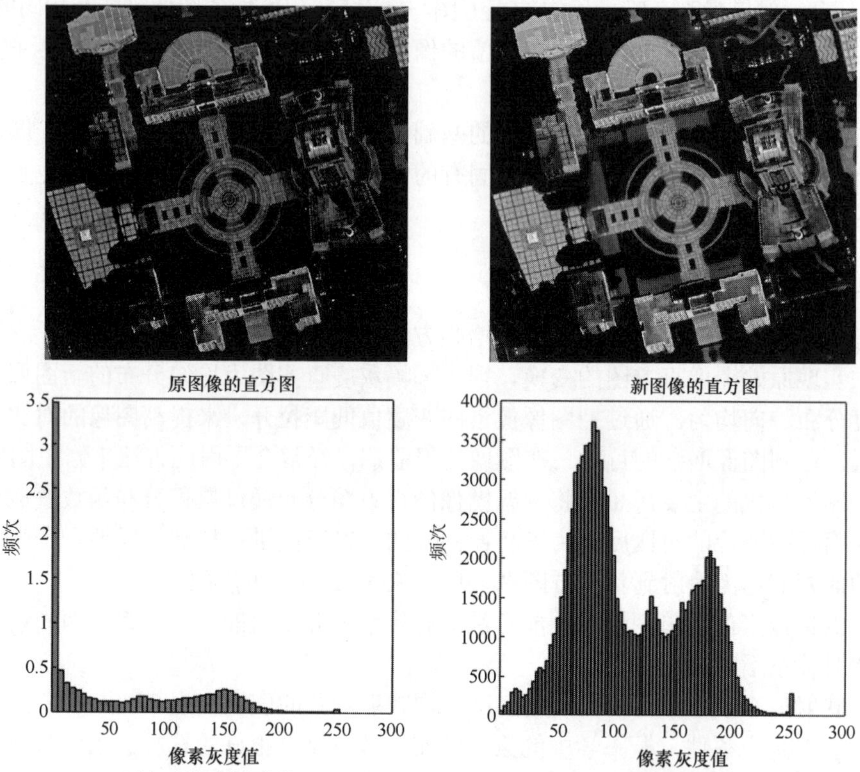

(a) 直方图均衡化前　　(b) 直方图均衡化后

图 3.5　直方图均衡化前和直方图均衡化后的对比图像

3. 直方图规定化

直方图均衡化的优点是能自动提高整幅图像的对比度，得到全局均衡化的直方图。但是在某些应用中，并不一定需要增强后的图像具有均匀的直方图，而是需要具有特定形状的直方图，以便能够增强图像中的某些灰度级，突出感兴趣的灰度范围，直方图规定化的方法就是针对这种需求提出来的。

直方图规定化是一种使原始图像的灰度直方图变成规定形状的直方图，从而对图像进行修正的增强方法。直方图规定化使被处理图像与某一标准图像具有相同的直方图，或者使图像的直方图具有某一特定的函数形式等。

直方图规定化是在运用均衡化原理的基础上，通过建立原始图像和期望图像之间的关系，选择性地控制直方图。这种方法将原始图像的直方图变换为指定的直方图，从而弥补直方图均衡化不具备交互作用的缺点，可用来校正因拍摄亮度或者传感器的变化而导致的图像差异。直方图规定化保证不同图像的影调风格具有一致性，在处理不同时期的图像而进行数据融合时十分有用。

图 3.6 所示为一组采用直方图匹配进行匀色处理后的遥感图像镶嵌的对比图。以基准参考图像的直方图为标准，使需要匀色的图像的直方图与之相同或近似，对图像的色彩和亮度进行调节，最终使图像在色彩和亮度上保持均衡，从而消除不同图像之间的色差。

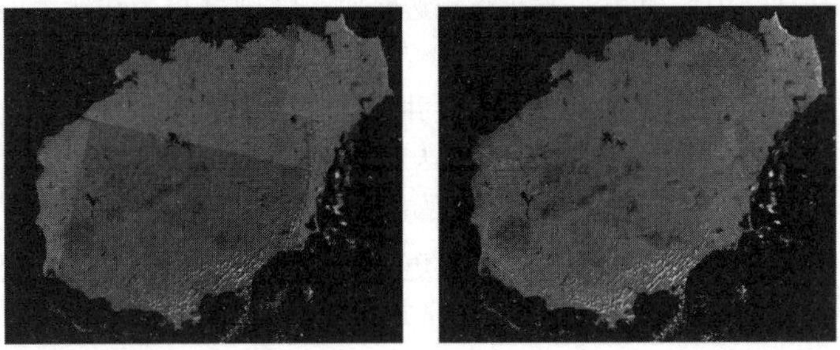

图 3.6　采用直方图匹配进行匀色处理后的遥感图像镶嵌的对比图（梁琛彬等，2019 年）

3.1.3　基于空间滤波器的图像增强

图像的空间滤波器主要包括平滑滤波器和锐化滤波器。航空图像在获取和传输的过程中会受到各种噪声的干扰，这使图像质量下降。图像平滑的目的之一是消除或尽量减小噪声的影响，从而改善图像质量。图像平滑在信号处理层面实际上是一种低通滤波器操作，它允许信号的低频分量通过，阻截属于高频分量的噪声信号。与平滑滤波器相反，锐化滤波器是通过增强高频分量来减小图像中的模糊度的。把一幅图像看作一个空间连续的二维函数，其在灰度值恒定的区域，图像的微分值为 0；在亮度值发生显著变化的边缘区域，其亮度微分运算结果具有较大的值。图像平滑通过积分过程使得图像边缘模糊，而图像锐化通过微分而使图像边缘突出、清晰（见图 3.7）。

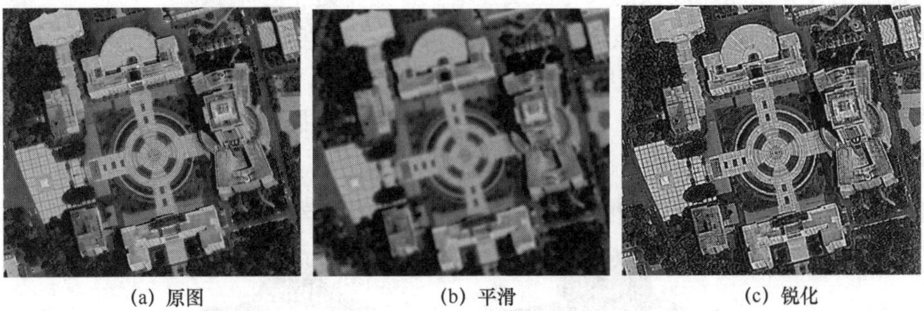

(a) 原图　　(b) 平滑　　(c) 锐化

图 3.7　空间滤波器处理的原图、平滑和锐化图像示例

1. 平滑滤波器

平滑处理能够减小图像的随机噪声影响，但由于图像边缘部分也处在高频部分，因此平滑过程将会导致图像边缘信息有一定程度的模糊。下面列举几类经典的平滑滤波器。

（1）均值滤波器。它是一种简单的平滑滤波器，通过消除不能代表周围像素值的亮度值来平滑和减小图像中的噪声。均值滤波的思想是用包括自身在内的邻居的均值或平均值来替换图像中的每个像素值。均值滤波器基于核（Kernel）的邻域操作，核表示计算均值时要采样的邻域的形状和大小。通常使用类似于 3×3 或 5×5 的卷积核进行数据处理，尽管较大的核可以用于更严格的平滑。注意，相比一次使用较大尺寸的卷积核，通过重复应用一个小的核，可以产生类似但不完全相同的平滑效果。

尽管在使用了均值滤波后，图像的噪声被削弱，但图像的边缘信息也会变得模糊，丢失了高频细节。这是因为均值滤波器在跨越边缘时，滤波器将为边缘上的像素重新计算平滑的新值。

（2）高斯滤波器。它的效果是模糊图像并去除细节和噪声，在这个意义上，它类似于均值滤波器。然而，它使用了一个表示高斯型或钟形隆起形状的核。与均值滤波器的均匀加权平均相比，高斯滤波器输出每个像素邻域的加权平均值，其中加权平均值更倾向于中心像素的值。正因如此，高斯滤波器提供了更温和的平滑效果，并且比类似大小的均值滤波器更好地保留边缘。二维高斯滤波器的数学形式为

$$G(x,y)=\frac{1}{2\pi\sigma^2}\mathrm{e}^{-\frac{x^2+y^2}{2\sigma^2}} \tag{3.10}$$

使用高斯滤波器进行平滑的过程是使用高斯函数与输入二维图像灰度函数进行卷积运算，即 $g(x,y)=G(x,y)*f(x,y)$。高斯函数经傅里叶变换后的函数仍为高斯函数，只是幅度和方差发生了变化。高斯函数的傅里叶变换具有单瓣特点，意味着平滑图像不会被不需要的高频信号所污染，同时保留了大部分所需信号。

二维高斯函数具有旋转对称性，即滤波器在各个方向上的平滑程度是相同的。一般来说，一幅图像的边缘方向是事先不知道的，因此，在滤波前无法确定在一个方向上比在另一方向上是否需要更多的平滑。旋转对称性意味着高斯滤波器在后续边缘检测中不会偏向任意方向。

由于高斯函数具有可分离性，因此二维高斯函数卷积可以分两步来进行。首先将图像与一维高斯函数进行卷积，然后将卷积结果与方向垂直的另一维高斯函数卷积。因此，二维高斯滤波的计算量随滤波核的尺寸呈线性增长，而不是平方增长。

大多数基于卷积的平滑滤波器属于低通滤波器，这意味着它们的效果是从图像中去除高频分量。理论上，高斯分布在所有定义域上都有非负值，这就需要一个无限大的卷积核。实际上，通常在设计卷积核的尺寸时，只需要保留均值周围 3 倍标准差σ内的值，以外部分直接去掉即可。

3×3 卷积核的均值滤波器和 5×5 卷积核的高斯滤波器如图 3.8 所示。

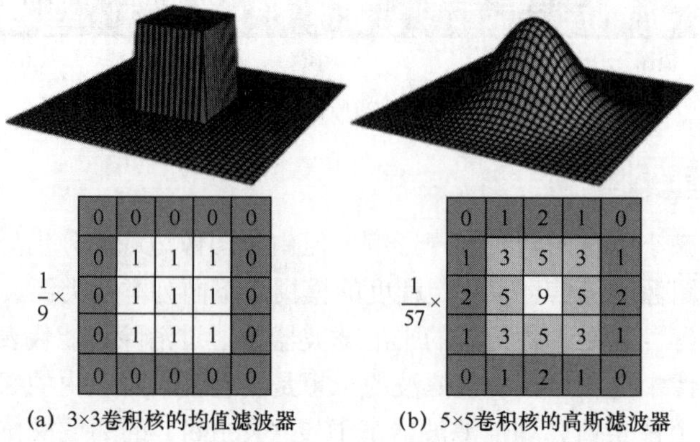

(a) 3×3卷积核的均值滤波器　(b) 5×5卷积核的高斯滤波器

图 3.8　3×3 卷积核的均值滤波器和 5×5 卷积核的高斯滤波器

（3）中值滤波器（Median Filter）。它属于一种统计滤波器，是一种典型的空间域低通滤波器，也是一种非线性平滑滤波器。中值滤波可在保护图像边缘的同时，抑制随机噪声。其基本思想是：因为噪声（如椒盐噪声）的出现，该像素比周围的像素亮（暗）得多，如果把某个以当前像素 (x, y) 为中心的模板内所有像素的灰度值按照由小到大的顺序排列，则最亮或者最暗的点一定被排在两侧，只要取模板中排在中间位置上的像素的灰度值作为处理后的图像中像素 (x, y) 的灰度值，就可以达到滤除噪声的目的。若模板中有偶数个像素，则取两个中间值的平均。

中值滤波的效果依赖两个要素：邻域的空间范围和中值计算中涉及的像素数。当空间范围较大时，一般只取若干稀疏分布的像素进行中值计算。

（4）边界保持类平滑滤波器。如前所述，经过平滑滤波之后，图像就会变得模糊。图像中的景物之所以可以被辨认清楚是因为目标物之间存在边界，而边界点与噪声点有一个共同的特点是都具有灰度的跃变特性，也就是都属于高频分量，所以平滑滤波会同时将边界也过滤掉。为了解决这个问题，可在进行平滑处理时，首先判别当前像素是否为边界上的点，如果是，则不进行平滑处理；否则进行平滑处理。

双边滤波器是一种经典的边界保持类平滑滤波器。双边滤波器是由 Tomasi C. 在 1998 年提出的，这种滤波器除了使用像素之间几何上的靠近程度，还考虑了像素之间的灰度值的差异，使得双边滤波器能够有效地将图像上的噪声去除，同时保存图像上的边缘信息。

2. 锐化滤波器

图像中的场景边缘区域通常对应图像的灰度值阶跃或过渡的位置，根据灰度函数的一阶微分和二阶微分的性质，在灰度值变化的地方，一阶微分和二阶微分的值都不为 0。数字图像作为一个二维离散的空间域函数，基于微分方法的边缘特征提取实际上是基于图像灰度梯度的求解方法。

假设灰度函数为 $f(x,y)$，则图像灰度的一阶导数或梯度反映了图像中灰度的变换情况，可表示为

$$\nabla \boldsymbol{G}(x,y)=\begin{bmatrix} G_x \\ G_y \end{bmatrix}=\begin{bmatrix} \dfrac{\partial f}{\partial x} & \dfrac{\partial f}{\partial y} \end{bmatrix}^{\mathrm{T}} \tag{3.11}$$

式中，$\nabla \boldsymbol{G}(x,y)$ 为梯度向量，G_x 为 x 方向的灰度梯度，G_y 为 y 方向的灰度梯度。

梯度向量 $\nabla \boldsymbol{G}(x,y)$ 所指向的方向为灰度函数变化率最大的方向。梯度模值 $|\nabla \boldsymbol{G}(x,y)|$ 和梯度方向 $\alpha(x,y)$ 可按照下面的公式进行计算

$$|\nabla \boldsymbol{G}(x,y)|=\sqrt{{G_x}^2+{G_y}^2} \tag{3.12}$$

$$\alpha(x,y)=\arctan(G_y/G_x) \tag{3.13}$$

在实际的图像中，需要在计算像素的灰度梯度时进行离散化求解。

（1）Roberts 交叉算子。以对角差分，即 Roberts 交叉算子为例，它可以描述为使用两个 2×2 的卷积模板对图像进行处理

$$
\begin{cases}
G_x = \begin{bmatrix} 1 & 0 \\ 0 & -1 \end{bmatrix} * f \\
G_y = \begin{bmatrix} 0 & 1 \\ -1 & 0 \end{bmatrix} * f
\end{cases}
\tag{3.14}
$$

Roberts 交叉算子是一种简单快速的二维空间梯度测量，它突出了图像中对应于物体边缘的高空间频率区域。在其最常见的用法中，对运算符的输入和输出都是灰度图像。输出图像中每个点的像素值表示该点输入图像的空间梯度的估计量的绝对值。Roberts 交叉算子理论上由一对 2×2 卷积核组成，其中一个核是另一个核旋转 90° 的结果。

这些内核可以单独应用于输入图像，以便在每个方向上对梯度分量进行单独的测量。然后可以将它们组合在一起，以找到每个点处梯度的绝对大小和该梯度的方向。梯度的模值由式（3.12）给出，一般情况下，为了提高计算效率，算法开发时会使用不开平方的近似值，有

$$
|G| = |G_x| + |G_y| \tag{3.15}
$$

因此，(x,y) 位置的梯度结果为

$$
G(x,y) = |f(x,y) - f(x+1,y+1)| + |f(x+1,y) - f(x,y+1)| \tag{3.16}
$$

使用 Roberts 交叉算子的主要原因是计算速度非常快。只需检查 4 个输入像素，就可以确定每个输出像素的值，计算中只使用减法和加法，此外，没有要设置的参数。它的主要缺点是，由于它使用很小的内核，因此对噪声非常敏感。它也会对真正的边缘产生非常微弱的响应，除非它们非常锋利。

（2）Prewitt 算子。准确地讲，Roberts 交叉算子提取的梯度值对应的像素位置是在 $(x+0.5, y+0.5)$ 范围内的一个非整数像素位置。后面有了扩展的 3×3 尺寸的精确定位梯度的算子，比如 Prewitt 算子。其原理是在图像空间利用两个方向模板与图像进行邻域卷积来完成的，其中一个模板检测水平边缘，另一个模板检测垂直边缘。其使用的卷积核在两个方向上的数学形式为

$$
G_x = \begin{bmatrix} -1 & 0 & 1 \\ -1 & 0 & 1 \\ -1 & 0 & 1 \end{bmatrix} * f,\ G_y = \begin{bmatrix} -1 & -1 & -1 \\ 0 & 0 & 0 \\ 1 & 1 & 1 \end{bmatrix} * f \tag{3.17}
$$

（3）Sobel 算子。Sobel 算子对图像执行二维空间梯度测量，它强调与边缘相对应的高频的空间区域。通常，它用于查找输入灰度图像中每个点的近似绝对梯度大小。Sobel 算子使用两个 3×3 的矩阵与原始图像 f 卷积，分别得到横向 G_x 和纵向 G_y 的梯度值，如果梯度值大于某个阈值，就认为这个点为边缘点，有

$$
G_x = \begin{bmatrix} -1 & 0 & 1 \\ -2 & 0 & 2 \\ -1 & 0 & 1 \end{bmatrix} * f \tag{3.18}
$$

$$
G_y = \begin{bmatrix} -1 & -2 & -1 \\ 0 & 0 & 0 \\ 1 & 2 & 1 \end{bmatrix} * f \tag{3.19}
$$

在计算过程中，将图像的每个像素的横向和纵向的梯度值使用式（3.20）的方式合并，

计算该点整体的梯度值

$$G=\sqrt{G_x^2+G_y^2} \tag{3.20}$$

为了提高计算效率，可以使用不开平方的近似值代替 G，有

$$|G|=|G_x|+|G_y| \tag{3.21}$$

使用式（3.22）可以计算梯度方向 θ

$$\theta=\arctan\left(\frac{G_y}{G_x}\right) \tag{3.22}$$

与 Roberts 交叉算子一样，对于仅支持小整数像素值（如 8 位整数图像）的图像类型，该运算符的输出值很容易溢出允许的最大像素值。当这种情况发生时，标准做法是简单地将溢出的输出像素设置为最大允许值。通过使用支持更大范围像素值的图像类型，可以避免此问题。

由于 Sobel 算子具有平滑效果，因此在计算输出的结果中，图像中的自然边缘的线条往往会占据几个像素的宽度。为了处理这种情况，可能需要进行一些腐蚀运算，或者采用某种脊线跟踪算法进行后处理。

（4）拉普拉斯算子。拉普拉斯算子（Laplacian Operator）是欧氏空间中的一个二阶微分算子，如果 f 是二维空间中的二阶可微的实函数，则 f 的拉普拉斯算子定义为

$$\Delta f=\nabla^2 f=\frac{\partial^2 f}{\partial x^2}+\frac{\partial^2 f}{\partial y^2} \tag{3.23}$$

图像处理作为一个离散化的二维空间数据处理实例，其中的拉普拉斯算子是二阶差分形式

$$\Delta f=[f(x+1,y)+f(x-1,y)+f(x,y+1)+f(x,y-1)]-4f(x,y) \tag{3.24}$$

拉普拉斯算子的模板形式和扩展变换形式分别为

$$\begin{bmatrix}0 & 1 & 0\\ 1 & -4 & 1\\ 0 & 1 & 0\end{bmatrix}\begin{bmatrix}1 & 1 & 1\\ 1 & -9 & 1\\ 1 & 1 & 1\end{bmatrix} \tag{3.25}$$

图像中的边缘就是那些灰度发生跳变的区域，所以拉普拉斯锐化模板在边缘检测中很有用。此算子用二次微分正峰和负峰之间的过零点来确定，对孤立点或端点更敏感，因此特别适用于以突出图像中的孤立点、孤立线或线端点为目的的场合。同其他梯度算子一样，拉普拉斯算子也会增强图像中的噪声，有时在用拉普拉斯算子进行边缘检测时，可先对图像进行平滑处理。

拉普拉斯算子可被用于图像锐化处理，其作用是使边缘的反差增强，从而使模糊图像变得更加清晰。图像模糊的原因就是图像参与了平均运算或积分运算，因此可以对图像进行逆运算，如微分运算能够突出图像细节，使图像变得更清晰。由于拉普拉斯算子是一种微分算子，它的应用可增强图像中灰度突变的区域，减弱灰度缓慢变化的区域，因此可先选择拉普拉斯算子对原图像进行锐化处理，产生描述灰度突变的图像，再将拉普拉斯图像与原始图像叠加而产生锐化图像。

（5）坎尼（Canny）边缘检测。Canny 边缘检测算法是 Canny J. F.在 1986 年提出的，他给出了判断边缘提取方法性能的指标。首先，好的边缘检测算法应该对图像信号的误

差不敏感，即出现虚假边缘的概率要尽可能小。其次，最终提取的边缘应该尽可能地接近真实边缘，而且每个边缘位置只能由单一的点响应，而不是由多个点响应。从表面效果上讲，Canny 边缘检测算法是对 Sobel、Prewitt 等算子效果的进一步细化和更加准确的定位。Canny 边缘检测算法的具体实现过程如下。

① 首先对待处理的图像进行高斯滤波处理，去除图像中的高斯噪声，有效抑制高斯噪声这样的高频分量。高斯滤波就是对整幅图像进行加权平均的过程，每个像素的值都由其本身和邻域内的其他像素灰度值经过加权平均后得到。例如，使用 3×3 的高斯模板加权平均公式，如下

$$g(x,y)=\frac{1}{16}\begin{bmatrix}1 & 2 & 1\\ 2 & 4 & 2\\ 1 & 2 & 1\end{bmatrix}*f \tag{3.26}$$

② 在高斯滤波后，计算像素的梯度幅值和梯度方向。该步骤可选用的算子包括 Sobel 算子、Prewitt 算子、Roberts 交叉算子等，通常使用得较多的是 Sobel 算子。

③ 进行非极大值抑制。沿着梯度方向对幅值进行非极大值抑制，对提取出的梯度幅值进行阈值过滤。具体采用双阈值技术进行边缘迟滞，设立高、低双阈值，对应进行强边缘和弱边缘像素的初步划分。

例如，3×3 区域内，边缘可以划分为垂直 90°、水平 0°、对角 45° 和反对角 135° 这 4 个方向。同样，梯度的反方向也是 4 个方向（与边缘方向正交）。为了进行非极大值抑制，将所有可能的方向量化为 4 个方向，如图 3.9 所示。

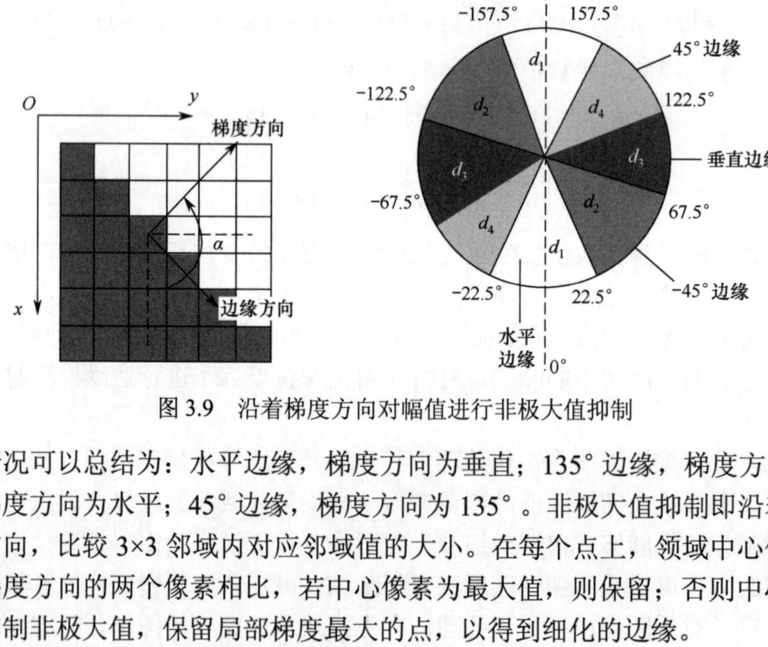

图 3.9 沿着梯度方向对幅值进行非极大值抑制

量化情况可以总结为：水平边缘，梯度方向为垂直；135° 边缘，梯度方向为 45°；垂直边缘，梯度方向为水平；45° 边缘，梯度方向为 135°。非极大值抑制即沿着上述 4 种类型的梯度方向，比较 3×3 邻域内对应邻域值的大小。在每个点上，领域中心像素 x 与沿着其对应的梯度方向的两个像素相比，若中心像素为最大值，则保留；否则中心像素置 0。这样可以抑制非极大值，保留局部梯度最大的点，以得到细化的边缘。

④ 用双阈值算法检测。选取系数高阈值 t_H 和低阈值 t_L，比例为 2:1 或 3:1（一般取 t_H=0.3 或 t_H=0.2，t_L=0.1）。将小于低阈值的点抛弃，将大于高阈值 t_H 的点立即标记为确定强边缘点，将小于高阈值 t_H 且大于低阈值 t_L 的点定义为弱边缘点。

⑤ 对边缘点像素使用 8 连通区域进行进一步确认。若存在连续邻接的强边缘像素，则将其确定为输出边缘；若弱边缘与强边缘邻接，则弱边缘同样被输出为边缘；若弱边缘像素或强边缘像素是孤立存在的，则抛弃这些边缘像素。

Canny 边缘检测算法采用高、低双阈值方法进行边缘点的确定，并将不连续的边缘进行延伸，使得最终提取的边缘更加连续。该算法有优良的信噪比，边缘的错误检测率低，即将非边缘检测为边缘或将边缘检测为非边缘的概率要小得多。该算法有优良的定位性能，检测出的边缘位置要尽可能在实际边缘的中心，对同一边缘仅有唯一响应。

3.2 频率域增强

通常，图像中的边缘和噪声部分的信息都对应在频率域空间的高频信号。所以，为了有效和快速地对图像进行处理与分析，有时需要将原本定义在空间域的二维图像以某种形式变换到变换域，并且利用图像在变换域的特有性质进行处理，处理后再通过逆变换操作变换到空间域。

3.2.1 傅里叶变换

从 20 世纪 60 年代开始，利用计算机实现快速傅里叶变换得到了广泛应用。傅里叶变换后的变换域称为频率域，简称频域。在频域中，处理图像会用到信号分析和频谱分析等概念，可以加深对图像的理解，用于图像处理和图像编码。

1）连续傅里叶变换（Continuous Fourier Transform，CFT）

设 $f(x)$ 为一维变量 x 的连续可积函数，则定义 $f(x)$ 的傅里叶变换为

$$F(\omega)=\int_{-\infty}^{\infty} f(x)\mathrm{e}^{-\mathrm{j}\omega x}\mathrm{d}x \tag{3.27}$$

式中，j 为虚数单位（$\mathrm{j}^2=-1$），ω 为频域变量，x 为空间域变量。从 $F(\omega)$ 恢复 $f(x)$ 的计算过程被称为傅里叶逆变换，定义为

$$f(x)=\frac{1}{2\pi}\int_{-\infty}^{\infty} F(\omega)\mathrm{e}^{\mathrm{j}\omega x}\mathrm{d}\omega \tag{3.28}$$

对于实函数的傅里叶变换，其结果多为复函数，$R(u)$ 和 $I(u)$ 分别为 $F(u)$ 的实部和虚部，则

$$F(\omega)=R(\omega)+\mathrm{j}I(\omega) \tag{3.29}$$

$$\varphi(\omega)=\arctan\frac{I(\omega)}{R(\omega)} \tag{3.30}$$

$$|F(\omega)|=\sqrt{R^2(\omega)+I^2(\omega)} \tag{3.31}$$

式中，$F(\omega)$ 称为 $f(x)$ 的傅里叶频谱，谱的平方称为 $f(x)$ 的能量谱。应用欧拉公式，指数项 $\mathrm{e}^{-\mathrm{j}\omega x}$ 可展开为

$$\mathrm{e}^{-\mathrm{j}\omega x}=\cos(\omega x)-\mathrm{j}\sin(\omega x) \tag{3.32}$$

从欧拉公式可以看出，指数函数可以表示为正弦函数和余弦函数的代数和，利用正弦函数和余弦函数的奇偶特性可以简化傅里叶变换的计算。

傅里叶变换可以推广到两个变量连续可积的函数 $f(x,y)$。若 $F(u,v)$ 是可积的，则对于二维连续函数，存在如下傅里叶变换对，表示为

$$F(u,v)=\int_{-\infty}^{\infty}\int_{-\infty}^{\infty}f(x,y)\mathrm{e}^{-\mathrm{j}2\pi(ux+vy)}\mathrm{d}x\mathrm{d}y \tag{3.33}$$

$$f(x,y)=\int_{-\infty}^{\infty}\int_{-\infty}^{\infty}F(u,v)\mathrm{e}^{\mathrm{j}2\pi(ux+vy)}\mathrm{d}u\mathrm{d}v \tag{3.34}$$

二维函数的傅里叶频谱、相位和能量谱分别表示为

$$|F(u,v)|=\sqrt{R^2(u,v)+I^2(u,v)} \tag{3.35}$$

$$\varphi(u,v)=\arctan\frac{I(u,v)}{R(u,v)} \tag{3.36}$$

$$E(u,v)=R^2(u,v)+I^2(u,v) \tag{3.37}$$

2）离散傅里叶变换（Discrete Fourier Transform，DFT）

对于一个一维连续函数 $f(x)$ 等间隔采样可以得到一个离散序列。设采样点数为 N，则这个离散序列可表示为 $\{f(0),f(1),f(2),\cdots,f(N-1)\}$。令 x 为离散实变量，u 为离散频率变量，则可以将离散傅里叶变换对定义为

$$F(u)=\sum_{x=0}^{N-1}f(x)\mathrm{e}^{-\mathrm{j}2\pi ux/N}\quad(u=0,1,\cdots,N-1) \tag{3.38}$$

$$f(x)=\frac{1}{N}\sum_{x=0}^{N-1}F(u)\mathrm{e}^{\mathrm{j}2\pi ux/N}\quad(x=0,1,\cdots,N-1) \tag{3.39}$$

一维离散傅里叶变换的矩阵形式为

$$\begin{bmatrix}F(0)\\F(1)\\\vdots\\F(N-1)\end{bmatrix}=\begin{bmatrix}W^0 & W^0 & W^0 & \cdots & W^0\\W^0 & W^{1\times1} & W^{2\times1} & \cdots & W^{(N-1)\times1}\\\vdots & \vdots & \vdots & & \vdots\\W^0 & W^{1\times(N-1)} & W^{2\times(N-1)} & \cdots & W^{(N-1)\times(N-1)}\end{bmatrix}\begin{bmatrix}f(0)\\f(1)\\\vdots\\f(N-1)\end{bmatrix} \tag{3.40}$$

$$\begin{bmatrix}f(0)\\f(1)\\\vdots\\f(N-1)\end{bmatrix}=\frac{1}{N}\begin{bmatrix}W^0 & W^0 & W^0 & \cdots & W^0\\W^0 & W^{-1\times1} & W^{-2\times1} & \cdots & W^{-1\times(N-1)}\\\vdots & \vdots & \vdots & & \vdots\\W^0 & W^{-(N-1)\times1} & W^{-(N-1)\times2} & \cdots & W^{-(N-1)\times(N-1)}\end{bmatrix}\begin{bmatrix}F(0)\\F(1)\\\vdots\\F(N-1)\end{bmatrix} \tag{3.41}$$

式中，$W=\mathrm{e}^{-\mathrm{j}\frac{2\pi}{N}}$ 称为变换核。

二维离散傅里叶变换的正变换和逆变换分别表示为

$$F(u,v)=\sum_{x=0}^{M-1}\sum_{y=0}^{N-1}f(x,y)\mathrm{e}^{-\mathrm{j}2\pi\left(\frac{xu}{M}+\frac{yv}{N}\right)} \tag{3.42}$$

$$f(x,y)=\frac{1}{MN}\sum_{u=0}^{M-1}\sum_{v=0}^{N-1}F(u,v)\mathrm{e}^{\mathrm{j}2\pi\left(\frac{xu}{M}+\frac{yv}{N}\right)}\quad(u=0,1,\cdots,M-1;v=0,1,\cdots,N-1)\tag{3.43}$$

当 $M=N$ 时，正逆变换对具有下列对称的形式

$$F(u,v)=\sum_{x=0}^{N-1}\sum_{y=0}^{N-1}f(x,y)\mathrm{e}^{-\mathrm{j}2\pi(ux+vy)/N}\tag{3.44}$$

$$f(x,y)=\frac{1}{N^2}\sum_{u=0}^{N-1}\sum_{v=0}^{N-1}F(u,v)\mathrm{e}^{\mathrm{j}2\pi(ux+vy)/N}\tag{3.45}$$

仿照二维连续傅里叶变换，定义 $\{f(x,y)\}$ 的功率谱为 $F(u,v)$ 与 $F^*(u,v)$ 的乘积，即 $F(u,v)$ 的实部平方加虚部平方。功率谱是图像的重要特征，可反映图像的灰度分布。例如，具有精细结构和细微结构的图像的高频分量较丰富，低频分量反映图像的概貌。

3）数字图像的离散傅里叶变换

二维数字图像是一个二维空间离散函数，对其进行离散傅里叶变换，利用以下性质可以简化运算。利用可分离性，傅里叶变换对可表示为

$$F(u,v)=\sum_{x=0}^{N-1}\mathrm{e}^{-\mathrm{j}2\pi\frac{ux}{N}}\sum_{y=0}^{N-1}f(x,y)\mathrm{e}^{-\mathrm{j}2\pi\frac{vy}{N}}\quad(u,v=0,1,\cdots,N-1)\tag{3.46}$$

$$f(x,y)=\frac{1}{N^2}\sum_{u=0}^{N-1}\mathrm{e}^{\mathrm{j}2\pi\frac{ux}{N}}\sum_{v=0}^{N-1}F(u,v)\mathrm{e}^{\mathrm{j}2\pi\frac{vy}{N}}\quad(x,y=0,1,\cdots,N-1)\tag{3.47}$$

由式（3.47）可知，二维图像的离散傅里叶变换的具体计算过程为：对图像 $f(x,y)$ 的每一行进行一维傅里叶变换后得到 N 个值，将其排在同一行位置，再对变换获得的矩阵的每一列进行一维傅里叶变换。离散傅里叶变换可以用快速傅里叶变换（FFT）实现。

大多数系统对数字图像矩阵的存储采用按行存放的形式。执行一维傅里叶变换后，将得到的 N 个值按行放回。在执行第二个一维傅里叶变换时，需要按列进行，取数速度减小。因此，在完成行变换后，进行图像数据矩阵转置操作，大矩阵的快速转置算法是二维图像 FFT 的一个关键。目前，已经出现用芯片进行图像 FFT 的情形，这使得运算速度更高，具有实时处理功能。

从分离形式可知，一个二维傅里叶变换可以由连续两次运用一维傅里叶变换来实现。例如，对图像的每一行进行一维傅里叶变换，得到中间结果，再对中间结果的每一列进行一维傅里叶变换，得到最终结果。式（3.46）可以分成如下两式

$$F(x,v)=\sum_{y=0}^{N-1}f(x,y)\mathrm{e}^{-\mathrm{j}2\pi\frac{vy}{N}}\quad(v=0,1,\cdots,N-1)\tag{3.48}$$

$$F(u,v)=\sum_{x=0}^{N-1}F(x,v)\mathrm{e}^{-\mathrm{j}2\pi\frac{ux}{N}}\quad(u,v=0,1,\cdots,N-1)\tag{3.49}$$

注意到图像 $f(x,y)$ 是非负实数矩阵，即 $f(x,y)=f^*(x,y)$，因此，对式（3.45）两边取共轭，可表示为 $f^*(x,y)=\frac{1}{N^2}\sum_{u=0}^{N-1}\sum_{v=0}^{N-1}\left\{F(u,v)\mathrm{e}^{\mathrm{j}2\pi\frac{(ux+vy)}{N}}\right\}^*$。因为 $f(x,y)=f^*(x,y)$，所以

$$f(x,y)=\frac{1}{N^2}\sum_{u=0}^{N-1}\sum_{v=0}^{N-1}F^*(u,v)\mathrm{e}^{-\mathrm{j}2\pi\frac{(ux+vy)}{N}} \tag{3.50}$$

比较式（3.50）与式（3.44）可知，求逆变换可以调用正变换程序执行，只要用 $F^*(u,v)$ 代替 $f(x,y)$，再对结果取共轭并除以归一化因子 N^2 即可。

对图像矩阵 $f(x,y)$ 做 FFT 得到 $F(u,v)$，通常希望将 $F(0,0)$ 移到 $F(N/2,N/2)$，以得到傅里叶变换及其功率谱的完整显示。利用傅里叶变换的移频特性可以证明，对 $f(x,y)(-1)^{x+y}$ 进行傅里叶变换可以得到将中心移到 $(N/2,N/2)$ 的傅里叶变换结果，即

$$\begin{aligned}F\left(\frac{u+N}{2},\frac{v+N}{2}\right)&=\frac{1}{N}\sum_{x=0}^{N-1}\sum_{y=0}^{N-1}f(x,y)\exp\left\{\frac{-\mathrm{j}2\pi}{N}\left[\left(u+\frac{N}{2}\right)x+\left(v+\frac{N}{2}\right)y\right]\right\}\\&=\frac{1}{N}\sum_{x=0}^{N-1}\sum_{y=0}^{N-1}f(x,y)\exp\left[-\mathrm{j}\pi(x+y)\right]\exp\left[\frac{-\mathrm{j}2\pi(ux+vy)}{N}\right]\\&=\frac{1}{N}\sum_{x=0}^{N-1}\sum_{y=0}^{N-1}f(x,y)(-1)^{x+y}\exp\left[\frac{-\mathrm{j}2\pi(ux+vy)}{N}\right]\\&\quad(u,v=0,1,2,\cdots,N-1)\end{aligned} \tag{3.51}$$

傅里叶变换示例如图 3.10 所示。

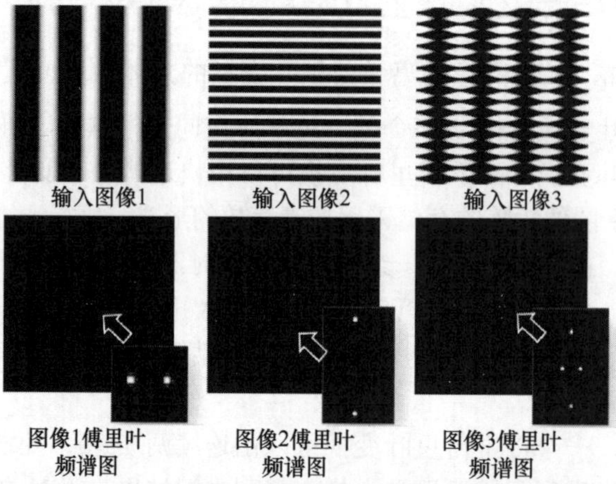

(a) 三幅具有周期性特点的简单图像的傅里叶变换示例

(b) 航空图像的傅里叶变换：输入灰度图像（左）、对应输入图像的傅里叶频谱图（中）和零频分量移到频谱中心的傅里叶频谱图（右）

图 3.10　傅里叶变换示例

一幅图像中，直流分量（Direct Current，DC）也称为零频分量，它的值反映了原图像的平均亮度，其他各频段的信号在该值的基础上进行叠加。通过观察傅里叶变换后的频谱图可以看出图像的能量分布，如果频谱图中的暗点更多，那么实际图像是比较柔和的（因为各点与邻域差异都不大，梯度相对较小）；反之，如果频谱图中的亮点较多，那么实际图像会有较多的边缘特征。

3.2.2　傅里叶频域滤波器

基于卷积定理，基于傅里叶变换的滤波可以在图像域中执行，使用卷积并通过图像中的邻域处理来实现。而在频率域的处理过程为，首先使用傅里叶变换将二维图像从空间域变换到频率域；然后，使用频率域滤波器去除或改变特定频率的数据；最后，使用傅里叶逆变换将滤波后的频谱数据变换回空间域，以产生滤波后的图像。

由卷积定理知道，使用傅里叶变换后的滤波图像等价于图像 $f(x,y)$ 和函数 $h(x,y)$ 之间的卷积。根据选频作用的不同，可以将滤波器分为以下几类。

（1）低通滤波器。它可以使信号中低于频率阈值 v 的频率分量几乎不受衰减地通过，而高于 v 的频率分量受到极大的衰减。

（2）高通滤波器。与低通滤波器相反，它使信号中高于频率阈值 v 的频率分量几乎不受衰减地通过，而低于 v 的频率分量将受到极大的衰减。

（3）带通滤波器。它的通频带为 $v_1 \sim v_2$，使信号中高于 v_1 且低于 v_2 的频率分量可以不受衰减地通过，而其他分量受到衰减。

（4）带阻滤波器。与带通滤波器相反，阻带为 $v_1 \sim v_2$，使信号中高于 v_1 和低于 v_2 的频率分量受到衰减，其余频率分量的信号几乎不受衰减地通过。

在频率域滤波中，下面讲解三种平滑滤波器，即理想低通滤波器、巴特沃思低通滤波器和高斯低通滤波器，这三种滤波器涵盖了从非常急剧（理想）到非常平滑的滤波范围。

（1）理想低通滤波器。首先最容易想到的衰减高频分量的方法就是在一个称为截止频率的位置截断所有的高频分量，将图像频谱中所有高于这一截止频率的频谱分量设为 0，低于截止频率的分量保持不变。能够达到这种效果的滤波器称为理想低通滤波器。图 3.11 是一个各向同性的理想低通滤波器，右图所示频谱图像的白色圆形范围即带通范围。令 D_0 代表滤波器的截止频率，$D(u,v)$ 代表频谱函数，n 阶的二维理想低通滤波器的频率响应为

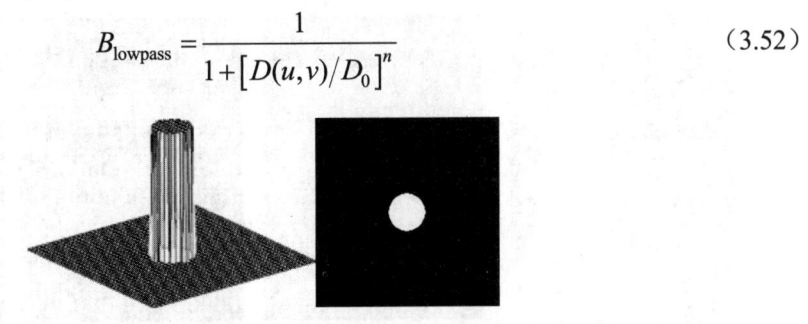

$$B_{\text{lowpass}} = \frac{1}{1+\left[D(u,v)/D_0\right]^n} \tag{3.52}$$

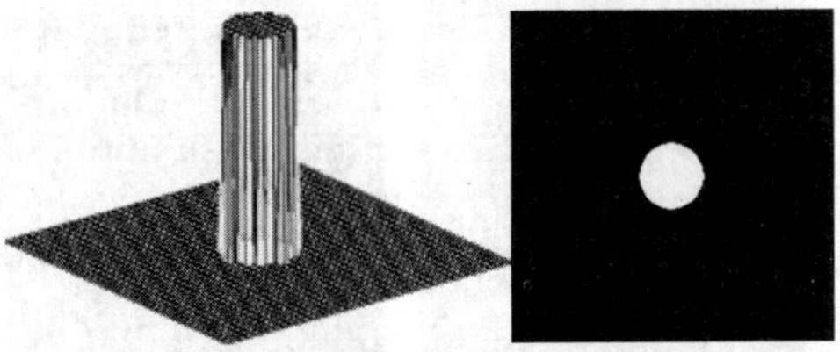

图 3.11　频率域的理想低通滤波器（左图是其透视图，右图是频谱图像）

（2）巴特沃思低通滤波器。巴特沃思低通滤波器是由 Butterworth S.在 1930 设计出来的，

它具有最大的平坦频率响应，也被称为“最大平坦幅值滤波器”，如图 3.12 所示。

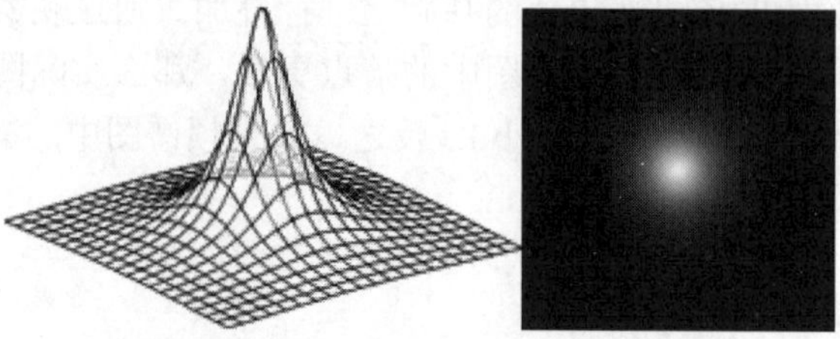

图 3.12 巴特沃思低通滤波器（左图是其透视图，右图是频谱图像）

（3）高斯低通滤波器。高斯低通滤波器具有更加平滑的响应，但对于较大的标准差，可能会引入较大的图像模糊，如图 3.13 所示。高斯低通滤波器的傅里叶频谱为

$$G_{\text{lowpass}} = \exp\left\{-\frac{1}{2}\left[\frac{D(u,v)}{D_0}\right]^2\right\} \tag{3.53}$$

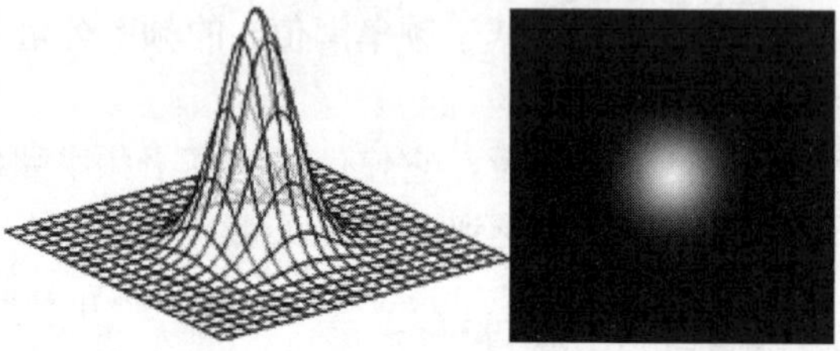

图 3.13 高斯低通滤波器（左图是其透视图，右图是频谱图像）

高通低通滤波器可以很容易地使用低通滤波器来构造。如果低通滤波器的傅里叶频谱为 H_{lowpass}，则高通滤波器只需反转即可创建，即 $H_{\text{highpass}} = 1 - H_{\text{lowpass}}$。

为了移除频率域内的噪声，在设计滤波器时，需要有噪声特性的先验知识。先验知识可以通过对图像数据或者受损图像进行傅里叶频谱分析得到。在频谱中，噪声往往会引起频谱的突变尖峰。图 3.14 所示为一幅月球轨道器拍摄的月面图像，从这幅图像的频谱图像中可以看出，其受到了一些规律性的垂直周期噪声的污染。原图像中的垂直周期噪声在变换后，变成了频谱中的尖峰。所以可以设计一些具有特定位置的陷阻滤波器，对特定频率的信号进行抑制，再进行傅里叶逆变换，获得去噪后的空间域图像数据。

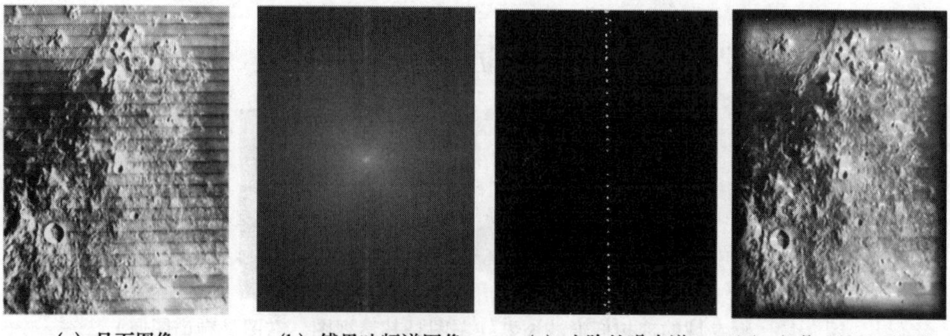

（a）月面图像　（b）傅里叶频谱图像　（c）去除的噪声谱　（d）去噪后的月面图像

图 3.14 在频率域对垂直周期噪声去除的效果示例

3.2.3　离散余弦变换

数字图像处理中的正交变换，除傅里叶变换外，还经常用到离散余弦变换（Discrete Cosine Transform，DCT）。DCT 是与傅里叶变换相关的一种变换，它类似于离散傅里叶变换，但是只使用实数。离散余弦变换相当于一个大概 2 倍长度的离散傅里叶变换，这个离散傅里叶变换是对一个实偶函数进行的，因为一个实偶函数的傅里叶变换仍然是一个实偶函数。

离散余弦变换经常在信号处理和图像处理中使用，用于对信号和图像（包括静止图像和运动图像）进行有损数据压缩。这是由于离散余弦变换具有很强的“能量集中”特性，离散余弦变换可将信号的能量集中在少数低频系数中，适合进行数据压缩。对于大多数的自然信号，包括声音和图像的能量都集中在离散余弦变换后的低频部分，而且当信号具有接近马尔可夫过程（Markov Processes）的统计特性时，离散余弦变换的去相关性接近于 Karhunen-Loeve 变换（K-L 变换），具有最优的去相关性的性能。

例如，在静止图像编码标准 JPEG、运动图像编码标准 MPEG 和 H.26x 的各个标准中都使用了二维离散余弦变换。在这些标准中，首先对输入图像进行离散余弦变换，然后将 DCT 系数进行量化之后进行熵编码。在对输入图像进行 DCT 前，需要将图像分成 $N\times N$ 个子块，通常 $N=8$，对每个 8×8 子块的每行进行 DCT，然后对每列进行变换，得到的是一个 8×8 的变换系数矩阵。其中，$(0,0)$ 位置的元素就是直流分量，其他元素根据其位置表示不同频率的交流分量。

此外，离散余弦变换也经常被用来使用谱方法解偏微分方程，这时离散余弦变换不同的变量对应着数组两端不同的奇/偶边界条件。DCT 具有对称性，适合处理边界连续的信号。下面重点讨论 DCT 的基本定义及其在数字图像处理中的应用。

1）一维离散余弦变换

函数 $f(x)$ 的一维离散余弦变换定义为

$$F(u=0)=\frac{1}{\sqrt{N}}\sum_{x=0}^{N-1}f(x) \tag{3.54}$$

$$F(u)=\sqrt{\frac{2}{N}}\sum_{u=1}^{N-1}F(x)\cos\frac{2(x+1)u\pi}{2N},u\neq0 \tag{3.55}$$

$$f(x)=\sqrt{\frac{1}{N}}F(0)+\sqrt{\frac{2}{N}}\sum_{u=1}^{N-1}F(u)\cos\frac{(2x+1)ux}{2N} \tag{3.56}$$

式中，$F(u)$ 是第 u 个变换系数，u 是广义频率变量，$u=0,1,2,\cdots,N-1$。$f(x)$ 是时域 N 点序列，$x=0,1,2,\cdots,N-1$。式（3.55）和式（3.56）构成了一维离散余弦变换对。

2）二维离散余弦变换

设 $f(x,y)$ 为 $M\times N$ 的数字图像矩阵，二维离散余弦变换定义为

$$F(0,0)=\frac{1}{N}\sum_{x=0}^{N-1}\sum_{y=0}^{N-1}f(x,y)$$

$$F(0,v)=\frac{\sqrt{2}}{N}\sum_{x=0}^{N-1}\sum_{y=0}^{N-1}f(x,y)\cos\frac{(2y+1)v\pi}{2N}$$

$$F(u,0)=\frac{\sqrt{2}}{N}\sum_{x=0}^{N-1}\sum_{y=0}^{N-1}f(x,y)\cos\frac{(2y+1)u\pi}{2N}$$

$$F(u,v)=\frac{2}{N}\sum_{x=0}^{N-1}\sum_{y=0}^{N-1}f(x,y)\cos\frac{(2y+1)u\pi}{2N}\cos\frac{(2y+1)v\pi}{2N} \tag{3.57}$$

$F(u,v)$ 是正变换式，其中 $f(x,y)$ 是空间域的二维向量元素，$u,v=0,1,2,\cdots,N-1$，$F(u,v)$ 是变换系数矩阵的元素。

3）离散余弦变换的矩阵表示

二维离散余弦变换具有系数为实数、正变换与逆变换的核相同的特点。离散余弦变换是一种正交变换，为了分析计算方便，还可以用矩阵的形式来表示。

设 f 为一个 N 点的离散序列，即可以用一个 $N\times1$ 的列向量 $\boldsymbol{f}$ 表示，$\boldsymbol{F}$ 为频域中一个 $N\times1$ 的列向量。$N\times N$ 的矩阵 $\boldsymbol{C}$ 为离散余弦变换矩阵，一维离散余弦变换可表示为

$$\boldsymbol{F}=\boldsymbol{C}\cdot\boldsymbol{f} \tag{3.58}$$

$$\boldsymbol{f}=\boldsymbol{C}^{\mathrm{T}}\cdot\boldsymbol{F} \tag{3.59}$$

二维离散余弦变换可表示为

正变换
$$\boldsymbol{F}=\boldsymbol{C}\cdot\boldsymbol{f}\cdot\boldsymbol{C}^{\mathrm{T}} \tag{3.60}$$

逆变换
$$\boldsymbol{f}=\boldsymbol{C}^{\mathrm{T}}\cdot\boldsymbol{F}\cdot\boldsymbol{C} \tag{3.61}$$

式中，$\boldsymbol{C}=\sqrt{\frac{2}{N}}\begin{bmatrix}\sqrt{\frac{1}{2}} & \sqrt{\frac{1}{2}} & \cdots & \sqrt{\frac{1}{2}}\\ \cos\frac{1}{2N}\pi & \cos\frac{3}{2N}\pi & \cdots & \cos\frac{2N-1}{2N}\pi\\ \vdots & \vdots & & \vdots\\ \cos\frac{N-1}{2N}\pi & \cos\frac{3(N-1)}{2N}\pi & \cdots & \cos\frac{(2N-1)(N-1)}{2N}\pi\end{bmatrix}$。

$\boldsymbol{C}$ 是一个正交矩阵，即 $\boldsymbol{C}\cdot\boldsymbol{C}^{\mathrm{T}}=\boldsymbol{E}$，$\boldsymbol{E}$ 为单位矩阵。

JPEG（Joint Photographic Experts Group）专家组开发了两种基本的压缩算法：一种是以离散余弦变换为基础的有损压缩算法；另一种是以预测技术为基础的无损压缩算法。使用有损压缩算法时，在压缩比为 25:1 的情况下，压缩后还原得到的图像与原始图像相比，非图像专家难以找出它们之间的区别，因此有损压缩算法得到了广泛的应用。JPEG 算法处理的彩色图像是单独的彩色分量图像，因此使用 JPEG 算法可以压缩来自不同彩色空间的数据。

JPEG 算法的主要计算步骤：（1）正向离散余弦变换（FDCT）；（2）量化（Quantization）；（3）Z 字形编码（Zigzag Scan）；（4）使用差分脉冲编码调制（Differential Pulse Code Modulation，DPCM）对直流（DC）系数进行编码；（5）使用行程长度编码（Run-Length Encoding，RLE）对交流（AC）系数进行编码；（6）熵编码（Entropy Coding）。

3.3　航空图像去雾

航空图像质量的好坏对天气的依赖性较高，雾霾天气下空气中的悬浮粒子会使景物反射的光线发生散射，同时散射的环境光被传感器接收，造成图像的清晰度降低。因此面对长时间、大范围的雾霾天气时，设计针对航空图像的去雾算法就显得特别有意义。

3.3.1　图像复原的概述

数字图像复原（Image Restoration）技术是图像处理中的一种重要技术，对于改善图像质量具有重要的意义。图像复原的关键是对图像的退化过程建立相应的数学模型，然后通过求解该逆问题获得图像的复原模型并对原始图像进行合理估计。

在图像的获取、传输及保存过程中，存在的各种因素（如大气的湍流效应、摄像设备中光学系统的衍射、传感器的非线性特性、光学系统的像差、光学成像衍射、成像系统的非线性畸变、成像设备与物体之间的相对运动、不当的焦距、环境随机噪声、感光胶卷的非线性及胶片颗粒噪声、电视摄像扫描的非线性过程所引起的几何失真等）难免会造成图像画质的失真，通常将由这些因素引起的质量下降称为图像退化。

对退化的图像进行处理，恢复出真实的原始图像，这一过程称为图像复原。图像复原是利用图像退化现象的某种先验知识，建立退化现象的数学模型，再根据模型进行反向的推演运算，以恢复原来的景物图像，因而图像复原可以被理解为图像退化过程的反向过程。

图像复原与图像增强等其他基本图像处理技术类似，也是以获取某种程度的视觉质量改善为目的的。所不同的是，图像复原过程是试图利用退化过程的先验知识使已退化的图像恢复本来面目，实际上是一个估计过程，即根据退化的原因分析引起退化的因素，建立相应的数学模型，并沿着使图像退化的逆过程方向恢复图像。

图像复原本身往往需要有一个质量标准，即衡量接近全真景物图像的程度，或者说对原图像的估计是否达到最佳的程度。而图像增强基本上是一个探索的过程，它利用人的心理状态和视觉系统控制图像质量，直到人们的视觉系统满意为止。

3.3.2　航空图像去雾的概述

航空图像受到云雾的影响，图像的对比度或亮度与地表观测对象不一致，属于一种气象因素引起的图像退化。人们观察到的雾、霾、烟都是大气吸收或散射引起的现象。去雾之后可以显著地提高场景的可见度并纠正由大气光引起的颜色偏移。图像去雾可以提供深度信息并且对许多视觉算法是有益的。雾或者霾可以成为一个对场景理解有用的深度线索。

利用暗通道先验或其他去雾算法，可以有效去除图像中的雾霾，恢复更清晰的地表信息。目前，图像去雾的方法主要有三类。

第一类是基于图像增强的方法，如采用直方图均衡化的方法提高图像清晰度，或者使用同态滤波的方式对图像进行增强，对图像进行自适应对比度拉伸。图像增强的方法还包括使用 Retinex 算法、小波变换等方法。上述方法在某些情况下可以取得较好的效果，但由于处理效果不稳定，对同一测区的不同图像可能得到清晰度不同的处理结果，因此无法满足航空图像的应用需求。

第二类是对单幅图像基于图像复原的原理进行去雾的方法。比如使用先验物理模型的去雾方法，这类方法使用了强有力的先验条件或者假设，比如以大气物理模型为基础，通过某种手段获取图像的景深信息，进而获得退化模型的参数，反演出无雾图像。通过估计场景的反射率和介质传输率的方法，很难处理浓雾图像，并且当大气物理模型的假设不成立时很可能失败。代表性算法有来自 Tan R. T.、Fattal R.等人的单幅图像去雾算法和何恺明的基于暗通道先验的去雾算法。

第三类方法则利用同一场景的多幅图像实现图像的恢复，包括通过收集不同天气下的图像并进行分析处理得到清晰的图像。采用偏振片获取不同偏振程度的图像，进而对图像进行去雾处理。使用上述方法可以取得一定的去雾效果，但这类方法要求利用同一位置的多幅图像，一般的航空摄影不能满足该要求。

下面结合航空图像去雾应用，介绍常用的基于物理模型的去雾算法和基于暗通道先验的去雾算法。

3.3.3 基于物理模型的去雾算法

图像复原要求对图像退化的原因有一定的了解，一般应根据退化过程建立退化模型，再采用某种滤波方法恢复或重建原来的图像。决定图像复原方法有效性的关键之一是描述图像退化模型的精确性。要建立图像的退化模型，首先必须了解和分析图像退化的机制并用数学模型表现出来。在实际的图像处理过程中，图像均用数字离散函数表示，所以必须将退化模型离散化。

常用大气散射模型来描述雾霾天气条件下场景的成像过程，Narasimhan S. G. 等人在2001 年提出了一种雾霾天气条件下的单色的大气散射模型（Monochrome Atmospheric Scattering Model），即窄波段相机所拍摄的灰度图像可以用如下这种数学模型表示

$$I(\boldsymbol{x}) = \boldsymbol{A}J(\boldsymbol{x})\mathrm{e}^{-\beta d(\boldsymbol{x})} + \boldsymbol{A}(1-\mathrm{e}^{-\beta d(\boldsymbol{x})}) \tag{3.62}$$

式中，$I(\boldsymbol{x})$ 为观察到的有雾图像，$\boldsymbol{x}$ 为空间坐标，$J(\boldsymbol{x})$ 为场景反照率（对应场景的无雾图像），$d(\boldsymbol{x})$ 为场景的景深图像，$\boldsymbol{A}$ 为天空亮度（全局大气光），β 为大气散射系数。

大气散射模型由两项组成：第一项为衰减模型（Attenuation Model），也称直接传播（Direct Transmission）或直接衰减（Direct Attenuation），由于大气粒子具有散射作用，部分物体表面的反射光因散射而损失，未被散射的部分直接到达成像传感器，其光强随着传播距离的增大而呈指数级衰减；第二项为环境光模型（Airlight Model），其原理是大气粒子对自然光的散射使得大气表现出光源的特性，其光强随着传播距离的增大而逐渐增大。

该模型的假设条件是单次散射、均匀大气介质，以及大气粒子对可见光的散射系数与波长无关，因此，该模型不适用于数千米之外场景成像的衰减补偿。基于物理模型的方法实质上是利用大气散射模型求解场景反照率。由于该物理模型包含 3 个未知参数，从本质上讲，这是一个病态的问题。单幅图像去雾算法利用图像数据本身来构造约束场景反照率或景深的假设条件。

使用类似式（3.62）作为受云雾影响的基础的成像数学模型，表示为

$$I(\boldsymbol{x}) = J(\boldsymbol{x})t(\boldsymbol{x}) + \boldsymbol{A}[1-t(\boldsymbol{x})] \tag{3.63}$$

式中，$I(\boldsymbol{x})$ 为观察到的有雾图像，$\boldsymbol{A}$ 为天空亮度（全局大气光），$J(\boldsymbol{x})$ 为场景反照率（对应场景的无雾图像），$t(\boldsymbol{x})$ 为到达相机的光介质的传输率。受云雾影响的基础的成像数学模型如图 3.15 所示。

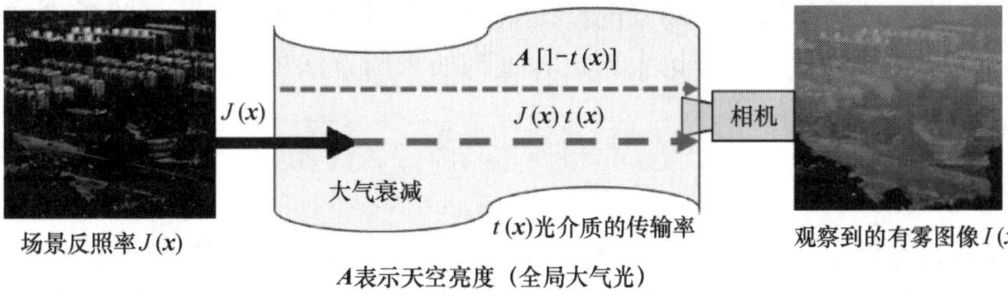

图 3.15　受云雾影响的基础的成像数学模型

从几何意义上说，式（3.63）说明了在 RGB 颜色空间中，向量 $\boldsymbol{A}$ 、$I(\boldsymbol{x})$ 和 $J(\boldsymbol{x})$ 是共面的，传输率 $t(\boldsymbol{x})$ 是两个线性分段的比值

$$t(\boldsymbol{x})=\frac{\|\boldsymbol{A}-I(\boldsymbol{x})\|}{\|\boldsymbol{A}-J(\boldsymbol{x})\|} \tag{3.64}$$

其中，$\boldsymbol{A}$ 通常可以通过图像中最亮的像素来估计。Fattal R. 提出了一种基于独立成分分析（ICA）的方法。首先，局部区域的反射率被假设为一个恒定的向量 $\boldsymbol{R}$，如图 3.16 所示。其次，通过假设场景反照率 $J(\boldsymbol{x})$ 和传输率 $t(\boldsymbol{x})$ 在局部区域是互相独立的，$\boldsymbol{R}$ 的方向可以用 ICA 估计。最后，利用输入颜色图像引导的马尔可夫随机场（MRF）模型对整个图像进行推断。这种方法是基于物理的，并且可以生成一幅自然的无雾图像和一个好的深度映射。但是，由于统计独立的假设，这种方法要求独立的部分有很大的差异。缺乏任何变化或低信噪比（通常在稠密的霾区）都会导致统计数据不可靠。此外，由于统计数据是基于颜色信息的，因此对于灰度图像来说，它是无效的并且难以处理无色的浓密烟雾。

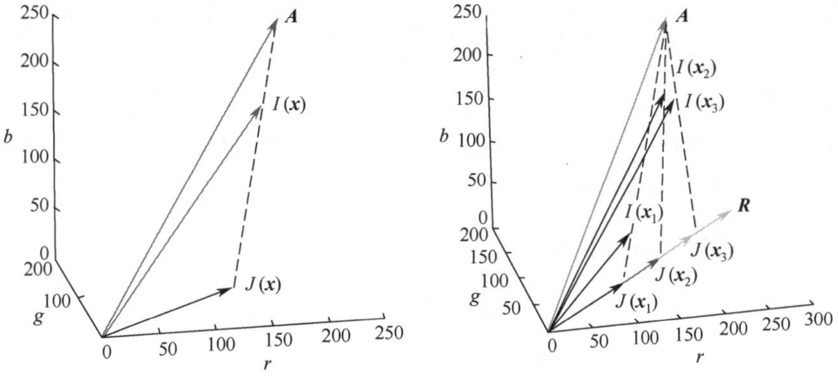

(a) 有雾图像成像模型　　(b) Fattal R.的恒定反射率模型

图 3.16　向量 $\boldsymbol{A}$ 、$I(\boldsymbol{x})$ 和 $J(\boldsymbol{x})$ 的几何关系

3.3.4　基于暗通道先验的去雾算法

何恺明等人于 2009 年提出一种基于暗通道先验（Dark Channel Prior）的去雾算法，通过提取图像的暗通道来估算其景深，该算法是图像去雾领域的重要进展，众多学者提出了对该算法的改进策略。

在有雾的图像中，这些暗像素的亮度值主要受大气光的影响，因此，这些暗像素可以直接提供一个雾的传输率的精确估计。结合有雾的成像模型和软抠图插值的方法，可以尝试恢复出一幅高质量的无雾图像和一幅好的景深图。还可以通过已有场景的纹理推算得到景深信息，比如，使用雷达测定场景的精确景深，或者使用多幅不同角度的图像重构场景的三维信息，以此得到景深。理论上测定和重构场景的方法可以得到较好的效果，但存在成本过高、实用性不强的问题。

1. 暗通道先验

暗通道算法的提出是在统计了5000多幅图像的特征后，发现对于一幅彩色图像，在绝大多数非天空的局部区域里，某些像素总会有至少一个颜色通道具有很低的值。换言之，该区域光强度的最小值是一个很小的数。

对于任意的输入图像 $J(\boldsymbol{x})$，暗通道的数学定义为

$$J^{\text{dark}}(\boldsymbol{x}) = \min_{y\in\Omega(\boldsymbol{x})}\left(\min_{c\in(\text{R,G,B})} J^c(y)\right) \tag{3.65}$$

式中，J^c 表示输入图像的一个颜色通道；$\Omega(\boldsymbol{x})$ 表示以像素 $\boldsymbol{x}$ 为中心的一个窗口，窗口大小可以根据实际情况适当调整。一个暗通道的值等于取一个局部像素窗口中的每个像素的3个通道中最小值组成的集合的最小值，即一个暗通道是两个最小运算的取值结果。通过对整幅图像进行前面的操作便可以得到一幅暗通道图。

通过观察发现，如果 $J(\boldsymbol{x})$ 是一个户外无雾图像，除了天空区域，$J(\boldsymbol{x})$ 的暗通道亮度是非常低的并且趋近0，称为暗通道先验

$$J^{\text{dark}} \to 0 \tag{3.66}$$

暗通道中大约有75%的像素值为零，90%的像素强度低于25，大多数暗通道的平均亮度都很低，这意味着只有一小部分室外无雾图像偏离了暗通道先验理论。

暗通道的低亮度主要是因为如下三个因素：①阴影，如汽车、建筑、树和岩石的阴影，城市景观的内部阴影等；②彩色物体表面，比如一个物体在某个颜色通道具有非常低的反射性（绿色的草、植被，红色、黄色的花，蓝色的水面）将会导致暗通道；③暗的物体或表面，比如黑的树干和石头，因为自然的户外图像通常都是五颜六色的并且有很多阴影，在这些图片中暗通道的值很低。

2. 基于暗通道先验的图像去雾

对式（3.63），暂且假设 $\boldsymbol{A}$ 的数值 A 已经给定，通过变形式（3.63）得

$$\frac{I^c(\boldsymbol{x})}{A^c} = \frac{J^c(\boldsymbol{x})}{A^c}t(\boldsymbol{x}) + 1 - t(\boldsymbol{x}) \tag{3.67}$$

该操作是对每个颜色通道进行的，上标 $c\in(\text{R,G,B})$ 表示在R、G、B三个通道取值。假设在每个窗口内的传输率 $t(\boldsymbol{x})$ 为常数，定义它为 $\tilde{t}(\boldsymbol{x})$，然后对式（3.67）两边求两次最小值，得到

$$\min_{y\in\Omega(\boldsymbol{x})}\left(\min_{c}\frac{I^c(y)}{A^c}\right) = \tilde{t}(\boldsymbol{x})\min_{y\in\Omega(\boldsymbol{x})}\left(\min_{c}\frac{J^c(y)}{A^c}\right) + 1 - \tilde{t}(\boldsymbol{x}) \tag{3.68}$$

根据前面叙述的暗通道先验理论得

$$J^{\text{dark}}(\boldsymbol{x}) = \min_{y\in\Omega(\boldsymbol{x})}\left(\min_{c} J^{c}(y)\right) = 0 \tag{3.69}$$

由于 A^c 总是一个正值，有

$$\min_{y\in\Omega(\boldsymbol{x})}\left(\min_{c}\frac{J^{c}(y)}{A^{c}}\right) = 0 \tag{3.70}$$

代入式（3.68）得到光介质传输率的估计值

$$\tilde{t}(\boldsymbol{x}) = 1 - \min_{y\in\Omega(\boldsymbol{x})}\left(\min_{c}\frac{I^{c}(y)}{A^{c}}\right) \tag{3.71}$$

在现实生活中，即使是晴天，空气中也存在着一些颗粒，因此，看远处的物体还是能感觉到雾的影响。另外，雾的存在让人类感到景深的存在，因此，有必要在去雾的时候保留一定程度的雾，这可以通过在式（3.71）中引入一个[0,1]范围内的因子 ω，则式（3.71）修正为

$$\tilde{t}(\boldsymbol{x}) = 1 - \omega\min_{y\in\Omega(\boldsymbol{x})}\left(\min_{c}\frac{I^{c}(y)}{A^{c}}\right) \tag{3.72}$$

其中，ω=0.95。忽略天空区域是因为无雾图像的暗通道可能会在天空区域有很高的亮度。由于大气光对图像的亮度值具有加性作用，一个有雾的图像要比一个传输率低的无雾图像明亮。在上述推论中提前假设大气光的天空亮度 A 已知，在实际中，可以借助暗通道图从有雾图像中获取该值。具体步骤如下。

（1）从暗通道图中按照亮度的大小取前 0.1%的像素。

（2）在这些像素位置中，从对应原始有雾图像 I 中寻找对应的具有最高亮度的点的值，作为 A 值。

现在可以进行无雾图像的恢复了，由式（3.63）可知

$$J(\boldsymbol{x}) = \frac{I(\boldsymbol{x}) - A}{t(\boldsymbol{x})} + A \tag{3.73}$$

现在 I 、A 、t 都已经求得了，完全可以进行 $J(\boldsymbol{x})$ 的计算。当传输率 t 的值很小时，会导致 J 的值偏大，从而使得图像整体过曝光，因此一般可设置阈值 t_0，当 $t < t_0$ 时，令 $t = t_0$，实验表明以 t_0=0.1 为标准计算可以得到良好的效果，最终的恢复公式如下

$$J(\boldsymbol{x}) = \frac{I(\boldsymbol{x}) - A}{\max(t(\boldsymbol{x}), t_0)} + A \tag{3.74}$$

基于暗通道的图像去雾示例如图 3.17 所示。

图 3.17　基于暗通道的图像去雾示例（何恺明，2009 年）

图 3.17 基于暗通道的图像去雾示例（何恺明，2009 年）（续）

3.4 图像超分辨率重建

图像的空间分辨率是航空成像系统设计的一项关键技术指标，决定了遥感探测和航空侦察的数据精细程度。通过增大传感器的整体尺寸或减小像素尺寸来增大像素数量的方法提高图像分辨率对硬件制造的要求较高，尤其是减小像素尺寸会导致信噪比降低，图像质量下降。通过研究如何利用超分辨率重建技术突破成像系统的固有限制，尽可能地恢复图像本来面貌或进一步提高图像分辨率、清晰度等，具有重要的研究意义与应用价值。

相较于低分辨率图像，高分辨率图像通常包含更大的像素密度、更丰富的纹理细节及更高的可信赖度。但在实际情况中，受采集设备与环境、网络传输介质与带宽、图像退化模型本身等诸多因素的约束，通常并不能直接得到具有边缘锐化、无成块模糊的理想高分辨率图像。

超分辨率重建技术能够有效突破现有光学成像系统的设计和制造水平限制，提高航空航天光学遥感图像的空间分辨率，增强遥感图像的高频细节信息，更有利于基于遥感侦察的目标发现和识别。

3.4.1 超分辨率重建的概念

图像的超分辨率重建技术指的是将给定的低分辨率图像通过特定的算法恢复成相应的高分辨率图像的过程，旨在解决或补偿由图像采集系统或采集环境本身的限制而导致的成像图像模糊、质量低下、感兴趣区域不显著等问题。标准靶标在不同分辨率下的图像如图 3.18 所示。

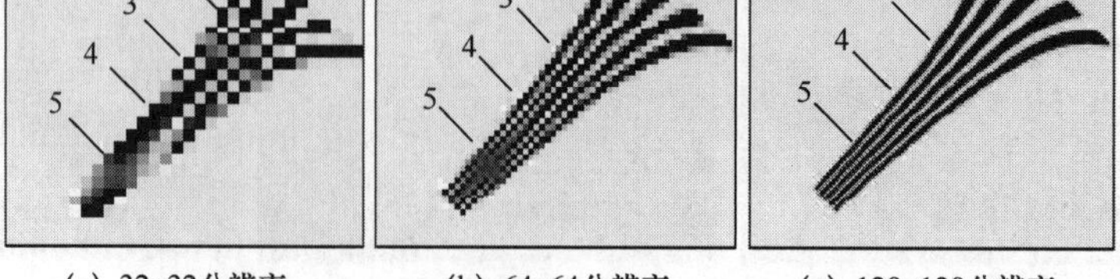

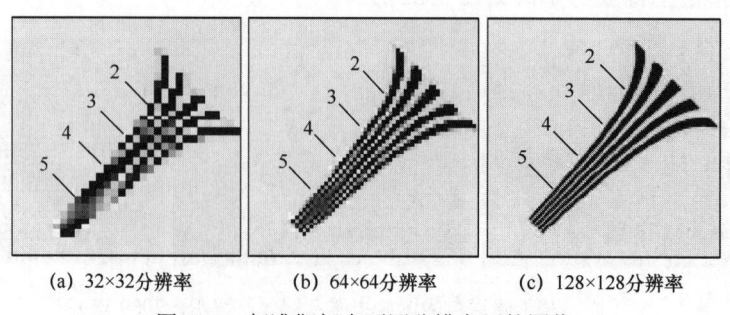

(a) 32×32分辨率　(b) 64×64分辨率　(c) 128×128分辨率

图 3.18 标准靶标在不同分辨率下的图像

2002 年，国际著名的光学仪器制造公司 Leica/Hellawa 公司和法国国家航天研究中心等将超分辨率重建技术应用到 SPOT5 卫星上，取得了相当理想的效果。受美国空军资助，美国戴顿大学（University of Dayton）和 Wright 实验室利用红外 CCD 相机输出的 20 幅低分辨率图像进行超分辨率重建实验，相比原始红外 CCD 相机的空间分辨率，其重建图像的空间分辨率提高了近 5 倍。

超分辨率重建的概念最初是由 Harris J. L.（1964 年）和 Goodman J. W.（1968 年）提出的，他们利用带限信号外推的方法实现单帧图像的超分辨率重建。许多学者对此进行了较深入的研究并相继提出了各自的方法，包括解析延拓方法、长椭球波函数法、线性均方外推法、叠加正弦模板法等。20 世纪 80 年代，Tsai R.Y. 和 Huang T. S. 提出了基于频域解混叠的多帧图像超分辨率重建的概念与方法，开启了综合利用图像的时空信息进行超分辨率重建研究的大门。1995 年，Hunt B. R. 首次系统地阐释了超分辨率重建的数学理论和方法。随着更一般的退化模型的广泛应用，20 世纪 90 年代以来，超分辨率重建的相关研究几乎全部集中在空间域。按照输入图像的数目，超分辨率重建技术可以大致分为两大类：多图像超分辨率重建技术和单图像超分辨率重建技术，下面分别进行介绍。

3.4.2　多图像超分辨率重建技术

多图像超分辨率重建技术中，输入多幅低分辨率（Low Resolution，LR）图像，先对图像序列进行精确的图像配准，然后通过模拟图像形成模型来解决 LR 图像中的混叠伪像问题，构建高分辨率（High Resolution，HR）的重建图像。不准确的配准所导致的误差会在重建过程中扩散，将会严重影响重建图像的质量。多图像超分辨率重建算法根据重建过程所在域的不同，可分为频域法和空域法。

频域法具有理论直观、运算少的优点，但退化模型没有考虑光学模糊、运动模糊和噪声的影响，仅适用于整体平移运动和线性移不变模型，缺乏灵活性和适用性。自 20 世纪 90 年代中后期开始，超分辨率重建研究的重点逐渐从频率域转向了空间域。

空域法的观测模型可以将复杂的全局或局部运动、光学模糊、运动模糊、欠采样、噪声等内容放入同一个框架中处理。这种方法更贴近实际情形，更加灵活且适用性更强，具有很强的先验信息整合能力。

常用空间域序列图像超分辨率重建算法主要有非均匀插值法、迭代反投影（Iterative Back Projection，IBP）法、凸集投影（Projection Onto Convex Sets，POCS）法、极大似然（Maximum Likelihood，ML）估计法、最大后验概率（Maximum A Posterior，MAP）法以及它们的混合方法等。经过 30 多年的发展，超分辨率重建研究已经取得了突破性进展，在计算机视觉和图像处理领域的顶级会议与期刊中都有大量收录，并开辟专题讨论超分辨率重建相关的问题。直至今日，超分辨率重建依然是图像处理领域的热门研究课题之一。

1. 非均匀插值法

首先进行图像配准，然后将 LR 图像序列投影到高分辨率网格中，对这些非均匀投影点进行内插和重采样生成高分辨率图像，最后对生成的初始图像去模糊获得更清晰的高分辨率图像，如图 3.19 所示。

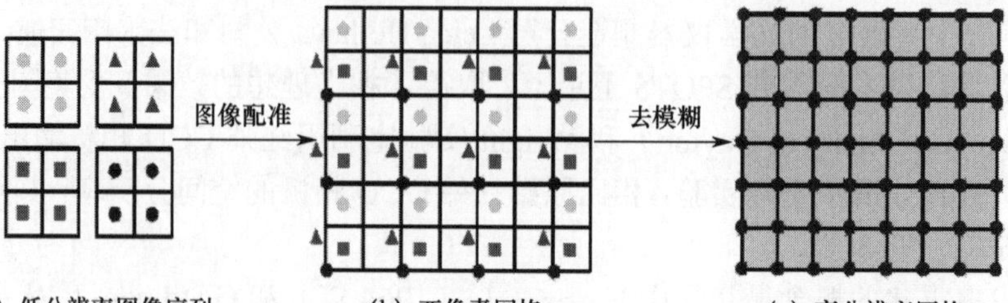

图 3.19 非均匀插值法示意图

非均匀插值法最核心的算法是亚像素级图像配准。可以使用狄洛尼三角剖分（Delaunay Triangulation）的方法，将图像平面分割为局部的小三角形，这种三角剖分采用顶点法分别对小三角形进行计算，可以得到稳定的超分辨率结果。非均匀插值法的计算量小，易实现，但该算法的前提条件是所有低分辨率图像具有相同的噪声和模糊，忽略了由插值引入的误差，其适应性相对较差。

2. 迭代反投影法

迭代反投影（IBP）法在 1990 年由 Irani M. 和 Peleg S. 等提出，这是一种较早的空间域图像超分辨率重建算法。IBP 法首先通过参考帧插值或图像序列非均匀插值得到初始的高分辨率图像，然后将初始图像退化得到模拟低分辨率图像，与实际观测图像比较，其差值称为模拟误差，根据模拟误差不断迭代更新当前估计图像的信息，如此循环迭代直至收敛，获得高分辨率图像，数学表示如下

$$\hat{f}^{n+1}(x,y)=\hat{f}^{n}(x,y)+\sum_{k=1}^{K}\sum_{m.n}[g_k(m,n)-\hat{g}_k(m,n)]\times h^{BP}(m,n;x,y) \tag{3.75}$$

式中，$g_k(m,n)$ 表示 LR 图像，$\hat{g}_k=\boldsymbol{H}_k\hat{f}^n$ 表示第 n 次迭代后 HR 图像 $\hat{f}^n$ 经过降质矩阵 $\boldsymbol{H}_k$ 退化得到的模拟低分辨率图像，h^{BP} 为模拟反向投影算子。

IBP 法的优点是原理直观、容易理解，且可以处理复杂的运动模型。但是由于逆问题具有病态性，该方法的解不唯一，同时存在方向投影算子难选择、引入先验信息困难等特点。

3. 凸集投影法

凸集投影（POCS）法是一种基于集合论的迭代超分辨率重建算法。1989 年，Stark H. 等最先将该理论引入超分辨率重建问题，在仅考虑全局平移的情况下取得了比较理想的结果。该算法由先验信息列出解必须满足的特定约束条件（如支撑域有界性、数据可靠性、正定性、能量有限性、平滑性等），即凸约束集合 $C_1,C_2,\cdots,C_N$。利用多个不同的凸约束集合来确定超分辨率图像的每个像素大小，所有凸约束集合的交集 $f\in C_0=\bigcap_{i=1}^{N}C_i$，为所求的收敛解。只要 C_0 为非空集，任意初始值就都能通过迭代法找到满足该凸约束集合的收敛解。

POCS 法本质上是求解复杂优化问题可行解的有效手段，它的优势在于思想相对简单，图像观测模型非常灵活，引入先验知识方便，在提出的初期引起了广泛关注。但其计算复杂度高，收敛速度比较慢，有效解的空间是所有凸约束集合的交集，一般解不唯一，且主

要依赖初始值，这些缺点在一定程度上限制了 POCS 法的应用范围。

4. 概率分析法

概率分析法主要包括极大似然估计（ML）法和最大后验概率（MAP）法。概率分析法基于统计复原的原理，将超分辨率重建问题转化成统计估计的最优化问题，能够引入附加先验信息将病态问题规整化。假设图像信息是随机信号，那么从概率统计理论出发，ML 法就是寻找一个高分辨率图像的估计值，使得条件概率 $p(g\,|\,\hat{f})$ 最大。1995 年，Tom B. C. 和 Katsaggelos A. K. 提出了同时估计低分辨率图像间的亚像素位移、噪声方差和超分辨率图像的 ML 法，并通过最大期望（Expectation Maximization，EM）算法求解。

MAP 法是一种包含以先验概率密度函数为先验条件的贝叶斯（Bayesian）方法，又称贝叶斯法。MAP 法就是在已知低分辨率图像序列 g 的前提下，寻找一个高分辨率图像 f 的估计值使得后验条件概率 $p(g\,|\,\hat{f})$ 最大，如下

$$\hat{f} = \arg\max_{f} p(f\,|\,g) = \arg\max_{f} \left[\frac{p(g\,|\,f)p(f)}{p(g)} \right] \tag{3.76}$$

由于 $p(g)$ 已知，根据贝叶斯法则，对式（3.76）两边取自然对数，则式（3.76）等价于

$$\hat{f} = \arg\max[\ln p(g\,|\,f) + \ln p(f)] \tag{3.77}$$

其中，在高斯加性噪声退化条件下，似然函数项 $p(g\,|\,f)$ 一般对应着高斯分布。先验概率项又被称为正则项（Regularization Term），对控制超分辨率重建最终结果的图像质量起到关键作用。因此，构建合适的图像先验模型 $p(f)$ 是 MAP 法的核心，ML 法可以看作 MAP 法在不包含先验信息时的特例。

5. 频率域算法

频率域算法主要通过消除频谱混叠而增强图像空间分辨率。假设原始场景信号带宽有限，利用离散傅里叶变换（Discrete Fourier Transform，DFT）与连续傅里叶变换（Continuous Fourier Transform，CFT）间的平移和混叠性质，将多帧低分辨率图像经混频的 DFT 系数和未知场景的 CFT 系数以方程组的方式组合起来，原始场景频域系数就是求解线性方程组的解，通过频域逆变换就可实现对原始场景的精确重建。

3.4.3 单图像超分辨率重建技术

单图像超分辨率输入的是一幅 LR 图像，借助图像本身特性和图像先验知识提高图像分辨率，重建得到 HR 图像。其研究的核心是提炼图像本身特性（如结构自相似、局部图像块相似等）和图像先验知识（如图像相关性、平滑先验、稀疏先验等）。目前单幅图像超分辨率重建算法主要分为三类，即基于插值的图像超分辨率算法、基于重建模型的图像超分辨率算法和基于学习的图像超分辨率算法，下面介绍其中的两类。

1. 基于插值的图像超分辨率算法

基于插值的图像超分辨率算法利用基函数或插值核来逼近损失的图像高频信息，从而实现 HR 图像的重建。将图像中的每个像素都看作图像平面上的一个点，那么对超分辨率

图像的估计可以看作利用已知的像素信息为平面上未知的像素信息进行拟合的过程，这通常由一个预定义的变换函数或者插值核来完成。常见的基于插值的方法包括最近邻插值、双线性（Bilinear）插值、双三次（Bicubic）插值和样条（Spline）插值等方法。但是在重建过程中，仅根据一个事先定义的转换函数来计算超分辨率图像而不考虑图像的退化模型，往往会导致复原出的图像出现模糊、锯齿等现象。

单帧图像插值具有操作简单、运算量小、实时性好等优点，但由于其所包含的信息有限，因此重建效果一般。它们很难刻画实际图像的视觉复杂性，对于精细纹理或渐变纹理往往会产生类似水彩画的伪影。

2. 基于学习的图像超分辨率算法

基于学习的图像超分辨率算法最早是由卡耐基梅隆实验室的 Baker S. 和 Kanade T. 等人提出的，他们通过指定图像学习来提取先验知识，并用于超分辨率重建过程。2002 年，Freeman W. T. 提出基于学习的超分辨率重建模型，通过马尔可夫随机场（MRF）学习低分辨率图像和高分辨率图像样本对之间的映射关系，通过信令传播算法估计其最大后验概率结果，从而开启基于学习的图像超分辨率算法研究的大门。与多图像超分辨率重建算法不同，基于学习的图像超分辨算法通过学习高-低分辨率样本对之间的映射关系获取图像的先验字典库，并据此估计图像的高频信息，达到提高图像分辨率的目的，如图 3.20 所示。

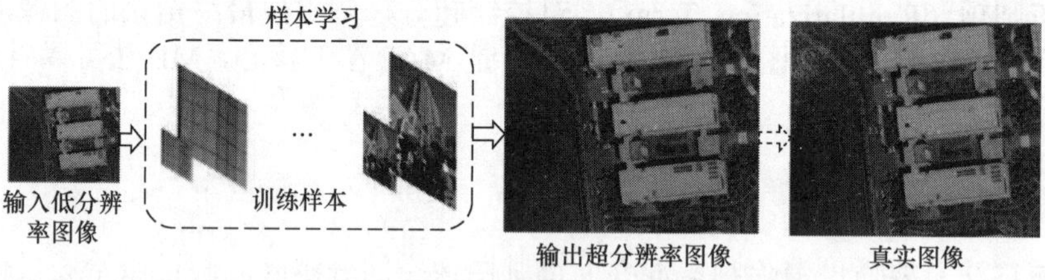

图 3.20 基于学习的图像超分辨率算法示意图

压缩感知（Compressive Sensing，CS）理论指出，一幅图像能够在非常苛刻的条件下，由它的一组稀疏表示的系数在过完备字典上得到精确重建。2010 年，Yang J. 等借鉴压缩感知的思想提出了基于稀疏表达（Sparse Representation）的超分辨率重建算法，寻求一种对低分辨率输入图像块的稀疏表示，然后用此稀疏表示的系数实现超分辨率在整个学习样本空间的优化求解。基于学习的超分辨率算法的核心问题主要有两部分：样本学习模型的建立和训练集合的选取。

由于稀疏表示和过完备字典学习有利于减小计算量，同时能够准确简洁地表示图像，掀起了一轮超分辨率算法研究热潮。此后相继出现了大量基于学习的超分辨率算法，其中比较著名的算法包括多任务字典学习法、支持向量机回归（Support Vector Regression，SVR）法、基于卷积神经网络的超分辨率（Super Resolution based on Convolutional Neural Network，SRCNN）法等。

基于学习的图像超分辨率算法在放大倍数较大的情况下具有显著优势，具备更强的高频信息恢复能力，该算法适用于特定领域，近年来在提高人脸分辨率方面取得了卓有成效的研究成果。然而在退化模型或其参数复杂的情况下，特别是有噪声干扰时，其超分辨率效果明显下降甚至完全失效，此外，基于学习的图像超分辨率算法还存在过度学习、计算复杂等问题。3.4.4 节将举例介绍基于稀疏表示的超分辨率重建算法。

3.4.4　基于稀疏表示的超分辨率重建算法

稀疏表示是指使用过完备字典中少量向量的线性组合来表示某个元素。过完备字典是一个列数大于行数的行满秩矩阵，也就是说，它的列向量有无数种线性组合来表达列向量空间中的任意点。由于它的列数通常远大于行数，因此可以使用占比很小的列向量来表示特定的向量，称为稀疏表示。

1. 稀疏表示的基本原理

为了获得这个过完备字典，先要用大量数据来训练这个矩阵，让它提取出能稀疏表示这些数据的特征，进而拥有稀疏表示其他相似数据的能力。训练过完备字典的过程称为稀疏编码。

设训练数据集为矩阵 $\boldsymbol{X}=(\boldsymbol{x}_1,\boldsymbol{x}_2,\cdots,\boldsymbol{x}_n)\in\mathbf{R}^{m\times n}$，待训练矩阵为 $\boldsymbol{A}\in\mathbf{R}^{m\times n}$，矩阵对每个数据的表示权重 $\boldsymbol{\alpha}=(\alpha_1,\alpha_2,\cdots,\alpha_n)\in\mathbf{R}^{k\times n}$。进行如下优化

$$\min_{\boldsymbol{A},\boldsymbol{\alpha}}\|\boldsymbol{\alpha}\|_0 \quad \text{s.t.}\ \|\boldsymbol{A}\boldsymbol{\alpha}-\boldsymbol{x}\|_2^2\leqslant\epsilon \tag{3.78}$$

式（3.78）在约束重建向量与原始向量差异小于 ϵ 的同时，优化表示权重 $\boldsymbol{\alpha}$ 的稀疏性。通过优化获得所需的过完备字典后，就可以用它来稀疏表示新的数据了。对于某个向量 $\boldsymbol{y}$，可以进行类似的优化来获得它在过完备字典中的稀疏表示

$$\min_{\boldsymbol{\alpha}}\|\boldsymbol{\alpha}\|_0 \quad \text{s.t.}\ \|\boldsymbol{A}\boldsymbol{\alpha}-\boldsymbol{y}\|_2^2\leqslant\epsilon \tag{3.79}$$

因为零范数具有离散性，以上优化是 NP 困难问题（NP-hard Problem），但是根据 Donoho D. L. 的研究结果，只要 $\boldsymbol{\alpha}$ 足够稀疏，上述问题就可以通过下面形如式（3.80）的 ℓ_1 范数最优解有效解决。在线性约束下，根据拉格朗日乘子法，不等式约束可以移入优化中

$$\min_{\boldsymbol{\alpha}}\left(\lambda\|\boldsymbol{\alpha}\|_1+\|\boldsymbol{A}\boldsymbol{\alpha}-\boldsymbol{y}\|_2^2\right) \tag{3.80}$$

式中，λ 为平衡系数，用于平衡 $\boldsymbol{\alpha}$ 的稀疏性和 $\boldsymbol{y}$ 的近似解两种约束对计算结果的影响。

上述过程是提取稀疏表示基，过完备基的好处是它们能更有效地找出隐含在输入数据内部的结构与模式。

基于稀疏表示的超分辨率重建算法首先对图像块对进行压缩表示，而不是直接处理低分辨率和高分辨率图像块对，这样可显著地提高算法速度。

高分辨率的图像块为 $\boldsymbol{x}$，低分辨率的图像块为 $\boldsymbol{y}$，同时对高分辨率（HR）训练集和低分辨率（LR）训练集分别训练两个过完备字典 $\boldsymbol{D}_h$ 和 $\boldsymbol{D}_l$，使 LR 数据 $\boldsymbol{y}_i$ 和它对应的 HR 数据 $\boldsymbol{x}_i$ 能够分别通过相同的稀疏编码用 $\boldsymbol{D}_h$ 和 $\boldsymbol{D}_l$ 表示，稀疏表示模型如下

$$\begin{cases}\boldsymbol{D}_l\boldsymbol{\alpha}_i\approx\boldsymbol{y}_i\\ \boldsymbol{D}_h\boldsymbol{\alpha}_i\approx\boldsymbol{x}_i\end{cases} \tag{3.81}$$

如果数据训练阶段已经有了训练好的过完备字典 $\boldsymbol{D}_h$ 和 $\boldsymbol{D}_l$，就可以对待处理的图像 $\boldsymbol{y}_{\text{test}}$ 通过优化获得其在 $\boldsymbol{D}_l$ 中的稀疏表示 $\boldsymbol{\alpha}_{\text{test}}$，即 $\boldsymbol{D}_l\boldsymbol{\alpha}_{\text{test}}\approx\boldsymbol{y}_{\text{test}}$，再用这个 $\boldsymbol{\alpha}_{\text{test}}$ 通过 $\boldsymbol{D}_h$ 计算出对应的超分辨率重建图像，即 $\hat{\boldsymbol{x}}_{\text{test}}=\boldsymbol{D}_h\boldsymbol{\alpha}_{\text{test}}$。

2．训练过完备字典 $\boldsymbol{D}_h$ 和 $\boldsymbol{D}_l$

考虑计算机的性能和效率，训练过程会把整幅图像分为方形的图像块（Patch）进行编码处理，因此，用于训练的成对的图像数据是所有图像分割开来的图像块。现在把 LR 训练集的所有区块表示为 $\boldsymbol{Y}=(\boldsymbol{y}_1,\boldsymbol{y}_2,\cdots,\boldsymbol{y}_n)\in\mathbf{R}^{M\times n}$，相应的 HR 训练集的区块表示为 $\boldsymbol{X}=(\boldsymbol{x}_1,\boldsymbol{x}_2,\cdots,\boldsymbol{x}_n)\in\mathbf{R}^{N\times n}$。如果 HR 图像相比 LR 图像的放大倍数为 t 倍，则有 $N=t^2M$。在 Yang J.（2010 年）的论文中，LR 图像被事先使用双三次插值方法插值到和 HR 图像一致的大小，所以这里的 $t=1$。

$$\min_{\boldsymbol{D}_l,\boldsymbol{D}_h,\boldsymbol{\alpha}}\left(\frac{1}{N}\|\boldsymbol{X}-\boldsymbol{D}_h\boldsymbol{\alpha}\|_2^2+\frac{1}{M}\|\boldsymbol{Y}-\boldsymbol{D}_l\boldsymbol{\alpha}\|_2^2+\lambda\|\boldsymbol{\alpha}\|_1\right) \tag{3.82}$$

式中，$\boldsymbol{D}_l\in\mathbf{R}^{M\times K}$，$\boldsymbol{D}_h\in\mathbf{R}^{N\times K}$，$K$ 为字典的原子数，$\boldsymbol{\alpha}\in\mathbf{R}^{K\times N}$ 为表示矩阵，λ 为平衡稀疏性和重建一致性的系数。

对该最小化函数进行优化计算 $\boldsymbol{D}_l$、$\boldsymbol{D}_h$ 和 $\boldsymbol{\alpha}$ 的过程是：固定其中一个变量，然后对另一个变量进行优化，这样能以凸函数的方式求解。因此将凸优化交替进行，最终可达到一个局部最优点，可以选择使用梯度下降计算。

3．图像超分辨率重建

经过训练获得了 $\boldsymbol{D}_l$ 和 $\boldsymbol{D}_h$ 后，就可以用它们对 LR 图像进行超分辨率重建了。Yang J.（2010 年）采用扫描的方式，从上到下、从左到右地对各图像块进行超分辨率重建。另外，为了使相邻图像块之间能相互匹配，防止重建后的图像在图像块的边界上有颜色冲突，前后两个图像块之间设有重叠部分，即在重建一个图像块时，与上一个图像块保持一部分重叠区域。

设 $(\boldsymbol{y}_1,\boldsymbol{y}_2,\cdots,\boldsymbol{y}_n)$ 代表把输入 LR 图像按顺序划分后的图像块，其在 $\boldsymbol{D}_l$ 中的表示为 $(\boldsymbol{\alpha}_1,\boldsymbol{\alpha}_2,\cdots,\boldsymbol{\alpha}_m)$。然后按顺序对所有图像块执行优化，对于第 i 个图像块，优化公式如下

$$\min_{\boldsymbol{\alpha}_i}\left(\lambda\|\boldsymbol{\alpha}_i\|_1+\|\boldsymbol{F}\boldsymbol{D}_l\boldsymbol{\alpha}_i-\boldsymbol{F}\boldsymbol{y}_i\|_2^2+\beta\|\boldsymbol{P}\boldsymbol{D}_h\boldsymbol{\alpha}_i-\omega\|_2^2\right) \tag{3.83}$$

式中，$\boldsymbol{F}$ 为用来提取图像特征的运算符，由于人眼对图像中的高频分量更为敏感，因此常用 $\boldsymbol{F}$ 提取图像中的高频分量，这样做可以更有效地恢复重建图像中的高频信息；$\boldsymbol{P}$ 为提取当前正在重建的图像块和上一个重建过的相邻图像块之间的重叠区域；ω 为上一个重建的高分辨率图像块在重叠区域的值；β 为一个平衡参数，用来平衡稀疏解的精度和相邻图像块的兼容性。

采用基于稀疏表示的超分辨率重建算法生成超分辨率重建图像，不但可以提高图像的清晰度，而且可以实现在图像上进行亚像素级别的特征点定位。图像超分辨率重建前、后的航空图像示例如图 3.21 所示。

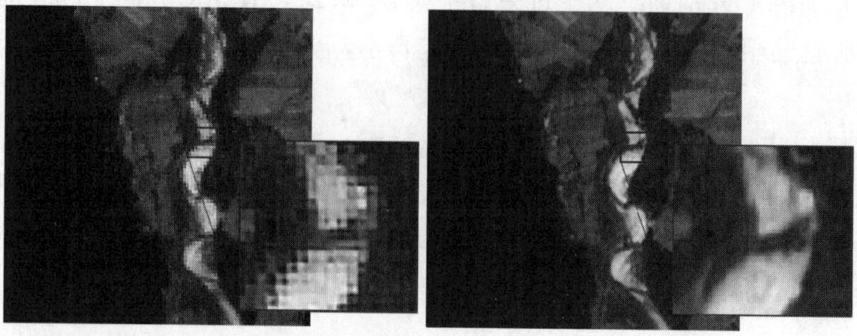

图 3.21 图像超分辨率重建前、后的航空图像示例

3.5　遥感图像几何校正

当航空飞行器或卫星采集地表的图像时，原始图像上地物的几何位置、形状、大小、尺寸、方位等特征与其对应的地面地物的特征往往是不一致的，这种不一致就是几何变形，也称几何畸变。航空变焦距光学成像系统的设计制造和装配环控等因素会引起图像产生几何畸变，使短焦距情况下的非线性畸变问题更突出。同时由于飞机姿态和相机视轴指向的变化，相机以一定倾斜角度对地摄影成像引起梯形失真，与变焦距镜头畸变叠加在一起产生了更复杂的几何变形，直接影响成像的几何位置精度。

几何校正一般是指通过一系列数学模型来改正和消除图像成像时内外退化因素导致的原始图像上各地物的几何位置、形状、尺寸、方位等特征与在参照系统中的表达要求不一致时产生的变形。

在许多与定位和测量有关的应用中，几何运算需要对不同传感器系统、不同成像时间或从不同角度获得的同一场景的图像进行配准，以及重新调整图像，以适应特定的坐标系统（地理编码）。

3.5.1　图像的几何变形

由任何传感器系统拍摄的图像都存在着对真实场景的变形，变形的误差来源有很多，如摄影材料变形、物镜畸变、大气折光、地球曲率、地球自转和地形起伏等。

如图 3.22 所示，图像的几何形状从根本上说是由飞行平台、传感器、地物三组参数控制的。飞行平台的 *OXYZ* 坐标系中，*X* 轴是飞行方向，*Z* 轴是与 *X* 轴正交的，在通过 *X* 轴并垂直于地球表面的平面上，*Y* 轴是与 *X* 轴和 *Z* 轴都正交的。传感器的三维状态由与平台飞行坐标系 *OXYZ* 有关的方向角 ω、φ、κ 决定。地面坐标系通常符合一个标准的坐标系（由地图投影和基准点定义）。当飞行平台的 *OXYZ* 坐标系与地面坐标系的三个轴平行，而且传感器方向角（ω、φ、κ）都等于零时，是天底（垂直）成像配置，地形因素引入的几何失真最小。

当光学系统的本体与要成像的场景的平面垂直时，就可以实现天底视角的下视成像；否则，就会形成一个斜视成像配置。天底视角图像的几何失真是中心对称的，从图像中心向边缘增加；而斜视图像的几何失真由图像的近距离向远距离增加，在这种情况下，所有的地形特征似乎都会从传感器的观察方向落下（见图 3.23）。

下视成像的摄影机主光轴垂直于地面或偏离垂线在 3° 以内，取得的相片称为水平相片或垂直相片，专业的航空摄影测量和制图大多是这类相片。倾斜摄影的摄影机主光轴偏离垂线大于 3°，取得的相片称为倾斜相片。全景摄影成像时，镜头垂直飞行器下方航带中心线时为垂直摄影，其余状态下均为倾斜摄影。倾斜摄影时，主光轴偏离垂线的角度越大，图像畸变也越大，这给图像纠正带来了困难，不利于制图。但有时为了获得较好的立体效果且若对制图要求不高，也可采用倾斜摄影。

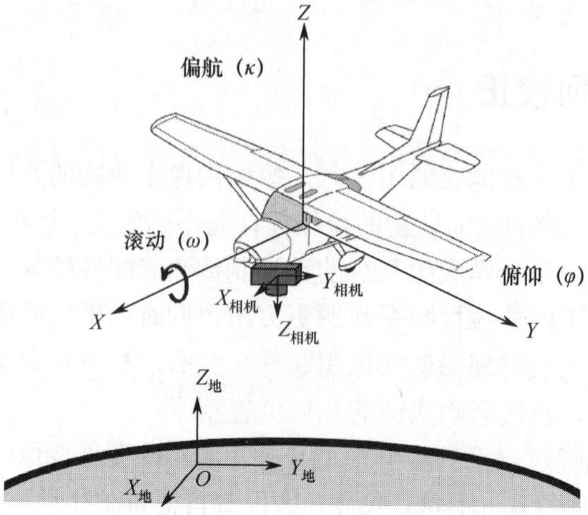

图 3.22 飞行平台的 *OXYZ* 坐标系

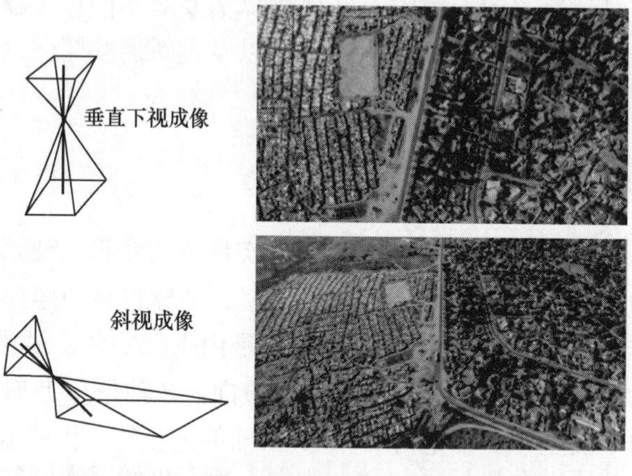

图 3.23 垂直下视成像和斜视成像的区别

对于一个光学成像系统来说，镜头的焦距 f 是另一个重要的参数，它决定了中心投影畸变的特点。焦距决定了相机镜头的视场角（Field of View，FoV），也影响了景深，是摄影中的一个关键特征。FoV 是一个重要的参数，因为当相机具有固定的拍摄方向时，它决定了进入传感器的视角范围。对于相同的成像区域（视场），较短的焦距将导致较大的几何畸变（见图 3.24），与长焦距的传感器相比，短焦距的传感器可以在更短的距离内覆盖相同的视场，但高大的地面物体的几何失真更明显。

对于使用推扫式成像系统的垂直成像，通常的传感器状态是本体的方向与陆地表面垂直，行扫描线的方向与飞行方向垂直。如图 3.25 所示，图 3.25（a）所示为扫描方向与飞行方向垂直，图 3.25（b）所示为扫描方向与飞行方向倾斜，传感器或平台旋转角度 ω 与飞行方向有关，因此，图像的扫描范围将变得更窄。当扫描方向与飞行方向具有偏航角时，图像扫描线的范围将比垂直于飞行方向的范围窄。通过这种方式的刻意配置，平台飞行与飞行方向有一定的旋转角度，可以帮助实现更高的空间分辨率，代价是图像场景变窄。

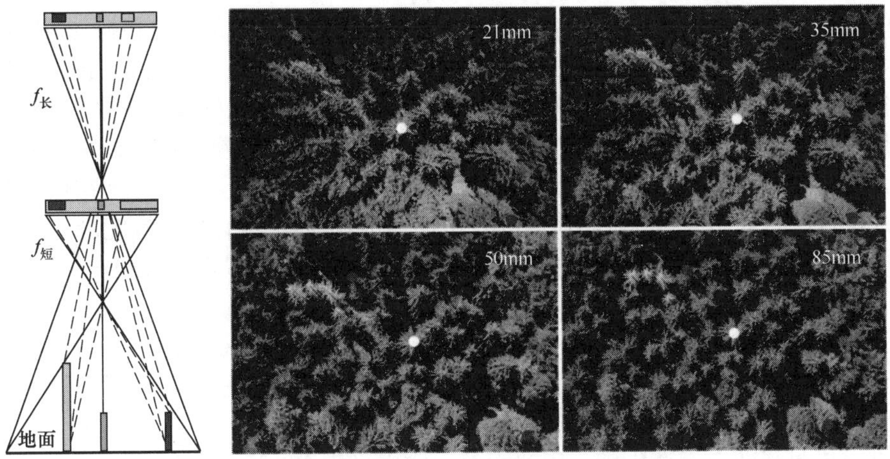

图 3.24　焦距和几何畸变之间的关系

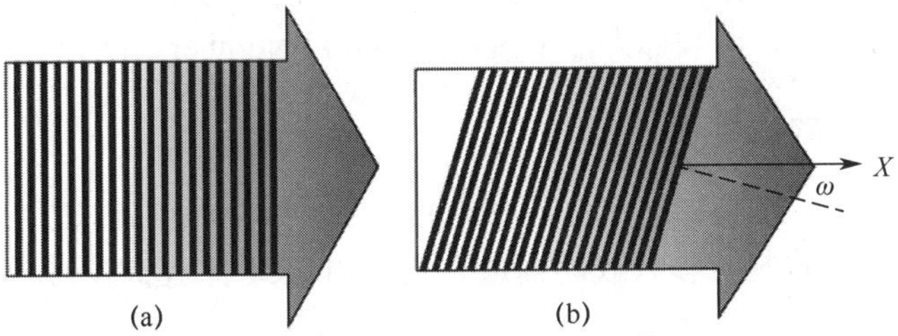

图 3.25　传感器状态对图像扫描仪方向的影响

图像的几何形状对传感器状态参数（ω、φ、κ）敏感，传感器状态的微小位移可以转化为图像像素位置和比例的重大失真。对于机载传感器系统，平台状态的稳定性往往是有问题的，如图 3.26 中的机载专题绘图仪（Airborne Topographic Mapper，ATM）图像，图 3.26（a）所示为飞机偏航和传感器指向变化引起的扫描图像失真，这种类型的失真在某种程度上可以用机载飞行状态参数来校正，图 3.26（b）所示为几何校正后的图像。

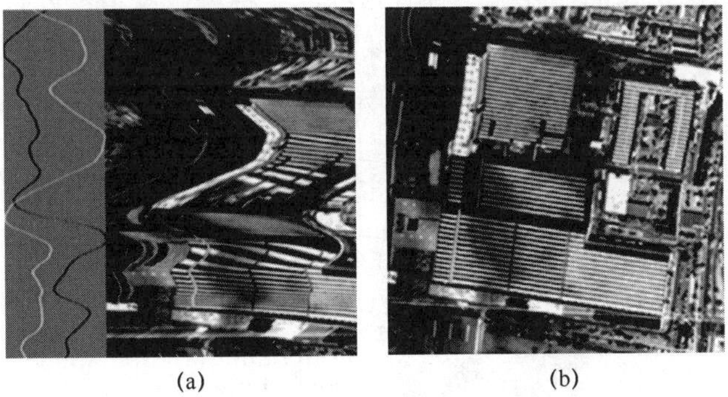

图 3.26　飞机偏航和传感器指向变化引起的扫描图像失真与几何校正后的图像

3.5.2　多项式变形模型

对于地球空间观测遥感来说，地形地物是具有三维起伏的，将其经过透视投影成像于二维平面，几何失真和位置不准确是不可避免的。几个世纪以来，摄影测量工程已经开发了许多有效的地图投影模型，以实现地球的球面到地图和图像的平面的优化转换。最广泛使用的地图投影系统是带有 WGS 84 全球基准或本地基准的通用横轴墨卡托系统。图像几何操作的主要任务之一是将图像校正到一个给定的地图投影系统，这个过程通常被称为“地理编码”。

一般可以认为，遥感图像在采集时有一些几何变形。鉴于参考地图投影或参考图像在几何上是正确的，或被视为一组图像的几何基础，几何运算的主要任务是在输入图像和参考图像之间建立一个变形模型，然后将输入图像与参考图像进行校正或配准，生成输出图像。通过这种方式，要么纠正输入图像的几何变形，要么将其联合配准到一个标准基础上，以便进一步分析。

基于多项式变形模型的所谓的“橡皮筋变换”（Rubber Sheet Warping）是遥感图像数据最重要和最常用的几何变换。有几种类型的图像纠正：图像到地图投影系统（如通用横轴墨卡托系统）、图像到地图（如地形图）、图像到图像。

几何变换包括两个主要步骤：①建立多项式变形模型，通常使用地面控制点（Ground Control Point，GCP）来完成；②基于多项式变形模型的图像重取样，包括对图像像素位置（坐标）和亮度值重采样，也被称为数字数据（Digital Number，DN）重采样。

1. 几何畸变模型的推导

变形模型可以通过对 GCP 位置的多项式函数进行拟合而得到，这是通过在输入图像和参考（图像或地图）中选择许多代表相同地面位置的 GCP 来建立变形模型，然后将输入图像转换为被迫适合参考几何的输出图像。

简单地说，这意味着根据变形模型将输入图像的每个像素转换为输出图像（输入–输出映射），但图像中的像素位置是以行和列的整数给出的，而输入图像和输出图像之间的转换可能并不总是完全对应于每个像素的整数位置。因此，输入到输出的映射不能将输出图像生成为适当的、有规律的光栅图像。为了解决这个问题，一种常用的方法是使用输出到输入的映射。

如图 3.27 所示，假设变换 $\boldsymbol{M}$ 是一个输出到输入的映射，将位置 (i,j) 的输出像素映射到位置 (k,l) 的输入图像。然后在这个位置拾取一个像素亮度值，并将其分配给输出像素 (i,j)。对于每个输出像素的位置 (i,j)，根据 $\boldsymbol{M}(i,j)$ 计算出输入图像中的相应位置 (k,l)，当所有的像素都被分配完毕时，输出图像就完成了。

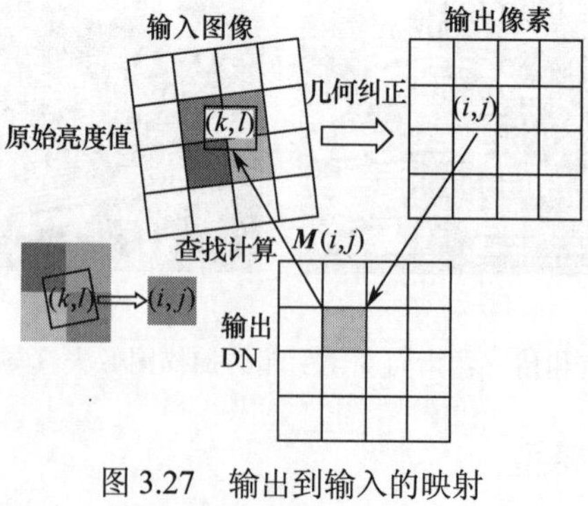

图 3.27　输出到输入的映射

现在的问题是如何推导出一个变形模型或变换 $\boldsymbol{M}$，让输入图像中的 (k,l) 能够对应输出图像中的 (i,j)。k 和 l 的多项式近似的一般形式是

$$M: \begin{cases} k = Q(i,j) = q_0 + q_1 i + q_2 j + q_3 i^2 + q_4 ij + q_5 j^2 + \cdots \\ l = R(i,j) = r_0 + r_1 i + r_2 j + r_3 i^2 + r_4 ij + r_5 j^2 + \cdots \end{cases} \tag{3.84}$$

式（3.84）定义了在系数 $\boldsymbol{Q} = (q_0, q_1, q_2, \cdots)^{\mathrm{T}}$ 和 $\boldsymbol{R} = (r_0, r_1, r_2, \cdots)^{\mathrm{T}}$ 已知的情况下，从给定的输出位置 (i,j) 计算输入图像位置 (k,l) 的近似值的变换 $\boldsymbol{M}$ 。对于 n 对 GCP，已经知道每个 GCP 的 (k,l) 和 (i,j)，所以可以得出 $\boldsymbol{Q}$ 和 $\boldsymbol{R}$ 的最小二乘解。对于 n 对 GCP，可以根据式（3.84）建立 n 对多项式，以矩阵的形式写为

$$\boldsymbol{K} = \boldsymbol{MQ} \tag{3.85}$$

$$\boldsymbol{L} = \boldsymbol{MR} \tag{3.86}$$

式中，$\boldsymbol{K} = (k_1, k_2, \cdots, k_n)^{\mathrm{T}}$，$\boldsymbol{L} = (l_1, l_2, \cdots, l_n)^{\mathrm{T}}$，$\boldsymbol{Q} = (q_0, q_1, q_2, \cdots)^{\mathrm{T}}$，$\boldsymbol{R} = (r_0, r_1, r_2, \cdots)^{\mathrm{T}}$，

$$\boldsymbol{M} = \begin{pmatrix} 1 & i_1 & j_1 & i_1^2 & j_1^2 \cdots \\ 1 & i_2 & j_2 & i_2^2 & j_2^2 \cdots \\ \vdots & \vdots & \vdots & \vdots & \vdots \\ 1 & i_n & j_n & i_n^2 & j_n^2 \cdots \end{pmatrix}。$$

$\boldsymbol{Q}$ 的最小二乘法解为

$$\boldsymbol{Q} = (\boldsymbol{M}^{\mathrm{T}} \boldsymbol{M})^{-1} \boldsymbol{M}^{\mathrm{T}} \boldsymbol{K} \tag{3.87}$$

相似地，$\boldsymbol{R}$ 的最小二乘法解为

$$\boldsymbol{R} = (\boldsymbol{M}^{\mathrm{T}} \boldsymbol{M})^{-1} \boldsymbol{M}^{\mathrm{T}} \boldsymbol{L} \tag{3.88}$$

一旦从 GCP 得出系数 $\boldsymbol{Q} = (q_0, q_1, q_2, \cdots)^{\mathrm{T}}$ 和 $\boldsymbol{R} = (r_0, r_1, r_2, \cdots)^{\mathrm{T}}$，输入图像和输出图像之间的像素位置关系就会通过变换 $\boldsymbol{M}$ 完全建立起来。给定输出图像中的一个位置 (i,j)，然后可以用式（3.84）根据变换 $\boldsymbol{M}$ 计算出输入图像中的相应位置 (k,l) 。理论上，多项式的阶数越高，可以达到的校正精度就越高，但需要的控制点也越多。一个线性拟合至少需要 3 个 GCP，二元拟合需要 6 个 GCP，三元拟合需要 10 个 GCP。

2. 像素亮度值 DN 重采样

DN 重采样是指在输出到输入的映射模型中，位置 (i,j) 的输出像素通过变换 $\boldsymbol{M}$ 映射到输入图像中的相应位置 (k,l)，找到对应的亮度值。在大多数情况下，(k,l) 不是一个整数位置，没有为这个点准备好像素 DN 值。重采样是一个插值程序，最简单的重采样方法是近邻法，其中像素 $P_{\mathrm{o}}(i,j)$ 被分配到离位置 (k,l) 最近的输入图像像素的 DN。而一种更准确和广泛使用的方法是双线性插值（见图 3.28），定义如下

$$\begin{cases} t_1 = P_{\mathrm{i}}(K,L)(l-c) + P_{\mathrm{i}}(K+1,L)c \\ t_2 = P_{\mathrm{i}}(K,L+1)(l-c) + P_{\mathrm{i}}(K+1,L+1)c \\ P_{\mathrm{o}}(i,j) = t_1(l-d) + t_2 d \end{cases} \tag{3.89}$$

式中，$P_{\mathrm{i}}(K,L)$ 为位于输入图像中的整数位置 (K,L) 处的输入像素；$P_{\mathrm{o}}(i,j)$ 为输出图像中整数位置 (i,j) 的输出像素，对应于输入图像中小数位置 (k,l) 的 $P_{\mathrm{i}}(k,l)$；K 为 k 的整数部分；L 是 l 的整数部分；$c = k - K$；$d = l - L$。

此外，四次多项式和三次多项式也是流行的插值函数，具有更高的复杂性和更高的精度，能够用于 DN 重采样。

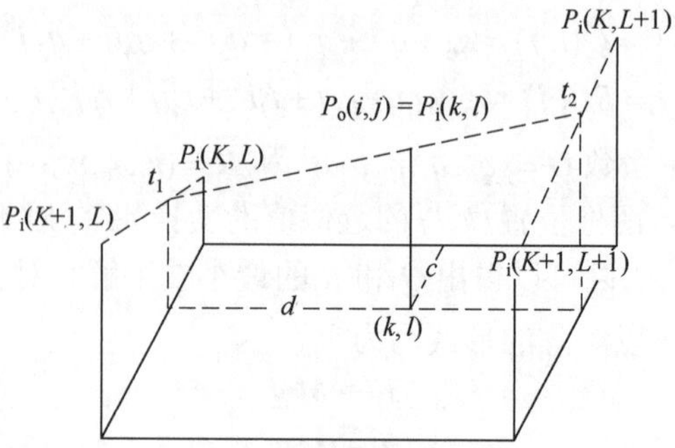

图 3.28 双线性插值的说明

现在地球观测的卫星图像通常提供标准的地图投影，这意味着同一场景的图像已经进行了联合配准。然而，当使用未知或不兼容的地图投影的图像和地图，或航空数据未经处理时，往往需要进行配准操作。

图 3.29 展示了两组几何校正前、后的遥感图像对比。在第一幅故宫的图像中，可以很明显地看到由于成像瞬间的相机拍摄视角问题，城墙和道路的边缘有倾斜的现象。经过几何校正的图像，恢复了建筑和道路的平直特征。在第二幅图像中，海岛的图像由于机载运动方向的曝光压缩以及比例失调，经过校正可以得到恢复。

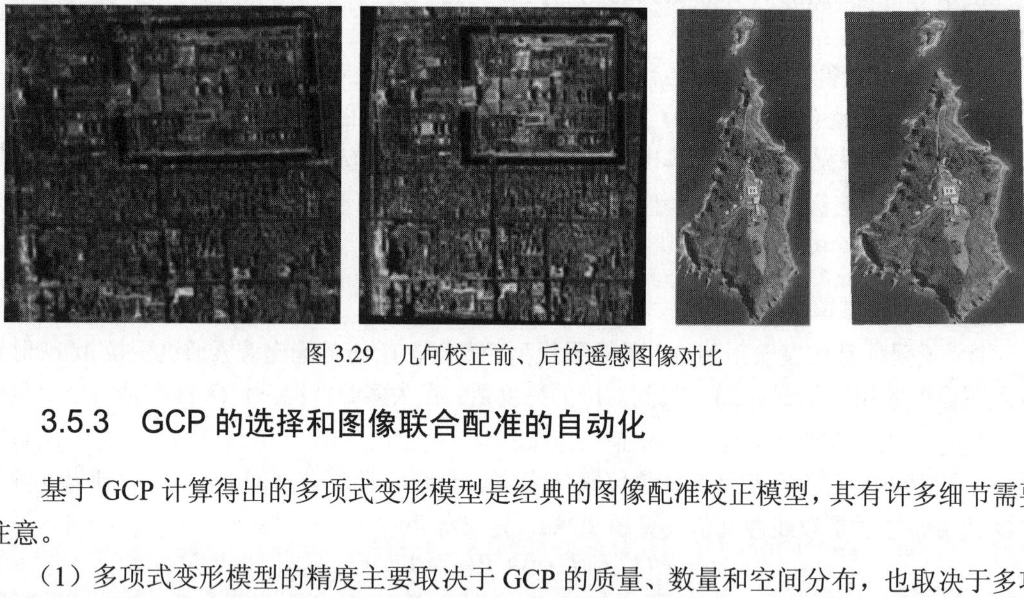

图 3.29 几何校正前、后的遥感图像对比

3.5.3 GCP 的选择和图像联合配准的自动化

基于 GCP 计算得出的多项式变形模型是经典的图像配准校正模型，其有许多细节需要注意。

（1）多项式变形模型的精度主要取决于 GCP 的质量、数量和空间分布，也取决于多项式的阶数。更高阶的多项式需要更多的 GCP 和更长的计算时间，且精度有所提高。最常用的一种多项式变形模型是线性变换模型、二元模型和三元模型。

（2）联合配准的图像是基于输出到输入的映射程序生成的，以免输出图像中的像素重叠和空洞。

（3）由于基于 GCP 计算几何变形模型的方法不足以校正由传感器光学系统质量、平台姿态精度等引起的不规则几何畸变，因此场景内的匹配误差可能因地而异，取决于图像之间的局部相对变形。

（4）GCP 的选择对于图像配准的准确性和自动化至关重要，GCP 的选择可以采用手动的、半自动的和自动的方式。自动 GCP 选择是计算机视觉中的一个研究活跃的领域，比如基于广泛使用的特征描述符，如 SIFT 和 SURF（第 4 章将介绍特征提取的具体技术）来获得自动提取和配准 GCP 的能力。

几何运算包括将图像移位、旋转和扭曲到一个特定的形状或框架。在遥感应用中，几何运算主要用于不同传感器系统或在不同时间或从不同位置获得的同一场景的图像的联合配准，以及用于校正图像以适应特定的坐标系统（地理编码）。图像镶嵌是一种几何操作，在遥感图像处理的早期，当计算机功率不足时，通常使用这种操作。但现在通过联合配准，一旦一组相邻的图像被精确地校正到一个地图投影系统，如通用横轴墨卡托系统，虽然这些图像是独立的，但实际上已经实现了镶嵌。

1. 手动和半自动的 GCP 选择

图像上的 GCP 像素可以通过手动、半自动或自动的方式进行提取。通常 GCP 选择与周围环境形成鲜明对比的独特点，如建筑物的拐角、道路交叉口、河流急转弯和独特的地形特征。

对于手动提取 GCP 像素方法，GCP 的准确性完全取决于人工经验。对于一些纹理缺乏或重复纹理严重的数据，要在输入图像和参考图像中准确定位相应的点往往不容易。有一种方法可以提高人工选择 GCP 的效率和准确性：首先，选择分布在输入图像和参考图像的 4 个角的 GCP，从而根据这 4 个 GCP 建立一个初始地理编码框架（线性拟合变换 $\boldsymbol{M}$），使用 4 个而不是最小的 3 个 GCP 进行线性拟合可以产生初始误差估计；在这个初始设置之后，一旦在参考图像中选择了一个 GCP，输入图像中的相应位置就会基于初始地理编码框架而被大致地初始定位；然后，操作员只需对初始位置进行微调并确认选择；随着 GCP 的加入，变换 $\boldsymbol{M}$ 将通过最小二乘法的解决方案不断地更新。

半自动提取 GCP 的方法允许用户在待配准的输入图像和参考图像中确定 GCP，然后利用局部相关性计算自动优化从一幅图像到另一幅图像的 GCP 像素位置。假设输入图像中的 GCP 在像素位置 (k,l)，当参考图像和输入图像之间在位置 (k,l) 的归一化交叉相关（NCC）系数 $r(k,l)$ 在一个用于在参考图像中围绕大致选定的 GCP 位置的 $l_s \times s_s$ 搜索区域漫游的 $l_w \times s_w$ 计算窗口中达到最大值时，就可以决定该点在参考图像中的最优坐标

$$r(k,l) = \frac{\sum_{i=1}^{l_w}\sum_{j=1}^{s_w}(W_{i,j}-\bar{W})(S_{k-1+i,l-1+j}-\bar{S}_{k,l})}{\sqrt{\sum_{i=1}^{l_w}\sum_{j=1}^{s_w}(W_{i,j}-\bar{W})^2}\sqrt{\sum_{i=1}^{l_w}\sum_{j=1}^{s_w}(S_{k-1+i,l-1+j}-\bar{S}_{k,l})^2}} \Rightarrow \max \tag{3.90}$$

其中，$W_{i,j}-\bar{W}$ 是根据输出图像计算出来的，而 $S_{k-1+i,l-1+j}-\bar{S}_{k,l}$ 是根据参考图像计算出来的。

随着计算机视觉技术的快速发展，在相似光照条件和光谱/空间特性的图像之间，GCP 的选择和图像协同配准已经能够实现自动化。然而，对于来自不同来源、具有非常不同的

光谱特性和空间特性（如时间变化）的图像之间的数据配准，以及图像和已有地图之间的配准，仍然以手动和半自动的 GCP 为主要方法。比如，在 SAR 图像与光学图像、红外图像与光学图像之间实现自动化的配准仍然具有很大的挑战。

2. 自动化图像联合配准

通俗地说，GCP 选择就是在两幅图像之间找到相应的像素或特征进行配准。这属于计算机视觉中一个非常活跃的研究领域：特征匹配。匹配对应点的自动选择可以实现图像联合配准的自动化。

自动化的特征匹配方法必须能够准确地提取出足够的高质量的 GCP 像素（特征点），这些特征点均匀地分布在整幅待配准的图像上。一般来说，它包括两个步骤：①从两幅相关图像（输入图像或参考图像）中的一幅自动选择特征点，作为候选 GCP；②通过局部关联自动定位另一幅图像中的相应点，也称特征点匹配过程，最终，根据其特征相似度计算和特征点的空间分布，选择高质量的 GCP 来支撑配准计算。

随着计算机视觉技术的发展，涌现了许多特征提取的算法，其中一种广泛使用的算法是由 Lowe D.（2004 年）提出的尺度不变特征变换（Scale Invariant Feature Transform，SIFT）算法。该算法被发表以来，得到了广泛的应用。同时，SIFT 的许多变体也被提出，但它们都将 SIFT 作为性能评估的基准算法。SIFT 是一个具有多步骤处理程序的特征描述符，包括潜在兴趣点识别、尺度不变的稳定关键点选择、关键点特征定位和关键点描述。因此，SIFT 对特征尺度方向、形状失真和全局光照（图像对比度和亮度）的相当大的变化具有鲁棒性，它可以在具有一定仿效变形的图像之间找到相应的点对，以实现图像的配准。

一旦自动选择了足够的和分布良好的对应点，就可以通过计算得出参考图像和输入图像之间的变形模型，然后就可以使用特征匹配进行自动配准。基于变形模型的图像联合配准可以通过 GCP 选择的自动化来实现，但它不能保证图像中每对对应像素之间的精确匹配，因此还需要进行误匹配剔除研究。关于包含 SIFT 特征点在内的一些常见的特征提取算法，将在第 4 章中进行系统性的介绍。

3.6 本章小结

本章从传统的数字图像处理的基本理论介绍出发，回顾了航空图像的图像增强和图像复原的基本原理与方法，呈现了许多通用的图像增强和数据处理的方法。图像去雾和超分辨率重建在航空图像应用中有着广泛的背景，对此围绕航空图像的特色，进一步描述了图像去雾的基本概念和基础方法，并介绍了图像超分辨率的知识。

第 4 章　图像特征分析与景象匹配

图像特征分析是从图像中检测并描述感兴趣目标或图案的过程，为各种应用任务提供基础的特征数据。良好的特征能够有效地表达图像中的信息，特征提取是许多图像处理任务中的一个初级运算，可以作为目标分类识别、目标跟踪和平台定位任务的预处理步骤。

对于某个特定的图像特征，有多种表达方式，可从各个不同的角度刻画该特征的某些性质。这些特征通常是图像中可区别的元素，如边缘、角点、纹理、颜色和形状等。通过从航空图像中提取地面特征，如河流、道路、建筑物和植被的特征，可以更新和完善地图信息。在军事领域，利用航空图像的特征提取，如图像分割和特征描述等技术，对各种潜在的目标进行识别，可为武器系统进行远程引导，为战略决策和行动计划提供实时情报。本章将介绍图像的边缘特征、点特征、纹理特征等基本概念，并分析景象匹配这类数据处理技术。

4.1　边缘信息

图像中的边缘信息反映了图像的亮度值发生显著变化的区域，它与图像中目标的边界具有很强的对应关系，所以边缘信息主要存在于目标与目标、目标与背景、区域与区域（包括不同色彩）之间。边缘特征也是最早在数字图像处理领域被研究和介绍的一类特征，它解释了很多更复杂的点或线特征的基础原理。在第 3 章介绍图像增强处理的方法时，图像锐化的一些操作用到了图像的边缘信息，其中的梯度算子与本节的边缘信息提取有着紧密的联系。

4.1.1　边缘检测

图像边缘是以图像局部特征不连续的形式出现的，是图像局部特征突变的一种表现形式，如灰度的突变、颜色的突变、纹理结构的突变等。边缘检测实际上就是找出图像局部特征发生突变的位置。图像的梯度描述了灰度变化速率，因此通过梯度计算可以检测图像中的灰度发生变化的区域。

图 4.1（a）所示的阶跃边缘是理想的边缘，图像边缘清晰明了。然而，由于在图像采集过程中，光学系统性能、数字采样过程、光照条件变化等不完善因素存在影响，实际图像边缘是模糊的，因此阶跃边缘变成斜坡边缘，斜坡部分与边缘的模糊程度呈比例关系。图 4.1（b）所示的斜坡边缘表示图 4.1（a）已模糊时的边缘，几乎所有的边缘检测算法均考虑这两种边缘模型。图 4.1（c）所示的山形的尖峰状灰度变化是对宽度较小的线经模型化后得到的边缘。不过，若线宽变大，则会呈现出两条平行的阶跃边缘的组合形状，这意味着边缘模型随着作为处理对象的图像的分辨率或边缘检测算法中参与运算的邻域的大小而变化。图 4.1（d）所示的屋顶边缘可认为是图 4.1（c）中边缘已模糊时的边缘。

如图 4.2 所示，其对应的实际边缘信号的一阶导数在边缘处出现极值，而二阶导数在边缘处出现零交叉。由此可见，图像的边缘信息可以用图像亮度变化的一阶导数或二阶导数来提取。检测阶跃边缘实际上就是要找出使亮度变化的一阶导数取到极大值和二阶导数具有零交叉的像素。

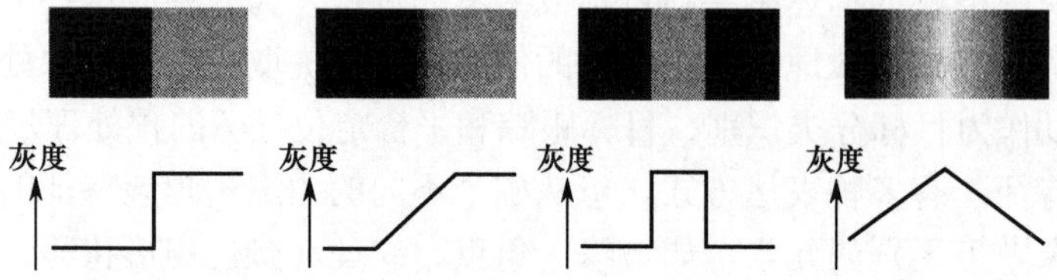

(a) 阶跃边缘 (b) 斜坡边缘 (c) 山形边缘 (d) 屋顶边缘

图 4.1 不同的图像边缘示例

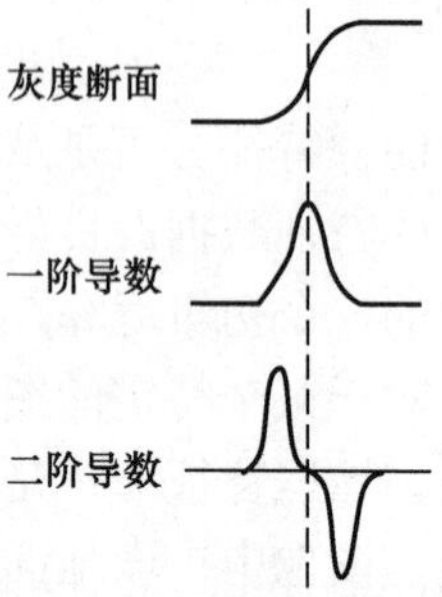

图 4.2 灰度断面变化与导数

对于二维图像函数 $f(x,y)$，在其坐标 (x,y) 上的梯度可以定义为一个二维列向量，即

$$\nabla \boldsymbol{f}(x,y)=\begin{bmatrix} G_x \\ G_y \end{bmatrix}=\begin{bmatrix} \partial f/\partial x \\ \partial f/\partial y \end{bmatrix} \tag{4.1}$$

梯度矢量的大小用梯度幅值来表示

$$|\nabla f(x,y)|=\sqrt{\left(\frac{\partial f}{\partial x}\right)^2+\left(\frac{\partial f}{\partial y}\right)^2} \tag{4.2}$$

梯度幅值是指在 (x,y) 位置处灰度的最大变化率。一般来讲，也将 $|\nabla f(x,y)|$ 称为梯度。梯度矢量的方向角是指在 (x,y) 位置处灰度变化率最大的方向，表示为

$$\theta(x,y)=\arctan(G_y/G_x) \tag{4.3}$$

式中，θ 为相对 x 轴的角度。

梯度幅值的计算式（4.2）对应欧氏距离，为了减小计算量，梯度幅值也可按照城区距离和棋盘距离来计算，分别表示为

$$|\nabla f(x,y)|\approx|G_x|+|G_y| \tag{4.4}$$

$$|\nabla f(x,y)|\approx\max\{|G_x|,|G_y|\} \tag{4.5}$$

对数字图像而言，偏导数 $\partial f/\partial x$ 和 $\partial f/\partial y$ 可以用差分近似。例如，若中心像素 W_5 表示 $f(x,y)$，3×3 的领域像素分别为 W_1、W_2、W_3、W_4、W_5、W_6、W_7、W_8、W_9，那么 W_1 表示 $f(x-1,y-1)$，W_2 表示 $f(x,y-1)$，以此类推。根据上述模板，最简单的一阶偏导数的计算公式可以表示为

$$G_x=W_5-W_6,\ G_y=W_5-W_8 \tag{4.6}$$

式中，像素间的关系示意图如图 4.3（a）所示。这种梯度计算方法也称直接差分，直接差分的卷积模板如图 4.3（b）所示。

典型的边缘检测算法包含以下三个步骤。

（1）图像预处理。图像亮度值的导数计算对噪声很敏感，因此一般在提取边缘信息时，会首先通过高斯平滑等形式的滤波器进行噪声抑制，来改善与噪声有关的边缘检测算法的性

能。需要指出，大多数滤波器在降低噪声的同时会导致边缘强度的损失，因此，在增强边缘和降低噪声之间需要折中。

（2）计算梯度图像。计算梯度图像可以将邻域（或局部）亮度值有显著变化的像素凸显出来。最基本的方法是对图像函数 $f(x,y)$ 进行差分运算，在边缘检测中最常用的差分运算包括使用梯度算子 $\nabla f(x,y)$、Sobel 算子和拉普拉斯（Laplacian）算子 $\Delta=\nabla^2 f(x,y)$ 进行处理。

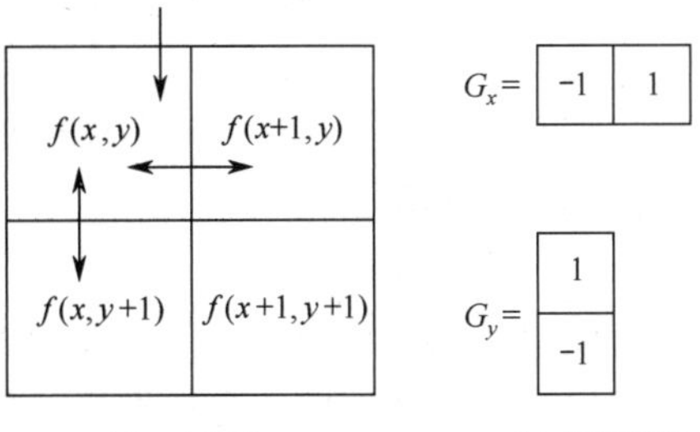

(a) 示意图　(b) 卷积模板

图 4.3　直接差分法

（3）检测边缘位置。在图像中会有许多像素的梯度幅值比较大，而这些像素在特定的应用领域中并不都是边缘像素，所以需要设计某种方法来确定哪些像素是真正的边缘像素。最简单的边缘检测判据是梯度幅值阈值判据。

在 3.1.3 节介绍的锐化滤波器中，Roberts 交叉算子、Prewitt 算子、Sobel 算子、Laplacian 算子和坎尼（Canny）边缘检测算法都可以提供对边缘信息提取的能力。

4.1.2　边缘跟踪

在使用边缘检测算法检测出边缘像素之后，由于噪声、光照不均匀等因素存在影响，获得的边缘像素有可能是不连续的，必须通过边缘跟踪技术将边缘像素组合成有意义的边缘信息，以便后续处理。

边缘跟踪包含两个方面的含义：（1）剔除噪声点，保留真正的边缘像素；（2）填补边缘空白点，形成具有连续性的边缘关系。

边缘跟踪最简单的方法之一是进行局部处理，即分析图像中每个边缘像素 (x,y) 的邻域（如 3×3 邻域或 5×5 邻域）内像素的梯度变化特点。将所有依据预定准则被认为相似的点连接起来，形成由共同满足这些准则的像素组成的一条边缘。确定相似性的两个预定准则分别是梯度幅值准则和梯度方向准则

$$\left\|\nabla f(x,y)\right|-\left|\nabla f(x_0,y_0)\right\|\leqslant E \tag{4.7}$$

$$\left|\theta(x,y)-\theta(x_0,y_0)\right|\leqslant \varphi \tag{4.8}$$

这两个公式分别表示，在坐标为 (x_0,y_0) 的像素的邻域像素 (x,y) 的梯度图具有与 (x_0,y_0) 相似的梯度幅值 $\nabla f(x,y)$ 和梯度方向 $\theta(x,y)$，其中 E 和 φ 分别为非负的幅值和方向阈值。如果梯度幅值准则和梯度方向准则得到满足，则 (x_0,y_0) 邻域中的点就与位于 (x_0,y_0) 的像素连接起来。在图像中的每个位置都重复这一操作，当邻域的中心从一个像素转移到另一个像素时，这两个相连接点必须记录下来。

另外，边缘跟踪也称轮廓跟踪、边界跟踪，是由梯度图像中的一个边缘像素出发，依次搜索并连接相邻边缘像素从而逐步检测出边缘的方法，其目的是区分目标与背景。其中，起始边缘像素可以是一个，也可以是多个。边缘跟踪算法需要确定和采取一种合适的数据结构与搜索策略，根据已经发现的边缘像素确定下一个检测目标并对其进行检测；确定搜索终结的准则或终止条件（如封闭边缘回到起点），并在满足条件时停止进程，结束搜索。

假设图像经过梯度计算和阈值判断，得到二值化的边缘像素图像。检测图像中的封闭

目标的边缘像素，基本步骤如下。

（1）假设k为表示图像边缘像素数的变量，其初始值为0。

（2）自上而下、自左向右地搜索图像，当发现某个像素P_0从0变为1时，记录其坐标(x_0,y_0)，$k=0$。

（3）从像素(x_k+1,y_k)开始按顺时针方向，如图4.4（a）所示，研究其8邻域，将第一次出现的1-像素记为P_k，并存储其坐标(x_k,y_k)，置$k=k+1$。

（4）如果8邻域全为0-像素，则P_0为孤立点，终止搜索。

（5）如果P_k和P_0是同一个点，即$x_k=x_0$，$y_k=y_0$，则表明$P_1,P_2,\cdots,P_{n-1}$已形成一个闭环，终止本条轮廓线追踪。否则，返回步骤（3）继续搜索。

（6）把搜索起点移到图像的别处，继续进行下一轮搜索。应注意新的搜索起点一定要在已得到的边缘线所围区域之外。

边缘跟踪示例如图4.4（b）所示。

6	7	8
5	P_0	1
4	3	2

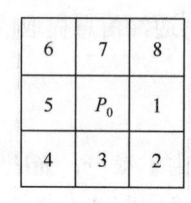

(a) 1-像素搜索顺序

(b) 边缘跟踪示例

图4.4　边缘跟踪的示意图

4.2　特征点提取和特征描述

特征点通常是图像中具有一定辨识性的特殊像素，如角点、线条交叉点、T形交汇点、高曲率点或者边界封闭区域的重心等。一幅图像的特征点一般比较丰富，其抗干扰性强，在相机标定、图像匹配、运动估计和目标跟踪等领域中被广泛应用。大多数文献中的特征点主要是指点类型特征点，它应尽可能地表现出目标独一无二的某种性质，并且同类表现出相似性，异类则表现出差异性。常用的特征点有Harris特征点、基于加速分割测试（FAST）特征点、尺度不变特征变换（SIFT）特征点和加速稳健（SURF）特征点等。从图像中提取出的特征点位置通常需要满足一些基本的特性条件，这些特性包括：

（1）特异性，即特征点所在的位置应该呈现出区别于非特征点的明显特性，比如图像中的目标物边缘像素具有较大的亮度梯度变化；

（2）可关联性，即在不同视角的图像中，对应同一个场景点的特征点应该被重复检测到，并具备在图像之间相互匹配和关联的能力；

（3）稳定性，这主要是指特征点的提取位置精度及其在图像中的分散程度在数学上具有稳定的可表达能力。

特征描述是特征点提取的后续，特征描述是指用某种数学方法对图像上的特征点进行详细的刻画，这样的数学表达被称为特征描述符。在大多数的实际算法中，特征描述符是使用具有一定维度的特征向量来构建的。特征描述符应满足的基本要求包括：

（1）唯一性，即不同位置的特征点的描述结果应显著不同，否则在进行特征匹配时，很容易形成匹配歧义；

（2）独立性，即当使用高维向量作为特征描述符的数学表达时，其特征向量的各个维度间应该保持非相关的独立性，否则可以用降维算法对特征向量进行降维；

（3）稳定性，即在不满足光照恒常或刚性结构等预设的假设条件时，仍能够保证特征描述符获得相似的结果；

（4）不变性，即在不同的图像中，同名点对应的特征描述符能够适应尺度、平移、旋转等变换，反映出相同或相似的数值。

一旦在两幅图像中选定了两个特征点集，就有若干方法可以用来匹配两个特征点集。特征匹配是指找到不同图像间的同名特征点的对应关系，主要方法是在特征向量空间对提取的特征向量进行相似度判别。对于两个特征向量，计算其相似度常用的度量函数有欧氏距离、余弦相似度（Cosine Similarity）、汉明距离（Hamming Distance）和切比雪夫距离（Chebyshev Distance）等。

4.2.1　Harris 角点

Harris 算法是由 Harris C. 和 Stephens M. 在 1998 年提出的一种图像特征提取算法，目前已经成为特征提取的经典算法。Harris 算法是一种基于灰度图像的角点提取算法，因此在检测之前要将彩色图像转换为灰度图像。Harris 算法对 Harris 角点做了一个合理的定义，即在一个固定大小的窗口内对像素求和，如果在向任何方向移动后，对像素值求和都发生较大变化，则该位置为 Harris 角点。如果只在一个方向上发生巨大变化，那么它很可能是一个直线的边缘，只有当它在所有方向都变化巨大时，才能被认为是角点。变化多大才能算是巨大变化，决定了检测出的角点质量。

在理解了 Harris 角点的大致定义后，再来看 Harris 角点的公式推导。假设 $E(u,v)$ 代表在以某一点 (x,y) 为中心的窗口像素向 x 方向移动 u 分量、向 y 方向移动 v 分量后的亮度值变化量的累加值，所以 $E(u,v)$ 是一种误差平方和（Sum of Squared Differences，SSD）

$$E(u,v)=\sum_{x,y}w(x,y)[I(x+u,y+v)-I(x,y)]^2 \tag{4.9}$$

这里的 $w(x,y)$ 是一个窗口权函数，在最简单的情况下可以直接令 $w(x,y)=1$，也就是不需要这里的 $w(x,y)$。但是为了更精确地检测到角点，一般情况下 $w(x,y)$ 可以设置为二维高斯权函数，因为这样中间高、两边低使得中间像素的权值更大。如果角点中心位于窗口中心，$E(u,v)$ 会明显比偏离角点中心的窗口的变化值大，可以以此来确定角点的像素位置。

根据泰勒级数展开公式，能够将式（4.9）中的 $I(x+u,y+v)$ 表示为

$$I(x+u,y+v)\approx I(x,y)+uI_x+vI_y \tag{4.10}$$

其中，$I_x=\dfrac{\partial I}{\partial x}$，$I_y=\dfrac{\partial I}{\partial y}$。可以简化式（4.9）为

$$E(u,v)=\sum_{x,y}w(x,y)(uI_x+vI_y)^2 \tag{4.11}$$

$$E(u,v)=\sum_{x,y}w(x,y)(u^2I_x^2+2uvI_xI_y+v^2I_y^2) \tag{4.12}$$

再将其转换为二次型矩阵

$$E(u,v)=w(x,y)[u \quad v]\left(\sum_{x,y}\begin{bmatrix} I_x^2 & I_xI_y \\ I_xI_y & I_y^2 \end{bmatrix}\right)\begin{bmatrix} u \\ v \end{bmatrix} \tag{4.13}$$

最后将中间的矩阵合并成一个矩阵，并定义为 $\boldsymbol{M}$，则

$$E(u,v)=[u \quad v]\boldsymbol{M}\begin{bmatrix} u \\ v \end{bmatrix} \tag{4.14}$$

这里的矩阵 $\boldsymbol{M}$ 是实对称矩阵，即

$$\boldsymbol{M}=\sum_{x,y}w(x,y)\begin{bmatrix} I_x^2 & I_xI_y \\ I_xI_y & I_y^2 \end{bmatrix} \tag{4.15}$$

可以发现，Harris 角点并不需要直接求 $E(u,v)$ 来判断，而是可以通过求 $\boldsymbol{M}$ 矩阵的特征值来判断。（1）当 $\boldsymbol{M}$ 的特征值一大一小时，说明检测到的是边缘区域；（2）当特征值都很小时，说明图像在平坦区域；（3）当两个特征值都很大时，说明它是一个角点。假设求出的两个特征值分别为 λ_1 和 λ_2，则通过计算式（4.16）值的大小，就能够对该像素是否为角点进行判断，有

$$R=\det\boldsymbol{M}-k(\operatorname{trace}\boldsymbol{M})^2 \tag{4.16}$$

$$\det\boldsymbol{M}=\lambda_1\lambda_2 \tag{4.17}$$

$$\operatorname{trace}\boldsymbol{M}=\lambda_1+\lambda_2 \tag{4.18}$$

式中，k 为一个参数，其值一般在 0.04～0.06 范围内。为了更直观地理解上述内容，可以画出示意图，如图 4.5 和图 4.6 所示。

(a) 平坦区域　(b) 边缘区域　(c) 角点区域

图 4.5 Harris 算法对角点的解释

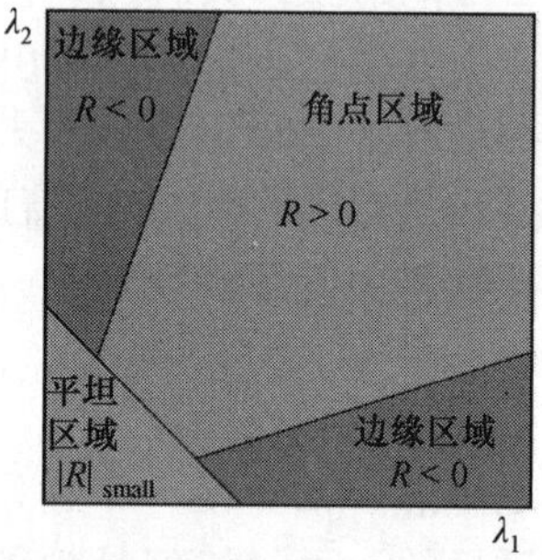

图 4.6 Harris 角点的 R 值

从图像可以看出，R 值越大，图像越接近角点，因此也可以认为参数 k 可用来筛选出不同质量的角点。Harris 角点提取的流程为：

（1）将原始图像转换为灰度图像；

（2）应用高斯滤波器来平滑噪声；

（3）应用 Sobel 算子寻找灰度图像中每个像素的 x 方向和 y 方向的梯度；

（4）对于灰度图像中的每个像素 p，考虑其周围有一个 3×3 的窗口，并计算角点强度函数 R，称为 Harris 分数；

（5）查找超过某个阈值并且是某个窗口中的局部最大值的像素，这也被称为非极大值

抑制，目的是防止局部区域出现重复的特征；

（6）对于满足第（5）条的每个像素，计算一个特征描述符。

为了使 Harris 算法能够具备尺度适应能力，有学者提出了哈里斯–拉普拉斯（Harris-Laplacian）特征提取算法。该算法能够对输入图像建立变分辨率的金字塔图像，在平面图像空间使用 Harris 算子提取角点的潜在位置，并且使用 Laplacian 算子在尺度空间进行差分运算。在立体图像空间找到局部极大值的位置，该点就是 Harris-Laplacian 特征提取算法提取的角点，如图 4.7 所示。

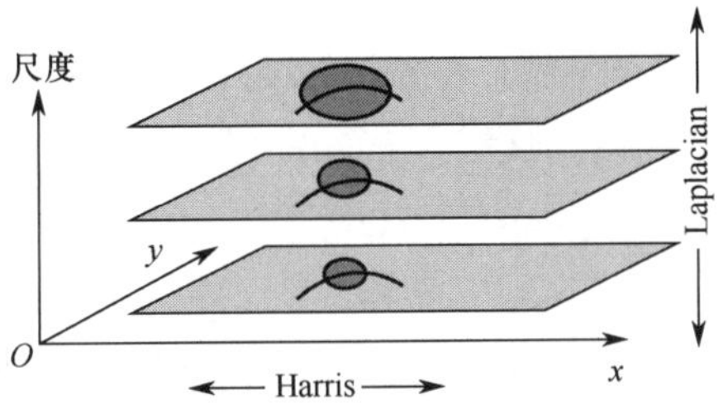

图 4.7　Harris-Laplacian 特征提取示意图

4.2.2　FAST 角点

FAST 角点的全称为 Feature from Accelerated Segment Test，即加速分段测试特征点。FAST 角点提取算法由 Rosten E. 和 Drummond T. 在 2006 年首先提出，具有速度快、点数量大、精度高的优点，成为近年来备受关注的基于模板和机器学习的角点提取算法。

FAST 角点提取的基本原理：以中心像素为中心选择周围 16 个组成圆的点（见图 4.8），如果有连续 9 个点比中心像素值大或小，那么该点为角点。在提取 FAST 角点时同样需要先将原始图像转换为灰度图像，因为角点属于少数，所以可以用一种快速算法来排除大部分非角点。

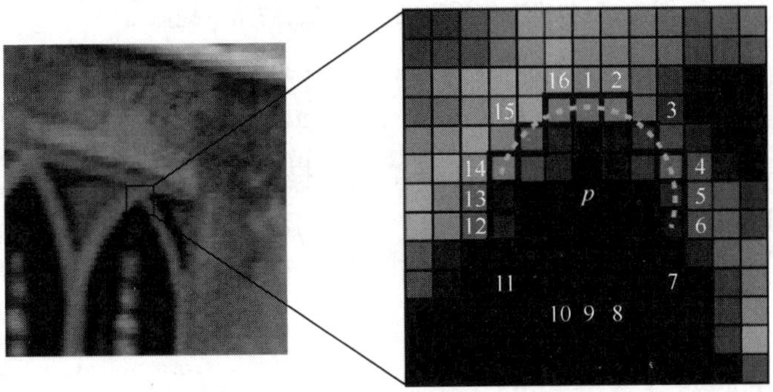

图 4.8　FAST 角点提取选择的 16 个点

FAST 角点提取算法的主要步骤如下。

（1）以中心像素 p 为中心，在半径为 3 的领域像素组成的圆上提取出 16 个像素，以及这些像素的亮度值（$p_1, p_2, \cdots, p_{16}$）。

（2）定义一个亮度阈值。计算 p_1、p_9、p_5、p_{13} 与中心像素 p 的亮度值的差，若它们的绝对值中有至少 3 个超过亮度阈值 t，则将 p 当作候选角点，再进行下一步考察；否则，排除其是角点的可能。

（3）若 p 是候选角点，则计算 $p_1 \sim p_{16}$ 这 16 个像素与中心像素 p 的亮度值的差，若它们中有至少连续 9 个超过阈值 t，则将 p 继续作为角点进行判断；否则，排除其是角点的可能。

（4）由于 FAST 角点的判断准则简单，因此会在一些边缘位置集中地检测到大量冗余的角点。可以使用非极大值抑制的方法，解决从邻近位置选取多个冗余角点的问题。

对图像进行非极大值抑制的过程如下。计算特征点处的 FAST 算子得分值（score 值，即 s 值）。判断以中心像素 p 为中心的一个邻域（如 3×3 邻域或 5×5 邻域）内是否有多个特征点，如果有，判断每个特征点的 s 值。若 p 是邻域内所有特征点中响应值最大的，则保留特征点 p；否则，删除 p。若邻域内只有一个特征点（角点），则保留 p。s 值的计算公式如下

$$s = \sum_{k\in[1,16]} \begin{cases} |I_k - I(p)|, & |I_k - I(p)| > t \\ 0, & 其他 \end{cases} \tag{4.19}$$

式中，t 为亮度阈值。图 4.9 给出了一组使用非极大值抑制前和抑制后的角点提取结果。

(a) 抑制前

(b) 抑制后

图 4.9 非极大值抑制前和抑制后的角点提取结果

前面的步骤是寻找 FAST-9 角点的方法。与之类似，可以选择 FAST-10、FAST-11、FAST-12 角点作为特征点，只是在步骤（3）中，超过阈值的个数不一样。FAST 角点提取算法实现起来简单，而且以速度快著称。FAST 角点提取算法本身没有特征描述过程，Rosten E.和 Drummond T. 最早使用角点周围的 16 个像素的灰度值组成的向量来描述该特征点。此外，FAST 角点提取算法不具备尺度不变性和旋转不变性，当图像中的噪声点较多时，其鲁棒性不佳。

4.2.3 SIFT 特征点

Lowe D. G.在 1999 年的计算机视觉国际会议上提出了尺度不变特征转换（Scale Invariant Feature Transform，SIFT）特征提取算法，之后 Bay H. 等人又于 2006 年提出了加速稳健特征（Speeded Up Robust Feature，SURF）局部特征算法，大大地提高了特征提取的速度。SIFT 特征提取算法对于存在遮挡、旋转、缩放和一定程度的视点变化等情况都具有较好的稳定性，已被成功地应用于各种领域，包括目标跟踪、拼接和图像恢复等。

SIFT 特征提取算法首先在像素尺度空间计算像素上的灰度值的梯度图像，然后提取出具有独立性和稳定性的特征点，并以 SIFT 特征描述符进行特征编码，适应图像的空间尺度变化和旋转变化等。下面阐述 SIFT 特征提取算法的实现步骤。

（1）首先构建尺度空间。构建尺度空间的目的是检测在不同的尺度下都存在的特征点，而检测特征点较好的算子是高斯拉普拉斯 $\nabla^2 G$（Laplacian of Gaussian，LoG）。在将 LoG 运用到图像中的特征检测时，运算量过大，通常使用高斯差分（Difference of Gaussian，DoG）来近似 LoG。

高斯金字塔的构建分为两步：首先对图像做高斯卷积平滑，然后对图像做降采样。基于一个高斯核函数与原图像函数进行卷积，并在高斯差分的基础上进行分辨率降采样，构建高斯金字塔，形成高斯差分尺度空间，即 DoG 金字塔。

图像的尺度空间被定义为由可变尺度的高斯函数 $G(x,y,\sigma)$ 与输入图像 $I(x,y)$ 的卷积产生的函数 $L(x,y,\sigma)$

$$L(x,y,\sigma)=G(x,y,\sigma)*I(x,y) \tag{4.20}$$

$$G(x,y,\sigma)=\frac{1}{2\pi\sigma^2}\mathrm{e}^{\frac{-(x^2+y^2)}{2\sigma^2}} \tag{4.21}$$

式中，σ 为尺度空间因子，其值越小，表示图像被平滑得越少，相应的尺度也就越小。大尺度对应图像的概貌特征，小尺度对应图像的细节特征。为了有效检测尺度空间中稳定的关键点位置，先对不同尺度 $k\sigma$（k为比例因子）的高斯核进行差分，然后将差分结果和图像进行卷积生成高斯差分尺度空间 $D(x,y,\sigma)$，如图 4.10 所示，有

$$\begin{aligned}D(x,y,\sigma)&=[G(x,y,k\sigma)-G(x,y,\sigma)]*I(x,y)\\&=L(x,y,k\sigma)-L(x,y,\sigma)\end{aligned} \tag{4.22}$$

尺度空间的意义分两部分：第一是同分辨率的图像由于使用了不同的高斯核卷积，模糊了不同的细节，形成细节尺度上的区分；第二是对图像进行不同尺度的降采样操作，形成了分辨率上的尺度差异化。在进行降采样操作时，通常是使用上一个分辨率图像组中的倒数第二幅图像进行下采样，从而在尺度空间上形成了关于细节尺度的连续变化。最终可以认为，高斯差分图像实际上是不同细节尺度的梯度图像。

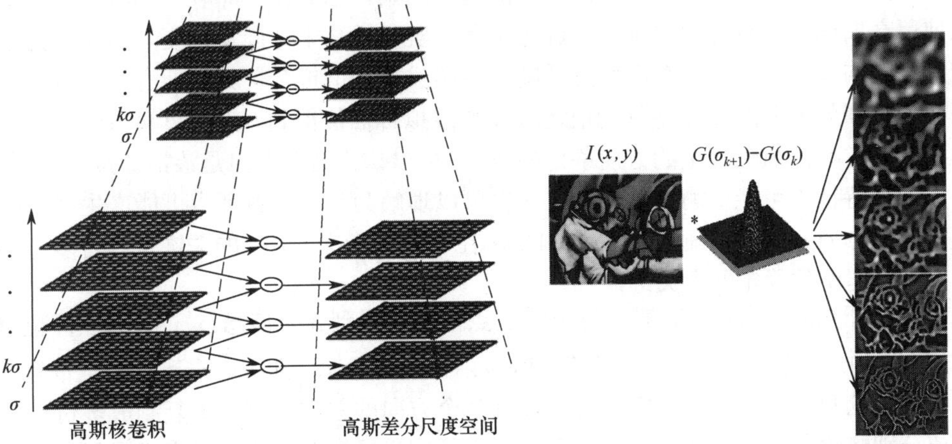

(a) 高斯差分尺度空间　　(b) 不同细节尺度的梯度图像

图 4.10　高斯差分尺度空间的构建示意图

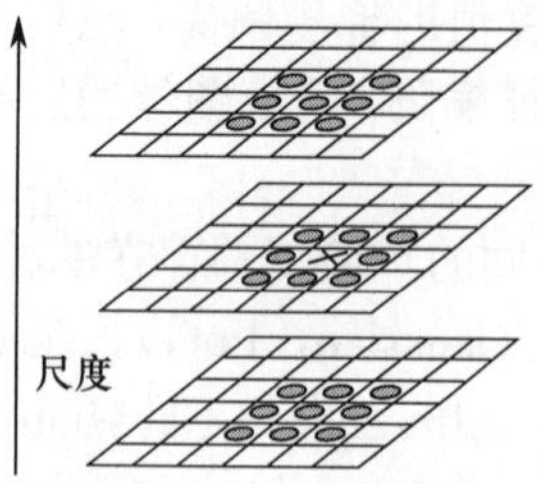

图 4.11 在高斯差分尺度空间检测极值点

（2）特征点定位。为了检测 $D(x,y,\sigma)$ 的局部最大值和最小值，将每个采样点与当前图像中的 8 个邻居以及上下比例中的 9 个邻居（共 26 个邻居）进行比较，如图 4.11 所示。只有当采样点的值比这些邻居都大或者比这些邻居都小时，才会被选中，并认为该点是图像在该尺度下的一个特征点。该检测的成本是相当低的，因为大多数采样点在前几次检测后都被淘汰。

（3）特征点过滤。特征点过滤就是将第（2）步检测到的特征点中曲率不对称的点和对比度低、不稳定的点过滤掉，这样做的目的是提高特征点的抗噪性能和匹配的稳定性。可以通过尺度空间 DoG 函数进行曲线拟合来寻找极值点，这一步的本质是去掉 DoG 函数曲线中局部曲率非常不对称的点。要剔除的不符合要求的点主要有两种：低对比度的点和不稳定的边缘响应点。

（4）确定特征点的方向。经过前面的步骤已经找到了在不同尺度下都存在的特征点，为了实现图像旋转不变性，需要对特征点的方向赋值。利用特征点邻域像素的梯度分布特性来确定其方向参数，再利用图像的梯度直方图求取关键点局部结构的稳定方向。

找到了特征点的尺度空间位置 $L(x,y,\sigma)$，在以特征点为中心、以 $3\times1.5\sigma$ 为半径的区域图像中计算梯度幅值 $m(x,y)$ 和梯度方向 $\theta(x,y)$，有

$$m(x,y)=\sqrt{[L(x+1,y)-L(x-1,y)]^2+[L(x,y+1)-L(x,y-1)]^2} \tag{4.23}$$

$$\theta(x,y)=\alpha\cdot\arctan\frac{L(x,y+1)-L(x,y-1)}{L(x+1,y)-L(x-1,y)} \tag{4.24}$$

得到梯度方向后，就要使用直方图统计特征点邻域内像素对应的梯度方向和梯度幅值。梯度方向的直方图的横轴是梯度方向的角度（梯度方向的范围是 0～360°，直方图每 36°一个柱，共 10 个柱；或者每 45°一个柱，共 8 个柱），纵轴是梯度方向对应梯度幅值的累加，在直方图中，取峰值的方向条柱（Bin）就是特征点的主方向。

由于上述直方图是对离散化方向角度的统计结果，因此其分布存在随机波动。对此，可以使用高斯函数对直方图的各分量进行平滑，实现提高主方向识别度的效果。为了得到更精确的方向，通常还可以对离散的梯度直方图进行插值拟合。具体而言，关键点的方向可以由和主峰值最近的 3 个条柱的值通过抛物线拟合插值得到。在梯度直方图中，当存在一个相当于主峰值 80%能量的方向条柱的值时，可以认为这个方向是该特征点的辅助方向。所以，一个特征点可能检测到多个方向（也可以理解为：一个特征点可能产生多个坐标、尺度相同但方向不同的特征点）。Lowe D. G. 在论文中指出，15%的关键点具有多方向，而且这些点对匹配的稳定性很关键。

得到特征点的主方向后，对于每个特征点都可以得到 3 个信息 (x,y,σ,θ)，即位置、尺度和方向。由此可以确定一个 SIFT 特征区域由 3 个值表示，即中心表示特征点位置，半径表示关键点的尺度，箭头表示主方向。具有多个方向的关键点可以被复制成多份，然后将方向值分别赋给复制后的特征点，一个特征点就产生了多个位置、尺度相同但方向不同的特征点。

（5）建立特征描述符。特征描述符应具有较高的独立性，以保证匹配率。特征描述符的生成大致有三个步骤：①校正旋转主方向，确保旋转不变性；②生成特征描述符，最终形成一个 128 维的特征向量；③归一化处理，将特征向量的长度进行归一化处理，进一步去除光照的影响。

图 4.12 对特征点的特征描述符的计算进行了示意说明。为了保证特征矢量的旋转不变性，以特征点为中心，将邻域内的所有像素旋转 θ（特征点的主方向），即将坐标轴旋转到特征点的主方向。关键点显示在图 4.12（a）的中间位置，其周围的每个小格都代表其邻域内的一个像素，小格中的箭头代表像素的梯度方向，箭头的长度代表梯度幅值，然后对其进行高斯加权。对每 16 个像素计算一个梯度方向直方图，该直方图有 8 个方向，8 个方向中的相邻两个方向相差 45°，绘制每个梯度方向的累加值的图，即可形成一个种子点，如图 4.12（b）所示。这样一来，4 个种子点就组成了一个关键点，每个种子点都有 8 个方向。通过邻域的方向来确定关键点的方向极大地提高了算法的抗噪性能，同时对含有定位误差的特征匹配具有较好的鲁棒性。

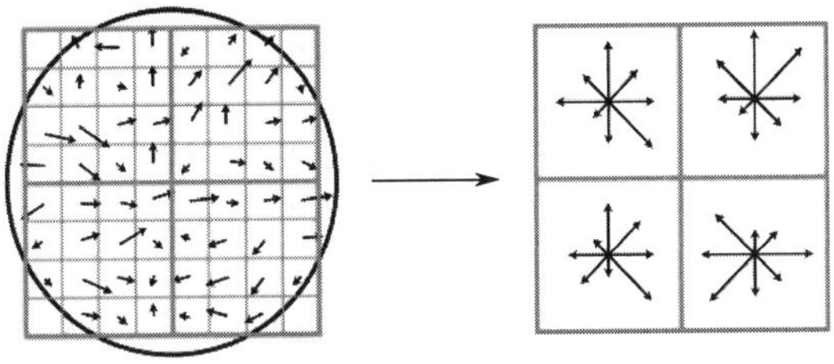

图 4.12　特征描述符的计算

与求主方向不同，此时每个种子区域的梯度直方图在 0°～360° 范围内被划分为 8 个方向区间，每个方向区间为 45°，即每个种子点有 8 个方向的梯度强度信息。在实际的计算过程中，为了提高匹配的鲁棒性，Lowe D. G.建议对每个关键点使用 4×4 个（16 个）种子点来描述，这样一个关键点就可以产生 128 维的 SIFT 特征向量，如图 4.13 所示。

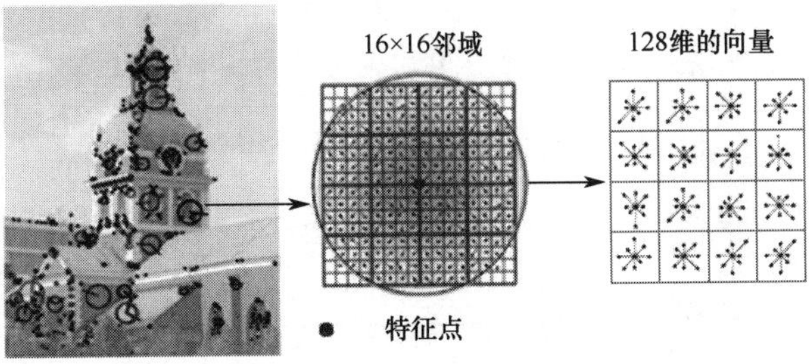

图 4.13　SIFT 特征提取与特征描述示意图

SIFT 特征描述有一种利用梯度向量构建二进制模板的方法，即从原有的 128 维向量的第一个元素开始，判断其是否大于平均值，如果大于，则记录为 1，否则记录为 0，这样就构成了一个含 128 个元素的二进制数。

SIFT 特征提取和描述的主要优点如下。

（1）局部性。特征是局部的，所以对遮挡和杂波具有良好的鲁棒性。

（2）独特性。单个特征可以与大体量的对象数据库匹配。

（3）特征较多。即使是很小的对象，也可以生成许多特征。

（4）可扩展性。可以很容易地扩展到各种不同的特性类型，每种特性类型都增加了鲁棒性。

图 4.14 给出了一组异视角图像的 SIFT 特征匹配示例，图中玩具车的角度和大小均存在一定程度的变化，使用 SIFT 特征提取算法能够找到稳定的特征对应关系。

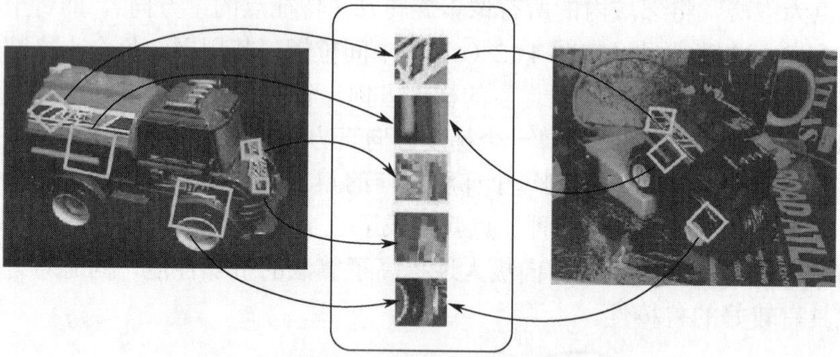

图 4.14 一组异视角图像的 SIFT 特征匹配示例

有研究将 Harris 算法、SIFT 特征提取算法与 Harris-Laplacian 特征提取算法的性能进行了比较（见图 4.15），设计一种重复率（Repeatability Rate）指标。该指标等于相应算法在两幅图像之间找到的同名点特征关联的个数与所有可能的关联个数的比值。显然，比值越大，算法的性能越好。

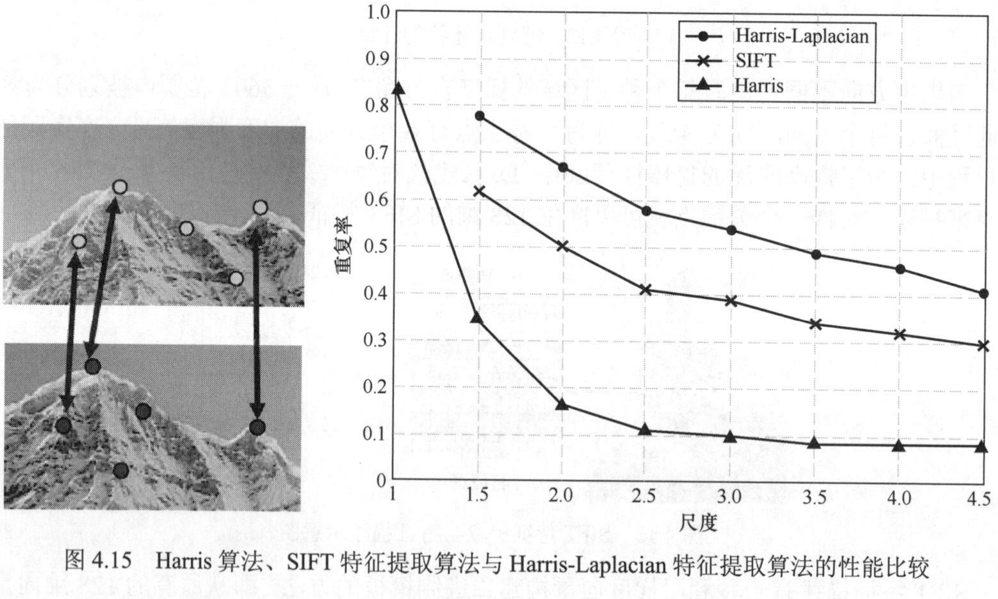

图 4.15 Harris 算法、SIFT 特征提取算法与 Harris-Laplacian 特征提取算法的性能比较

4.2.4 SURF 特征点

SURF 特征提取算法是在 SIFT 特征提取算法的基础上加以改进的一种特征提取算法，该算法于 2006 年发表在欧洲计算机视觉会议（ECCV）上，在速度性能方面具有优越性，可应用于视频目标跟踪和识别任务。SIFT 特征提取算法用高斯差分（DoG）近似高斯拉普拉斯

（LoG）来建立尺度空间，而 SURF 特征提取算法使用盒式滤波器（Box Filter）近似 LoG。

用 SURF 特征提取构造变分辨率金字塔图像与用 SIFT 特征提取的不同之处在于，SIFT 采用的是 DoG 图像空间，而 SURF 采用黑塞矩阵（Hessian Matrix）的行列式近似值来建立图像空间。黑塞矩阵是一个由多元函数的二阶偏导数所构成的方阵，描述了函数的局部曲率，由德国数学家 Hessian L. O. 于 19 世纪提出。构建黑塞矩阵的目的是生成图像稳定的边缘像素，对每个像素都可以求出一个黑塞矩阵。

连续函数 $f(x,y)$ 的黑塞矩阵为

$$\boldsymbol{H}=\begin{vmatrix}\dfrac{\partial^2 f}{\partial x^2} & \dfrac{\partial^2 f}{\partial x\partial y}\\ \dfrac{\partial^2 f}{\partial x\partial y} & \dfrac{\partial^2 f}{\partial y^2}\end{vmatrix} \tag{4.25}$$

可利用黑塞矩阵的行列式来判断 (x,y) 是否是极值点，判别项为

$$\det(\boldsymbol{H})=\frac{\partial^2 f}{\partial x^2}\frac{\partial^2 f}{\partial y^2}-\left(\frac{\partial^2 f}{\partial x\partial y}\right)^2 \tag{4.26}$$

若 $\det(\boldsymbol{H})<0$，则 (x,y) 不是极值点；若 $\det(\boldsymbol{H})>0$，则 (x,y) 是极值点。

SURF 特征提取的步骤如下。

（1）构建尺度空间。SURF 采用标准高斯核的二阶偏导数对图像进行卷积运算，当尺度为 σ 时，在 (x,y) 处的黑塞矩阵为

$$\boldsymbol{H}(X,\sigma)=\begin{bmatrix}L_{xx}(X,\sigma) & L_{xy}(X,\sigma)\\ L_{xy}(X,\sigma) & L_{yy}(X,\sigma)\end{bmatrix} \tag{4.27}$$

式中，L_{xx} 为标准高斯函数对 x 的二阶偏导数与图像函数卷积的结果，L_{xy} 和 L_{yy} 同理。有

$$L_{xx}=\frac{\partial^2 G(x,y,\sigma)}{\partial x^2}*I(x,y) \tag{4.28}$$

高斯核是服从正态分布的，从中心点往外系数越来越小，为了提高运算速度，Bay H. 等人使用了盒式滤波器来近似替代高斯二阶滤波器。盒式滤波器将图像的滤波转换成计算图像上不同区域间像素和的加减运算问题，只需要简单几次查找积分图就可以完成。每个像素的黑塞矩阵的行列式的近似值为

$$\det(\boldsymbol{H})\approx D_{xx}D_{yy}-(0.9\times D_{xy})^2 \tag{4.29}$$

式中，D_{xx}、D_{yy} 和 D_{xy} 分别是 3 个盒式滤波器。D_{xx} 和 D_{yy} 是对 x 方向和 y 方向的二阶偏导，D_{xy} 是对 x 方向和 y 方向的联合偏导。如图 4.16 所示，第三个方块为采用盒式滤波器对第一个方块的近似，卷积结果记为 D_{yy}，方块中的数字表示对应颜色区域的权值，灰色代表 0。同理，D_{yy} 是对 L_{yy} 的近似。

在 SIFT 特征提取算法中，尺度空间图像是高斯函数与原图像函数的卷积，高斯函数的 σ 越大，尺度越大，图像越模糊。在 SIFT 特征提取算法中，尺度空间图像的金字塔每层的建立都要在上一层结束之后再开始［图 4.17（a）］，导致运行速度很慢。SURF 特征提取算法构建的尺度空间不改变图像尺寸的大小，而是通过改变模板的大小［图 4.17（b）］对图像进行滤波从而构造尺度空间。同时可以对金字塔中的每层都进行处理，大大地缩短了时间。

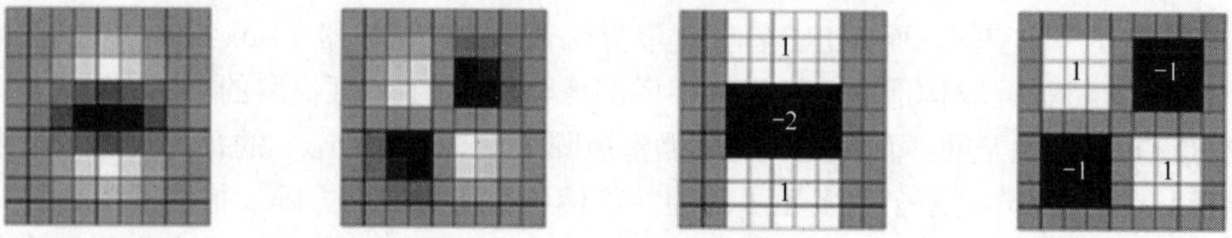

(a) L_{yy}　(b) L_{xy}　(c) D_{yy}　(d) D_{xy}

图 4.16　高斯滤波器（L_{yy}、L_{xy}）与盒式滤波器（D_{yy}、D_{xy}）的比较

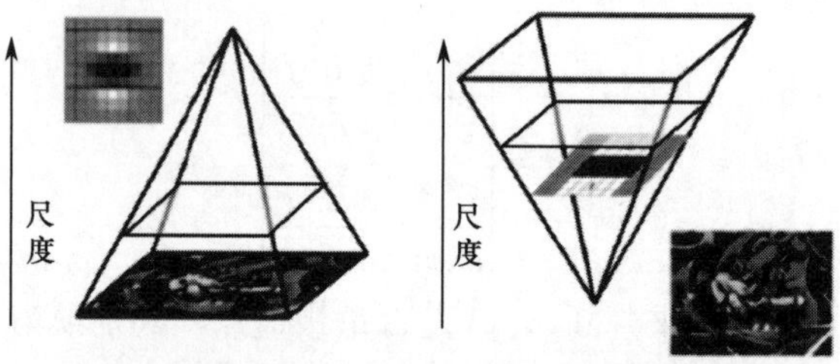

(a) 高斯金字塔　(b) SURF尺度空间

图 4.17　高斯金字塔与 SURF 尺度空间的构建

（2）特征点定位。将经过黑塞矩阵处理的每个像素与二维图像空间和尺度空间邻域内的 26 个点进行比较，初步定位出关键点，再滤除能量比较弱的关键点以及错误定位的关键点，从而筛选出最终的稳定特征点。

（3）特征点主方向分配。在 SURF 特征提取算法中，也需要为每个特征点分配一个主方向，这样才能确保特征点具有旋转不变性。采用的是统计特征点圆形邻域内的哈尔（Haar）小波特征。以特征点为中心，计算半径为 $6s$（s 为特征点所在的尺度值）的圆形邻域内的点在 x 方向、y 方向的 Haar 小波（Haar 小波的边长取 $4s$）响应。

计算出图像在 Haar 小波的 x 方向和 y 方向上的响应值之后，对两个值进行因子为 $2s$ 的高斯加权，加权后的值分别表示在水平方向和垂直方向上的方向分量。Haar 特征值反映了图像灰度变化的情况，主方向就是描述那些灰度变化特别剧烈的区域方向。然后，以特征点为中心、张角为 60° 的扇形滑动，计算窗口内的 Haar 小波响应值 dx 、dy 的累加。在所有向量中最长的（在 x 方向、y 方向分量最大的）方向为此特征点的主方向（如图 4.18 所示）。

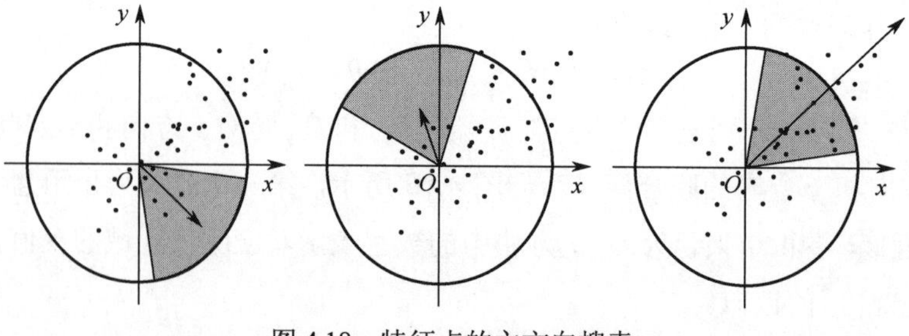

图 4.18　特征点的主方向搜索

（4）建立 SURF 特征描述符。在 SIFT 特征提取算法中，提取特征点周围 4×4 个区域，统计每个区域内的 8 个梯度方向，用这 4×4×8=128 维向量作为 SIFT 特征的特征描述符。在 SURF 特征提取算法中，也是在特征点周围的一个方形区域内进行的，方形区域的大小为 $20s\times20s$（单位均为像素），但是所取得的方形区域方向是与特征点主方向平行的。将它

分成 4×4 个子块，每个子块的大小为 $5s\times5s$（单位为像素）。统计每个子块内的像素的 Haar 模板沿主方向和垂直方向的响应，并统计响应值。由于有 16 个子块，对每个子块统计 Σdx、$\Sigma|dx|$、Σdy 和 $\Sigma|dy|$ 这 4 个参数（见图 4.19），因此特征点的特征描述符由 64 维向量构成。

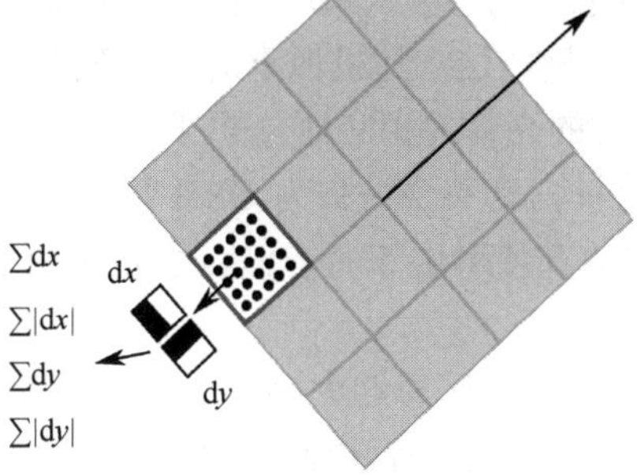

图 4.19　建立 SURF 特征描述符

（5）建立 BRIEF 特征描述符。原始的特征描述符使用浮点数，对内存的占用比较大，如 SIFT 特征描述符采用了 128 维特征向量，一个特征点会占用 512B 的空间。类似地，SURF 特征描述符采用 64 维特征向量，占用 256B 的空间。如果一幅图像中有数千个特征点，那么 SIFT 特征描述符或 SURF 特征描述符将占用大量的内存空间，对于那些资源紧张的应用，尤其是嵌入式应用，这样的特征描述符显然是不可行的。而且，占用的空间越大，意味着匹配时间越长。

二进制鲁棒独立基本特征（Binary Robust Independent Elementary Feature，BRIEF）描述算法提供了一种计算二值化向量的特征描述算法。它需要先平滑图像，然后在特征点周围选择一个子图像块（Patch），在这个子图像块内通过一种选定的方法来挑选出 n 个点对 (p,q)。对每个点对比较亮度值，如果 $I(p)>I(q)$，则这个点对生成了二值化向量中一个为 1 的值，否则为 0。所有 n 个点对都进行比较之后，就生成了一个二进制数串。由于 BRIEF 特征描述符是非常简单的 0 和 1 串，因此可以用汉明距离（Hamming Distance）来计算特征之间的相似度，实现匹配搜索。由于通过二进制位的异或操作（XOR 运算）和位计数可以非常有效地计算汉明距离，因此在计算速度方面，BRIEF 描述算法很容易胜过其他描述符构建算法。

4.2.5　ORB 特征提取

定向 FAST 和旋转 BRIEF（Oriented FAST and Rotated BRIEF，ORB）特征提取算法可以用来对图像中的关键点快速创建特征向量，即它的最大特点就是快速。简单来说，该算法由两个步骤组成，分别是特征提取和特征描述。提取特征点的方法是通过改进 FAST 算法得到的，描述特征点的方法是由 BRIEF 算法发展得到的。所以，将 FAST 特征提取算法和 BRIEF 特征描述算法结合起来并加以改进与优化，便得到了 ORB 特征提取算法。

（1）oFAST 特征提取。ORB 特征提取算法称为 oFAST，顾名思义，就是在 FAST 算法的基础上加入方向信息，简单来说就是先用 FAST 算法提取出特征点，再为该特征点定义一个方向，从而实现特征点的旋转不变性。

（2）rBRIEF 特征描述。在找到特征点并为其分配方向后，使用修改后的 BRIEF 版本创建特征向量，这个修改后的 BRIEF 版本称为 rBRIEF（Rotation-Aware BRIEF）。无论对象的方向如何，它都可以为特征点创建相同的向量，使得 ORB 特征提取算法具有旋转不变性，意味着它可以在朝着任何角度旋转的图像中提取到相同的特征点。和 BRIEF 一样，rBRIEF 首先在给定特征点周围的已界定子模块中随机选择 256 个像素对，以构建 256 维向量。然后根据特征点的角度方向旋转这些随机像素对，使随机点的方向与特征点的方向一致。最后，rBRIEF 对比随机像素对的亮度并相应地分配 1 和 0 来创建对应的特征向量，为图像中的所有特征点创建的所有特征向量集合被称为 ORB 特征描述符。BRIEF 算法有 5 种去点对的方法，但是 rBRIEF 算法放弃使用这 5 种方法，而是采用了一种新的基于统计学习的方法来选择点对集合。

首先第一步建立一个测试集，测试集的大小为 30 万个，这里需要考虑测试集中每个点的 31×31 邻域。rBRIEF 算法与 BRIEF 算法都需要对图像进行高斯平滑，不同的是，高斯平滑图像之后，rBRIEF 算法通过计算邻域内某个点的 5×5 邻域的灰度值来代替某个点对的值，然后比较点对的大小，这样做的好处是得到的特征值的抗噪性能更强。因此，在每个点的 31×31 邻域内，会有(31−5+1)×(31−5+1)=729 个这样的子窗口，那么取点对的方法就有 M=265356 种，我们就要从这 M 种方法中选取相关性最小的 256 种方法。ORB 特征描述符用包含二元特征的向量描述参考图像中的关键点。第二步是计算并保存查询图像的 ORB 特征描述符。获得参考和查询图像的特征描述符后，使用相应的特征描述符对这两幅图像进行特征点匹配。匹配函数的作用是看它们是否很相近和可以匹配。当匹配函数对比两个特征点时，它会根据某种指标得出匹配质量，这一指标表示特征点特征向量的相似性，可以将这个指标视为两个特征点之间的标准欧氏距离相似性的度量。某些指标会直接检测特征向量是否包含相似顺序的 1 和 0。需要注意的是，不同的匹配函数使用不同的指标判断匹配质量。

对于使用的 ORB 等二元描述符来说，通常使用汉明指标，因为它执行起来非常快。汉明指标通过计算二元描述符之间的不同位数量来判断两个关键点之间的匹配质量。在比较训练图像和查询图像的特征点时，差异数最小的特征点对被视为最佳匹配。匹配函数对比完训练图像和查询图像中的所有特征点后，返回最匹配的特征点对。

4.2.6 特征点匹配

特征点匹配是指找出不同图像之间的特征点的对应关系，通常特征点匹配算法需满足以下三条准则：（1）相似性准则，两个特征点所在的区域具有几何或纹理上的相似性；（2）相近准则，两幅图像中的特征点在空间上的距离比较相近；（3）唯一性准则，特征点匹配的结果应该是一一对应的关系。

由于两幅图像中提取的特征点较多，匹配过程需要依据合适的匹配准则在图像中寻找对应的特征点对，这一过程是确保图像匹配正确性和精确度的关键。

1. 暴力匹配

在特征点匹配算法中，暴力匹配（Brute-force Matcher）是最为直接的一种方法，即对于每个特征点与另一幅图像中的所有特征点计算特征向量在特征空间中的特征距离，然后将特征距离从小到大进行排序，选取特征距离最小的一个点作为该特征点的匹配点。

特征描述符在特征空间中的距离表示两个特征点之间的相似程度，根据特征描述符类型的不同，可以使用不同的度量函数计算距离。对于浮点类型的特征描述符，可以直接使用欧氏距离计算，而对于二进制的特征描述符，可以使用汉明距离进行计算。

当特征点数量很大时，暴力匹配的运算量将会变得很大。在大尺度的图像匹配中，可以使用快速近似最近邻匹配（FLANN）算法进行特征匹配。FLANN 算法是在经典 KD 树算法的基础上扩展得到的，经典 KD 树算法是一种线性搜索算法，在低维数据情况下是很有效的一种方法，但随着数据维度的增大，搜索时间呈指数级上升，经典 KD 树算法在高维时的性能大打折扣。FLANN 算法将 *K*-means 聚类算法与经典 KD 树算法结合在一起，具体方法如下：

（1）使用 *K*-means 聚类算法将当前层级的数据点分割成 k 个不同区域；

（2）选取一个区域查询该区域包含的数据点个数；

（3）如果数据点个数大于 k，则对当前区域继续执行步骤（1）进行迭代；

（4）如果数据点个数小于或等于 k，则停止聚类。

对这种分层 KD 树采用的是一种最优位优先的搜索方式，具体流程如下：

（1）将当前层级所有未搜索过的区域输入一个优先队列，这个优先队列按需要匹配的特征距离进行排序，与待匹配特征越相似的区域越放在队列前方；

（2）将队首的区域出队，将这个区域内的所有子区域入队；

（3）直到队首的区域没有子区域，将队首区域内与待匹配特征最相似的特征作为搜索到的最近邻特征。

在高维数据的查询任务中，使用 FLANN 算法在略微牺牲内存消耗的情况下，使经典 KD 树算法的计算效率得到了大幅提升。FLANN 算法可以在短时间内迅速得到两幅图像中的特征点之间的对应关系。

然而，仅依靠特征描述符的相似性计算，往往会得到一定数量的错误匹配点对，有时错误匹配的概率会非常大，严重干扰了匹配变换矩阵的估计，导致图像匹配失败。很突出的一个原因是航空图像中同一片区域的纹理特征很有可能是重复的，从这些区域提取的特征点也是高度相似的，仍然有相当一部分相似特征残留在同一片区域。通过交叉匹配或设置比较阈值筛选匹配结果的方法可以改进暴力匹配的质量。如图 4.20 所示，每条线段连接的两点是左右两幅图像中的匹配点对。

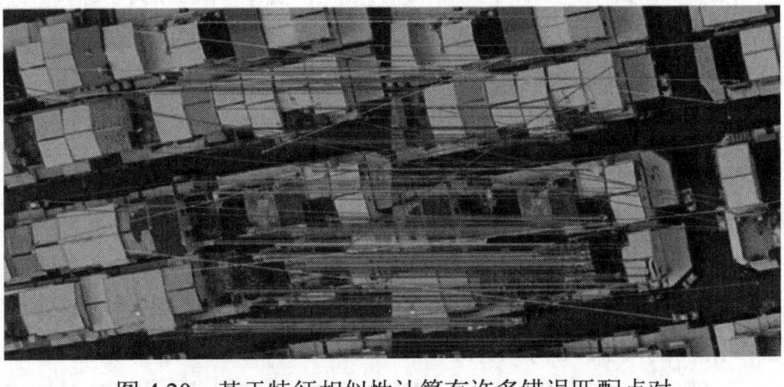

图 4.20　基于特征相似性计算有许多错误匹配点对

2. 基于对极几何约束的特征匹配

对于错误匹配的情况，必须对特征点加以校正，剔除错误匹配点对。下面介绍一种基于对极几何约束的特征匹配优化方法。对极几何（Epipolar Geometry）用于描述二视图的几何关系，即两个相机视图之间的几何关系。

参考图像上的像素 **m** 对应的三维空间点 **M** 在场景中的准确位置是未知的，但它必然在一条通过摄影中心 **C** 且与成像平面相交于 **m** 点的直线（视线）上。直线 **l** 在待匹配的目标图像的像平面上的投影是线 **l′**，那么在这个像平面上的对应的投影点 **m′**也要在这条线上。更进一步，所有位于 **C**、**C′**（目标图像的摄影中心）和 **M** 三个点所确定的平面上的空间点，在两幅图像上的投影都会落在直线 **l** 和 **l′** 上。可知，**l** 上的每个点的对应点都在 **l′** 上，反之亦然。

l 和 **l′** 被称作对应极线（Epipolar Correspondence），在摄影测量领域也叫核线。这种限制关系可以从图 4.21 中反映出来，一个匹配点对 (**m**,**m′**) 的极线 **l** 和 **l′** 与摄影中心 **C** 和 **C′** 及三维空间点 **M** 满足共面。过两个摄影中心 **C** 和 **C′** 的所有极线确定了一组平面，在每个像平面上都可以找到这些平面所对应的极线。例如，图 4.21 中，对平面 **Π** 来说，极线就是 **l** 和 **l′**，在平面 **Π** 上的所有三维点都会投影到 **l** 和 **l′** 上，所以说 **l** 的对应点都在 **l′** 上，反之亦然。

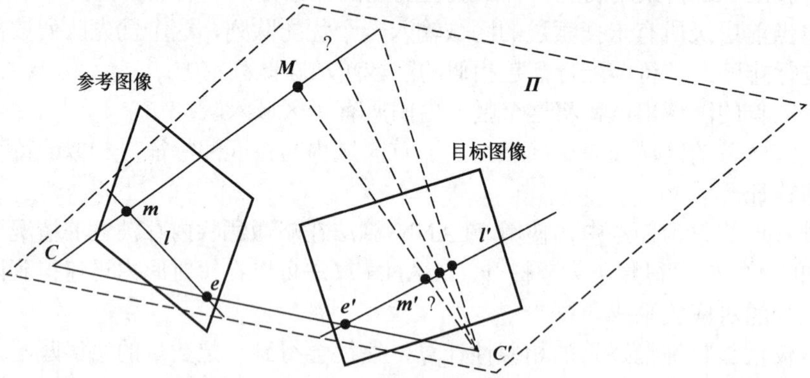

图 4.21 二视图的几何关系

对极几何约束也被称为极线约束，这种匹配策略的基本原理是：对于目标图像中的一个特征点，在参考图像中的匹配特征点的位置只能在其对应的极线上。因此，可以通过计算目标图像中的特征点在参考图像中的极线方程，在极线上寻找其对应的特征点，从而将特征匹配搜索从图像二维空间约束到极线的一维空间上。下面的问题转换为如何寻找一个特征点在另一幅图像上对应的极线。实际上，极线对应仅和两幅图像的内在射影几何关系有关，与外部场景无关，只依赖相机内参数和这两幅图像之间的相对姿态。对极几何关系可以依据标定参数或从一组已有的点对应的关系中建立起来，本书将在第 7 章中介绍如何通过特征匹配关系计算基础矩阵，恢复两幅图像的对极几何关系。

这里似乎有一些矛盾，在未知标定参数的情况下要恢复对极几何关系，需要找到两幅图像的特征点对应，而寻找准确的特征点对应需要对极几何关系作为约束。实践中，这里需要一种被称为随机采样一致性（Random Sample Consensus，RANSAC）的算法，以获得准确的特征匹配和相应的对极几何关系。

RANSAC 是一种经典的减小错误数据影响的理论算法，它从整体数据中估计模型参数，已经被广泛地应用在图像匹配中用来剔除错误匹配点对。RANSAC 算法是 Fischler M. A. 和 Bollers R. C. 在 1981 年提出的，其基本步骤是：

（1）根据目标问题设计出目标的模型函数；

（2）从源数据中提取最小点集用于估计模型函数中参数的初始值；

（3）使用模型函数将整体源数据分为正确点集和错误点集；

（4）使用所有正确点集在现有参数的基础上估计新参数，构建新模型函数，再用于对源数据分类；

（5）在迭代次数到达设置的目标值或正确点集占源数据一定百分比后停止迭代时，模型函数就是根据源数据估计出的最优模型。

对于两幅图像的特征匹配过程，利用 RANSAC 的思想可以设计如下匹配计算过程。首先，通过暴力匹配或其他改化的匹配方法，寻找初始的特征匹配点对集合，其中包含一定数量的错误匹配关系。其次，从所有的匹配点对集合中，随机选择 7 对或 8 对特征匹配点对，利用七点法或八点法计算出一组对极几何关系（计算基础矩阵，详见第 7 章介绍）。再次，用计算的对极几何关系来对所有的候选匹配点对进行符合性验证，即考察初始匹配点对集合中的匹配点对是否满足随机计算的对极几何关系约束（设置一定的容忍阈值来控制约束能力）。然后，标出所有满足极线约束的匹配项，即特征点与对极线距离很近的匹配项，这些匹配项就组成了基础矩阵的支撑集（Inliers）。支撑集的数量越大，代表了所计算的对极几何关系具有正确性的可能性越大；反之，它的支撑集数量越小。通过设置一定次数的随机抽样操作，执行上述过程，并留下支撑集数量最大的对极几何关系作为最佳结果。最后，用最佳的对极几何关系作为约束，对所有的特征匹配点对集合进行检验，剔除不满足约束的特征匹配，实现了优化的特征匹配。图 4.22 展示了基于 RANSAC 算法结合对极几何约束的特征匹配结果。与图 4.20 相比，该方法有效地剔除了错误匹配点对，显著提升了匹配的准确性。

图 4.22　使用 RANSAC 算法结合对极几何约束剔除了错误匹配点对的特征匹配结果

另外，有时单纯依赖两幅图像的特征点计算的特征匹配关系会存在多义性，可以通过引入第三幅或更多幅图像实现精确匹配。实际工程应用中通过反推验证完成：当两幅图像中存在候选匹配点对时，通过空间交会测量方法计算对应的空间三维点坐标，将得到的空间三维点投影到第三幅图像中，如果第三幅图像中存在的特征像点与之前两幅图像的特征点匹配（在允许的阈值范围内），则证明该特征像点及前两幅图像中的候选匹配点对是匹配点对。

4.3 纹理特征表达

4.3.1 纹理的概念

纹理是一种反映图像中同质现象的视觉特征，是图像的重要性质，它体现了物体表面的具有缓慢变化或周期性变化的表面结构组织排列属性，如图 4.23 所示。根据纹理，人类视觉可以恢复物体形状，如在二维纸面上画出三维透视图；或者把纹理作为识别物体的特征，如斑马、花斑豹。纹理特征具有三个特点：某种局部序列性不断重复；排列具有一定的随机性；纹理区域内大致具有一定的统计特性。

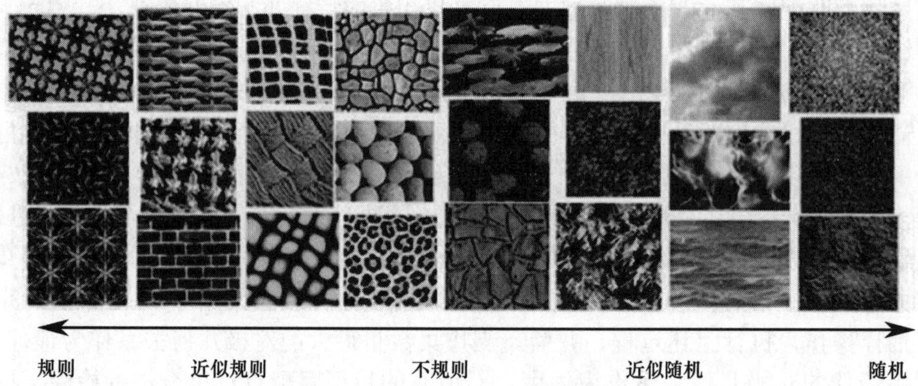

图 4.23 纹理的结构重复性

一幅图像的纹理是在图像计算中经过量化的图像特征。图像纹理用于描述图像或其中小块区域的空间颜色分布和光强分布。纹理通过像素及其周围空间邻域的灰度分布来表现，即局部纹理信息。局部纹理信息不同程度的重复性，即全局纹理信息。

4.3.2 纹理特征类型

纹理特征可以分为 4 种类型。

1. 统计型纹理特征

基于像素及其邻域内的灰度属性，可研究纹理区域中的统计特征，或者像素及其邻域内灰度的一阶、二阶或者高阶统计特征。

由于纹理是由灰度分布在空间位置上反复出现而形成的，因此在图像空间中相隔某距离的两个像素之间会存在一定的灰度关系，即图像中灰度的空间相关特性。灰度共生矩阵（Gray Level Co-occurrence Matrix，GLCM）是 Haralick R. M.等人于 1973 年在利用陆地卫星图像研究美国加利福尼亚海岸带的土地利用问题时提出的一种纹理统计分析工具，他们从数学角度研究了图像纹理中灰度级的空间依赖关系。GLCM 首先建立一个基于像素之间方向和距离的共生矩阵，然后从矩阵中提取有意义的统计量来表示纹理特征，如能量、惯量、熵和相关性等。

统计型纹理特征的计算以基于 GLCM 的方法为主，它是建立在估计图像的二阶组合条件概率密度基础上的一种方法。基于 GLCM 的纹理分析方法，通过统计空间上具有某种位置关系的一个像素灰度对出现的频度来研究灰度的空间相关特性，是一种用于描述纹理的常用方法。关于 GLCM 的定义，目前文献中有不同的表述方法，这里列出一种具有代表性的定义。

对于一幅图像，由于 GLCM 有方向和距离的组合定义，而决定频率的一个因素是对矩阵有贡献的像素数目，这个数目要比总数目小，且随着步长的增大而减小。因此所得到的共生矩阵是一个稀疏矩阵，可以将原图像的灰度级数目 N 从 256 级压缩到 8 级或 16 级，实践中灰度级数目 N 常常取 8 级。如果在水平方向上计算左右方向上像素的灰度共生矩阵，则为对称灰度共生矩阵。类似地，如果仅考虑当前像素单方向（左或右）上的像素，则称为非对称灰度共生矩阵。

GLCM 是以主对角线为对称轴，两边对称的矩阵。如果 0° 方向上的矩阵主对角线上的元素全部为 0，表明水平方向上灰度变化的频度高，纹理较细。如果主对角线上的元素值很大，表明水平方向上灰度变化的频度低，纹理粗糙。若 135° 方向上的矩阵主对角线上的元素值很大，其余元素为 0，则说明该图像沿 135° 方向无灰度变化。若偏离主对角线方向的元素值较大，则说明纹理较细。对于粗纹理的区域，其 GLCM 中的数值较大者集中于主对角线附近，因为对于粗纹理，像素对趋于具有相同的灰度。而对于细纹理的区域，其数值较大者散布于远离主对角线处，因此，GLCM 的数值分布可初步反映图像的纹理特征。

基于 GLCM 的纹理特征提取方法主要包括图像预处理、灰度级量化和计算特征值三个步骤。

（1）图像预处理。在利用 GLCM 的纹理分析方法进行图像纹理特征提取时，对于所选择的图像都应该先将其转换成具有 256 级灰度的灰度图像。然后对灰度图像进行灰度均衡，也称直方图均衡，目的是通过点运算使图像转换为在每个灰度上都有相同像素的输出图像，提高图像的对比度，且转换后图像的灰度分布也趋于均匀。

（2）灰度级量化。在实际应用中，一幅图像的灰度级数目一般是 256 级，计算 GLCM 时，往往在不影响纹理特征的前提下，先将原图像的灰度级压缩到较小的范围，一般取 8 级或 16 级，以便减小灰度共生矩阵的尺寸。计算出各参数下的 GLCM 并导出特征量，把所有的特征量排列起来就可得到图像或纹理与数字特征的对应关系。

（3）计算特征值。对进行了图像预处理和灰度级量化的图像计算 GLCM 特征量，常用的特征量有对比度、熵、同质性和相关性等。然后，计算二次统计特征量作为图像的特征值，进行后续的图像分类和识别工作。

GLCM 表示了灰度的空间依赖性，即在一种纹理模式下像素灰度的空间关系，特别适用于描述微小纹理，并且易于理解和计算，矩阵的大小只与最大灰度级数有关系，而与图像大小无关。

用基于 GLCM 的纹理特征提取方法提取的纹理特征常用于分析或分类整个区域或整幅图像。对于每个方向的 GLCM，都可以计算 GLCM 特征量；对于 4 个方向的 GLCM，每个特征都有 4 个不同方向的纹理特征值，为减小特征空间维数，常将 4 个方向所得的纹理特征值的均值作为图像特征进行后续分类。

基于 GLCM 的纹理分析方法的缺点是由于矩阵没有包含形状信息，因此不适用于描述含有大面积基元的纹理。但是在提取图像的局部纹理特征的方法中，基于 GLCM 的纹理分析方法是应用得最广泛的。尽管基于 GLCM 的纹理特征提取方法提取的纹理特征具有较好的鉴别能力，但这种方法在计算上是昂贵的，尤其对于像素级的纹理分类，更具局限性。

2．模型型纹理特征

假设纹理是以某种参数控制的分布模型方式形成的，通过纹理图像的实现来估算模型参数，以参数为特征或采用某种策略进行图像分割。模型型纹理特征提取方法以随机场模型方法和分形模型方法为主。

（1）随机场模型方法。试图以概率模型描述纹理的随机过程，它们对随机数据或随机特征进行统计运算，进而估计模型的参数，然后对一系列模型参数进行聚类，形成和纹理类型一致的模型参数。用估计的模型参数对灰度图像进行逐点的最大后验概率估计，确定像素及其邻域内该像素最可能归属的概率。随机场模型实际上描述了图像中像素对邻域像素的统计依赖关系。

（2）分形模型方法。分形维作为分形的重要特征和度量，把图像的空间信息和灰度信息简单而有机地结合起来，因而在图像处理中备受人们的关注。分形维在图像处理中的应用以两点为基础：①自然界中不同种类的形态物质一般具有不同的分形维；②自然界中的分形与图像的灰度表示之间存在着一定的对应关系。研究表明，人类视觉系统对粗糙度和凹凸性的感受与分形维之间有着非常密切的联系，因此，可以用图像区域的分形维来描述图像区域的纹理特征。用分形维描述纹理的核心问题是如何准确地估计分形维。

3．信号处理型纹理特征

建立在时域、频域分析与多尺度分析的基础之上，对纹理图像中的某个图像区域进行某种变换，之后提取保持相对平稳的特征值，以此特征值作为特征表示区域内的一致性以及区域间的相异性。

信号处理型纹理特征主要利用某种线性变换、滤波器或者滤波器组将纹理转换到变换域，然后应用某种能量准则提取纹理特征。因此，基于信号处理的方法也称滤波方法。大多数信号处理方法的提出都基于这样一个假设：频域的能量分布能够鉴别纹理。

4．结构型纹理特征

基于纹理基元分析纹理特征，着力找到纹理基元，认为纹理由许多纹理基元构成，不同类型的纹理基元、不同的方向及数目决定了纹理的表现形式。基于结构的纹理特征提取方法是将所要检测的纹理进行建模，在图像中重复搜索的模式。该方法对人工合成的纹理的识别效果较好，但对于交通图像中的纹理识别，基于统计数据的方法的效果更好。

局部二值模式（Local Binary Pattern，LBP）方法是计算机视觉中用于图像特征分类的一种方法。

提取 LBP 特征向量的步骤如下。

（1）将检测窗口划分为 16×16 像素的小区域（Cell），对于每个小区域中的一个像素，将其环形邻域内的 8 个像素进行顺时针或逆时针比较，如果中心像素值比该邻点大，则将该邻点赋值为 1，否则赋值为 0，这样每个点都会获得一个 8 位二进制数（通常转换为十进制数）。

（2）计算每个小区域的直方图，即每个数字（假定是十进制数）出现的频率，然后对该直方图进行归一化处理。

（3）将得到的每个小区域的直方图进行连接，就得到了整幅图的 LBP 纹理特征，然后便可利用支持向量机或者其他机器学习算法进行分类。

4.4　形状特征提取

4.4.1　图像中形状的概述

形状是描述图像内容的重要特征之一，在通常情况下，人类很容易通过一个物体的轮廓或者形状来认识这个物体。同类物体因为光照、纹理和颜色等信息而呈现出不同的面貌，但是，它们的形状基本相似。然而，形状识别对于计算机视觉来说是一件难事：一方面，图像分割受到背景与物体之间的反差以及光源、遮挡等的影响，不容易实现；另一方面，相机从不同的视角和距离获取的同一场景的图像是不同的，这样给形状的提取和识别带来很大的困难。

在人的视觉感知、识别和理解中，形状是一个重要参数，根据形状能够从二维图像中识别出许多物体，因此物体和区域的形状是图像表达与识别中的另一个重要特征。

形状的描述涉及对物体或区域的封闭边界，或封闭边界所包围区域的描述。因此，不同于颜色和纹理等底层特征，形状特征的表达必须以对图像中物体或区域的划分为基础。另外，由于人对物体形状的变换、旋转和缩放不太敏感，合适的形状特征必须不受变换、旋转和缩放的影响，即要求形状描述在平移、旋转、缩放时保持不变。

形状特征通常有两种表示方法：轮廓特征（基于边界）和区域特征（基于区域）。前者只用到物体的外边界，而后者关系到整个区域。

有效的形状特征一般需要尽可能满足以下 5 个条件。

（1）独特性：每幅图像都具有一个独特的描述；人类视觉认为相似的图形具有相同的形状特征，并不同于其他图形的形状特征。

（2）平移、旋转、尺度不变性：图形的位置、旋转和尺度的变化不能影响获取的形状特征。

（3）仿射不变性：提取的形状特征必须对仿射变换具有一定的不变性。

（4）灵敏性：形状描述能很容易地反映相似目标的差异。

（5）抽象性：形状描述要能从细节中抽象出形状的基本特征，而丢弃一些不必要的特征和噪声。抽象性与形状描述的抗干扰性也应当相关，好的形状描述在具有抽象性的同时，对于噪声、少量遮挡也应该具有鲁棒性。

1．像素的连接

假设图像中具有相同亮度值的两个像素 A 和 B，如果所有与 A 和 B 具有相同亮度值的像素序列 $L_1,L_2,\cdots,L_{n-1},L_n$（$L_1=\mathrm{A}$, $L_n=\mathrm{B}$）存在，并且 L_{i-1} 和 L_i 互为 4 邻接或 8 邻接，那么像素 A 和像素 B 叫作 4 连接或 8 连接，以上的像素序列叫作 4 路径或 8 路径。

2. 连接成分

如图 4.24 所示，把二值图像中互相连接的像素集合汇集为一组，产生具有若干灰度值为 0 的像素（0 像素）组和具有若干灰度值为 255 的像素（1 像素）组，这些组称为连接成分，也称连通成分。如果只有一个独立像素 1，则称为孤立点。在同一个问题中，0 像素和 1 像素应采用互反的连接形式，即如果 1 像素采用 8 连接，则 0 像素必须采用 4 连接。

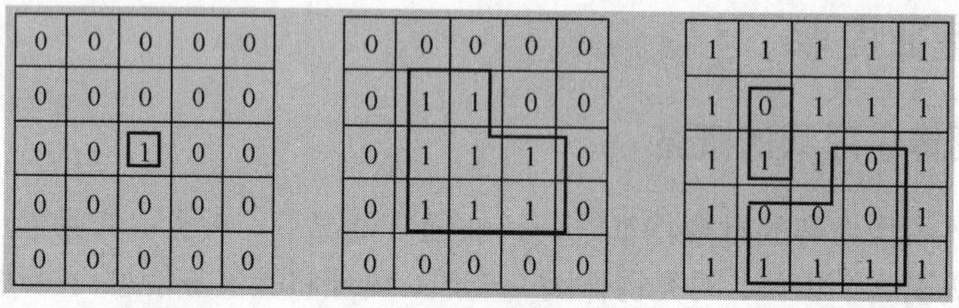

(a) 孤立点　(b) 单连接成分　(c) 多重连接成分

图 4.24　连接成分

在 0 像素的连接成分中，如果存在和图像外围的 1 行或 1 列的 0 像素不相连接的成分，则称为孔。不包含孔的 1 像素连接成分叫作单连接成分，含有孔的 1 像素连接成分叫作多重连接成分。

4.4.2　形状特征的应用

形状特征提取和表示在下列应用中可以发挥作用。

（1）图像检索：给定一个查询形状，在图像中找到与该形状相似的所有形状，通常情况下检索结果是按照形状、距离排序的一定范围内的形状。

（2）图形识别和分类：判断一个图形是否与模型充分匹配，或者哪一类图形与模型最接近。

（3）图形配准：将一个图形进行变换以实现与另一个图形的最优匹配，可以是全部匹配，也可以是部分匹配。

（4）图形近似和简化：用少量的元素（如点、线段、三角形等）构造形状，使得构造的形状与原始形状仍然相似。

4.4.3　形状的描述和表示

目前，常见的形状描述方法分为基于轮廓和基于区域的两大类方法。在每个类别中，不同方法可以进一步被划分为结构方法和全局方法。

基于轮廓的形状描述主要涉及 Freeman 链码、傅里叶描述子、小波描述子、曲率尺度空间和一些主要的形状特征，如圆形度、主轴方向、偏心率、凸包（Convex Hull）、外切圆和内切圆等。这些形状描述方法只利用边界信息描述轮廓，因而无法获得形状的内部信息。

在基于区域的形状描述方法中，形状描述符是根据形状所围区域内所有像素的信息得到的，最常见的是用矩来描述，包括 Hu 矩、几何矩、Legendre 矩、Zernike 矩和伪 Zernike 矩。最近，一些研究人员还使用网格法来描述形状。面积、欧拉数、中轴等几何特征也归为基于区域的形状描述方法。

人们对形状的提取和识别已经做了大量的研究，提出了许多方法。这里仅介绍两种被广泛使用的形状描述和表示方法。

1. Freeman 链码

Freeman 链码通过一个具有单位长度和方向的线段序列来表示边界，典型的链码有 4-方向链码和 8-方向链码。通过给每个方向赋予一个数字编码，可以对线段序列中的每个线段进行编码，从目标边界上某个点（起始点）开始，按顺时针（或逆时针）方向遍历整个边界，就可以得到对该目标区域的链码描述。

边界的链码与所选择的起始点有关，通常需要对链码进行规格化。

在某些场合，还采用链码的一阶微分来表示一个边界。只要简单地计算出链码序列中相邻两个数字所表示的方向之间相差的方向数（按逆时针计算）即可。使用这种链码的好处是它与边界的旋转无关。

2.（曲）线段序列

复杂的边界可以用一组线段近似表示。一个区域可以用一个多边形来表示，这些多边形的顶点就形成了对该区域的描述，这可以通过边界的分割来获得。根据不同的精度要求，可以增大或者减小多边形的边数。用一系列的线段来表示边界，主要的问题在于怎样有效地确定边界顶点位置，而确定边界顶点位置的方法主要有边界生长法和容许区间法（Tolerance Interval Approach）等。还可以通过计算轮廓上的一些关键点来提取近似多边形顶点。这类方法主要利用边界曲率局部极大值法，如余弦法和弦长比法。

另一种边界描述方法是用曲线段来描述，称为常曲率（Constant Curvature）方法，边界通常被分割成二次曲线，如椭圆曲线、抛物线等。如果这些曲线段类型是已知的，则可以给每种曲线段都赋予一个编码，这样就可以得到整个边界的一个编码串（类似于链码）。

4.5　景象匹配

景象匹配的主要内容是在变换空间中寻找一种或多种变换，使来自不同时间、不同传感器或不同视角的同一场景的两幅或多幅图像在空间上匹配一致。最常见的景象匹配是基于航空图像与已有的地图图像数据进行的，实现图像的定位或反向计算传感器平台的位置姿态。因拍摄时间、角度、环境的变化，以及多种传感器的使用和传感器本身的缺陷等，拍摄的图像不仅受噪声的影响，而且存在严重的灰度失真或几何畸变。在这种条件下，匹配算法如何达到精度高、匹配正确率高、速度快、鲁棒性和抗干扰性强、并行实现，成为人们追求的目标。

早在 20 世纪 70 年代，美国军方为了给飞行器辅助导航系统提供引导，开发了景象匹配制导的相关技术，所以景象匹配是从武器投射系统的末端制导等应用研究中发展起来的。景象匹配末端制导是精确制导武器命中目标的关键。巡航导弹之所以能够准确地摧毁目标，主要是因为它在末端制导阶段采用了数字式景象匹配区域相关器（Digital Scene Matching

Area Correlator，DSMAC），即下视景象匹配系统。当巡航导弹飞到靠近目标末端时，下视景象匹配系统通过图像匹配技术准确地测定导弹位置，并计算其与攻击目标的位置偏差，送至导航计算机，引导导弹准确命中目标。20 世纪 80 年代以后，景象匹配的应用已逐步从原来的军事领域扩大到其他更多的应用领域。

景象匹配与图像匹配同样是通过一定的匹配算法，在两幅或多幅图像之间检测同名像素或匹配区域的。比如，在二维图像匹配中，通过比较目标区域和搜索区域中相同大小的像素窗口的相关系数，取搜索区域中相关系数最大值所对应的窗口中心点作为同名点，其实质是在基元相似性的条件下，运用匹配准则的最佳搜索问题。

4.5.1 初始区域搜索

要将飞行器探测到的空中图像与现有的高清地图图像进行匹配，需要考虑空中图像仅能观测到场景中的一个相对较小的区域，而高清地图图像是一幅涵盖大范围场景的图像数据。如果基准图的景象特征明显，便于导弹准确匹配定位，则称为匹配区。当导弹飞到预定位置时，弹上相机拍摄正下方地面的图像，并按像点尺寸、飞行高度和视场等参数生成一定大小的实时图，也送到匹配计算机中。在匹配计算机中，进行实时图与基准图的相关比较，找出两者的相对位置。对于导弹制导任务，由于基准图的地理位置是事先知道的，因此根据它与实时机载图像的配准位置，便可确定导弹相对于目标的位置。

然而，还有一些机载平台，空中图像随着飞行器运动，其视场变化跨度大，成像受到的环境因素也更为复杂，而且空中图像与高清地图图像之间存在尺寸差异大的问题。初始位置信息不明确，提高了匹配的难度，所以，在对两者进行特征搜索和匹配之前，需要先进行初始区域搜索，也称粗匹配。

粗匹配最直接的方法是通过飞行平台上的卫星导航或惯性导航单元进行初始定位，然后将初始的定位结果映射到地图图像的对应区域，再在对应区域附近扩大范围，寻找更加精细准确的匹配位置。

在完全不依赖飞行平台的导航定位传感器的情况下，可以使用视觉词袋（Bag Of Visual Words，BOVW）技术，在大范围的区域中寻找最可能的匹配区域。BOVW 技术能够避开同一场景在不同实例图像之间存在的差异，找到它们之间的共同特征，为快速将空中图像定位到已有高清地图图像中的待选区域提供支撑。视觉词袋技术的步骤如下。

（1）特征提取：从已有的样本图像中提取出局部特征点和对应的特征描述符，具体而言，使用局部特征提取算法（如 SIFT、SURF、ORB 等）从图像中提取出具有代表性的局部特征点和特征描述符。

（2）聚类：对于提取出的特征描述符，将其量化为固定数量的视觉词。将所有特征描述符分成不同的集群簇，每个簇被视为一个“单词”或“视觉词”。聚类算法通常采用 K-means 算法，首先随机选择 K 个数据点为聚类中心，然后通过迭代的方式更新聚类中心，并将所有数据点分配到距离最近的聚类簇中。

（3）图像编码：对于每幅图像，计算提取出的特征描述符与视觉词之间的相似性，并对其进行编码与统计。对于每幅图像中提取的局部特征点，将它们分配到最近的簇中，并计算每个簇的频率，得到一个单词频率向量。这个向量可以视为图像的一种“特征签名”，可以用于比较不同图像之间的相似性。

（4）汇聚：将所有提取出的单词频率向量汇聚到一起，形成一个“视觉词袋”，也称为图像的特征向量。该视觉词袋可以被表示为一个向量，其中的每个维度都表示一个特定的视觉词的频率或权重。根据视觉词袋，可完成图像匹配的任务。

为解决景象匹配任务对于初始匹配区域的搜索问题，可以对已有的高清地图图像进行分片处理，将高清地图图像裁剪成与空中图像画幅相当的大小。通过 BOVW 技术，可从已有样本图像出发，构建一份 BOVW 字典。从每幅切片图像中提取特征点，并使用特征描述符对特征点进行表示，构建出用于词袋训练的特征训练集。然后，对空中飞行器采集的图像提取 BOVW 特征，并与分片的高清地图图像特征进行相关匹配，找到最有可能的若干区域。将这些区域和机载参数提供的初始位置姿态进行判断，最终获得候选的粗配准范围。

4.5.2　灰度匹配法

最早的景象匹配是使用灰度匹配法进行的，又称基于区域的匹配方法。其基本思想是用统计的观点将图像看成二维信号，采用统计相关的方法寻找信号间的相关匹配。利用两个二维信号的相关函数，即相似性度量，评价它们的相似性以确定匹配区域。常用的相似性度量包括相关函数、协方差函数、差平方和、差绝对值和等测度。

经典的灰度匹配法是归一化的灰度匹配法，其基本原理是逐像素地把一个以一定大小的实时图像窗口的灰度矩阵与参考图像窗口的所有可能的灰度矩阵按某种相似性度量方法进行搜索和比较。传统的灰度匹配法的主要缺陷是计算量太大，因为使用场合一般都有一定的速度要求，所以很少使用这些方法。现在已经提出了一些相关的快速算法，如幅度排序相关算法、快速傅里叶变换（FFT）相关算法和分层搜索的序列判断算法等，下面介绍前两种。

1. 幅度排序（Amplitude Sorting）相关算法

幅度排序相关算法通过计算图像中的像素值统计特征，如均值、方差、尺度等，确定目标区域的位置和形状，且幅度排序相关算法具有灰度不变性和旋转不变性等优点。该算法由两步组成。第一步是把场景图像中的各个灰度值按幅度排成列的形式，对其进行二进制编码，然后根据二进制序列，将场景图像变换成二进制阵列的一个有序集合，这一过程称为幅度排序的预处理。第二步是将这些二进制阵列与待匹配图像进行由粗到细的相关运算，直到确定匹配点。具体方法如下。

第一步，预处理。把场景图像（比如大小为 3×3 像素）中的各个灰度值按大小次序排成一列，并将各个灰度值在图像中的位置标出，如图 4.25（a）所示。然后，将排序后的灰度值分成数目相等的两组，且灰度值大的一组赋值为 1，灰度值小的一组赋值为 0。若灰度值数为奇数，则中间的灰度值就规定为×，如图 4.25（b）二进制排序这一列所示。然后，将每一组分为两半，并以同样的方式赋值 1 和 0，这个过程一直进行到各组划分为一个单元，形成二进制排序。于是，根据二进制排序的次序（1）（2）（3）和各个二进制排序及其位置，便可构成 C_1、C_2、C_3 等二进制阵列，如图 4.26 所示。同理，对于一般情况可得 $\{C_n, n=1,2,\cdots,N\}$（N 为二进制排序的分层数）。

j \ k	1	2	3
1	11	17	1
2	15	6	5
3	14	4	10

(a) 3×3像素的场景图像

位置 (j, k)	灰度值	二进制排序 (1)	(2)	(3)
(1, 2)	17	1	1	1
(2, 3)	15	1	1	0
(3, 1)	14	1	0	1
(1, 1)	11	1	0	0
(3, 3)	10	×	×	×
(2, 2)	6	0	1	1
(2, 3)	5	0	1	0
(3, 2)	4	0	0	1
(1, 3)	1	0	0	0

(b) 预处理步骤（排序）

图 4.25　3×3 像素的场景图像预处理

C_1:

1	1	0
0	0	1
1	0	×

C_2:

0	1	0
1	1	1
0	0	×

C_3:

0	1	0
1	0	0
1	1	×

图 4.26　二进制阵列

第二步，由粗到细的相关过程。先将C_1阵列与待匹配图像做相关运算，得

$$\varphi_1(u,v)=\sum_{j,k\ C_1(j,k)=1} R_{j+u,k+v}-\sum_{j,k\ C_1(j,k)=0} R_{j+u,k+v} \tag{4.30}$$

$\varphi_1(u,v)$称为基本相关面。该式表示，当C_1阵列放在待匹配图像的一个搜索位置(u,v)上时，与C_1中的1所对应的待匹配图像的灰度值之和减去与C_1中的0所对应的待匹配图像的灰度值之和，而与C_1中的×所对应的待匹配图像的灰度值被忽略。所以$\varphi_1(u,v)$实际上是1b量化场景图像与待匹配图像的积相关函数，它反映了场景图像中最粗糙的图像结构信息与待匹配图像相关。

在待匹配图像的全区域搜索过程中，若设定一个阈值th_1，并舍弃$\varphi_1(u,v)<\mathrm{th}_1$的搜索点，则可以大大减小下一轮搜索时的搜索位置数。在$\varphi_1(u,v)>\mathrm{th}_1$的搜索位置上再进行细化的相关运算，可用式（4.31）计算

$$\varphi_2(u,v)=\varphi_1(u,v)+\left(\sum_{j,k\ C_2(j,k)=1} R_{j+u,k+v}-\sum_{j,k\ C_2(j,k)=0} R_{j+u,k+v}\right)/2 \tag{4.31}$$

同理，为了减小有争议的匹配点对数量，设置th_2并在$\varphi_2(u,v)>\mathrm{th}_2$的搜索位置上以$C_2$为基础进行更细化的相关运算，有

$$\varphi_3(u,v)=\varphi_2(u,v)+\left(\sum_{j,k\ C_3(j,k)=1} R_{j+u,k+v}-\sum_{j,k\ C_3(j,k)=0} R_{j+u,k+v}\right)\times 2^2 \tag{4.32}$$

再设置阈值th_3等，以此类推，可得n个相关平面，有

$$\varphi_n(u,v)=\varphi_{n-1}(u,v)+\frac{\sum_{j,k\ C_{n-1}(j,k)=1} R_{j+u,k+v}-\sum_{j,k\ C_{n-1}(j,k)=0} R_{j+u,k+v}}{2^{n-1}} \tag{4.33}$$

当设置阈值 th_n 时，若 $\varphi_n(u,v) > th_n$ 的位置只有一个，则该位置便为匹配目标的位置。显然，各个阈值的关系如下

$$th_n > th_{n-1} > \cdots > th_2 > th_1 \tag{4.34}$$

因此，逐次细化时相关的搜索位置越来越少，直到找到匹配位置为止。此方法减小了计算量，提高了处理速度。

2. 快速傅里叶变换（FFT）相关算法

FFT 相关算法通过将图像变换到频域来进行匹配，具有计算速度快和鲁棒性强的优点，可以用于匹配图像中的不同尺度和旋转变换的景象。然而，FFT 相关算法也存在一些限制，如对光照变化和部分遮挡具有敏感性，这些限制需要在具体应用中加以考虑和处理。常见的 FFT 相关算法如下。

相关匹配：使用 FFT 将待匹配图像和参考图像变换到频域后，将它们的幅度谱与相位谱逐像素进行乘积，然后使用逆 FFT 将结果变换回空间域，最后，计算得到结果的幅度谱，该幅度谱反映了两幅图像在每个像素位置的匹配程度。通过寻找幅度谱中的峰值点即可进行匹配。

归一化相关匹配：类似于相关匹配，但是在乘积操作之前，需要对两幅图像的频域表示进行归一化。这是因为使用 FFT 进行频域变换后，图像的幅度谱对应的范围可能会发生变化，因此需要归一化以消除这种影响，并保持匹配的准确性。

相位相关匹配：相位相关匹配是一种基于图像相位的频域匹配算法。它利用 FFT 将待匹配图像和参考图像变换到频域，然后将它们的相位谱逐像素进行乘积，最后使用逆 FFT 将结果变换回空间域，通过计算得到的幅度谱来进行匹配。

FFT 相关算法中常见的算法是傅里叶–梅林变换（Fourier-Mellin Transform）法。假设 $i(x,y)$ 为待匹配图像，$t(x,y)$ 为场景图像，$i_1(x,y)$ 为待匹配图像中场景图像的对应部分。$t(x,y)$ 与 $i_1(x,y)$ 之间存在旋转、平移和缩放，分别设为 $\Delta\theta$、$(\Delta x,\Delta y)$ 和 λ，即

$$i_1(x,y) = t[\lambda(x\cos\Delta\theta + y\sin\Delta\theta) - \Delta x, \lambda(-x\sin\Delta\theta + y\cos\Delta\theta) - \Delta y] \tag{4.35}$$

进行傅里叶变换，可以得到

$$I_1(u,v) = \frac{1}{\lambda^2}\mathrm{e}^{-2\pi\mathrm{j}(u\Delta x + v\Delta y)}T\left[\frac{1}{\lambda}(u\cos\Delta\theta + v\sin\Delta\theta), \frac{1}{\lambda}(-u\sin\Delta\theta + v\cos\Delta\theta)\right] \tag{4.36}$$

式中，$I_1(u,v)$ 为 $i_1(x,y)$ 的傅里叶变换结果，$T(u,v)$ 为 $t(x,y)$ 的傅里叶变换结果。

从式（4.36）可以看出，二者之间的相对平移只在相位谱中。分别计算式（4.36）两边的幅度谱，得到

$$M(u,v) = \frac{1}{\lambda^2}M_T\left[\frac{1}{\lambda}(u\cos\Delta\theta + v\sin\Delta\theta), \frac{1}{\lambda}(-u\sin\Delta\theta + v\cos\Delta\theta)\right] \tag{4.37}$$

式中，$M(u,v)$、$M_T(u,v)$ 分别为 $I_1(u,v)$ 和 $T(u,v)$ 的幅度谱。将幅度谱变换到对数–极坐标空间中，可以得到

$$M(\lg\rho,\theta) = \frac{1}{\lambda^2}M_T[\lg\rho - \lg\lambda, \theta - \Delta\theta] \tag{4.38}$$

该式称为傅里叶–梅林变换，其中，$M(\lg\rho,\theta)$ 为 $M(u,v)$ 的对数–极坐标变换，$M_T(\lg\rho,\theta)$ 为 $M_T(u,v)$ 的对数–极坐标变换。$1/\lambda^2$ 只对取值产生影响，对旋转、平移和缩放参数的计算结果没有影响，因此可以忽略。从式（4.38）可以看出，$t(x,y)$ 与 $i_1(x,y)$ 之间存在的旋转和缩放在对数–极坐标下变换成了平移量，即 $(\lg\lambda,\Delta\theta)$。对对数–极坐标下的幅度谱运用相位相关

匹配算法，即可计算出平移量，进而得到旋转和缩放参数。将得到的旋转和缩放参数运用到场景图像 $t(x,y)$ 中，得到仅含有平移量的图像，再运用相位相关匹配算法即可得到平移量。

详细算法步骤如下。

（1）分别对场景图像 $t(x,y)$ 和待匹配图像 $i(x,y)$ 进行傅里叶变换，得到 $T(u,v)$ 和 $I(u,v)$；

（2）分别计算 $T(u,v)$ 和 $I(u,v)$ 的幅度谱 $M_T(u,v)$ 和 $M_I(u,v)$；

（3）对幅度谱进行高通滤波，然后将幅度谱变换到对数–极坐标下，得到 $M_T(\lg\rho,\theta)$ 和 $M_I(\lg\rho,\theta)$；

（4）运用相位相关匹配算法计算 $M_T(\lg\rho,\theta)$ 和 $M_I(\lg\rho,\theta)$ 之间的相对平移，进而得到旋转角度 $\Delta\theta$ 和缩放系数 λ；

（5）根据旋转角度 $\Delta\theta$ 和缩放系数 λ 对待匹配图像进行变换，得到仅存在平移量的图像 $I'(x,y)$；

（6）对 $t(x,y)$ 和 $I'(x,y)$ 运用相位相关匹配算法，得到平移量 $(\Delta x,\Delta y)$。

4.5.3 基于特征的匹配方法

特征匹配是指通过分别提取两幅或多幅图像的特征（点、线、面等），对特征进行参数描述，然后运用所描述的参数进行匹配的一种算法。基于特征的匹配所处理的图像一般包含的特征有颜色特征、纹理特征、形状特征、空间位置特征等。在点、线、面三种特征中，主要用点特征和线（边缘）特征进行匹配。

1. 基于点特征的匹配

基于图像特征的匹配方法可以克服利用图像灰度信息进行匹配的缺点，由于图像的特征点比像素少得多，因此大大减小了匹配过程的计算量。同时，特征点的匹配度量值对位置的变化比较敏感，可以大大提高匹配的精确程度。所以基于图像特征的匹配在实际中的应用越来越广泛，包括在这个领域内被广泛采用的 SIFT 和 ORB 特征。

在 4.2 节中介绍了多种经典的图像的特征点提取算法，这里可以采用这些作为数据处理的基础。首先，分别在待匹配图像和参考图像中提取特征点，即从图像中提取一组稀疏的特征点；然后，在特征描述阶段，使用高维向量对这些特征点进行特征描述，这些特征描述向量通常设计为概括这些点周围区域的特定结构和信息；最后，根据两幅图像的特征描述向量的相似程度，对两幅图像的特征点进行特征关联计算，例如，通过最近邻搜索或更复杂的匹配算法建立像素级的对应关系。

在飞行器采集的图像和卫星地图图像都远高于地形起伏的情况下，可以假设地面为一个近似平面。由此，可以根据两幅图像的特征点匹配关系计算一组单应变换矩阵，将空中图像匹配到已有的卫星地图图像中。可以参考 4.5.5 节中的内容，学习和理解图像匹配的形式。

基于特征点匹配的方法依赖稀疏分布的关键特征点的检测和描述，建立图像之间的匹配。这些方法的有效性在很大程度上取决于特征点检测器和特征描述符的性能，因为它们在整个过程中起着重要作用。

2. 基于线特征的匹配

当两幅图像的亮度的对比度相差很大时，会比较难以找到两幅图像提取的特征点的可靠的对应关系，这是因为以邻域像素对比度或梯度变化为基础的特征描述符很难在两幅图像上获得一致的描述能力。对此，人们提出了基于线特征的匹配技术，因为线特征能够获得比点特征更大尺度的亮度变化描述能力。线特征匹配不但可以克服光照对两幅图像对比度的不利影响，而且可以对异源图像数据进行关联，比如红外图像与可见光图像或者 SAR 图像与其他光学图像的自动配准。尽管可以获得比点特征更大尺度的特征分析能力，但线特征匹配仍是一项非常困难的技术，主要是因为提取完整的线段并不容易，而且线特征提取结果除包含一系列点的坐标外，很难确定两幅不同图像中的尺度变化和旋转角度。

在使用 4.1.2 节的边缘跟踪技术实现对两幅图像的线特征提取和描述后，需要对两幅图像中提取出的线段部分进行匹配。与点特征相似，最为简单和直接的线特征匹配方法就是暴力匹配，即在两两线段之间比较它们的线段带描述符（Line Band Descriptor，LBD）算法。但这种逐个比较的方式无疑是低效的且容易出错的，因此需要在执行匹配前提前过滤一些无意义的候选匹配对，为最终计算匹配的步骤减小计算量。

对线段的单一几何属性做评判，线段的方向只在同一像素坐标系下有意义，在图像出现旋转的情况下，原本能够匹配线段的方向一定不同，因此不能直接使用线段方向作为判断依据。虽然两幅图像中的可匹配线段方向是不同的，但这种不同有规律可循。一般来说，一幅图像中大部分的线段对应到另一幅图像中的旋转角度基本相同，因此，预先估计出这个旋转角度 θ 就可以实现使用线段方向筛选候选线段匹配对。

对于目标图像 I_r 和待匹配图像 I_q，可以统计出两幅图像中提取出的线段的方向分布直方图 $(\boldsymbol{h}_r, \boldsymbol{h}_q)$ 并将这两个直方图归一化。旋转 $\boldsymbol{h}_q$ 一个角度 θ_g 使得两个直方图最为相似

$$\theta_g = \underset{0 \leqslant \theta \leqslant 2\pi}{\operatorname{argmin}} \| \boldsymbol{h}_r(\chi) - \boldsymbol{h}_q(\chi - \theta) \| \tag{4.39}$$

式中，χ 为两幅图像中的线段方向集合。经过这种估计，就可以得到两幅图像间的大致旋转角度，设定一个角度阈值 t_θ，仅保留经过旋转线段方向之间角度差小于 t_θ 的候选匹配对，这样就可以删除大部分错误候选匹配对，图 4.27 所示为图像旋转后线段方向直方图发生相位位移的示例。

图 4.27　旋转带来的直方图相位位移

去除旋转对线段匹配带来的影响之后，再使用线段的局部外观特征进行线段相似度的计算。对于目前仍然保留的候选匹配对，分别计算出它们各自的 LBD 并逐一计算特征之间的距离。与角度相似，同样设置一个外观阈值 t_s，所有特征距离大于这个阈值的候选匹配对都被剔除，剩余的候选匹配对被用来构建特征关系图。在上面两个步骤中，需要将阈值设置得松弛一些，以防将正确匹配对删除，一般地将 t_θ 设为 $\pi/4$，将 t_s 设为 0.35。

对于剩余的候选匹配对，构建一个关系图，其节点表示潜在的对应关系，而链接上的权重表示它们之间的成对一致性。在一组 κ 个候选匹配关系中，关系图可以描述成一个

$\kappa\times\kappa$ 的邻接矩阵 $\boldsymbol{A}$，这个矩阵中的元素代表了线段之间的一致性分数，这个一致性分数是由线段之间的几何属性和外观形似度共同构成的。

(l^i,l^j) 两条线段的几何属性包括线段交并比 (I^i,I^j)、线段投影比 (P^i,P^j) 和相关角度 Θ^{ij}，如图 4.28 所示，C 代表两条线段的交点，S 和 E 分别代表线段的起点和终点，带下标 p 的 S 和 E 代表由另一条线段的起点和终点投影到本线段所在直线后得到的新线段的端点。具体计算步骤如下

$$I^i=\frac{\overrightarrow{S^iC}\cdot\overrightarrow{S^iE^i}}{\left|\overrightarrow{S^iE^i}\right|^2},P^i=\frac{\left|\overrightarrow{S^iS_p^i}\right|+\left|\overrightarrow{E^iE_p^i}\right|}{\left|\overrightarrow{S^iE^i}\right|} \tag{4.40}$$

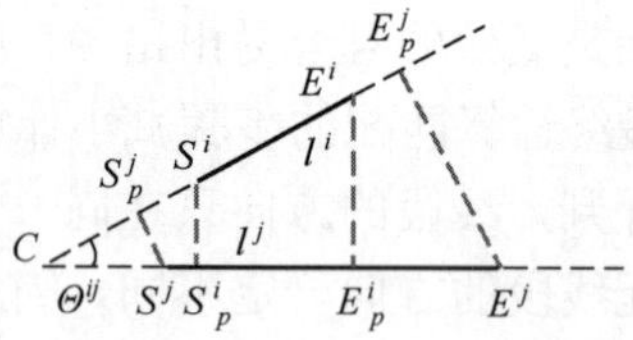

图 4.28　线段的几何属性

I^j 和 P^j 可以使用相同的方式计算出来。可以很容易地使用两条线段的方向计算出相关角度 Θ^{ij}，这些几何属性与图像之间的位移、旋转和缩放是完全解耦的。对于线段的外观特征，仍然使用 LBD 描述线段，记为 V^i 和 V^j。在目标图像 I_r 和待匹配图像 I_q 中，(l^i,l^j) 两条线段的几何属性和外观特征可以记为 $\{I_r^i,I_r^j,P_r^i,P_r^j,\Theta_r^{ij},V_r^i,V_r^j\}$ 和 $\{I_q^i,I_q^j,P_q^i,P_q^j,\Theta_q^{ij},V_q^i,V_q^j\}$。线段间的一致性分数可以表示为

$$A^{ij}=\begin{cases}5-d_I-d_P-d_\Theta-s_V^i-s_V^j,\Gamma\text{是真}\\0,\text{其他}\end{cases} \tag{4.41}$$

式中，d_I、d_P、d_Θ 表示几何相似性，s_V^i、s_V^j 表示局部线段的外观相似性，Γ 表示正则条件

$$\begin{cases}d_I=\min\left(\dfrac{\left|I_r^i-I_q^i\right|}{t_I},\dfrac{\left|I_r^j-I_q^j\right|}{t_I}\right)\\d_P=\min\left(\dfrac{\left|P_r^i-P_q^i\right|}{t_P},\dfrac{\left|P_r^j-P_q^j\right|}{t_P}\right)\\d_\Theta=\dfrac{\left|\Theta_r^{ij}-\Theta_q^{ij}\right|}{t_\Theta}\\s_V^i=\dfrac{\|V_r^i-V_q^i\|}{t_s}\\s_V^j=\dfrac{\|V_r^j-V_q^j\|}{t_s}\\\Gamma\equiv\left\{d_I,d_P,d_\Theta,s_V^i,s_V^j\right\}\leqslant1\end{cases} \tag{4.42}$$

式中，$\Gamma \leqslant 1$表示包含在Γ中的每个标准都不大于 1。在 5 个标准中，t_I、t_P、t_Θ和t_s都是阈值，这里给出一组经验参数$t_I=1$，$t_P=1$，$t_\Theta=4/\pi$，$t_s=0.35$。对于每一组对应关系，都会计算出相应的一致性分数，从而构造出得分矩阵用于匹配。

经过转换，原本的一一匹配问题变换成了寻找使得分矩阵最大化的匹配集L_M，使用一个指示向量$\boldsymbol{x}$表示在集群中选中这对线段，于是整体问题就被建模为

$$\boldsymbol{x}^* = \arg\max(\boldsymbol{x}^{\mathrm{T}}\boldsymbol{A}\boldsymbol{x}) \tag{4.43}$$

式中，$\boldsymbol{x}$表示映射约束。通过解矩阵$\boldsymbol{A}$的最大特征值对应的特征向量，可得到最终线段之间的映射关系。

4.5.4　基于深度学习的匹配方法

基于深度学习的匹配方法是近年来在计算机视觉领域受到广泛关注的研究方向之一。深度学习在图像特征提取和匹配方面取得了显著的成果，大大提高了图像匹配的准确性和鲁棒性。基于深度学习的匹配方法通过比较不同图像之间关键点的高维向量，根据向量空间中的距离函数定义的相似性来识别匹配。

这些方法利用卷积神经网络（Convolutional Neural Network，CNN）提取具有鲁棒性和辨别力的特征描述符，从而在处理大视角变化和局部特征亮度变化方面取得了显著进展。目前，基于检测器的方法可以分为 4 个主要类别：（1）先检测后描述的方法；（2）联合检测和描述的方法；（3）先描述后检测的方法；（4）基于图的方法。

1. 学习不变特征转换

在基于特征的景象匹配算法中，最重要的就是特征的提取与匹配。针对特征点检测，Yi W. M. 在 2016 年提出了学习不变特征转换（Learned Invariant Feature Transform，LIFT）算法。该算法介绍了一种深度学习框架，并实现了图像特征点检测、方向估计和描述符提取，其中每个部分都基于卷积神经网络（CNN）实现，采用了空间转换层来修正图像块从而得到特征点检测和方向估计。同时，使用取最大值变量函数（Argmax Function）代替传统的非极大值抑制方法。LIFT 特征提取流程图如图 4.29 所示，其中，DET（Detector，DET）表示特征点检测器，ORI 表示方向估计器，DESC 表示特征描述器。

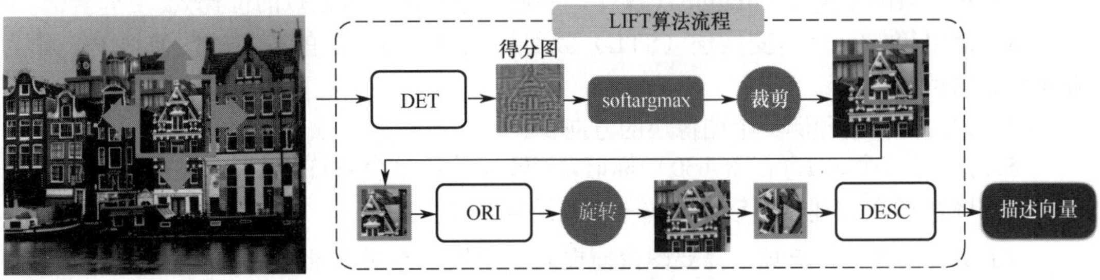

图 4.29　LIFT 特征提取流程图

LIFT 算法的整体流程为首先从输入的整幅图像中提取出一个图像块（Patch），大小为 128×128 像素，然后利用特征点检测器（Detector，DET）对图像块进行处理，输出得分图（Score Map），对得分图做极大值索引（softargmax）操作，从中提取出关键点x。x可以理解为得

分最高的点，softargmax 是取代非极大值抑制的方法，目的是保证整个流程的可微性。接着，以 x 为中心取一个小图像块 P，大小为 64×64 像素，将小图像块 P 输入方向估计器（ORI）中预测一个旋转角度 θ，并使用空间变换层（Spatial Transformer Layer，STL）对图像块进行旋转变换（该过程无须学习且可微）。最后将旋转后的图像块 P_θ 输入特征描述器（DESC）中得到最终的描述向量。

虽然 LIFT 算法的处理过程是特征点检测—方向估计—特征描述，但在训练时是反过来的。首先训练特征描述器，然后是方向估计器，最后是特征点检测器，LIFT 训练网络如图 4.30 所示。这样设置是因为该网络由不同目的的组件组成，所以学习权重是非常重要的。因此，Yi W. M. 等人设计了一种特定于问题的学习方法，然后利用已学习好的描述符来学习方向估计器，最后以前两个学习为条件再学习特征点检测器。这样设计允许调整描述符的方向估计器，以及其他两个组件的特征点检测器。

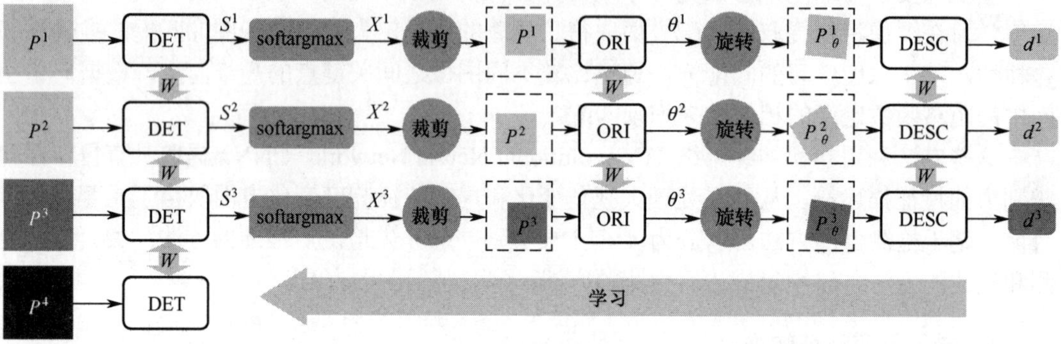

图 4.30 LIFT 训练网络

如图 4.30 所示，训练网络是一个四分支的孪生网络。每个分支包含 3 个不同的 CNN、一个特征点检测器（DET）、一个方向估计器（ORI）和一个特征描述器（DESC）。出于训练目的，该网络使用四联图像块（Patch），其中 P^1 和 P^2 对应于同一 3D 点的不同视图，P^3 包含多个不同 3D 点，P^4 不包含任何显著特征点，W 对应的是权重。为了实现端到端的可微性，各支路的组件连接如下。

（1）给定一个输入图像块 P，检测器提供一个分数图 S。

（2）对分数图 S 执行 softargmax 操作，并返回单个潜在特征点的位置 x。

（3）使用第一个空间变换层（STL）裁剪提取以 x 为中心的较小的图像块 P，作为方向估计器的输入。

（4）方向估计器预测一个图像块的方向 θ。

（5）使用第二个 STL（在图 4.30 中标记为旋转），根据这个方向旋转图像块 P，以产生 P_θ。

（6）将 P_θ 输入描述子网络，计算一个描述向量 $\boldsymbol{d}$。

为了实现不变性，该算法需要图像捕捉同一场景在不同光照条件下的视图，并从不同的角度观察，因此使用了摄影旅游图像集。并利用由运动恢复结构（Structure from Motion，SfM）技术重建了三维场景（SfM 技术将在第 7 章中进行详细介绍），该方法依赖 SIFT 功能检测特征点。

将数据分成训练集和验证集，丢弃验证集中训练点的视图，反之亦然。为了构建正训练样本，本书只考虑在 SfM 重建过程中被使用的特征点。为了提取不包含任何特征点的斑块，根据训练方法的要求，随机抽取不包含 SIFT 特征的图像区域，包括未被 SfM 使用的区域。

针对特征点和非特征点图像区域，根据点的尺度 σ 提取灰度训练块。从这些位置的 $24\sigma\times24\sigma$ 像素支持区域提取 P，并且标准化为 $S\times S$ 像素，其中 S=128。方向估计器和特征描述器输入的较小的图像块 P 和 P_θ 是这些面片的裁剪和旋转版本，每个图像块的大小为 $s\times s$ 像素，其中 s=64 像素。更小的图像块能够更有效地对应 SIFT 描述符的大小为 12σ 像素的支持区域。为了避免数据的偏差，将均匀随机扰动应用于 20%（4.8σ 像素）的斑块位置。最后，用整个训练集的灰度平均值和标准差来规范化这些图像块。

根据前面所述，该算法训练时，首先训练特征描述器（DESC）。描述符可以简单地形式化为

$$d = h_\rho(P_\theta) \tag{4.44}$$

式中，$h(.)$ 表示描述符 CNN，ρ 表示其参数，P_θ 表示来自方向估计器的旋转图像块。当训练描述符时，还没有训练特征点检测器和方向估计器，因此，使用 SfM 的特征点的图像位置和方向来生成 P_θ。通过最小化对应图像块对 (P_θ^1,P_θ^2) 的损失和非对应图像块对 (P_θ^1,P_θ^3) 的损失来训练描述符。训练函数如下

$$L_{\text{desc}}(P_\theta^k,P_\theta^l)=\begin{cases}\left\|h_\rho(P_\theta^k)-h_\rho(P_\theta^l)\right\|_2 & \text{（正样本）}\\ \max\left(0,C-\left\|h_\rho(P_\theta^k)-h_\rho(P_\theta^l)\right\|_2\right) & \text{（负样本）}\end{cases} \tag{4.45}$$

式中，正样本和负样本是对应于和不对应于同一物理世界的三维点的图像块对，$\|\cdot\|_2$ 为欧氏距离，C=4 为嵌入余量。

然后，训练方向估计器（ORI），给定特征点检测器提出的区域的 P，方向估计器的预测方向可简单地形式化为

$$\theta = g_\phi(P) \tag{4.46}$$

式中，g 为方向估计量 CNN，ϕ 为其参数。通过训练方向估计器来提供方向，使相同三维点的不同视图的描述向量之间的距离最小化。该算法使用已经训练好的描述符来计算描述向量，并且由于检测器仍然没有训练，因此使用来自 SfM 的图像位置。训练函数如下

$$L_{\text{orientation}}(P^1,x^1,P^2,x^2)=\left\|h_\rho(G(P^1,x^1))-h_\rho(G(P^2,x^2))\right\|_2 \tag{4.47}$$

式中，$G(P,x)$ 为方向校正后以 x 为中心的图像块，$G(P,x)=\text{Rot}(P,x,g_\phi(\text{Crop}(P,\boldsymbol{x})))$，Crop 表示从大图像块中裁剪出小图像块的过程，Rot 表示根据预测结果旋转图像块的过程。

最后训练特征点检测器（DET），图像块 P 的分数图 S 计算为

$$S = f_\mu(P)=\sum_n^N \delta_n \max_m^M (W_{mn} * P + b_{mn}) \tag{4.48}$$

式中，$f_\mu(P)$ 为特征点检测器本身，参数为 μ；W_{mn} 为权重；b_{mn} 为偏置；$*$ 为卷积操作；M、N 为用来控制线性激活函数复杂度的超参数；δ_n 当 n 为奇数时为 1，否则为−1。

传统算法中，SIFT 特征对于光照、旋转、缩放等变化的鲁棒性较好，但 SIFT 特征受图像噪声和遮挡等因素的影响较大。与之相比，LIFT 算法采用深度学习方法，学习到了更具判别性和鲁棒性的特征表达，对于噪声和遮挡等场景，LIFT 算法可以比 SIFT 算法更好

地保持稳定性和鲁棒性。同时 LIFT 算法更加精准，SIFT 算法需要通过高斯金字塔模拟图像的多尺度表示，实现对尺度空间的提取，而 LIFT 算法可以直接获取尺度不变的特征描述符。此外，LIFT 算法在设计时充分考虑了特征定位精度和描述精度的平衡，具有更高的特征表达精度和匹配精度。而且 LIFT 算法更加高效，在特征提取效果相等的条件下，LIFT 算法的特征提取速度比 SIFT 算法更快，运算速度也更快，这为实时应用和实际使用带来了一定的便利。

2．MatchNet

针对特征点匹配，Xu F. H. 在 2015 年提出了 MatchNet。MatchNet 由一个深度卷积网络组成，该网络从图像块（Patch）中提取特征，并由 3 个全连接层组成网络从而计算所提取特征之间的相似性。MatchNet 的网络架构如图 4.31 所示。

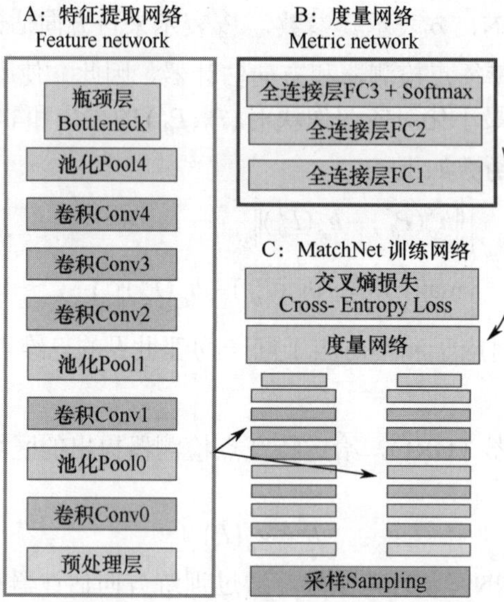

图 4.31　MatchNet 的网络架构

图 4.31 中的 A 为特征提取网络，主要用于提取输入图像块的特征，它是根据 AlexNet 模型做了一些改变而设计的。主要的卷积层（Conv）和池化层（Pool）的两端分别有预处理层和瓶颈层，各自起到归一化数据和降维、防止过拟合的作用。B 主要用于特征比较，3 层全连接层加上 Softmax 激活函数层，在输出端可得到图像块的相似度概率。C 为 MatchNet 训练时的网络架构。

3．通用对应网络

Choy C. B. 等人在 2015 年提出了通用对应网络（Universal Correspondence Network，UCN），用于学习几何和语义匹配的视觉对应，包括从刚性运动到类内形状或外观变化等不同场景。该网络是一个基于 CNN 的深度学习框架，但与其他基于 CNN 的特征检测网络不同，该网络使用深度度量学习来直接学习映射或特征，这些映射或特征保留了通用对应网络的相似性（几何或语义）。因此，映射对于投影变换、类内形状或外观变化，或与所考虑的相似性无关的任何其他变化都是不变的。UCN 的网络架构示意图如图 4.32 所示。

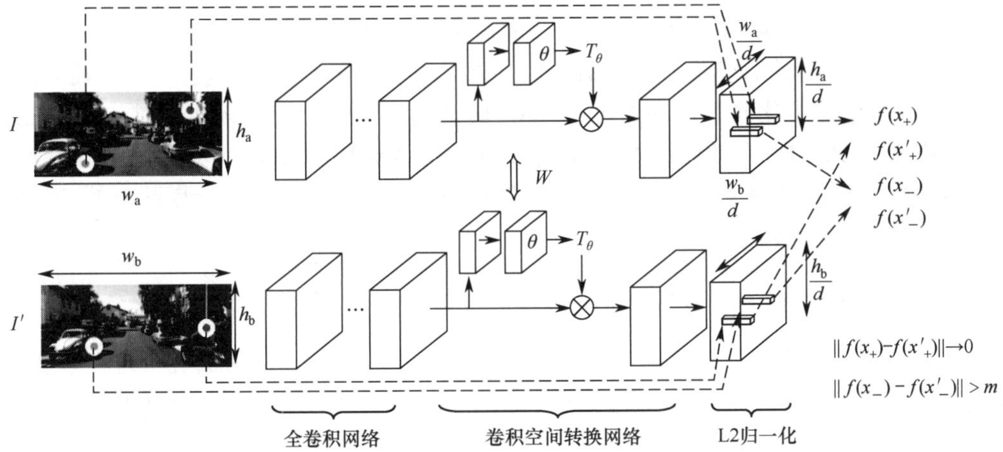

图 4.32　UCN 的网络架构示意图

该网络是一个由全卷积网络（Fully CNN，FCNN）、卷积空间转换网络、L2 归一化和对应对比损失组成的网络。网络取一对图像以及这些图像中对应点的坐标（蓝色为正、红色为负）作为输入。对应于（来自两幅图像的）正点的特征被训练为彼此更接近，而对应于负点的特征被训练为相距一定的余量。在最后一次 L2 归一化之前和 FCNN 之后，该网络放置了卷积空间转换器来归一化补丁。

4．利用深度网络分割技术避免误匹配

为了有效减小匹配冗余度，有学者设计和使用了深度网络分割技术约束减少误匹配。该技术利用先进的分割一切模型（Segment Anything Model，SAM）获得图像中隐含语义的区域。SAM 是 Meta AI 实验室在 2023 年 4 月发布的一个视觉分割领域的基础模型。这个模型主要使用提示工程来训练一个根据提示进行分割的预训练大模型，该模型具有在下游分割任务应用的潜力，并且可以与其他视觉任务组合成其他视觉任务的新解决方案。SAM 包含预训练任务设计、模型架构优化和数据引擎构建三个方面的内容，并开展了一系列泛化实验。SAM 支持灵活的提示，满足三个约束：一个强大的图像编码器计算图像嵌入；一个提示编码器嵌入提示；两个信息源在一个轻量级的掩码解码器中组合，该解码器预测生成目标对象的分割掩码，图 4.33 给出了 SAM 分割示例。

图 4.33　基于 SAM 分割的图像隐含语义的区域掩膜示例

在使用SAM获得隐含语义的区域后，通过构建一种多关系图（Area Graph，AG）对这些区域的空间结构进行建模，可形成尺度层次。基于该图的图形模型，将区域匹配重新表述为一个能量最小化问题，即通过将AG转换为区域马尔可夫随机场（Area Markov Random Field，AMRF）有效地解决了图像匹配问题。AMRF被用来将区域匹配转化为能量最小化问题，并通过图割算法有效地解决。图能量优化的计算通过贝叶斯网络的特性和学习区域相似度模型来完成。

5. 基于Transformer（变换器）的方法

使用图像卷积提取的局部特征受卷积算子的感受野的限制，可能会在处理纹理较弱的区域或相似度高的特征点时存在匹配难度。相比之下，人类视觉对于这些情况的匹配，往往能够同时考虑局部信息和全局信息。鉴于Transformer在计算机视觉任务中的成功（如图像分类、目标检测和语义分割），研究人员探索了将Transformer的全局感受野和远程依赖性融入局部特征匹配中。Transformer 模型是由谷歌工程师在 2017 年 6 月发表的论文 *Attention is All You Need* 中提出的。Transformer结构可以表示为编码器（Encoder）和解码器（Decoder）两部分。Transformer的核心机制是自注意力（Self-attention），这个结构的优势不像卷积那样有固定的有限的感受野，这样可以获得更长距离的信息，而不需要像CNN那样通过不断地堆积卷积层才能获得更大的感受野。

Transformer模型是一个序列到序列（Seq2Seq）模型，如图4.34所示，通过堆叠多层自注意力和前馈网络，实现了强大的序列建模能力。编码器和解码器的每一层都包含自注意力模块和前馈网络。自注意力机制的核心是对输入序列按照不同的线性变换分别得到位置Query（$\boldsymbol{Q}$）、索引Key（$\boldsymbol{K}$）和值Value（$\boldsymbol{V}$）三组向量，由此来捕捉输入序列中不同位置

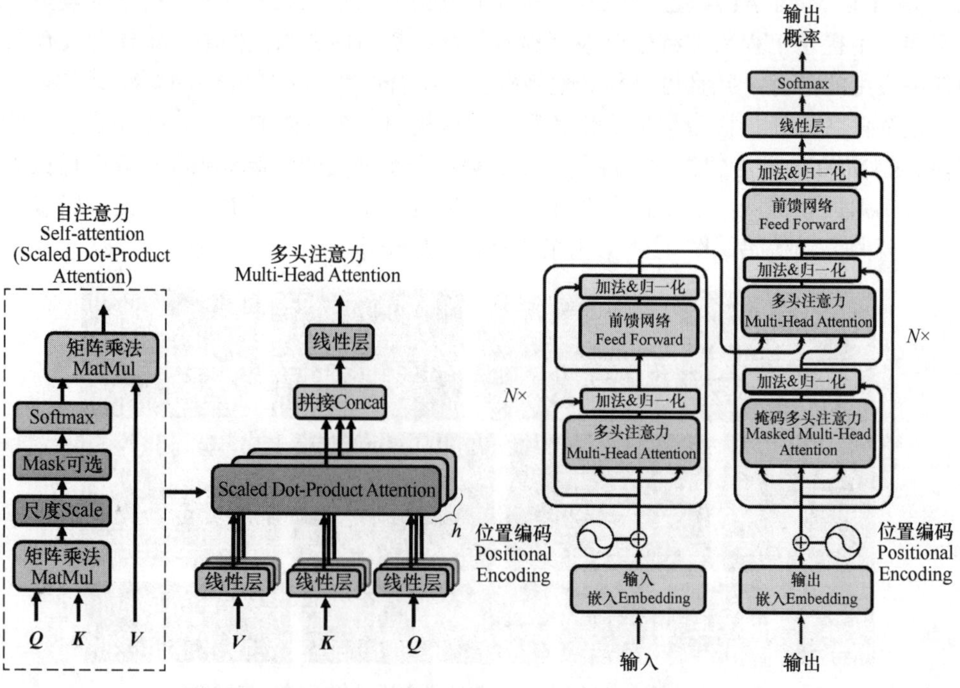

图4.34 Transformer模型结构（Vaswani A. 等，2017年）

之间的依赖关系。通过对 $\boldsymbol{Q}$ 计算其与若干 $\boldsymbol{K}$ 的相似性，并经过 Softmax 激活函数对相似性分数进行归一化，得到 $\boldsymbol{Q}$ 和 $\boldsymbol{K}$ 之间的概率权重分布，然后使用上述权重对 $\boldsymbol{V}$ 进行加权求和，得到注意力输出。因为 $\boldsymbol{Q}$、$\boldsymbol{K}$、$\boldsymbol{V}$ 来自同一个输入序列，所以这种机制被称为自注意力机制。

在特征提取网络的研究方向上，已经出现了将 Transformer 集成到用于局部特征匹配的各种方法。比如，MatchFormer 网络模型设计了一个分层的 Transformer 编码器和一个轻量级解码器，在层次结构的每个阶段使用交叉注意力模块和自注意力模块交替提供最佳组合路径，提高多尺度特征提取能力。

4.5.5 景象匹配效果举例

通过前面的概念介绍与算法建模，已经建立了景象匹配的认知框架。下面以南京市浦口区西江路低空综合飞行基地的实测数据为例，图 4.35 展示了一组无人机航拍图像与卫星基准图的景象匹配效果。实验采用组装四旋翼无人机在 130m 航高获取的倾斜航拍图像（地面分辨率为 7.5cm），与几何校正处理后的 0.5m 分辨率的卫星基准图进行匹配。在没有导航信息辅助的情况下，匹配定位的整体精度为 1.3m，能够较好地满足卫星导航拒止条件下的景象匹配定位需求。

图 4.35 无人机航拍图像的景象匹配示例

4.6 本章小结

特征提取和匹配是一个经典的问题，多年来一直是各类计算机视觉问题的核心。特征提取在许多视觉处理任务中是一个基础处理步骤，它通常是场景三维重建、目标跟踪定位和语义识别等处理的先决条件。优良的特征提取技术需要对光照、遮挡、尺度差异和变形等干扰问题具有一定的适应性。然而，目前还没有一种特征描述技术是万能的。本章介绍了一些经典的特征提取和描述算法，这些算法具有一定的共性，但又表现出一定的性能差异。在处理实际问题时，需要根据系统的性能要求、精度要求和任务要求，在各种算法中做出权衡和选择。近年来，将深度学习与传统匹配算法结合应用于多模态的图像匹配取得了一定的进展，但该方向的研究仍然有大量的问题需要解决。

第 5 章　遥感图像中的地物分类

图像分类属于人工智能研究中非常活跃的一个领域，即模式识别。航空图像分类是指利用地物的空间特征、形状、颜色、纹理和大小等属性，进行地物分类。对这些特殊的属性进行计算和分析，可得到数字化的度量变量，称为对象特征。航空图像的分类既可以根据其像素级的多变量统计属性实施，如多光谱图像的分类情况，也可以根据统计数据和与相邻像素的空间关系进行分类。

从航空图像中进行地物分类，能够为城市规划和区域管理等任务需求提供基础地理数据，能够为合理规划城市功能分区、促进区域经济发展和实现土地资源可持续利用提供基础，利用遥感图像进行土地覆盖变化检测是地球观测数据的一个重要应用。本章将介绍一些典型的航空遥感图像分类技术。

5.1　图像分类基本知识

5.1.1　图像识别方法

图像识别是随着计算机技术和遥感技术一起发展起来的一门科学技术，它以研究某些对象或过程的分类为主要内容。就模式识别的数学基础而言，统计分类可以分为两大分支：非监督分类和监督分类。

非监督分类是指完全基于图像数据的统计特性进行的分类，典型的处理过程是一种聚类操作，该过程自动根据统计数据特征进行聚类，而不使用任何基于类型的先验知识控制，因此，该方法是完全由数据驱动的。非监督分类特别适用于没有地面参考知识或无法事先获得此类信息的目标或区域的图像，如拍摄的地外行星星体的图像。即使对于一个地图绘制良好的区域，非监督分类也可能揭示一些先前不明显的光谱特征。非监督分类的结果是一幅新的统计聚类后得到的图像，其中聚类的类型内容是未知的。最后，这种分类的结果仍然需要基于一些专家经验或基本知识进一步进行人工定性。

监督分类是指基于用户已有的知识或经验，主观地选择代表不同基本地物的训练区域，设计分类基准，进行统计分析。监督分类算法的设计受到用户知识的控制，比如人为地设计某类地物的特征参数，因此会受到用户主观观点的约束。另外，可以通过人工选择一些已知地物的样本像素，即人工鉴别图像中某些栅格像素为相对应的地物类别，然后设计分类器，再用计算机对未被确定的像素进行对应分类判断。

此外，也有一些方法考虑了两种主要分类方法的局限性，如混合分类方法，首先执行非监督分类，然后以非监督分类的统计数据为支撑，使用监督分类重新对原始图像进行优化分类。

在神经网络算法推广之前，以往的模式识别分类算法往往需要一些基于专家经验的分类识别特征选择，即手工设计特征。在模式识别问题中，首先面临的一个问题是，从许多可能的分类识别特征中选择一组特征组合，用于设计分类器。特征选择问题一直受到研究者的关注，但是至今仍然很难提出一个普适的解决方案。良好的图像分类特征应具有 4 个特点。

（1）可区别性，即对于不同类别的对象，特征向量的特征值应具有明显的差异。

（2）可靠性，即对于同类别的对象，特征向量的特征值应比较相近。

（3）独立性，即特征向量中所用的各特征值之间应彼此统计独立，相关程度低。

（4）维数精简，即应当避免模式识别系统的复杂度随特征向量维数的增大而增大。

通常如果某一维特征是有价值的，则当它被排除在外时，分类器的性能会显著下降。实际上，在特征组合中，去掉噪声大的或相关程度高的某一维特征，能改善分类器的性能。因此，特征选择可以看成在一个冗余的特征空间中不断删去无用的特征维度，并组合有关联的特征维度，直至特征的维数减小，且能够有效表达地物性质的程度，同时分类器的性能仍然满足要求。

5.1.2　分类器的设计

分类器的基本任务是应用图像的特征和特征运算对图像的像素进行类型标注。设计分类器的主要步骤如下。

1. 确定分类对象的特征组成

如果要建立一个识别不同分类对象的系统，首先必须确定使用对象的哪些特性，以产生描述参数。被数字化度量的这些特殊的属性称为对象特征，所得的参数值组成了每个对象的特征向量。适当地选择特征是很重要的，因为在识别对象时它是唯一的依据。

如前所述，所要提取的应当是具有可区别性、可靠性高、独立性好的少量特征。一般来说，用来训练分类器和测试结果所需要的样本数量会随特征值的数量增大呈指数级增长。在某些情况下，甚至无法取得足够的样本来有效地训练分类器。另外，使用带噪声的特征或者特征参数之间的相关性较高，会使训练得到的分类器的效能下降，特别是在训练集数据量有限的情况下。在实际应用中，特征提取过程往往是先测试一组直觉上合理的特征，然后根据一定的判断机制将其减少，形成数量合适的特征维度。

2. 设计分类器结构

分类器的设计包括建立分类器的逻辑结构和分类规则的数学基础。通常，分类器对每个分类对象计算出特征向量，并计算其与每种典型类别在特征空间中的相似度。这个相似度的数值是该对象特征的一个函数，用来确定该对象属于哪一类别。

机器学习方法中典型的分类器模型包括主成分分析（Principal Component Analysis，PCA）、K 均值聚类（K-means）、支持向量机（Support Vector Machine，SVM）、决策树（Decision Tree）和稀疏表示等。大多数分类器的分类规则能够转换成阈值规则，将特征空间划分成互不重叠的区域，而每个类别对应一个（或多个）区域。如果特征向量对应的点在高维的特征空间中落在某个区域中，就将该对象归入对应的类别中。在某些情况下，某些区域会被定义为“无法确定”的一种特殊类别。

3．分类器的训练

在确定了分类器的基本决策规则以后，需要确定划分类别的阈值。一般的做法是用一组已知的对象训练分类器，这些已知的对象被称为训练集。换言之，训练集是由每个类别中已被正确识别的一部分对象组成的。对这些已知对象进行特征度量，并根据度量值在特征空间中的分布来寻找决策面，进而用决策面将特征空间划分成不同的区域，每个区域代表由训练集所训练出来的一个类别范围。

在寻找决策面时，可以使用简单的数量准则，比如将分类错误的总量降至最小值的数量准则。如果希望某些错误分类少于其他错误分类，可以借助损失函数，对不同的错误分类采用适当的加权。决策规则就是要使分类器操作的整个“风险”降到最低。

如果一组训练集能够较好地代表所有类别的对象集合的总体分布，那么训练得到的分类器对新的判别对象操作的性能就和对训练集一样。为了使训练集具有代表性，它必须包括可能遇到的各种类型的对象，包括一些很少见的对象。然而，获取足够大的训练集经常是一件费时费力的事。如果训练集没有包含某些关注的对象，那么这个训练集就不具有代表性。

4．分类器性能的度量

分类器的准确率可以通过直接对一组已知类别的对象的测试集进行分类，然后将分类结果与已知类别进行对比和统计分析。如果该测试集的数据范围涵盖了所有可能对象的总体分布，那么测试结果就具有良好的代表性，所得到的性能估计是很有用的。

另一种估计性能的方法是使用一组已知对象的专门的测试集，估算每一类别中对象特征的概率密度函数。由此，可以根据分类参数估算错误率的期望值。如果概率密度函数的一般形式已知，那么这种方法比使用数量有限或不足的测试集计算的方法好。

5.2 传统地物分类方法

5.2.1 非监督迭代聚类

如图 5.1 所示，设 X 是一个包含 n 个变量的 n 维特征空间， $\boldsymbol{X}_j=(x_{j1},x_{j2},\cdots,x_{jn})^{\mathrm{T}}$ 是其中的一个特征向量。Y_i 是由 n 个变量的度量值所定义的对象集合 Y（图像）中的一个对象（像素），记 $Y_i=(y_{i1},y_{i2},\cdots,y_{in})$, $i=1,2,3,\cdots,N$ ， N 为 Y 中对象的总数（如图像中像素的总数）。在特征空间 X 中，对象 Y_i 对应了其中的一个观测向量，即位于坐标 $(x_{j1},x_{j2},\cdots,x_{jn})$ 的点 $\boldsymbol{X}_j\in X$ ， $j=1,2,3,\cdots,M$ ， M 是表示对应该点的对象总数。如果 X 是欧氏空间，那么 $x_{jh}\sim y_{ih}$ ， $h=1,2,\cdots,n$ 。显然，在特征空间 X 中的一个数据点 $\boldsymbol{X}_j$ 可以被多个像素 Y_i 共享，因此 $M\leqslant N$ 。

设总计有 m 个类别，聚类过程的目标是识别对象集合 Y 中的分类对象的类别，这相当于将特征空间 X 中的相关数据点划分到 m 个不同的空间区域，即 $\omega_1,\omega_2,\cdots,\omega_m$ 。

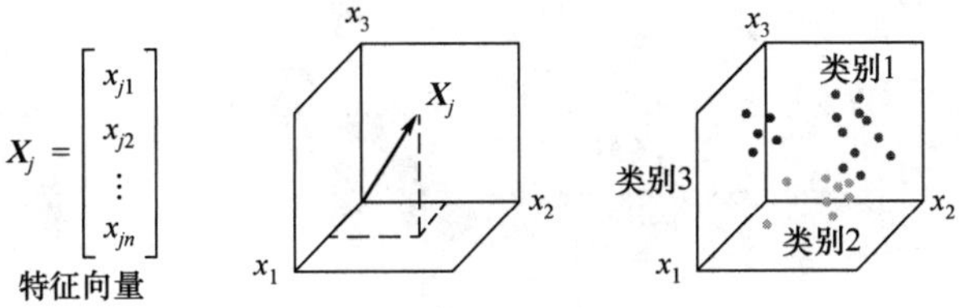

图 5.1　以 3 个维度为例的特征空间

一种具有简单自优化机制和高处理效率的多目标分类算法是 α 算法，其主要步骤如下。

（1）初始化：随机地或通过某种选择方案在对象集合 Y（图像）中选择 m 个元素 Y_q，作为 m 个聚类初始化的“代表”，记为 $\omega_1,\omega_2,\cdots,\omega_k,\cdots,\omega_m$。

（2）聚类：对 $Y_i(Y_i \in Y)$，计算其与各聚类代表 ω_k 的特征向量的差异性度量 $\delta(Y_i,\omega_k)$，根据取值最小的原则把 Y_i 赋值到一个聚类 ω_k，这里的 $\delta(Y_i,\omega_k)$ 可以使用欧氏距离的平方来计算。

（3）更新聚类表示：用所有聚集到一类的元素数据对每个聚类 ω_k 重新计算其特征向量。

（4）迭代收敛：如果没有 ω_k 更新超过给定的迭代条件，则停止迭代聚类，否则转到步骤（2），重新聚类。

在步骤（4）之后，可以加入聚类拆分和合并操作，使算法的处理结果更接近真实的数据分布，达到更优化的分类效果。随着迭代聚类的进展，初始聚类中心通过在每次迭代结束时更新其统计表示形式，向真实的数据聚类中心移动。用户对聚类的唯一控制是初始参数的设置，如聚类起始中心的数量和位置、迭代次数或终止标准、聚类的最大数量与大小等。初始参数的设置将会影响最终的结果，从这个意义上说，迭代聚类机制只能保证局部优化，即对于给定的初始参数设置聚类的最优分区，而不能保证全局优化，因为初始参数设置不能最优地获得可能的最佳聚类结果。

对于大多数图像处理，图像聚类算法都是在一个对象集合 Y 上执行的，也就是图像 Y。处理是通过逐个扫描图像的像素进行的，但是随着计算能力的进步，在特征空间 X 中要求非常高的特征空间分区聚类变得可行。

迭代自组织聚类（ISODATA）算法是图像分类中最流行的聚类算法之一，它是 α 算法的一个特例，其中差异性度量 $\delta(Y_i,\omega_k)$ 为欧氏距离的平方。ISODATA 算法在 K 均值聚类算法的基础上，增加对聚类结果的合并和分裂两个操作。当聚类结果的某类中的样本数太小，或两个类间的距离太近，或样本类别数远大于设定类别数时，进行合并；相反，当聚类结果的某类中的样本数量太大，或某个类内的方差太大，或样本类别数远小于设定类别数时，进行分裂。

在 ISODATA 算法这个简单而有效的技术之下的假设是，所有类别具有小的方差和总体。这种假设在图像分类中通常是难以完全满足的，因此分类精度可能较低。为了改进 ISODATA 算法，学者引入了更复杂的差异性度量方法，如最大似然估计和群体加权度量方法。对于这些不同的决策规则，在 ISODATA 算法中，处理过程都是通过扫描整幅图像来执行的。图 5.2 展示了一幅多光谱图像的 ISODATA 算法分类处理示例。

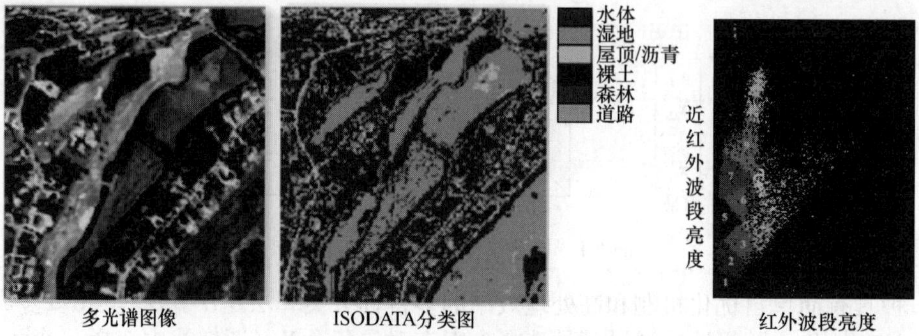

图 5.2 一幅多光谱图像的 ISODATA 算法分类处理示例

5.2.2 特征空间迭代聚类

如前所述，图像分类既可以通过扫描图像的像素实现，也可以通过对特征空间划分实现，大多数的多变量统计分类算法都可以通过这两种方法实现。但是对于更高级的决策规则，如稍后将介绍的最优多数点重分配（Optimal Multiple Point Re-assignment，OMPR）方法，特征空间划分是唯一可行的方法，因为必须同时考虑每个波段图像中所有共享相同亮度值的像素。

下面介绍一种作用于 3 个波段图像的三维特征空间的迭代聚类方法，该算法可以很容易地扩展到更多维度（见图 5.3）。

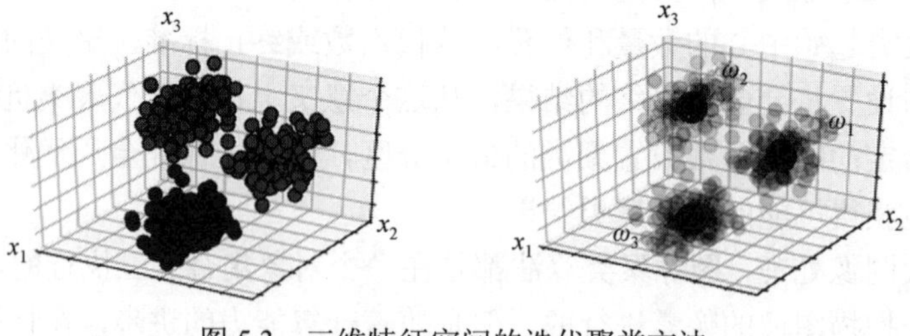

图 5.3 三维特征空间的迭代聚类方法

第 1 步，创建输入图像的三维特征空间图。对于一幅 3 个波段图像，其过程是统计二维图像空间的像素的亮度值并映射到图像亮度值的值域空间的位置。首先逐像素读取输入图像Y，并在三维散点图中记录像素频率，即获得一个三维阵列，统计每个阵列的位置上有多少像素。

$$G(d_1 \times d_2 \times d_3) \tag{5.1}$$

式中，d_1、d_2、d_3为三维阵列的大小，也是图像Y的 3 个波段的最大亮度值。

第 2 步，初始化种子点。在三维特征空间X中，选择m个点作为m个聚类的“种子”，标记为ω_k，$k=1,2,\cdots,m$。种子点的选择可以是随机的，也可以采用通过其他方法设计的自动的种子选择技术。

第 3 步，特征空间聚类。在特征空间中，对于所有的点$\boldsymbol{X}_j$（$\boldsymbol{X}_j \in X; j=1,2,\cdots,N$），根据其与种子点计算的差异性度量$\delta(\boldsymbol{X}_j,\omega_k)$的大小，将其分配给取值最小的聚类$\omega_k$。同时，所有共享点$\boldsymbol{X}_j$的像素也相应地被分配到聚类$\omega_k$。

第 4 步，更新每个聚类的统计表示。对于所有的聚类$\omega_k(k=1,2,\cdots,m)$统计其参数，比如类别k的平均向量$\boldsymbol{\mu}_k$、协方差矩阵$\boldsymbol{\Sigma}_k$等，并用这些参数重新计算构成聚类ω_k的新的表示。

第 5 步，迭代收敛。对所有$\omega_k(k=1,2,\cdots,m)$，如果平均向量$\boldsymbol{\mu}_k$（聚类的核）的最大空间迁移小于用户约束的收敛准则，转到步骤 7，否则转到步骤 6。

第 6 步，聚类分裂和合并。根据用户控制的标准，拆分超大和拉长的聚类，合并太小或彼此太接近的聚类，然后更新聚类的统计表示，并转到步骤 3，开始迭代聚类过程。

第 7 步，将聚类结果从特征空间转移到图像上。逐像素读取输入图像Y，对于所有的像素$Y_i(Y_i\in Y)$，根据其对应的数据点$\boldsymbol{X}_j$将特征空间X中的聚类赋值到聚类ω_k。最后，将聚类的类型Y_{class}赋给输出分类图像中对应的像素。

5.2.3　聚类分裂

在非监督迭代聚类中，可能会产生尺寸非常大的聚类，而这样大的聚类可能包含好几个类别。因此，为了实现良好的分类结果，需要对大的聚类进行聚类分裂。对于一个超大且拉长的聚类ω，可以根据具有最大标准偏差的变量对ω进行分裂。依据它们的分裂变量值大于或小于分裂变量的平均值，可以将聚类ω中的对象（图像像素）重新分配到两个新聚类ω_1和ω_2中的任意一个。

主成分分析（Principal Component Analysis，PCA）是一种被广泛应用于机器学习的降维技术。PCA 是多元变量分析中的一种统计分析、简化数据集的技术，它利用正交变换来对一系列可能相关的变量的观测值进行线性变换，从而投影为一系列线性不相关变量的新值，这些不相关变量称为主成分（Principal Component，PC）。具体地，主成分可以看作一个线性方程，其包含一系列线性系数来指示投影方向。信息的大小通常用离差平方和或方差来衡量。主成分分析经常被用于减小数据集的维数，同时保留数据集中对方差贡献最大的特征。

PCA 的基本思路是首先对数据进行标准化，这一步骤的目的是使连续初始变量的范围标准化，以便使每个变量对分析的贡献相等。因为主成分分析对初始变量的方差非常敏感，也就是说，如果不同的初始变量的范围存在较大差异，则具有较大范围的变量将主导具有较小范围的变量（例如，范围为 0～100 的变量将主导范围为 0～1 的变量），这将导致有偏离的结果。因此，将不同维度的数据转换到可比较的尺度上可以防止这个问题产生。从数学上讲，这可以通过将原来的变量值v_{initial}减去每个变量的平均值μ并除以每个值的标准偏差σ来得到新的变量值v_{new}，即

$$v_{\text{new}}=\frac{v_{\text{initial}}-\mu}{\sigma}\tag{5.2}$$

把不同维度的变量进行标准化之后，先将坐标轴中心移到数据的中心，然后旋转坐标轴，使得数据在第一主成分（PC1）轴上的方差最大，即全部n个数据个体在该方向上的投影最为分散，这意味着更多的信息被保留下来。

再找到第二主成分 PC2，使得 PC2 与 PC1 的协方差（相关系数）为 0，以免与 PC1 信息重叠，并且使数据在该方向的方差尽量最大。

以此类推，找到第三主成分、第四主成分等。p个随机变量可以有p个主成分，如图 5.4 所示。

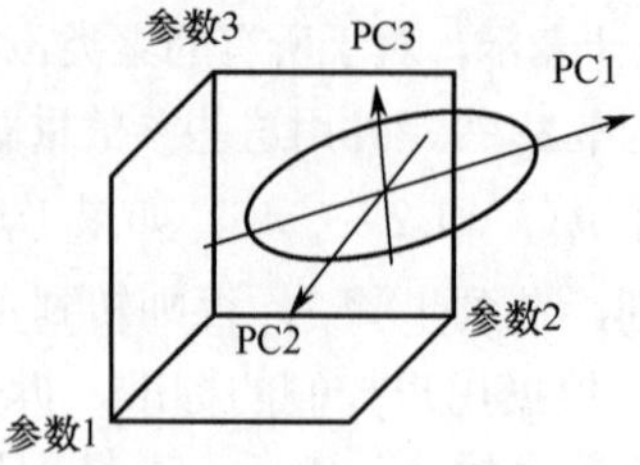

图 5.4 3 个参数空间的 3 个主成分示意图

对于遥感图像来说，每个变量对应一个波段。主成分分析是在遥感图像处理中非常常用的一种分析方法，尤其对于高光谱数据，对提取有效信息非常有用。

基于 PCA 的聚类分裂方法包括两个步骤：第一，找到最大的主成分方向；第二，沿着该方向进行聚类分裂。

（1）求出第一主成分 PC1。聚类 ω 的协方差矩阵 $\boldsymbol{\Sigma}$ 是非负定矩阵，设协方差矩阵 $\boldsymbol{\Sigma}$ 的第一个特征值和特征向量分别为 λ_1 和 $\boldsymbol{a}=(a_1,a_2,\cdots,a_n)^{\mathrm{T}}$，可以通过下面的定义迭代找到

$$\begin{gathered}\boldsymbol{\Sigma a}^{(s)}=\lambda_1^{(s+1)}\boldsymbol{a}^{(s+1)}\\ \boldsymbol{a}^{(0)}=\boldsymbol{I}\end{gathered}\tag{5.3}$$

式中，s 为迭代次数，$\boldsymbol{I}$ 为单位向量。

$\boldsymbol{a}$ 作为一个特征向量是正交的，因此对于每次迭代，有

$$(\boldsymbol{a}^{(s)})^{\mathrm{T}}\boldsymbol{a}^{(s)}=1\tag{5.4}$$

然后，有

$$(\boldsymbol{\Sigma a}^{(s)})^{\mathrm{T}}\boldsymbol{\Sigma a}^{(s)}=[\lambda_1^{(s+1)}(\boldsymbol{a}^{(s+1)})]^{\mathrm{T}}\lambda_1^{(s+1)}\boldsymbol{a}^{(s+1)}=(\lambda_1^{(s+1)})^2\tag{5.5}$$

因此，有

$$\begin{gathered}\lambda_1^{(s+1)}=\left[(\boldsymbol{\Sigma a}^{(s)})^{\mathrm{T}}\boldsymbol{\Sigma a}^{(s)}\right]^{1/2}\\ \boldsymbol{a}^{(s+1)}=\frac{\boldsymbol{\Sigma a}^{(s)}}{\lambda_1^{(s+1)}}\end{gathered}\tag{5.6}$$

一般五六次迭代后收敛，算法可以找到第一个特征值 λ_1 和特征向量 $\boldsymbol{a}$。因此，在 n 维特征空间 X 上，推导出聚类 ω 的第一个第一主成分 PC1 为

$$\mathrm{PC1}=(\boldsymbol{a})^{\mathrm{T}}X=\sum_{h=1}^{n}a_h x_h\tag{5.7}$$

（2）聚类分裂。根据式（5.7），均值向量的 PC1 坐标 $\boldsymbol{\mu}=(\mu_1,\mu_2,\cdots,\mu_n)^{\mathrm{T}}$ 的聚类 ω 是

$$\mu_{\mathrm{PC1}}=(\boldsymbol{a})^{\mathrm{T}}\boldsymbol{\mu}=\sum_{h=1}^{n}a_h\mu_h\tag{5.8}$$

对于每个数据点 $\boldsymbol{X}_j\in\omega$，计算其 PC1 坐标

$$x_{j,\mathrm{PC1}}=(\boldsymbol{a})^{\mathrm{T}}\boldsymbol{X}_j=\sum_{h=1}^{n}a_h x_{jh}\tag{5.9}$$

如果 $x_{j,\mathrm{PC1}}>\mu_{\mathrm{PC1}}$，则赋值 $\boldsymbol{X}_j$ 给聚类 ω_1，否则赋值给聚类 ω_2。

对聚类的分裂也可以通过用 Y_j 的物体（图像像素）而不是坐标点来替换 $\boldsymbol{X}_j$。聚类分裂后，计算两个新聚类的统计信息作为下一次迭代聚类的表示。

5.3　监督分类

5.3.1　监督分类算法的一般范式

监督分类算法的一般范式包括以下 3 个主要步骤。

第 1 步，训练。在图像显示上手动交互式地定义代表不同地物的训练区域，通过计算训练区域的统计数据来表示相关的类 $\omega_k(k=1,2,\cdots,m)$。

第 2 步，分类。若差异性度量 $\delta(Y_i,\omega_k)$ 最小，则对于所有 i，赋值任意元素 $Y_i(Y_i\in Y)$ 到一个类 ω_k。

第 3 步，类统计。统计所有生成类的统计信息。

迭代和类分裂/合并函数也可以容纳到监督分类算法中，以提供自动优化机制。

5.3.2　光谱角度映射分类

n 波段的多光谱图像中的一个像素可以被认为是 n 维特征空间 X 中的一个向量，向量的大小（长度）由所有波段的像素亮度值（DN 值）决定，而向量的方向由该像素的光谱轮廓的形状决定。如果两个像素具有相似的光谱性质，但由于地形而处于不同的太阳光照下，则表示这两个像素的向量将具有不同的长度，但方向非常相似。因此，基于它们之间光谱角度的图像像素的分类将独立于地形（照明）以及任何未知的线性平移因子（如增益和偏移）。光谱角度映射（Spectral Angle Mapper，SAM）技术由 Kruse F. A. 等人于 1993 年提出，是一种基于图像像素光谱与训练数据光谱或库光谱之间的角度进行监督分类的方法。该算法通过计算两个光谱之间的光谱角度来确定它们之间的相似性，如图 5.5 所示。

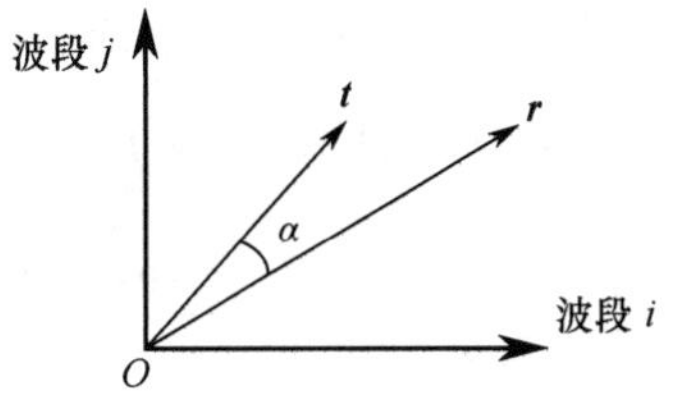

图 5.5　两个光谱向量和它们之间的光谱角度 α 的说明

根据向量代数，两个向量 $\boldsymbol{r}$ 和 $\boldsymbol{t}$ 之间的夹角定义为

$$\alpha=\arccos\left(\frac{\boldsymbol{t}\cdot\boldsymbol{r}}{|\boldsymbol{t}|\cdot|\boldsymbol{r}|}\right) \tag{5.10}$$

或

$$\alpha=\arccos\left(\frac{\sum_{i=1}^{m}t_i r_i}{\left(\sum_{i=1}^{m}t_i^2\right)^{1/2}\left(\sum_{i=1}^{m}r_i^2\right)^{1/2}}\right) \tag{5.11}$$

式中，m 为光谱波段数，α 的取值范围为 0～π。

一般来说，对于 m 个参考光谱向量 $\boldsymbol{r}_k(k=1,2,\cdots,m)$，无论是来自现有的光谱库，还是来自训练区域，如果它们之间的光谱角度 α 最小，且小于给定的准则，则都将图像像素的光谱向量 $\boldsymbol{t}$

标识为$\boldsymbol{r}_k$。

SAM分类被广泛应用于高光谱图像数据的矿产识别与制图，也可用于宽带多光谱图像分类。在SAM框架下，可以实现不同的相异度函数来评估光谱角度α。

5.3.3 决策规则：差异性度量函数

差异性度量函数是监督分类算法和非监督分类算法的核心，它基于图像统计特性，从理论上决定分类算法的精度。下面介绍几种常用的提高复杂度的决策规则。

（1）盒式分类器规则。盒式分类器也被称为并行分类器，用于单步监督分类。原则上，它只是多维阈值分割［见图5.6（a）］

$$\min(\omega_k) \leqslant Y_i \leqslant \max(\omega_k) \tag{5.12}$$

图5.6（a）中的阴影区域表示不同类别范围的“方框”可能会部分重叠。落在重叠区域的像素被视为未分类的，这是一种非常粗糙但快速的分类器规则。

（2）欧氏距离规则。欧氏距离规则是最大似然规则的一种特殊情况。假定所有聚类的标准差和总体相等，它的定义如下，对于所有i，有

$$d(Y_i,\omega_k)=(Y_i-\boldsymbol{\mu}_k)^{\mathrm{T}}(Y_i-\boldsymbol{\mu}_k)=\min\{d(Y_i,\omega_r)\} \tag{5.13}$$

式中，$r=1,2,\cdots,m$；$\boldsymbol{\mu}_k$为聚类ω_k的均值向量。欧氏距离是ISODATA最小距离分类算法的核心。

（3）最大似然规则。最大似然规则的根本依据是贝叶斯定理，并假设所有聚类均服从正态分布。在这种规则中，一个图像像素Y_i和聚类ω_k在特征空间中的距离由ω_k的带比例偏移的协方差矩阵$\boldsymbol{\Sigma}_k$来衡量。这个比例偏移是ω_k中的像素数N_k与图像Y的总像素数N的比例。对于所有的i，把元素$Y_i(Y_i \in Y)$赋值到聚类ω_k，需要满足

$$\begin{aligned}\delta(Y_i,\omega_k)&=\ln\left|\boldsymbol{\Sigma}_k\right|+(Y_i-\boldsymbol{\mu}_k)^{\mathrm{T}}\\ \sum_k^{-1}(Y_i-\boldsymbol{\mu}_k)&-\ln\frac{N_k}{N}=\min\{\delta(Y_i,\omega_r)\}\end{aligned} \tag{5.14}$$

式中，$r=1,2,\cdots,m$。

如图5.6（b）所示，最小欧氏距离分类将像素$P(i,j)$分配给类中心ω_4，而最大似然最小距离分类将更有可能将像素$P(i,j)$分配给类中心ω_3，因为这个类更大。

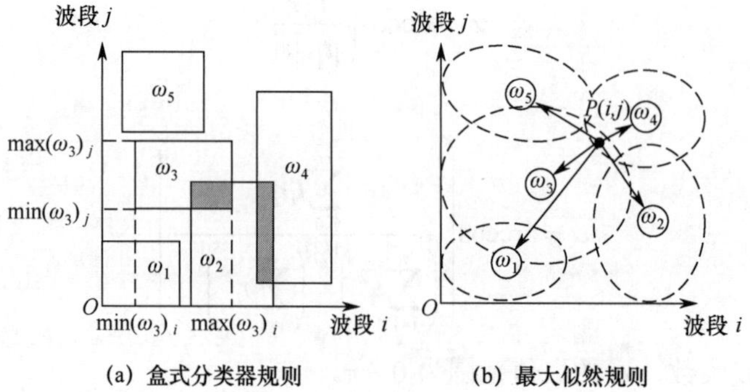

图5.6 两种决策规则

5.3.4　最优多数点重分配

5.2.2 节介绍的三维特征空间迭代聚类方法的一个优点是：如果让第 3 步的 $\delta(\boldsymbol{X}_j,\omega_k)$ 使用最优多数点重分配（Optimal Multiple Point Re-assignment，OMPR）差异性度量，就满足 OMPR 规则。OMPR 是基于最优点分配规则开发的。通过 OMPR 方法，在对数据点进行重新分配时，考虑了聚类大小和特征空间中共享同一数据点的像素个数（点频率），因此，可以合理地提高聚类划分的准确性。

假设一个被分配给了聚类 ω_l 的特征向量 $\boldsymbol{X}_j$ 是由 H 个像素共享的，另一组聚类 ω_k 是由 N_k 个像素共享的。基于欧氏距离平方（欧氏 OMPR）计算的 OMPR 操作如果将聚类 ω_l 的这些像素重新分配到聚类 ω_k，需要满足

$$\begin{aligned}\frac{N_k}{N_k+H}d(\boldsymbol{X}_j,\boldsymbol{\mu}_k)&=\min_{r\neq l}\frac{N_r}{N_r+H}d(\boldsymbol{X}_j,\boldsymbol{\mu}_r)\\&<\frac{N_l}{N_l-H}d(\boldsymbol{X}_j,\boldsymbol{\mu}_l)\end{aligned}\tag{5.15}$$

式中，N_r 为任意一个聚类 ω_r 中的像素数，N_l 为聚类 ω_l 中的像素数。

假设聚类呈正态分布（高斯模型），则高斯 OMPR 的形式如式（5.16）所示。对于所有 j，分配聚类 ω_l 中的任意一个数据点 $\boldsymbol{X}_j$ 到聚类 ω_k，如果

$$\begin{aligned}\delta(\boldsymbol{X}_j,\omega_k)&=\min_{r\neq l}\delta(\boldsymbol{X}_j,\omega_r)\\&<\ln|\boldsymbol{\Sigma}_l|-\frac{N_l-H}{H}\ln\left[1-\frac{H}{N_l-H}\Delta(\boldsymbol{X}_j,\omega_l)\right]-\\&\quad 2\ln\frac{N_l}{N}-(D+2)\frac{N_l-H}{H}\ln\frac{N_l}{N_l-H}\end{aligned}\tag{5.16}$$

其中

$$\begin{aligned}\delta(\boldsymbol{X}_j,\omega_r)&=\ln|\boldsymbol{\Sigma}_r|+\frac{N_r+H}{H}\ln\left[1+\frac{H}{N_r+H}\Delta(\boldsymbol{X}_j,\omega_r)\right]-\\&\quad 2\ln\frac{N_r}{N}+(D+2)\frac{N_r+H}{H}\ln\frac{N_r}{N_r+H}\end{aligned}\tag{5.17}$$

和

$$\Delta(\boldsymbol{X}_j,\omega_r)=(\boldsymbol{X}_j-\boldsymbol{\mu}_r)^{\mathrm{T}}\sum_r(\boldsymbol{X}_j-\boldsymbol{\mu}_r)\tag{5.18}$$

式中，D 为特征空间 X 的维数。

OMPR 方法考虑了数据点的惯性，一个数据点由更多的像素（“更重”）共享，会比“更轻”的点更难从一个聚类移动到另一个聚类。

5.3.5 分类后平滑和准确性评估

5.3.5.1 类别平滑过程

分类图像看起来也是一幅数字图像，其中亮度值（DN）是类号，但如果对这种类号进行数值操作则没有实际意义。举例来说，类 1 和类 2 的平均值不可能是类 1.5。的确，分类图像中的类号没有任何顺序关系，它们是名义值，可以被视为 A、B 和 C 等符号。分类图像实际上是符号的图像，而不是数字图像。

分类图像通常包含由某些类别的孤立像素引起的噪声，在另一个主要类别中形成一个相当大的补丁［见图 5.7（a)]。可以合理地假设，这些孤立的像素更有可能属于这个主导类，而不是最初分配给它们的类，这些很可能是由分类错误造成的。对分类图像进行适当的平滑处理，不仅会“清理”图像，使其在视觉上减少噪声，还会提高分类的准确性。

在进行去噪的低通滤波器中，可以用于平滑分类图像的滤波器是统计滤波器。这样做的原因很简单，因为使用基于统计的滤波器来平滑图像不需要进行数值计算操作。例如，如果一个类别 5 的像素被类别 2 的像素包围，模式滤波器（一种统计滤波器）将根据滤波核中的多数类将该像素重新分配给类别 2。图 5.7（b）为将模式滤波器应用于图 5.7（a）中的非监督分类图像的效果，仔细观察图像可以发现图 5.7（b）比图 5.7（a）平滑。

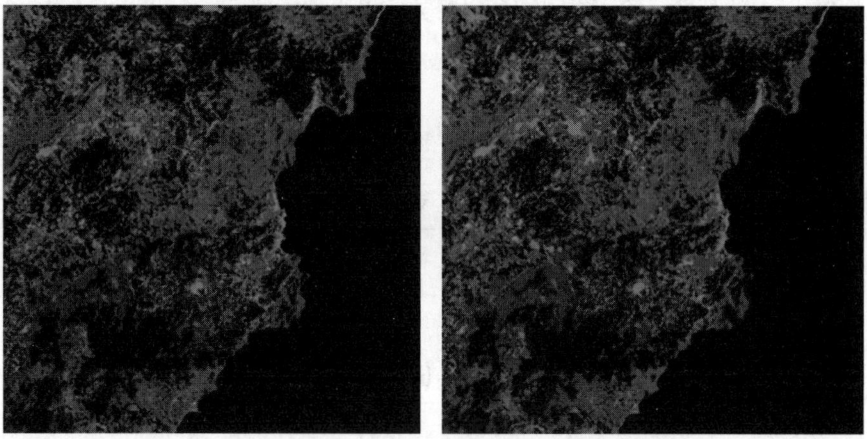

(a) ISODATA非监督分类得到24类　　(b) 使用3×3滤波核的模式滤波器对分类图像进行平滑

图 5.7　对分类图像做平滑

5.3.5.2 分类精度评估

人们不可能会百分之百地知道真实的地物类型结果，否则设计分类算法并进行分类一开始就没有作用了。然而，对分类结果进行精度评估，在一定的置信度水平上能够帮助人们确定接受或拒绝分类结果。有两种被普遍接受的方法来生成参考真值数据。

（1）使用典型类的现场收集数据作为地面真值的样本。对于快速变化的土地覆盖类别，如作物，应在图像采集的同时收集实地数据。对于时间稳定的目标，如岩石和土壤，可以使用已发布的地图以及野外数据，用类别已知的样本区域的分类精度作为代表，给出总体分类精度的估计。这种看似简单的方法在现实中往往是难以实现的，因为它经常受到现场观测记录误差、有限的现场可达性和时间不相关性的限制。

（2）依赖图像训练。该方法使用典型的光谱特征和有限的现场经验，用户可以使用多光谱图像手动指定各种类别的训练区域。这些训练区域中的像素被分为两组：一组用于生成监督分类的类别统计数据，另一组用于后续分类精度评估。对于给定的训练区域，可以选择从 2×2 网格中采样的像素作为训练数据集，而剩余的像素作为验证集，如图 5.8 所示，对图 5.8（a）进行重采样，以形成图 5.8（b）和图 5.8（c），其中一幅用作训练数据集，另一幅用作验证集。验证集中的像素被假定与其对应的训练集属于同一类。用另一种方式，也可以为同一个类选择几个训练区域，用其中的一部分进行训练，用剩下的部分进行验证。在实践中，以上两种方法经常是结合使用的。

(a)　(b)　(c)

图 5.8　用于分类精度评估的重采样方案

假设已经具有某种基本参考真值数据，一种广泛使用的描述分类相对准确性的方法是混淆矩阵（Confusion Matrix）

$$\begin{bmatrix} C_{11} & C_{12} & \cdots & C_{1m} \\ C_{21} & C_{22} & \cdots & C_{2m} \\ \vdots & \vdots & & \vdots \\ C_{m1} & C_{m2} & \cdots & C_{mm} \end{bmatrix} \tag{5.19}$$

式中，在主对角线上的每个元素 C_{ii} 表示类别 i 被正确分类的像素数量，主对角线以外的元素 C_{ij} 表示应该属于类 i 但被错误地分类为类 j 的像素的数量。显然，如果所有的图像像素都被正确分类，那么应该有一个对角混淆矩阵，其中所有非对角元素都为零。混淆矩阵中所有元素的和就是分类图像中像素的总数 N，其中 N 的计算公式为

$$N = \sum_{i=1}^{m}\sum_{j=1}^{m} C_{ij} \tag{5.20}$$

主对角线元素的总和与总像素数的比值代表正确分类或整体准确率的百分比

$$\text{Ratio}_{\text{correct}}(\%) = \frac{1}{N}\sum_{i=1}^{m} C_{ii} \tag{5.21}$$

根据参考真值，混淆矩阵的任意第 i 行之和给出了属于第 i 类的像素的总数 Nr_i，即

$$\text{Nr}_i = \sum_{j=1}^{m} C_{ij} \tag{5.22}$$

比例 C_{ii} / Nr_i 是第 i 类正确分类的百分比，根据参考真值的定义，常被称为用户的准确率

(Accuracy)。

混淆矩阵中的任意第j行之和给出了被分类为j类的像素的总数Nc_j，即

$$\mathrm{Nc}_j=\sum_{i=1}^{m}C_{ij} \tag{5.23}$$

比例C_{jj}/Nc_j是基于分类结果对j类进行正确分类的百分比，常被称为生产者的准确率。

除上述基于简单比例的精度测量外，另一种常用的分类精度和质量的统计测量方法是kappa系数（κ），它结合了上述两种类别精度估计，基于混淆矩阵的行和列，产生了总分类精度的估计，有

$$\kappa=\frac{N\sum_{i=1}^{m}C_{ii}-\sum_{i=1}^{m}\mathrm{Nr}_i\cdot\mathrm{Nc}_i}{N^2-\sum_{i=1}^{m}\mathrm{Nr}_i\cdot\mathrm{Nc}_i} \tag{5.24}$$

在分类与参考数据一致的情况下，混淆矩阵为对角矩阵，即有$\sum_{i=1}^{m}C_{ii}=N$，进而

$$\kappa=\frac{N^2-\sum_{i=1}^{m}\mathrm{Nr}_i\cdot\mathrm{Nc}_i}{N^2-\sum_{i=1}^{m}\mathrm{Nr}_i\cdot\mathrm{Nc}_i}=1 \tag{5.25}$$

而如果完全没有分类正确，那么混淆矩阵对角线上的所有元素都是零，即$\sum_{i=1}^{m}C_{ii}=0$，有

$$\kappa=\frac{-\sum_{i=1}^{m}\mathrm{Nr}_i\cdot\mathrm{Nc}_i}{N^2-\sum_{i=1}^{m}\mathrm{Nr}_i\cdot\mathrm{Nc}_i}<0 \tag{5.26}$$

综上所述，kappa系数κ的最大值为1，表明分类与参考数据完全一致，而在完全不一致时，κ变为负值。混淆矩阵的一个示例如表5.1所示。

表5.1 混淆矩阵的一个示例

类型参考	类型1	类型2	类型3	类型4	类型5	行像素数Nr_i	C_{ii}/Nr_i
参考类型1	56	9	5	2	8	80	70.0%
参考类型2	10	70	7	3	5	95	73.7%
参考类型3	0	3	57	10	6	76	75.0%
参考类型4	0	6	0	79	4	89	88.8%
参考类型5	8	4	3	2	46	63	73.0%
列像素数Nc_j	74	92	72	96	69	403	—
C_{jj}/Nc_j	75.6%	76.1%	79.2%	82.3%	66.7%	—	76.4%

尽管从混淆矩阵得到的分类精度在很大程度上是一种自我评估，而不是分类的真正精度，但它确实提供了一种有用的分类精度度量方法。混淆矩阵中的信息高度依赖训练区域和现场数据的质量。精确选择的训练区域可以提高分类精度和准确度评估的可信度，而选

择不当的训练区域将产生低分类精度和不可靠的准确度评估。严格地说，这种方法只给了人们对整个图像的分类精度的一种估计。

5.4　基于支持向量机的遥感图像地物分类

支持向量机（Support Vector Machine，SVM）是由 Cortes C. 等人在 1964 年首次提出的，它是一类按监督学习方式对数据进行二元分类的广义线性分类器，其决策边界是对学习样本求解的最大边距超平面。20 世纪七八十年代，随着模式识别中最大边距决策边界的理论研究、基于松弛变量（Slack Variable）的规划问题求解技术的出现，SVM 被逐步理论化并成为统计学习理论的一部分。1995 年，Cortes C. 和 Vapnik V. 提出了软边距的非线性 SVM，并将其应用于手写数字识别问题，这份研究在发表后得到了广泛的关注和引用，为其后 SVM 在各领域的应用奠定了基础。随着各种核变换方法被相继提出，SVM 体系越来越完善，应用也越来越广泛，在各种分类任务、模式识别任务中都能够发挥作用。

SVM 在图像分类领域中的广泛应用得益于其即使在有限的训练样本下也能很好地泛化，而这是图像应用的一种常见限制。

5.4.1　SVM 理论基础

SVM 基于统计学习理论，对于在低维空间中无法进行分类的样本，通过映射将样本由低维空间转换到高维空间中，在高维空间中寻找最优决策超平面，从而产生最优的类分裂。SVM 直接通过训练数据确定决策函数，使得决策边界之间的间隔在一个高维空间中最大化，该分类策略最小化训练数据的分类误差并且获得了更好的泛化能力，与 SVM 同等技术的分类方法在输入数据数量较小的情况下和 SVM 技术之间存在显著差异。

SVM 在被分类的样本上进行训练后，可以对未分类样本进行预测。基于结构风险最小化原理，SVM 可以平衡分类精度和泛化能力，通过寻找具有最大间隔的超平面，将不同类别的样本进行划分，从而使得不同类别样本间的距离较远。图 5.9 展示了简单的线性可分的二分类问题，其中叉形和圆形代表两类数据，很明显它们可以被无数条直线划分，但只有直线是符合最大间隔要求的。在高维空间中，$y=\boldsymbol{\omega}^{\mathrm{T}}\boldsymbol{x}+b$ 就是具有最大间隔的超平面。

对于一个已知训练集 $\{(\boldsymbol{x}_1,y_1),\cdots,(\boldsymbol{x}_m,y_m)\}$，其中 $\boldsymbol{x}_i$ 表示样本的 N 维向量，对于二分类问题，类别标签 y_i 的可能取值为−1 或 1，m 表示训练样本总量。那么超平面可以表示为

$$f(\boldsymbol{x})=\boldsymbol{\omega}^{\mathrm{T}}\boldsymbol{x}+b \tag{5.27}$$

式中，$\boldsymbol{\omega}$ 为权值，b 为偏移量。

超平面上的点需要满足 $f(\boldsymbol{x})=0$，正样本位于超平面的上方，因此正样本满足 $f(\boldsymbol{x})>0$，同理，负样本满足 $f(\boldsymbol{x})<0$。样本 $\boldsymbol{x}_i$ 到超平面的距离可以表示为

$$d=\frac{1}{\|\boldsymbol{\omega}\|}\left|\boldsymbol{\omega}^{\mathrm{T}}\boldsymbol{x}_i+b\right| \tag{5.28}$$

距离超平面最近的样本称为支持向量，如图 5.9 所示，其中两条虚线与超平面平行，称为正、负超平面，表达式见式（5.29）。为使两样本之间的分隔间距最大，要保证正、负超平面之间的距离最大，正、负超平面之间的距离可以表示为

$$\boldsymbol{\omega}^{\mathrm{T}}\boldsymbol{x}+b=\pm 1 \tag{5.29}$$

$$d_{正负}=\frac{2}{\|\boldsymbol{\omega}\|} \tag{5.30}$$

可将求解正、负超平面之间的距离最大化问题转化为求$\|\boldsymbol{\omega}\|$的最小化问题，利用拉格朗日乘数法可以求解该极值问题。在实际问题中会存在线性不可分的情况，数据很难被超平面完全划分。在这种情况下，允许存在一定的错误率，即允许正、负超平面之间存在零散数据样本。对于非线性 SVM 问题的情况需要使用核函数，表 5.2 展示了常用的核函数。在经过非线性核变换后，将原空间映射到更高维的新空间，从而在新空间中寻找样本的最优超平面。

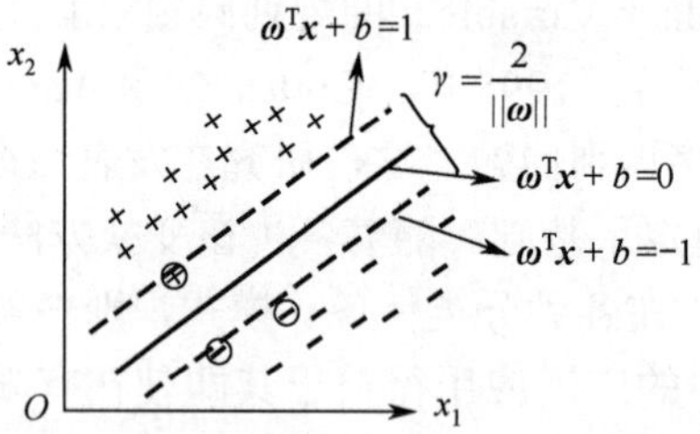

图 5.9　二维空间中 SVM 二分类示意图

表 5.2　SVM 中的不同核函数 $k(\boldsymbol{x}_i,\boldsymbol{x}_j)$ 的形式

核函数名称	表达式	参数
多项式核函数	$(\boldsymbol{x}_i{}^{\mathrm{T}}\boldsymbol{x}_j)^n$	n 为多项式的次数
高斯核函数	$\exp\left(-\frac{\|\boldsymbol{x}_i-\boldsymbol{x}_j\|^2}{2\sigma^2}\right)$	σ 为高斯核的带宽
拉普拉斯核函数	$\exp\left(-\frac{\|\boldsymbol{x}_i-\boldsymbol{x}_j\|}{\sigma}\right)$	$\sigma>0$
Sigmoid 核函数	$\tanh(\beta\boldsymbol{x}_i{}^{\mathrm{T}}\boldsymbol{x}_j+\theta)$	tanh 为双曲正切函数

5.4.2　多分类 SVM

SVM 及其多种新型算法大多适用于解决二分类问题，因此要将 SVM 推广并应用于解决多分类问题，就需要结合多分类策略，或者直接构造出能够一次性解决多分类问题的 SVM 新型算法。结合多分类策略间接求解多分类问题有一对一策略、一对多策略和一对多余策略。

一次性求解策略就是同时考虑所有类别分类的直接法，直接从修改目标函数和约束条件着手重新构建一个最优化问题，仅通过求解一个最优化问题得到多个分类超平面的参数，一次性实现多分类。假设每类样本都有一个相对应的分类超平面$D_k(\boldsymbol{x})=\boldsymbol{\omega}_k{}^{\mathrm{T}}\phi(\boldsymbol{x})+b_k=0$，已知第$i$个训练样本$\boldsymbol{x}_i$属于第$y_i$类，并规定$\boldsymbol{x}_i$到第$y_i$类样本分类超平面的函数距离$D_{y_i}(\boldsymbol{x}_i)$要比$\boldsymbol{x}_i$到其他类别$k$的分类超平面的函数距离$D_k(\boldsymbol{x}_i)$都大，且至少大一个单位的阈值，其中$k\neq y_i$，以此确保置信度，加入松弛变量后可得到约束条件

$$D_{y_i}(\boldsymbol{x}_i)-D_k(\boldsymbol{x}_i)\geqslant 1-\xi_{ik}\quad(\forall k\neq y_i) \tag{5.31}$$

根据结构风险最小化原则，取正则化项为 L_2 范数，构造最优化问题的原始问题

$$\min_{\omega,b,\xi} \quad \frac{1}{2}\sum_{k=1}^{N}\|\omega\|^2 + C\sum_{i=1}^{l}\sum_{k=1,k\neq y_i}^{N}\xi_{ik}$$

条件

$$\omega_{y_i}^{\mathrm{T}}\phi(x_i)+b_{y_i}-(\omega_k^{\mathrm{T}}\phi(x_i)+b_k)\geqslant 1-\xi_{ik} \tag{5.32}$$

$$(\xi_{ik}\geqslant 0,\ i=1,2,\cdots,l,\ \ \forall k\neq y_i)$$

将其转化为对偶问题求解，最终决策函数为 $f(\boldsymbol{x})=\arg\max\limits_{k=1,2,\cdots,N} D_k(\boldsymbol{x})$。

5.5 基于卷积神经网络的分类模型

相较于普通图像语义分类，遥感图像的语义分类任务难度会更大，主要的难点在于：①遥感图像分辨率往往比普通图像大得多，图像分辨率的提高自然提升了语义分类的难度；②遥感图像中的地物类别繁多，且许多类别在外形上呈现出相似的视觉特征，这无疑提高了语义分割的难度。

近些年，随着人工智能领域的快速发展，基于深度学习技术的语义分割成为遥感图像分类领域新的研究趋势。

5.5.1 卷积神经网络

在模式识别和计算机视觉领域，深度学习因非常广泛的实际应用，如图像分类、视频检索、无人驾驶等，已经成为科学研究的热点之一。深度学习技术的典型代表卷积神经网络（Convolution Neural Network，CNN）最初是由生物界创造性地提出的，为人工智能神经网络引入了许多新思想。从那时起，在各国各领域深度学习爱好者的共同努力下，基于CNN 的研究成果如雨后春笋般涌现。

目前主流的 CNN 主要由以下四部分组成：卷积层、池化层、激活函数层和全连接层。输入图像在进入网络后，首先会经过堆叠的卷积层，通过卷积层提取图像高维特征，随后得到的特征图会经过池化层完成下采样的操作从而完成缩减分辨率。非线性激活函数的使用使得网络能够拟合更加复杂的模型，从而提高网络的性能。在网络的最后，特征图往往会经过全连接层完成结果的输出。损失函数和梯度下降法将指导网络的参数朝着目标的方向进行更新。下面将对以上过程涉及的组成部件进行系统性的介绍。除这些具有特征提取功能的模块外，还加入了不同的正则化单元来优化 CNN 的性能，如常见的归一化和随机失活等，这些基础组件的排列对于设计新架构、提高模型性能起着至关重要的作用。

1. 网络局部连接和权值共享是 CNN 的两大核心思想

1962 年，加拿大神经科学家 Hubel D. H. 和 Wiesel T. N. 在动物视觉皮层实验中，发现猫的视觉皮层对信息的处理采用一种层级结构，最简单的信息在最前面提取，然后一层层不断地依次对前一层获得的图像进行信息提取，逐渐得到高层次的抽象信息。基于此，他们首次提出了感受野的概念。简单来说，感受野指的是特征图上的某个点与输入图像中对应区域的大小关系。相关学者受感受野思想的启发，提出了局部连接的构想。

在 CNN 出现之前，主要通过全连接的方式进行特征提取。通俗地讲，全连接就是第

N–1 层的所有神经元和第 N 层的所有神经元全部连接。然而，在 CNN 中，第 N–1 层和第 N 层神经元之间是局部连接的，存在某些未连接的神经元。图 5.10 显示了这两种连接结构的异同之处。图 5.10（a）是全连接结构，可以看出，该结构中前一层神经元到后一层神经元之间全都有边，而且每条边都有参数，因此全连接的参数非常多，尤其是在模型复杂的情况下。图 5.10（b）是局部连接结构，可以看出，该结构中前一层神经元到后一层神经元之间仅仅有少量的边，从而显著减少了参数。

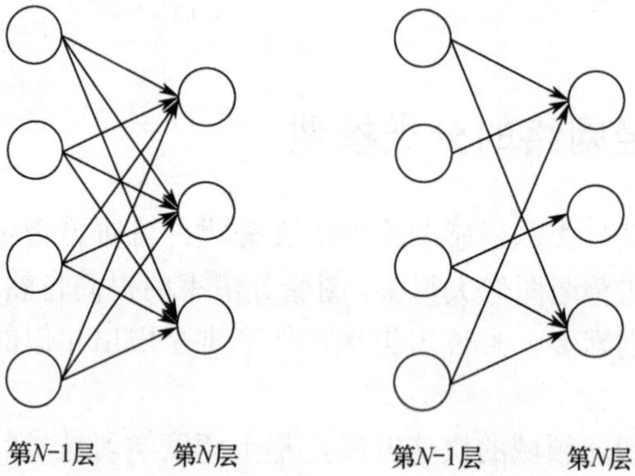

(a) 全连接结构　　(b) 局部连接结构

图 5.10　全连接结构与局部连接结构示意图

1998 年，LeCun Y. 发布了 LeNet-5 网络模型，在该模型中，他首次提出了权值共享的概念。权值共享指卷积核在不改变其内部权值的情况下处理整幅图像。例如，使用一个 3×3×1 的卷积核处理图像，则该卷积核中的 9 个参数被图像中的所有像素共同使用，卷积核内的系数不因位置的改变而改变。

权值共享策略的使用一方面大幅减小了模型参数量，降低了网络复杂度；另一方面，可以利用图像的区域局部相关性自动提取图像特征，避免冗余的预处理步骤。通过增加不同的卷积核，可以提取图像中不同的特征信息，提高网络的表达能力和泛化能力。

2．卷积层、池化层、激活函数层和全连接层是 CNN 最基础的组成部分

作为 CNN 结构中最重要的部分之一，卷积层发挥着不可替代的作用。卷积是指对输入信号进行局部加权求和，是一种线性移不变操作。选择不同的卷积权值组合，将会提取到输入信号的不同特性。如何获取正确的权值、选择合适的卷积核来捕获具体任务中所关心的信息是 CNN 模型的关键。

卷积层通常由多个可学习的卷积核组成，卷积核也称滤波器，可以看作二维数字矩阵。卷积层中的卷积核与输入图像进行卷积来产生输出图像，具体操作步骤：第一，将卷积核覆盖在图像中的某个位置；第二，将卷积核中的值和图像中对应的像素值相乘；第三，将上一步所得到的乘积加起来，得到的和就是输出图像中目标像素的值；第四，对图像的所有位置重复此操作，即可得到利用该卷积核求得的图像特征图。

图 5.11 所示为一个简单的 2×2 卷积核与 4×4 大小的图像进行卷积的过程。

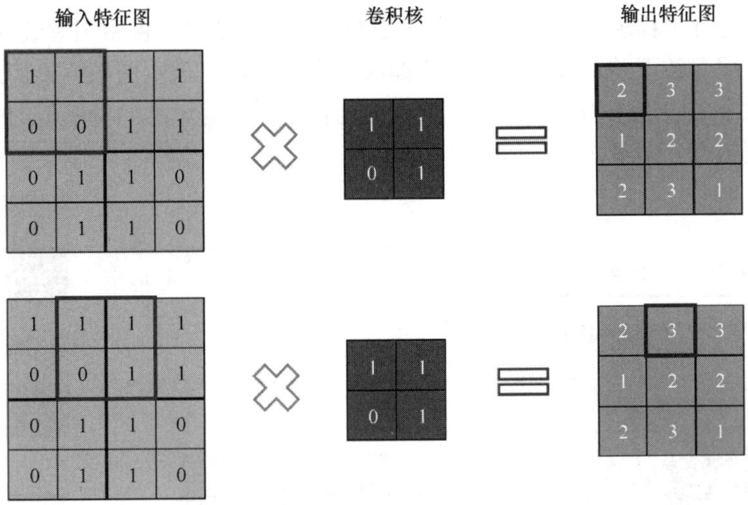

图 5.11　图像卷积操作流程

科研人员从哺乳动物视觉皮层分层处理的神经生理学证据中获得灵感，将不同尺寸、不同权值的卷积核通过级联的方式进行排列。这样，随着网络的加深，在卷积层中提取到的图像特征从简单变为复杂、从局部变为全局、从具体变为抽象，最终捕获更高阶的统计信息用于分类、融合、跟踪等具体的任务研究。图 5.12 展示了卷积层中不同层级获取的图像特征，从局部边缘信息到部件结构，再到人脸、车辆、杯子等具体物体轮廓。

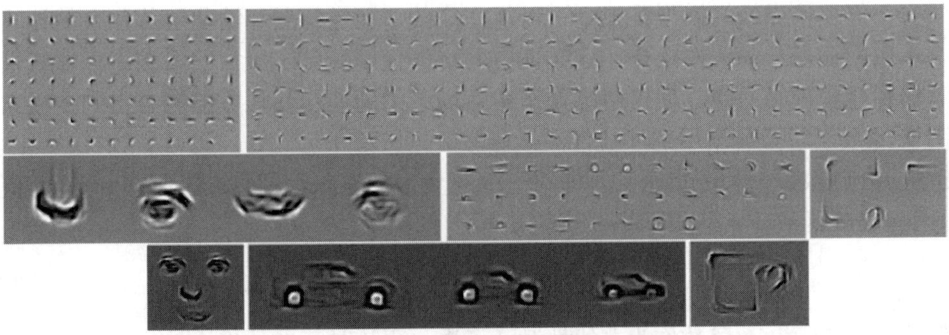

图 5.12　浅层网络和深层网络提取到的图像特征对比

实际上，对于任何 CNN 模型，无论是受生物启发的、纯粹基于学习的，还是完全手工制作的，都包括一个池化操作。池化操作的目的是使位置和尺寸的变化保持一定程度的不变性，以及在特征图内部和特征图之间聚合响应。另外，池化层避免了像素间信息的冗余，在卷积层的基础上大幅减小了模型的参数量，在起到防止模型过拟合作用的同时，使得输出的特征具有平移不变性。此外，池化操作降低了计算复杂度，能够将图像中的某些重要信息特征进行反馈，比如最大池化（Max Pooling）操作的去冗余作用十分明显。

一般情况下，CNN 中的池化操作主要有随机池化、最大池化（Max Pooling）以及平均池化（Mean Pooling）三种。图 5.13 展示了三种池化的计算过程。顾名思义，最大池化是对卷积核区域内的特征图中的所有像素求最大值并作为输出，而平均池化是对像素求平均值。随机池化介于两者之间，先对卷积核区域内的像素按照像素值大小求取概率矩阵，再根据概率矩阵进行采样求解。在进行池化的过程中，最大池化在保留图像纹理信息的同时，可以减小卷积层参数误差造成的估计均值偏移；平均池化在保留图像背景信息的同时，可以减小区域大小受限造成的估值方差；随机池化由于受人为添加的概率值的影响较大，在实际操作中使用得并不多。

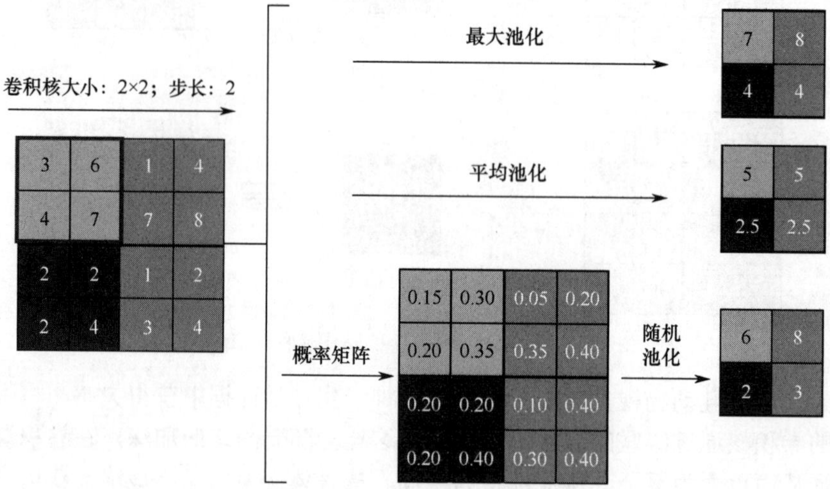

图 5.13　三种池化的计算过程

为什么需要在卷积神经网络中加入非线性激活函数呢？这主要是因为在许多复杂的任务场景中，仅仅依靠线性模型是根本不可能完成的。而卷积层和池化层从各自的计算方法来看，本质上还是一种线性操作，这样使得网络的使用受到了极大的限制。将非线性激活函数添加到卷积神经网络，使得网络处理实际场景中的非线性任务的能力得到了极大的提高。图 5.14 展示了几种常用的非线性激活函数。

Sigmoid 函数是一种逻辑函数，即对于任意大小的输入，都将其限制在 0～1 范围内，因此，Sigmoid 函数非常适用于概率值的处理，有

$$\mathrm{Sigmoid}(x)=\sigma=\frac{1}{1+\mathrm{e}^{-x}} \tag{5.33}$$

但是，以 Sigmoid 函数作为非线性激活函数，无论是正向传播还是反向传播，都需要进行幂运算和除法运算，计算量过大。此外，由于 Sigmoid 函数在梯度饱和区的梯度无限接近 0，因此随着网络的加深，网络训练过程中极易产生梯度消失的问题，使得模型无法继续收敛。

修正线性单元（Rectified Linear Unit，ReLU）是一种结构更为简单的激活函数，避免了复杂的数学计算，大大提高了网络的运算速度。它的有效导数是常数 1，解决了 Sigmoid 函数存在的梯度消失问题，使得深层网络可收敛。同时，在输入小于 0 的情况下，ReLU 函数将输出强制置为 0，将密集矩阵转换为稀疏矩阵，保留关键数据信息，起到去噪和特征选择的作用，有

$$\mathrm{ReLU}(x)=\max(0,x) \tag{5.34}$$

然而，由于将小于零的输入强制置为 0 输出，也就是对特征进行了完全屏蔽，因此可能会导致部分神经元处于“死亡”状态，模型无法学习到有效的特征。

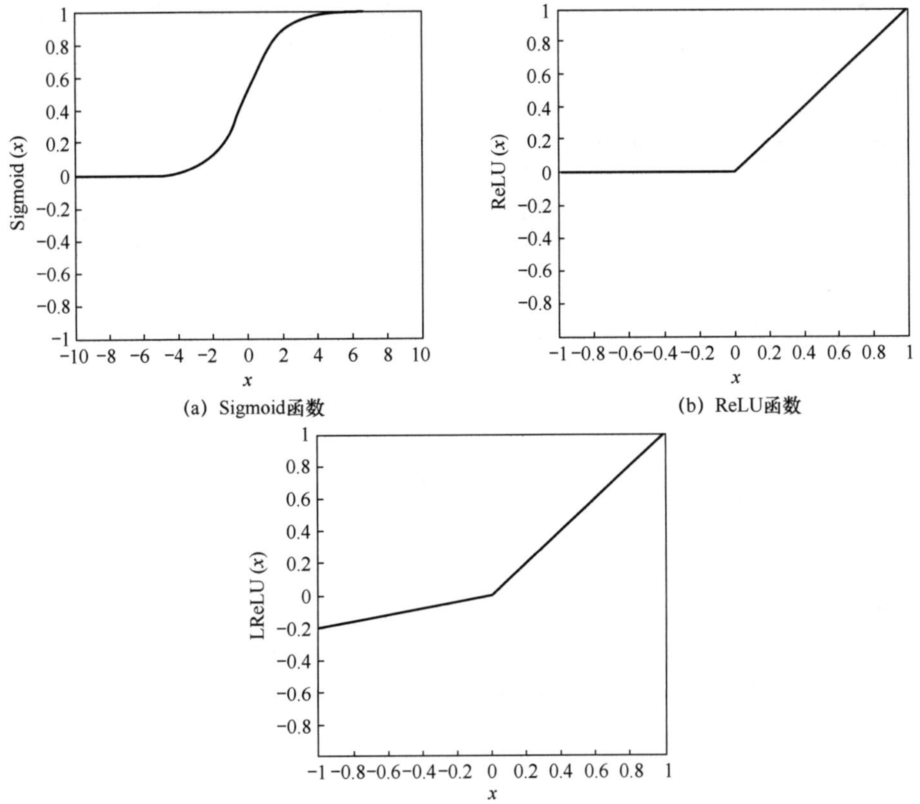

(a) Sigmoid函数　(b) ReLU函数

(c) LReLU函数

图 5.14　几种常用的非线性激活函数

针对 ReLU 函数的这种缺陷，相关研究人员提出了一种改进的方案——漏隙修正线性单元（Leaky Rectified Linear Unit，LReLU）函数。LReLU 函数在输入大于 0 时与 ReLU 函数的处理方式保持一致。与 ReLU 函数中将小于 0 的输入直接置为 0 不同，LReLU 函数引入了一个人为设置的常数 α ，α 一般设置为 0.01。LReLU 函数在保证计算效率的同时解决了神经元“死亡”问题，有

$$\mathrm{LReLU}(x) = \max(0, x) + \alpha \min(0, x) \tag{5.35}$$

在传统的 CNN 中，全连接层通常在经过一系列的卷积层和池化层后附加在网络的末端，类似于传统形式的神经网络中神经元的排列方式。与池化和卷积不同，它是一种全局操作。它从特征提取阶段获取输入，将选定的特征进行非线性组合，从而实现数据分类。全连接层中的每一层都是由许多神经元组成的平铺结构，将特征整合到一起输出一个值，在运算过程中忽略图像中的空间结构特性，大幅减小特征位置对分类的影响。由于全连接层的参数量较大，因此会出现过拟合问题。为了防止过拟合，Dropout 正则化方法由 Srivastava N. 等人在 2014 年提出。Dropout 正则化方法会以预先设定的一定概率值随机丢弃神经元输出，被丢弃的神经元输出不再参与正向传播和反向传播。但是在语义分割问题中，当网络添加全连接层时，图像中的空间信息会丢失，因为它们接收到来自所有输入神经元的激活，这严重阻碍了语义分割问题网络的有效学习。解决方法之一是通过应用卷积

核来增加卷积层表示，卷积核的维数与前一层的维数一致，从而实现卷积层表示与全连接层的等价性。其主要优点是连接等效于全连接层，输出分辨率与输入图像同步，不增大参数个数。

3. 经典的卷积神经网络模型

如今，CNN 被认为是人工智能（Artificial Intelligence，AI）技术在图像识别中应用得最广泛的算法。几十年来，人们进行了不同的努力来提高 CNN 的性能，提出了许多有代表性的典型网络模型。

（1）AlexNet。在 2012 年的 ImageNet 大规模视觉识别竞赛上，Krizhevsky A. 使用改进的 CNN 模型 AlexNet 取得了最佳的分类效果，引发了人们对深度学习和 CNN 技术的新一轮研究热潮。图 5.15 所示为 AlexNet 模型。

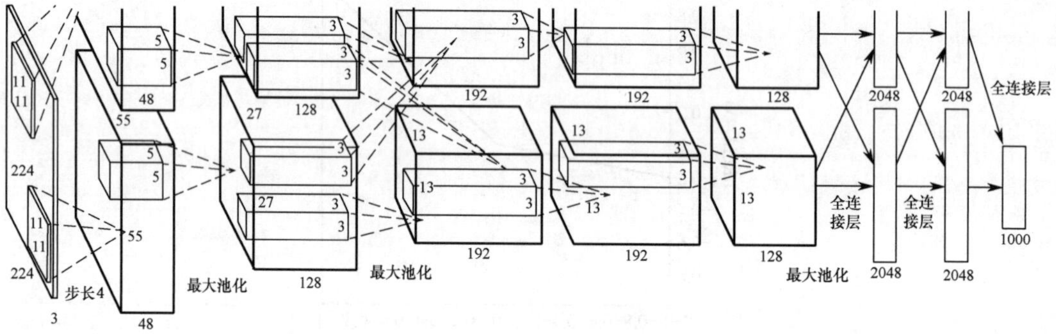

图 5.15 AlexNet 模型

AlexNet 模型是主要针对宽和高均为 224 像素的彩色图像 1000 类分类问题设计的网络模型。相比之前的网络模型，为了学习更复杂的图像高维特征，AlexNet 设计了 8 层网络，包括 3 个全连接层和 5 个卷积层。除使用双 GPU 和高性能显卡缩短网络训练时间、引入最大池化技术减小参数量外，AlexNet 还提出了两项非常重要的改进，直到现在仍然被相关领域的研究人员所使用：一是提出了 ReLU 激活函数，二是提出了随机失活（Dropout）技术。随机失活一般用于全连接层中，在模型训练阶段选择性地使某些神经元“死亡”，不参与训练过程，从而促使模型学习到鲁棒的特征，对于提高模型泛化能力、防止模型过拟合具有十分重要的意义。所谓过拟合，就是指网络在训练集上损失值很低，而在测试集上损失值很高。

（2）VGGNet。2014 年，牛津大学提出 VGGNet 模型，进一步探究 CNN 的模型性能。VGGNet 在网络深度上进一步增加，分类效果更加优异。VGGNet 最大的贡献在于抛弃了一般模型中普遍使用的大尺寸卷积核，改用尺寸更小的 3×3 卷积核来完成网络的构建。图 5.16 显示了不同层数的 VGGNet 模型。

VGGNet 连续多次使用 3×3 卷积核进行图像特征提取，3×3 是最小的能够捕获 8 邻域像素的尺寸，叠加使用多个小尺寸卷积核可以获得与大尺寸卷积核相同的感受野，而大尺寸卷积核参数量大、计算复杂且容易造成训练时间的浪费。VGGNet 通过减小卷积核尺寸来节省计算开销，这种思路为后续许多算法所沿用。

ConvNet Configuration					
A	A-LRN	B	C	D	E
11 weight layers	11 weight layers	13 weight layers	16 weight layers	16 weight layers	19 weight layers
input(224×224 RGB image)					
conv3-64	conv3-64 LRN	conv3-64 conv3-64	conv3-64 conv3-64	conv3-64 conv3-64	conv3-64 conv3-64
maxpool					
conv3-128	conv3-128	conv3-128 conv3-128	conv3-128 conv3-128	conv3-128 conv3-128	conv3-128 conv3-128
maxpool					
conv3-256 conv3-256	conv3-256 conv3-256	conv3-256 conv3-256	conv3-256 conv3-256 conv1-256	conv3-256 conv3-256 conv3-256	conv3-256 conv3-256 conv3-256 conv3-256
maxpool					
conv3-512 conv3-512	conv3-512 conv3-512	conv3-512 conv3-512	conv3-512 conv3-512 conv1-512	conv3-512 conv3-512 conv3-512	conv3-512 conv3-512 conv3-512 conv3-512
maxpool					
conv3-512 conv3-512	conv3-512 conv3-512	conv3-512 conv3-512	conv3-512 conv3-512 conv1-512	conv3-512 conv3-512 conv3-512	conv3-512 conv3-512 conv3-512 conv3-512
maxpool					
FC-4096					
FC-4096					
FC-1000					
soft-max					

图 5.16　VGGNet 模型

（3）ResNet。残差神经网络（Residual Neural Network，ResNet）的提出是 CNN 发展历史中具有里程碑意义的事件。ResNet 在 ILSVRC 和 COCO 2015 上获得了有史以来最好的成绩，ResNet 的作者何凯明也因此获得 CVPR 2016 最佳论文奖。

以往的 CNN 模型一般设置为十几层，原因在于当卷积层数继续增大时，模型性能无法继续优化，反而出现训练集上准确率下降的情况。这有些不合理且无法用过拟合来解释，因为过拟合在训练集上表现良好而在测试集上准确率降低。ResNet 认为，多层神经网络中的梯度消失问题是造成深层网络模型性能下降的原因。基于此，ResNet 创造了跨层连接结构，引入捷径连接（Shortcut Connection）的技巧，将输入特征通过跨层直接与卷积层的输出相连，如图 5.17 所示。

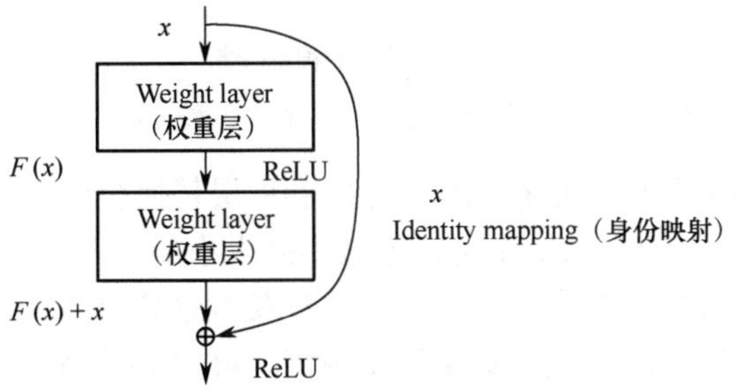

图 5.17　ResNet 跨层连接结构

跨层连接的引入使得深层网络的梯度可以直接传递到浅层网络，大大削弱了梯度消失现象。与此同时，网络的学习目标也从直接学习特征转变为在原来学习特征的基础上增加某些特征，即学习残差。ResNet 极具创造力的发明使得现在的 CNN 模型可以达到 1000 层以上，模型性能得到极大的提升。当下常见的 YOLOv3、Faster-RCNN 等都采用了这种结构。

5.5.2 全卷积神经网络

Hinton G. E. 等人于 2006 年提出了一种 Encoder-Decoder 结构，当时这个 Encoder-Decoder 结构提出的主要作用并不是分割，而是压缩图像和去噪声。输入是一幅图像，经过下采样的编码，得到一串比原先图像更小的特征，相当于压缩，再经过解码，理想状况就是能还原得到原来的图像。后来，Long J. 等人在 2015 年的论文中基于该结构提出了全卷积神经网络（Fully Convolutional Network，FCN）。自提出以后，FCN 就成了语义分割的基本框架，后续算法（如 UNet）其实都是在这个网络基础上改进而来的，其中，UNet 由于对称结构简单易懂，且模型效果优秀，因此成了许多网络改进的范本之一。

CNN 层数的不断增大使得其可以通过训练学习到描述图像语义信息的深层特征，然而 CNN 中池化层的降采样操作使得深层特征映射的分辨率与输入图像的无法保持一致，因此会损失大量的空间位置信息。如果将 CNN 直接用于图像语义分割，得到的语义分割结果必然会因为空间位置信息的损失而出现误差。为了解决该问题，FCN 将用于分类的 CNN 中的全连接层修改为卷积层，因而称为“全卷积”。FCN 可以在提取深层语义特征的同时保证其映射的分辨率与输入图像的保持一致，从而实现精确的语义分割，如图 5.18 所示。

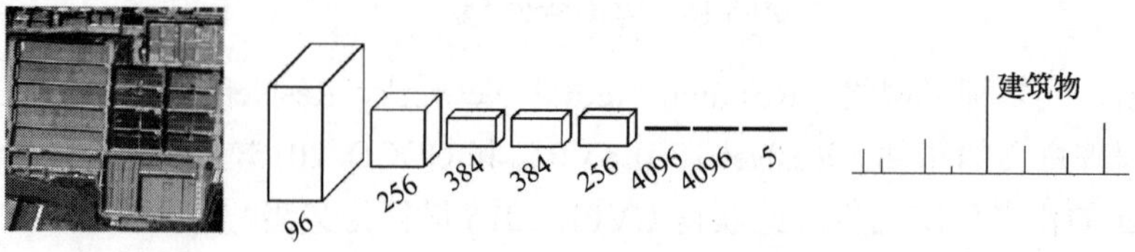

(a) 卷积神经网络

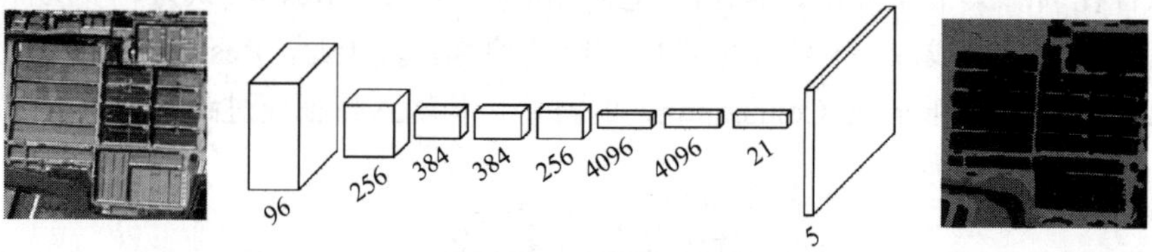

(b) 全卷积神经网络

图 5.18 卷积神经网络与全卷积神经网络

综上所述，FCN 的主要贡献是卷积化，即用卷积层替换全连接层。与全连接层的 CNN 相比，FCN 有许多优点。首先，FCN 可以处理不同大小的输入图像，即 FCN 的输入图像的分辨率是不固定的。其次，与卷积层相比，全连接层通常具有大量的可学习参数，因此需要大量的内存来存储模型和通过计算来训练模型。FCN 将全连接层替换为卷积层，使得整个网络结构完全卷积。此外，FCN 引入了上采样操作，将输出特征映射的维数恢复到原始输入维数。这样，可以获得二维特征图，然后使用 Softmax 函数生成逐像素标记图。以 256×256×3 的遥感图像为例，在经过 5 个卷积层后，每个卷积层都包括一次卷积操作和一次池化操作，池化操作会使输入图像的长、宽变为原来的一半，因此经过 5 个卷积层后特征图大小变为原来的 1/32，即 8×8×3，为保证输出与输入的遥感图像大小一致，需要对特征图进行上采样，上采样可以采取反卷积或者插值实现，常用的插值方法有最邻近插值和双线性插值。

特征提取过程中的池化操作会缩小特征图导致信息丢失，而上采样在恢复特征图时仅使用已知像素值对丢失信息进行估算，并不能完全恢复池化操作所导致的信息丢失。FCN-32s 版本直接将最深层的特征图进行 32 倍上采样导致分割结果会损失很多细节而变得较粗糙，因此学者提出在 FCN 中使用跳跃连接结构，通过融合不同步幅的预测图细化分割图，如图 5.19 所示。FCN-16s 版本首先将 32 倍下采样的预测图向上采样 2 倍，然后将输出与 16 倍下采样的预测图结合起来再继续上采样，最终的 FCN-8s 版本结合了 32 倍、16 倍和 8 倍下采样的预测图。FCN 通过这种先对不同尺度的深层特征图进行上采样，再与浅层特征图进行叠加的方法将全局信息和局部信息结合起来。FCN-8s 版本与 FCN-16s 版本保留了位置信息和低级语义特征，FCN-32s 版本保留了高级语义特征，利用跳跃连接将这 3 种特征图进行融合作为最终的输出，可以显著提高语义分割的性能。

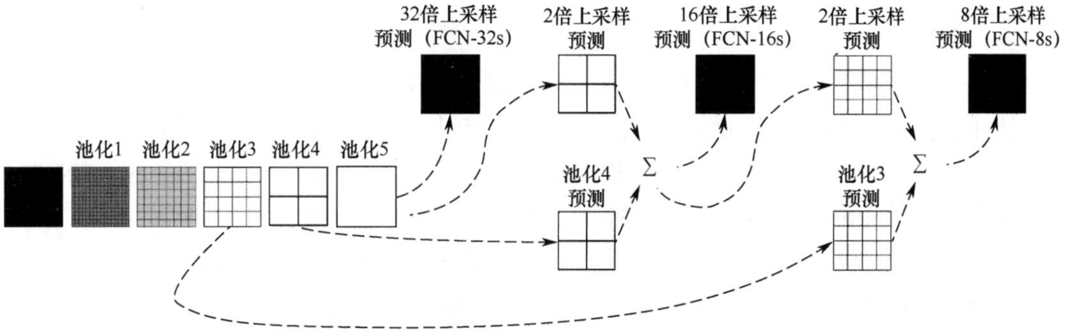

图 5.19 使用跳跃连接的 FCN

FCN 作为首个端到端的语义分割网络，为后续的基于深度学习的语义分割发展奠定了基础。然而其使用的用于提取特征的骨干网络相对简单，FCN 使用的跳跃连接结构过于简单，无法充分利用深层特征和浅层特征。另外，FCN 模型对多尺度信息、空间上下文信息和先验信息等重要参考信息的利用率较低，导致其提取的像素级特征对形状和像素强度变化复杂的目标的区分能力较低，容易导致过分割和欠分割现象。

5.5.3 UNet

UNet 是由 Ronneberger O. 等人基于 FCN 提出的最早针对医学图像的语义分割网络，网络结构如图 5.20 所示。与 FCN 相比，UNet 在网络结构上进行了改进，在进行上采样恢复特征尺寸时，使用了和特征提取阶段相同数量的卷积层，为了充分利用浅层特征和深层特征，UNet 采用特征通道拼接融合浅层特征和深层特征。为了提取更充分的空间细节信息，直接将特征提取阶段所提取到的特征传递到上采样中。因此，相较于 FCN，UNet 的语义分割精度更高，同时像素的空间定位更准确。

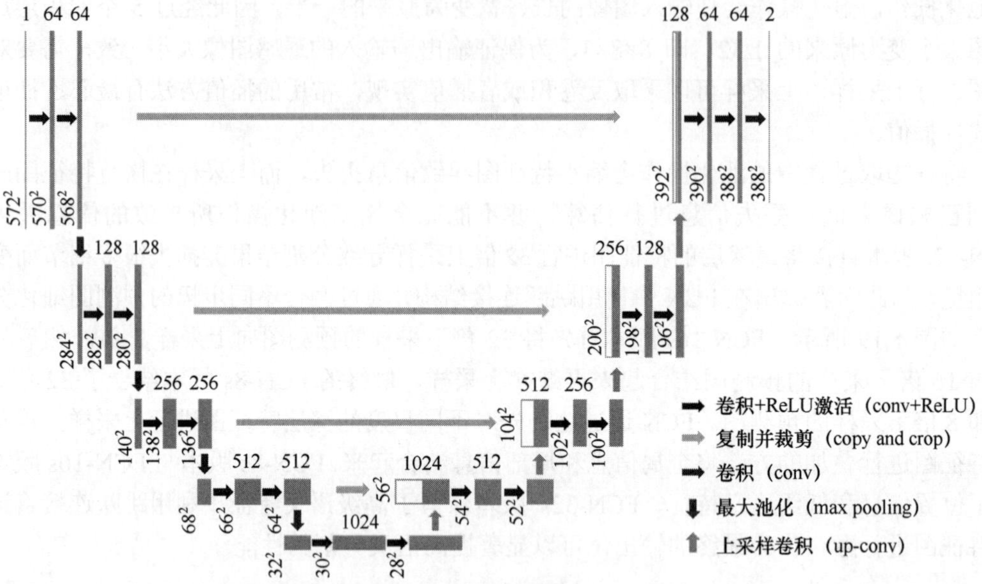

图 5.20 UNet 的网络结构

UNet 由左侧提取特征的编码结构和右侧进行上采样的解码结构组成，由于编码结构与解码结构采用了相同数量的卷积层使得形似 U 形而得名。编码结构一共有 5 层，遵循 CNN 的典型架构，堆叠使用 2 个 3×3 的卷积，没有批量归一化（Batch Normalization，BN）设置，后面加 1 个 ReLU 激活。4 次下采样后，特征图由原来的 572×572 缩小至 32×32，特征通道数不断增大，扩增至 1024。在编码过程中，网络不断提取深层的语义特征。

解码结构与编码结构对称，通过上采样对特征图不断放大，并且与收缩路径每层的特征图融合，充分结合浅层和深层语义特征。由于在网络训练过程中卷积操作没有设置填充（Padding），所以在解码过程中，特征图融合前都需要裁剪，再通过拼接（Concatenate）操作充分融合浅层特征和深层特征，从而恢复特征图细节信息。该结构在细胞分割等医学图像研究处理上得到了很好的结果。

扩展路径中的上采样部分具有大量的特征通道，有助于向后续具有更高分辨率的网络层进行上下文信息的传播，实现像素的精确预测。UNet 模型改善了由目标图像块尺寸不一、小尺寸目标图像块上下文信息较少以及池化层图像目标位置信息损失导致的定位精确度和上下文信息之间的不平衡问题。最后，UNet 提出使用加权损失函数，为分离接触细胞的背景标签赋予一个大的权重，从而实现对相同类别的接触目标之间的分离。

5.5.4 DeepLab 系列网络

DeepLab 系列网络是由谷歌团队首次提出的用于语义分割的算法，在语义分割领域有着举足轻重的地位，随着不断改进和完善，目前已经有 4 个版本。2014 年 DeepLabv1 网络问世，该网络首次提出“空洞卷积”这一卷积概念。空洞卷积通过在标准卷积中加入“空洞”（插入 0 值点）来扩大感受野，可以实现在不增大参数量的情况下扩大感受野且不会造成空间细节信息的丢失，其中定义空洞卷积操作中两个有效像素之间的距离为膨胀率。针对输入图像中存在的多尺度物体，为了能够更好地进行多尺度分割，DeepLabv2 网络提出空洞空间金字塔池化（Atrous Spatial Pyramid Pooling，ASPP）概念，该结构使用了 4 个膨胀率不同的空洞卷积，4 个空洞卷积的膨胀率分别为 6、12、18、24，因此可以得到不同感受野的特征图，进而解决多尺度目标的分割问题。

虽然 DeepLabv2 网络使用了多种不同膨胀率的空洞卷积，在一定程度上解决了语义分割网络中存在的多尺度分割问题，然而单一的并行化多尺度特征提取并不能完全挖掘出空洞卷积在语义分割任务中的潜能，为了充分利用空洞卷积的潜能，Chen L. C. 等人提出了 DeepLabv3 网络，该网络在并行多空洞卷积的基础上使用了串行空洞卷积，同时利用不同膨胀率的空洞卷积来获得多尺度的语义信息。标准卷积中多次的下采样必定会导致空间细节信息丢失太多，不利于分割的精细效果，而过少的下采样又会使得高层特征的感受野无法覆盖整幅图像，与标准卷积不同的是，空洞卷积能够在不改变图像分辨率的前提下通过控制膨胀率就可以获取更大尺度的感受野。在 DeepLabv3 网络中将空洞卷积以串行的方式应用在特征提取网络的最后几层，通过控制膨胀率决定输出特征大小。DeepLabv3 网络模型为了实现对多尺度物体的分割，提出级联空洞卷积模块与并联多个不同空洞率的空洞卷积池化模块实现了特征增强效果，使用了多个采样率的滤波器来聚合多尺度信息，相较于之前的模型在图像分割任务中性能有了明显的提高。

Chen L. C. 等人在 DeepLabv3 的基础上进一步提出了 DeepLabv3+网络架构，DeepLabv3+作为 DeepLab 系列中语义分割性能最好的网络，借鉴吸收了许多经典分割网络的先进思想。网络主要有两大亮点：其一，借鉴了 UNet 的编解码结构，编码器作为输入图像的特征提取模块，通过对输入图像逐步降采样降低特征图分辨率从而捕获图像中的高级细节，而与编码器对应的解码器的任务是从较小的编码器特征图中重建与原始图像大小相等的分割图；其二，沿用了 DeepLabv2 网络架构中的空洞空间金字塔池化结构，从而解决多尺度目标的分割问题。图 5.21 所示为以遥感图像为输入的 DeepLabv3+网络架构。DeepLab 系列模型既具备了编解码结构，同时增加了扩大感受野的空洞卷积，且在没经过后处理的情况下，在数据集 VOC 2012 上的精度达到 89.0%，在数据集 Cityscapes 上的精度达到 82.1%。

根据图 5.21，DeepLabv3+网络架构可分为编码器和解码器两部分。编码器由提取特征的深度卷积神经网络（Deep Convolutional Neural Network，DCNN）和具有不同膨胀率的空洞卷积的 ASPP 结构组成。ASPP 结构可以进一步优化 DCNN 输出的特征图，并通过通道叠加的方式将特征融合。解码器中涉及上采样操作和特征的融合，其中，第一个上采样操作是将深层特征的大小提升到与浅层特征大小一致，通道叠加将上采样后的深层特征图与浅层特征图拼接融合，使得网络的多尺度检测性能得到提升，分割效果更加精确；第二个上采样操作使得输出特征图大小与输入图像大小一致。

实现上采样一共有三种方式：双线性插值、反卷积和反池化。反卷积和反池化可以分别看作卷积和池化的逆操作，卷积和池化会减小特征图的尺寸，相反地，反卷积和反池化可以增大特征图的尺寸。然而，用反卷积和反池化实现上采样不能恢复原尺寸特征图的全部信息。双线性插值如图 5.22 所示（见本书最后的彩插页），需要求解红色点 P 在函数 $f(x,y)$ 上的值，已知绿色点 A_{11}、A_{12}、A_{21}、A_{22} 在函数 $f(x,y)$ 上的值分别为 $f(x_1,y_1)$、$f(x_1,y_2)$、$f(x_2,y_1)$、$f(x_2,y_2)$。首先沿着 x 方向进行线性插值，在 A_{11} 和 A_{21} 中插入蓝色点 B_1，在 A_{12} 和 A_{22} 中插入蓝色点 B_2，根据线性插值的比例关系可得 B_1 和 B_2 在函数 $f(x,y)$

上的值分别为 $f(B_1)$ 和 $f(B_2)$，可由式（5.36）和式（5.37）计算得到。然后沿 y 方向进行线性插值，即可得到目标点 P 在函数 $f(x,y)$ 上的值 $f(P)$，可由式（5.38）计算得到。双线性插值原理简单、操作简易快速，被广泛应用于上采样过程。

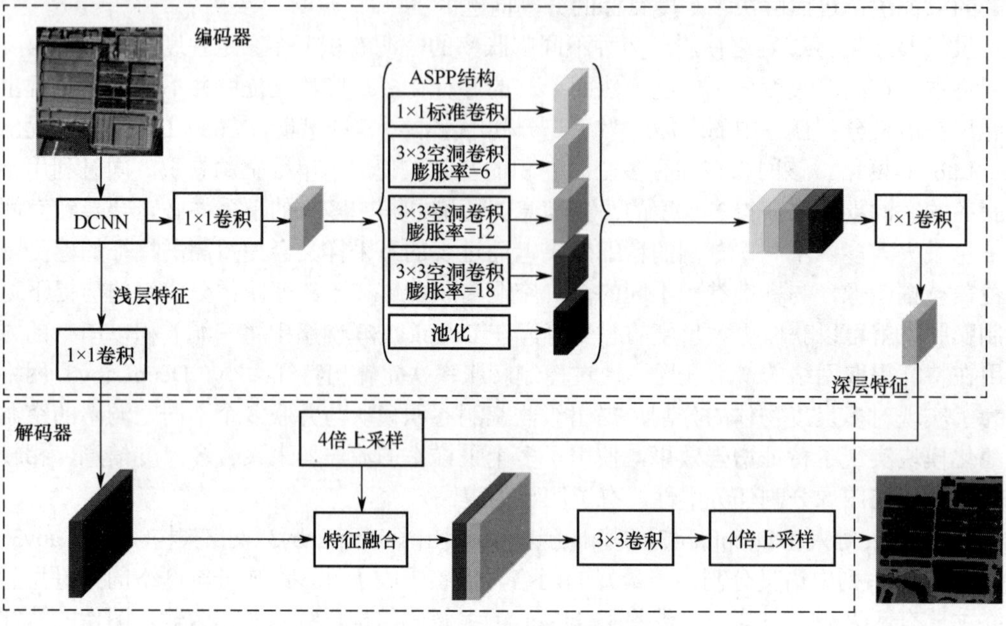

图 5.21　DeepLabv3+网络架构

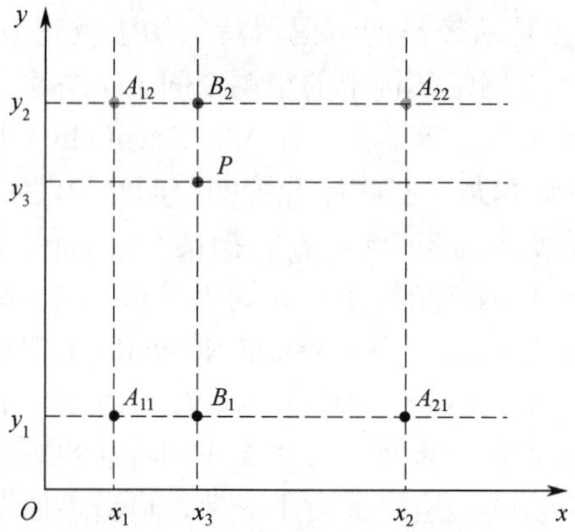

图 5.22　双线性插值

$$f(B_1)=\frac{x_2-x_3}{x_2-x_1}f(A_{11})+\frac{x_3-x_1}{x_2-x_1}f(A_{21}) \tag{5.36}$$

$$f(B_2)=\frac{x_2-x_3}{x_2-x_1}f(A_{12})+\frac{x_3-x_1}{x_2-x_1}f(A_{22}) \tag{5.37}$$

$$f(P)=\frac{y_2-y_3}{y_2-y_1}f(B_1)+\frac{y_3-y_1}{y_2-y_1}f(B_2) \tag{5.38}$$

空洞卷积被用于 DeepLabv2 网络架构中实现逐像素的分割目的，空洞卷积的出现可以实现在扩大感受野的同时不造成空间细节信息的丢失。

标准卷积与空洞卷积操作如图 5.23 所示，经过 3×3 标准卷积后，特征图中的一个像素由输入图像中的 3×3 个像素决定，经过膨胀率 r 为 2 的 3×3 空洞卷积，特征图中的一个像素由输入图像中的 5×5 个像素决定，因此，使用空洞卷积可以扩大特征图的感受野。空洞卷积的感受野可以由式（5.39）计算得到，其中 k 表示卷积核大小。空洞卷积的感受野由膨胀率决定，当膨胀率不同时，可以获得不同大小的感受野，因此设置不同的膨胀率可以获得多尺度信息，有

$$\text{感受野} = (r-1)(k-1)+k \tag{5.39}$$

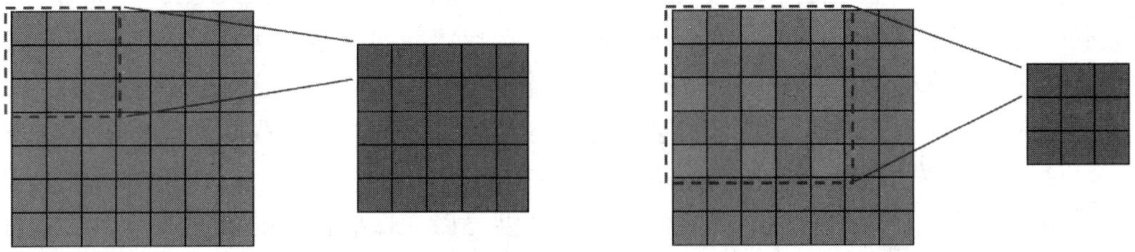

(a) 3×3标准卷积　(b) 3×3空洞卷积（r=2）

图 5.23　标准卷积与空洞卷积操作

为更好地解决多尺度目标分割问题，DeepLabv3+沿用了 DeepLabv2 网络架构中的 ASPP 结构，该结构由 5 部分组成，包括 1 个 1×1 标准卷积、3 个具有不同膨胀率的 3×3 空洞卷积（膨胀率分别为 6、12、18）和 1 个池化操作。卷积可以提取局部特征，不同膨胀率的空洞卷积可以获取具有不同感受野的特征图，池化操作可以全局提取特征，因此，空洞空间金字塔池化可以得到多尺度信息，促进多尺度目标分割。

5.5.5　基于 SAM 的遥感分类网络

分割一切模型（Segment Anything Model，SAM）是一种基于深度学习的图像分割模型，它能够处理各种类型的图像，并具有零样本泛化的能力，类似于一种半监督分割算法。SAM 提供了一个交互式的分割框架，可以根据用户给定的提示（Prompt），如前景/背景点、边界框或掩膜，生成分割结果。它包含三个主要组件：图像编码器，用于生成一次性图像嵌入；提示编码器，用于生成提示嵌入，提示可以是点、框或文本；掩膜解码器，结合了提示编码器和图像编码器的嵌入的轻量级掩膜解码器。SAM 使用基于视觉转换器（Vision Transformer，ViT）的预训练掩膜自编码器将图像处理成中间特征，并将先前的提示编码为嵌入基本块（Tokens）。随后，掩膜解码器中的交叉注意力机制促进了图像特征和提示嵌入之间的交互，最终产生掩膜输出。

SAM 分割的结果是没有语义信息的，是一种与类别无关的分割模型，其编码器的深度特征图无法包含丰富的语义类别信息。此外，SAM 对于复杂的航空遥感图像很难实现对目标的完整分割，其结果严重依赖用户的提示类型、位置和数量。解决上述问题的方法是在 SAM 分割的同时，推断图像中被分割对象的语义类别和实例掩膜。一种解决思路是使用类似于 Mask RCNN 模型中的区域提议网络（RPN）生成目标候选框。从视觉特征中派生出三个感知头：语义头、定位头和提示头。语义头确定特定目标类别，而定位头在生成的提示表示和目标实例掩膜之间建立匹配准则，即基于定位的贪心匹配。提示头生成 SAM 掩

膜解码器所需的提示嵌入。模型的损失包括 RPN 的二元分类损失和定位损失、语义头的分类损失、定位头的回归损失，以及冻结的 SAM 掩膜解码器的分割损失。

5.6 基于改进型 DeepLabv3+的地物分类

5.6.1 轻量化网络 MobileNetv2

深度卷积神经网络通过不断增大卷积层和池化层的数量，可以极大地提升网络对特征的提取能力，残差网络的引入可以解决因网络过深导致的梯度爆炸问题，因此，深度卷积神经网络在检测和分割等任务中可以得到较优越的精度。然而在遥感图像分割任务中，由于遥感图像本身具有尺寸大且包含信息量丰富等特性，因此为了提高处理遥感图像任务的速度，设计出参数量或计算量小的网络成为必要的工作。早期深度卷积神经网络很少考虑参数量和计算量，轻量化网络的诞生使得网络模型可以在保持精度的条件下减小模型的参数量和计算量。

SqueezeNet 系列网络是早期较经典的轻量级网络，SqueezeNet 巧妙地设计了 Fire 模块，该模块由压缩和扩展两部分组成，压缩部分利用 1×1 卷积进行维度压缩，扩张部分则利用 1×1 卷积和 3×3 卷积进行维度扩展，通过使用 Fire 模块可以实现模型参数的 50 倍压缩。SqueezeNext 则在 SqueezeNet 模型的基础上加入分离卷积进行改进，参数量相比 VGG16 压缩为原来的 1/112。

ShuffleNet 系列网络中的 ShuffleNetv1 的核心在于使用通道混洗（Channel Shuffle）操作弥补分组间的信息交流，使得网络可以尽情使用逐点分组卷积，不仅可以减小主要的网络计算量，也可以增大卷积的维度。ShuffleNetv2 考虑到 ShuffleNetv1 中的逐点分组卷积会导致不可忽视的计算损耗，提出了在不通过稠密卷积和过多分组的情况下保持输入与输出维度一致的卷积。

MobileNet 系列模型是谷歌（Google）专门针对移动和嵌入式设备开发的轻量级 CNN 结构。MobileNetv1 采用一种深度可分离卷积的高效卷积方法来提升运算速度，在此基础上，MobileNetv2 加入了反向残差和线性瓶颈模块构成了更高效的基本模块。MobileNetv3 采用了新的非线性激活层 h-swish，使用互补的网络搜索方法搜索得到轻量级网络。相较于之前的版本，MobileNetv3 虽然实现了性能提升，但设计及训练过程更复杂。

使用 MobileNetv2 改进原有的 DeepLabv3+网络模型，可以满足大尺寸遥感图像的地物分类要求。MobileNetv2 网络的结构组成可以概括为深度可分离卷积、反向残差结构、线性瓶颈结构三部分，其中，深度可分离卷积大大减小了模型的参数量和计算量，反向残差结构和线性瓶颈结构则使得模型在提高速度的同时可保证分割精度。

1. 深度可分离卷积

深度可分离卷积将标准卷积过程分解成深度卷积和逐点卷积两步来实现。在标准卷积中，卷积核作用在所有的输入通道上，输出特征图的通道数与卷积核的数量相等。而深度卷积作用在单个通道上，实现空间上信息的交互融合。深度卷积对输入特征图的每个通道使用不同的卷积核进行卷积操作，不改变特征图的维度，即输出特征图的通道数与输入特征图的通道数相等。逐点卷积对输入特征图在不同通道上进行卷积操作，实现通道间信息的交互融合。逐点卷积可以看成一个标准卷积，只不过其卷积核的尺寸为 1×1。深度可分离卷积在实现标准卷积功能的前提下，使得模型中的参数量大幅度减小，模型尺寸进一步减小。

下面针对标准卷积与深度可分离卷积的计算过程和参数量计算进行分析。假设输入特征图的尺寸为 $F \times F \times M$，即输入特征图为正方形，宽和高相等，均为 F，通道数为 M。标准卷积计算过程要求卷积核的通道数必须与输入特征图的通道数是相等的，因此采用图 5.24 所示的 N 个尺寸为 $K \times K \times M$ 的卷积核进行标准卷积计算，得到尺寸为 $F \times F \times N$ 的输出特征图，这里假定输入特征图与输出特征图大小相同，尽管属于特例，但是不影响下面对于计算量分析的一般性和普适性。

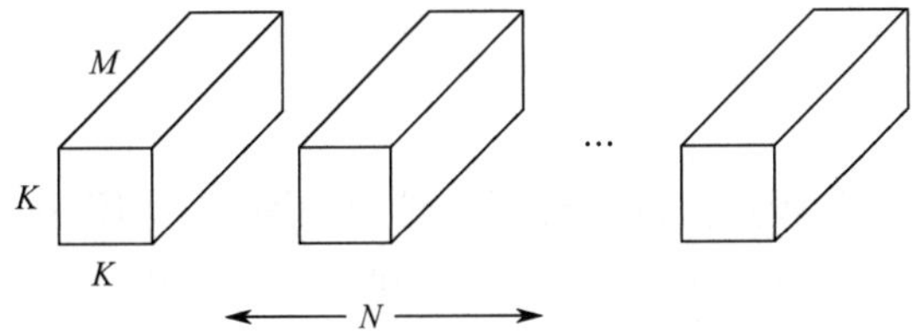

图 5.24　标准卷积操作

上述过程中，标准卷积的计算量为

$$C_{\mathrm{n}} = K \times K \times M \times N \times F \times F \tag{5.40}$$

将上述标准卷积过程拆分成深度卷积和逐点卷积。在深度卷积中使用图 5.25 所示的 M 个 $K \times K \times 1$ 的卷积核在单个通道上进行卷积计算，得到 M 个尺寸为 $F \times F \times 1$ 的输出特征图。

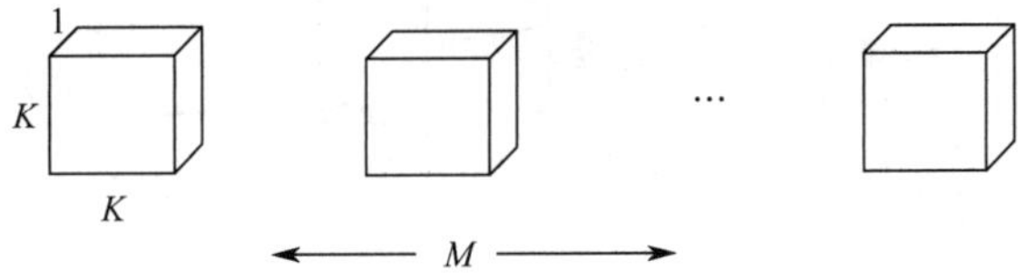

图 5.25　深度卷积操作

深度卷积过程中的计算量为

$$C_{\mathrm{dw}} = K \times K \times M \times F \times F \tag{5.41}$$

紧接着，在深度卷积的基础上，使用图 5.26 所示的 N 个 $1 \times 1 \times M$ 的卷积核进行逐点卷积操作，最终得到 $F \times F \times N$ 的输出特征图作为深度可分离卷积的输出。

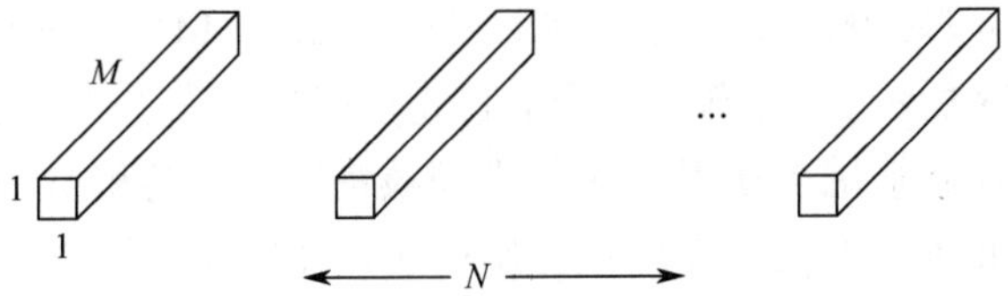

图 5.26　逐点卷积操作

逐点卷积过程中的计算量为

$$C_{pw} = N \times F \times F \times M \tag{5.42}$$

最终可得深度可分离卷积的计算量为

$$C_{dsc} = C_{dw} + C_{pw} = K \times K \times M \times F \times F + N \times F \times F \times M \tag{5.43}$$

使用深度可分离卷积替换标准卷积后，可以将标准卷积与深度可分离卷积的计算量进行如下比较

$$\frac{C_{dsc}}{C_n} = \frac{K \times K \times M \times F \times F + N \times F \times F \times M}{K \times K \times M \times N \times F \times F} = \frac{1}{N} + \frac{1}{K^2} \tag{5.44}$$

不难看出，当使用 3×3 的卷积核进行卷积操作，即 $K = 3$ 时，相较于使用标准卷积，替换后的深度可分离卷积的计算量减小了 $\frac{1}{9} \sim \frac{1}{8}$。

2. 反向残差结构

残差网络创造性地在卷积层之间设计了一种捷径连接，将深层网络的梯度直接传递到浅层网络，可以大大缓解梯度消失问题。与此同时，网络的学习目标也从直接学习图像特征转换为在原来学习特征的基础上增加某些特征，即学习残差，从而减小了网络的学习难度。因此，MobileNetv2 中引入了残差结构来提高特征学习性能。

传统的残差结构如图 5.27 所示，首先使用尺寸为 1×1 的卷积核在保持特征图大小不变的前提下降低输入特征的维度，减小卷积操作的计算量，然后进行 3×3 标准卷积，最后再次使用尺寸为 1×1 的卷积核进行通道扩展。

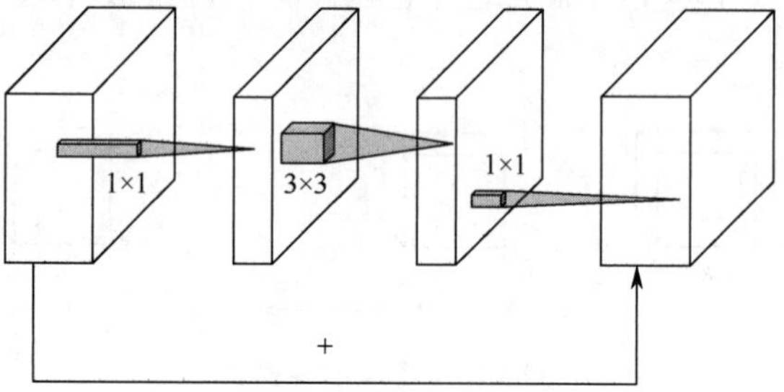

图 5.27 传统的残差结构

为减小模型参数量、提高计算速度，MobileNetv2 将上述 3×3 标准卷积改为深度卷积进行计算，使得卷积提取到的特征相对减少。如果沿用传统的残差结构，在进行深度卷积之前，对输入特征通道进行压缩，则最终提取到的特征会进一步减少，虽然在速度上满足要求，但对模型准确率的影响较大，综合性能欠佳。因此，MobileNetv2 设计实现了一种反向残差结构，如图 5.28 所示。对于输入特征，首先使用尺寸为 1×1 的卷积核进行卷积运算，增大通道维度；然后在此基础上使用 3×3 的卷积核进行深度卷积操作；最后通过逐点卷积实现跨通道特征交互和维度变换。反向残差结构通过使用先升维再降维的方法，在减小网络计算量的前提下，大大提高了模型的特征提取能力，从而实现高实时性与高准确率的检测识别。

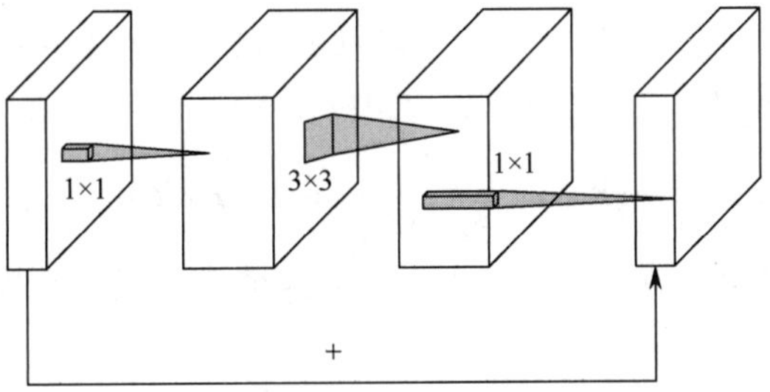

图 5.28　反向残差结构

3．线性瓶颈结构

深度可分离卷积和反向残差结构的设计使得模型同时兼顾了准确率和速度这两个目标检测识别任务中最关心的指标。然而，在具体实验中发现，经过训练后的模型中深度卷积的参数出现了大量值为 0 的情况，使得模型真实性能远低于理想的情况。出现这种现象的原因：卷积操作后使用 ReLU 函数作为非线性激活函数，而 ReLU 函数本身的特性使得部分特征信息直接变为 0，即神经元失活，导致图像特征信息丢失。

基于以上原因，MobileNetv2 设计实现了线性瓶颈结构，图 5.29（a）所示为步长为 1 的线性瓶颈结构，图 5.29（b）为步长为 2 的线性瓶颈结构。深度可分离卷积中最后一层逐点卷积输出时，由原来的非线性激活函数改为线性激活函数，从而避免了图像特征信息的丢失，提高了深度可分离卷积的精度。

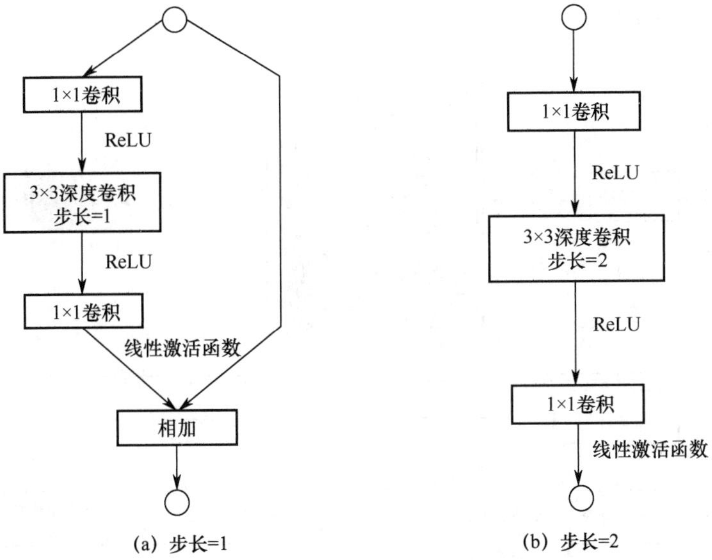

图 5.29　不同步长的线性瓶颈结构

5.6.2　条件随机场

条件随机场（Condition Random Field，CRF）解决了全局归一化问题，可以很好地应用于像素级图像分割。假设随机场 $\boldsymbol{X}$ 由一系列表示给定遥感图像的随机变量 $\{\boldsymbol{X}_1,\boldsymbol{X}_2,\cdots,\boldsymbol{X}_n\}$ 组

成，$\boldsymbol{X}_i$ 是像素 i 的光谱向量；随机场 $\boldsymbol{Y}$ 由一系列随机变量 $\{\boldsymbol{Y}_1,\boldsymbol{Y}_2,\cdots,\boldsymbol{Y}_n\}$ 组成，$\boldsymbol{Y}_i$ 是像素 i 的标签，其值范围为 $L=\{l_1,l_2,\cdots,l_k\}$。那么，$\mathrm{CRF}(\boldsymbol{X},\boldsymbol{Y})$ 可以定义为

$$P(\boldsymbol{Y}\mid\boldsymbol{X})=\frac{1}{Z(\boldsymbol{X})}\exp\{-E(\boldsymbol{Y}\mid\boldsymbol{X})\} \tag{5.45}$$

式中，$Z(\boldsymbol{X})$ 为归一化函数；$E(\boldsymbol{Y}\mid\boldsymbol{X})$ 为由一元势函数和二元势函数组成的能量函数，计算公式如下

$$E(\boldsymbol{Y}\mid\boldsymbol{X})=\sum_i\psi_u(x_i)+\sum_{i,j}\psi_p(x_i,y_j) \tag{5.46}$$

式中，一元势函数仅考虑单个像素的特征来对像素进行分类，这与卷积神经网络的后端输出一致；二元势函数结合了像素之间的相关性，将相似的像素标记为相同的标签，将差异较大的像素标记为不同的标签，使分类结果的边界更加清晰。

5.6.3 基于改进型 DeepLabv3+的遥感图像地物分类

基于深度学习的方法可以有效地提高地物分类精度，采用语义分割网络中最优秀的分割网络——DeepLabv3+作为基准网络对遥感图像进行高精度地物分类。鉴于遥感图像包含的信息量大，使用轻量级网络——MobileNetv2 代替原始网络中提取特征的深层卷积神经网络，CRF 可以作为整个分类过程的后处理阶段进一步优化由 DeepLabv3+模型输出的分类结果。基于改进型 DeepLabv3+的遥感图像地物分类流程图如图 5.30 所示。

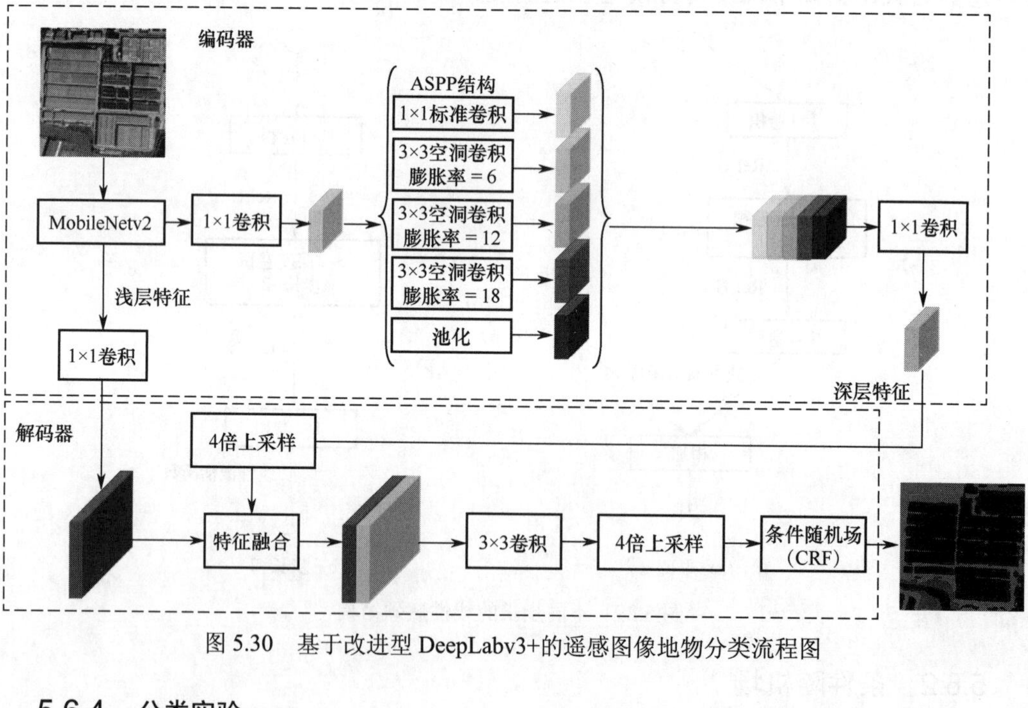

图 5.30 基于改进型 DeepLabv3+的遥感图像地物分类流程图

5.6.4 分类实验

实验测试数据由无人机采集，根据研究区域的数据特点，将研究区域分为 4 类地物：建筑物、道路、水体和植被。本节的实验分析选择具有相似地物类别的 WHDLD 公共数

据集作为训练集，训练集中的部分训练数据如图 5.31 所示。该数据集包含 4940 幅大小为 256 像素×256 像素的遥感图像和相应的特征分类标签，分为 6 类：裸地、建筑物、人行道、道路、植被和水，因此，修改 WHDLD 公共数据集类别，将裸地、人行道和道路合并到道路类别中，而其他数据保持不变。原始标签和修改后标签的训练数据分别如图 5.32 和图 5.33 所示。

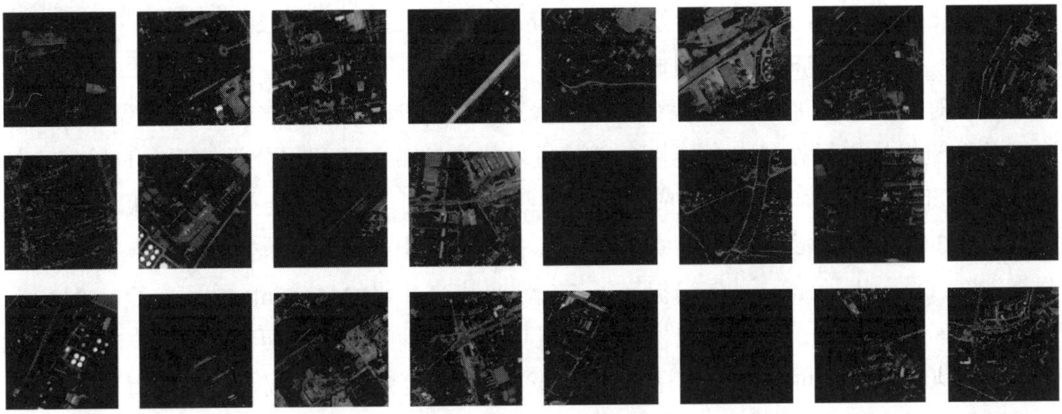

图 5.31　部分训练数据

图 5.32　原始标签的训练数据

图 5.33　修改后标签的训练数据

实验环境为显存 11GB 的 RTX3080 GPU，操作系统是 Linux。在实验中，使用修改后的 WHDLD 公共数据集对网络进行训练。训练期间的参数设置如下：batch_size 设置为 4，初始学习率为 7e-3，最终学习率为 7e-5，选择余弦函数作为学习率的下降模式，从而避免模型陷入局部最优；损失函数设置为 dice loss，dice loss 常用于语义分割中正、负样本不平衡的场景；动量设置为 0.9。优化器选择随机梯度下降（Stochastic Gradient Descent，SGD）来进行优化训练，并训练 1000 个次数（epoch）。在测试过程中，对加载训练后的模型进行特征分类，并通过 CRF 优化得到最终结果。

为了对分类结果进行优化，将 DeepLabv3+_MobileNetv2 网络输出的分类结果利用全连接条件随机场进行处理，全连接条件随机场作为城市土地利用分类的后处理阶段，解决了全局归一化问题，被广泛地应用于像素级图像分割。利用全连接条件随机场处理后，DeepLabv3+_MobileNetv2 网络分类结果有了提升，其中，Kappa 系数提高了 0.105，总体分类精度（Overall Accuracy，OA）提高了 5.5%，平均交并比（Mean Intersection Over Union，MIOU）提高了 0.009。利用全连接条件随机场处理前、后分类的可视化结果如图 5.34 所示，通过可视化结果可以看出处理后的每一类地物的边界不再模糊，而是变得更加清晰，分类结果中的杂点变得更少，更加符合实际情况。

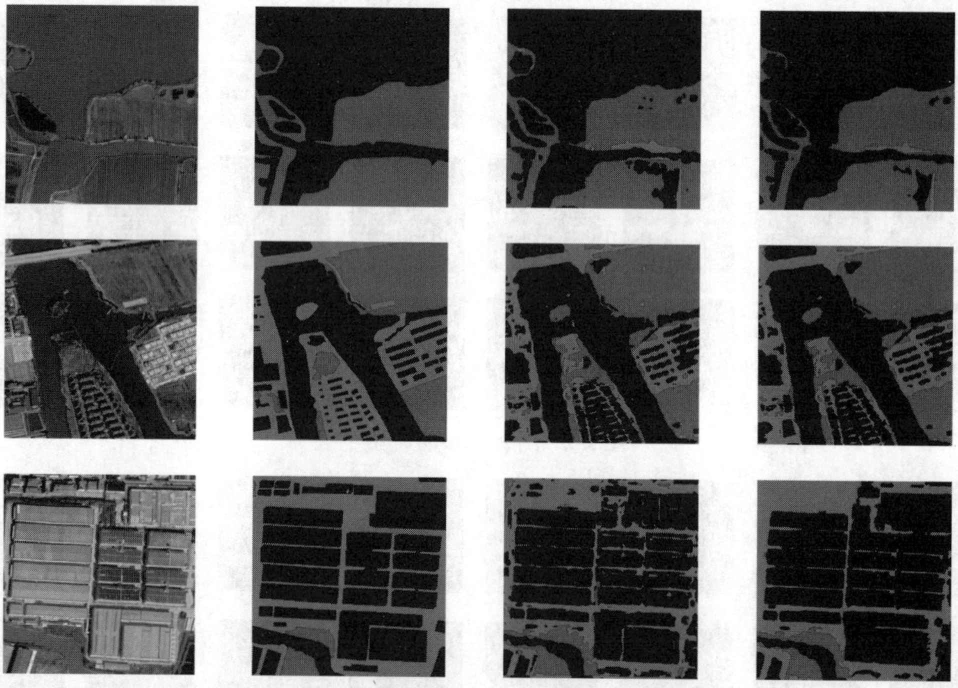

图 5.34 全连接 CRF 处理前、后分类的可视化结果

为了证明提出的方法具有优越性，利用支持向量机（SVM）算法、最大似然（ML）方法和 UNet 分类方法做对比实验。其中，UNet 使用修改标签后的 WHDLD 公共数据集进行训练，而支持向量机和最大似然方法从测试数据中选择部分像素作为分类样本从而得到整个测试数据的分类结果。为了保证对比实验的公平性，将支持向量机算法、最大

似然方法和 UNet 分类方法所得到的结果使用条件随机场进行后处理，地物分类的可视化结果如图 5.35 所示。由可视化结果可以看出，由于支持向量机算法所利用的特征为最基本的颜色特征，因此，当出现与河流颜色相近的植被时会被误分类为河流，当出现与植被颜色相近的阴影和裸地时会被误分类为植被。同时，支持向量机算法对小尺寸的建筑无法正确分类。这种错误分类的情况在同样使用颜色特征进行分类的最大似然方法中也存在。当使用 UNet 和 DeepLabv3+_MobileNetv2 网络时，所使用的特征是经过卷积神经网络提取出的高级特征，因此，该现象得到了改善。

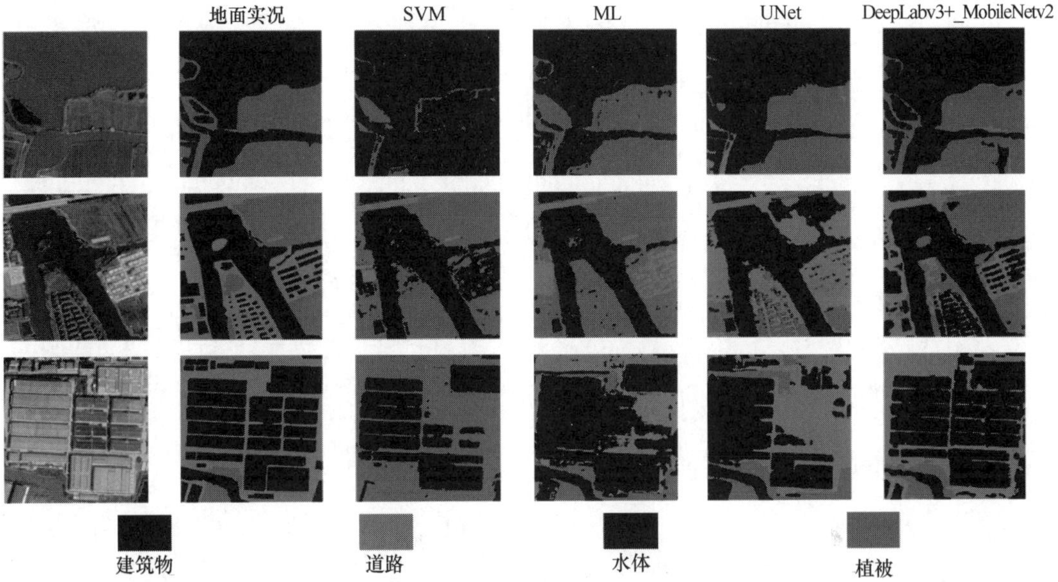

图 5.35　地物分类的可视化结果

当使用 DeepLabv3+_MobileNetv2 网络时，总体分类精度比支持向量机算法、最大似然方法、UNet 分类方法分别提高了 32.5%、9.00%、22.25%，达到了 84.75%，这说明使用 DeepLabv3+_MobileNetv2+CRF 进行城市土地利用分类具有可靠性；平均交并比分别提高了 0.245、0.17、0.171；Kappa 系数分别提高了 0.314、0.186、0.214，达到了 0.737，这说明使用 DeepLabv3+_MobileNetv2+CRF 进行城市土地利用分类时，分类结果与实际类别具有高度一致性。对于 4 种不同的地物类型，当使用 DeepLabv3+_MobileNetv2 网络时，建筑物、水体、植被的分类精度均达到最大。由于水体和其他地物类型的颜色相近，使用支持向量机算法和最大似然分类方法时的水体分类精度小于使用 UNet 和 DeepLabv3+_MobileNetv2 网络时的水体分类精度。

5.7　本章小结

航空遥感图像中的地物分类体系是一种基于机器学习和计算机视觉技术的系统，能够自动化地识别和分类图像中的不同地物，为各种应用提供有价值的信息支持。本章介绍了经典非监督分类和监督分类的遥感图像分类方法，以及支持向量机的基础理论；沿着卷积神经网络模型的发展历程，梳理了基于深度卷积神经网络进行遥感图像分类的方法和思路，设计了一种使用 DeepLabv3+_MobileNetv2 网络融合的网络模型，并通过实验数据测试分析说明了不同分类方法对航空遥感图像地物分类的效果。

第 6 章　对地观测目标定位与跟踪

目标定位与跟踪是指在一系列图像中通过计算匹配目标的特征信息和运动模型，实现在不断变化的背景中，对感兴趣的目标进行定位并连续跟踪的过程。首先，对航空图像实现对地观测目标的定位过程涉及多套坐标系之间的位置参数的转换计算，在最基础的图像坐标中可推导计算出目标在世界坐标系下或者载体平台坐标系下的位置坐标。然而，从三维世界到二维图像的透视投影会引起深度信息丢失，所以只依靠光学图像数据难以恢复出具有实际物理尺寸的三维空间坐标值。对此，通常需要借助飞行平台自身的定位数据或者具有测距功能的传感器来获得额外的物理尺度信息。其次，目标跟踪的过程一般可以利用跟踪算法来实现，跟踪算法为连续的不同画面中的被跟踪对象分配一个全局一致的标签。尽管人的生物视觉系统可以轻松实现这个过程，但对于计算机，自动实现跟踪视频序列中的对象可能会很复杂，这种困难可能是由图像噪声、照明、非刚体运动引起的快速外观变化或者不稳定的背景、遮挡和多个对象之间的相互作用引起的。将不同帧之间的潜在区域关联起来是视频目标跟踪过程中重要的一环。在学习本章内容时，可以联系第 4 章图像特征分析和景象匹配的知识，达到前后呼应的学习效果。

6.1　载体平台的位置与姿态

为满足飞行平台对地观测目标的定位和跟踪需求，需要首先知道飞行平台的位置和姿态。飞行器的航迹可以是事先规划好的，也可以是随任务动态调整规划的。飞行器的轨迹和传感器的指向在飞行任务过程中能够通过机载的导航设备进行实时的测量输出，作为飞行器对地面目标进行快速定位的参考数据。

载机的位置与姿态测量设备可以提供连续成像时传感器的位置和姿态数据，为地面运动目标快速定位提供了一种技术途径，极大地提高了目标快速定位的效率。应用于飞行器的位置与姿态测量设备主要是全球导航卫星系统（Global Navigation Satellite System，GNSS）和惯性导航系统（Inertial Navigation System，INS）。

6.1.1　全球导航卫星系统

全球导航卫星系统定位的基本原理是基于测量信号的传播时间来确定卫星和接收机之间的距离，如图 6.1 所示。卫星不断发射无线电波作为信号的载体，这些卫星发射的信号包含由卫星上非常精确的原子钟产生的原子时，地球上的接收机捕获卫星发射的信号并记录其到达时间。接收机会对卫星发射的信号进行解调，解调是指将复杂的无线电信号转换为数字信号，提取出导航数据，并进行误差校正。接收机和卫星之间的距离测量通过将接收到的卫星信号与地面接收机中复现的相同信号进行匹配，发射时间和到达时间的时间差反映了信号传播时间。信号传播时间乘以光速就能得到距离值，提供了接收机的位置（未知）和卫星的位置（已知）之间的距离。

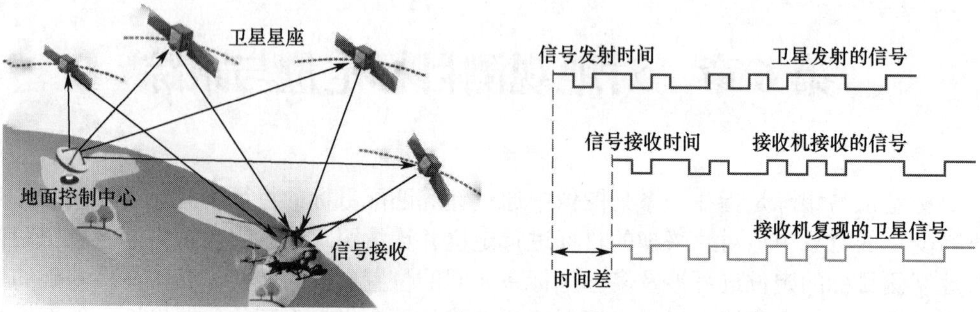

图 6.1 GNSS 定位的基本原理

世界上第一个成熟的 GNSS 是由美国国防部于 1978 年开始建立的全球定位系统（Global Positioning System，GPS）卫星星座，当时首批 4 颗 GPS 测试卫星被送入轨道，实现了基于卫星的地面定位功能。稳定的 GPS 卫星星座由 24 颗卫星构成，最初，从这些 GPS 卫星向地球广播的一些信息与信号只有美国政府和军事人员才能访问。后来，GPS 卫星广播的信息开放提供给世界各地的用户，无论其目的或位置如何。用户唯一需要的是具备一台能够接收和解码 GPS 卫星信号的接收机。如今，美国的 GPS 卫星仍然由美国政府通过太空军拥有和运营。

迄今为止，GNSS 有 4 个全面运作的全球覆盖星座：①美国的全球定位系统（GPS）；②俄罗斯的格洛纳斯卫星导航系统（GLONASS），于 1982 年发射了第一颗卫星；③中国的北斗卫星导航系统（BDS），于 2000 年发射了第一颗卫星，截至 2023 年 5 月已经成功发射了 56 颗卫星；④欧盟的伽利略卫星导航系统（Galileo），于 2011 年发射了第一颗卫星。此外，还有其他使用地球静止卫星为地球特定区域提供服务的区域全球导航卫星系统星座，比如由日本拥有和运营的 QZSS（第一颗卫星于 2010 年发射）以及由印度拥有和运营的 IRNSS（第一颗卫星于 2013 年发射）。

下面以 GPS 为例介绍 GNSS 的信号处理机制。地面控制中心会计算出卫星轨道和卫星时钟校正参数，并将其上传和加载到卫星上。卫星会将它们与信号时间戳一起传输到地球，这种所谓的广播信息对于所有 GNSS 都具有米级的精度。导航卫星在正常工作时，会不断地用伪随机码（以下简称伪码）发射导航电文。然而，为了精确地观测地球，需要在厘米和皮秒范围内对轨道和时钟进行校正。由于信号在传播的过程中存在卫星时钟与接收机时钟的同步时间差、卫星星历误差、接收机测量误差以及信号在大气中传播的延迟等误差，因此这一距离并不是用户与卫星之间的真实距离，而是伪距（Pseudo Range）。GPS 的信号使用的伪码共有两种，分别是民用的 C/A 码（Coarse/Acquisition Code）和军用的 P（Y）码（Precise Code）。当用户接收到导航电文时，提取出卫星时间并将其与自己的时钟进行对比，计算出卫星和用户之间的距离。然后，利用导航电文中的卫星星历数据，推算出卫星发射电文时所处的位置。当获得至少 3 颗卫星的星历位置和距离时，可计算得到用户在 WGS-84 空间直角坐标系中的位置。地球上的每个点都可以被计算特定的位置：纬度、经度和高度。通常 GPS 要求对 4 颗卫星信号进行定位和测速，其中，3 颗用于确定接收机在地球上的位置，1 颗用于校正接收机的时钟误差。

GNSS 接收机的定位有单点定位和差分定位两种方式。单点定位是指只使用一台接收机的观测数据来确定用户的位置，它只能采用伪距观测量。C/A 码的伪距单点定位精度约为 20m，P 码的伪距单点定位精度约为 10m，这种精度可用于船舶等平台的概略导航。后来，为了提高定位精度，人们提出了差分 GPS（Differential GPS，DGPS）技术，即将一台（或几台）接收机安置在已知坐标位置的基准站上，与流动站上的接收机进行同步观测。基准站可以通过长时间的累积观测获得已知的精密坐标，或采用传统的测绘手段获得基准站位置的精密坐标。根据基准站的已知坐标和基准站上的接收机接收的卫星信号，可以计算出基准站到卫星的距离改正数。这些改正数可以发送给流动站接收机，由此对流动站接收机的定位结果利用改正数进行改正，提高流动站接收机的定位精度。

按照数据处理类型的不同，DGPS 技术可分为伪距差分和载波相位差分。根据当今的信号处理水平，伪距差分能得到米级的动态定位精度，载波相位差分可以得到厘米级的动态定位精度。对于测绘领域的精密大地测量和精密工程测量需求，其接收机采用载波相位观测值进行差分定位，定位精度可以高达毫米级，但需要较长时间的静态观测。在一些飞行平台快速动态飞行任务中，通过在数十千米范围内的基准站的改正数测量和数据通信，无人机的实时差分（Real-Time Kinematic，RTK）定位技术可以达到 1～2cm 的实时定位精度。图 6.2 所示为一组应用于无人机 RTK 定位的逻辑示意图。

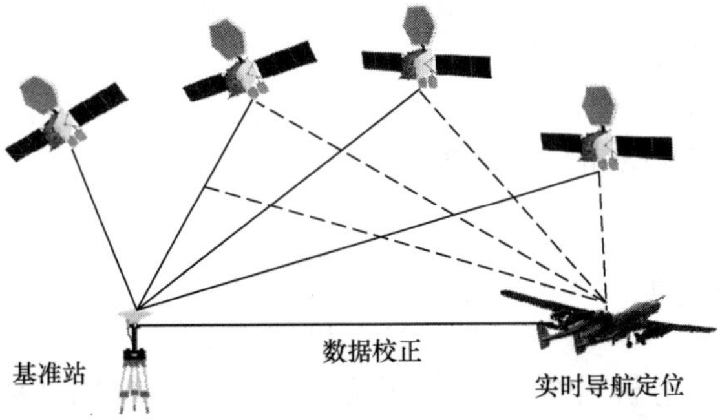

图 6.2　一组应用于无人机 RTK 定位的逻辑示意图

6.1.2　惯性导航系统

惯性导航系统，简称惯导系统（INS），是目前几乎所有飞行器必不可少的导航系统。如今的机载惯性导航系统已经集成了惯性测量单元（Inertial Measurement Unit，IMU）、GNSS 接收机和数据融合计算处理器等组件，这些组件协同工作，用来计算位置、方向和速度，可以保障飞行器在城市、峡谷和茂密的森林等困难场景中获得良好的导航信息。

惯性测量单元（IMU）具有非常高的数据更新率和瞬时测量精度，能提供位置、速度、航向和姿态角数据。IMU 包括加速度计、陀螺仪和磁力计等元件，其中，加速度计和陀螺仪能够测量载体的单轴、双轴或三轴姿态角（或角速率）以及加速度，其工作原理是基于牛顿力学定律，测量载体在惯性参考系中的加速度。在正交的三坐标轴上安装的陀螺仪和加速度计可以测量载体在三维空间中的角速度和加速度，共 6 个自由度，如果再加入磁力计的测量数据，则有 9 个自由度。IMU 不需要 GNSS 或任何其他外部参考来计算载体的位置或方向，即从一已知点的位置根据连续测得的载体航向角和加速度数据，通过积分计算，可以推算出其下一点的位置，继而连续推导和测量出载体的位置。然而，IMU 测量完全依靠自身测量值的积分计算，因此缺点是积分计算结果误差会随着时间的推移而不断累积，形成测量“漂移”。如果没有其他的修正数据加以纠正，微小的测量误差随着长时间的观测可能会累积形成较大的测量错误。

惯导系统可以接收来自 GNSS 接收器的卫星定位数据，GNSS 定位具有误差不随时间累积的优点，但存在以下缺陷：GNSS 信号容易受地形遮挡和大气折射等因素的干扰；在动态环境中可靠性差、输出频率低；对测量瞬间的快速变化反应能力弱；缺少姿态角测量的能力。将 GNSS 卫星定位数据与来自 IMU 的数据融合，可以在技术上相辅相成。GNSS 卫星定位数据通过补偿由 IMU 提供的数据中小误差的累积而造成的“漂移”，来提高惯导系统（INS）数据的准确性。组合惯导系统能够向主机提供关于平台的绝对位置（纬度、经度和高度）和姿态（滚转、俯仰和航向）的信息。

GNSS 与 INS 的数据融合处理主要通过卡尔曼滤波（Kalman Filter）算法来实现。比如，以 INS 的误差方程为状态方程，以 GNSS 测量结果为观测方程，采用线性卡尔曼滤波器为 INS 误差提供小方差估计，然后利用这些误差的估计值修正 INS，以提高导航精度。目前，GPS/INS 组合惯导系统的精度主要取决于 GPS 数据的定位精度。近年来，通过结合 GPS、BDS、GLONASS 和 Galileo 等多套卫星导航系统的卫星信号，GNSS 接收机可接收的卫星数成倍增大，能提供更多的多余观测用于定位计算，卫星的空间配置也更合理，因此能达到比单一系统更高的精度和可靠性。

几十年来，INS 设备不断改进，产生了体积更小、价格更便宜的解决方案，使其能够在需要自主运营的广泛新兴市场中被采用。

6.2 地面目标检测

地面目标检测通过分析图像或视频流中的像素信息，识别出感兴趣的地面物体，如行人、车辆、建筑物等，通过将其准确地在图像中标记出来，获得其像素坐标，可为后续的目标空间定位与跟踪提供输入信息。

由于算法的原理不同，地面目标检测的区域也有细微的差别。本节将介绍三种具有代表性的地面目标检测方法：①混合概率密度模型分割检测方法，将图像中的每个像素看作背景和目标的运动模式加权后的结果，运用光流约束主要检测序列图像中的动态目标；②基于深度学习的目标检测方法，使用卷积神经网络模型来识别图像中的特定的目标类型或区域，其检测目标的种类受到神经网络训练数据集的约束；③红外图像小目标检测方法，考虑在对地观测任务中能够全天时地观测红外图像，这具有重要的研究意义，因此对其进行单独介绍。

6.2.1 混合概率密度模型分割检测

在图像中，特定的运动目标结合其运动特征定义了一种运动模式。图像的背景和多个运动目标各自遵循其所对应的运动模式，在不考虑噪声等因素的条件下，序列图像的亮度变化是多种运动模式综合作用的结果。若将每种运动模式都以一个“层”来表示，则图像相当于是多个“层”的叠加。序列图像的任意像素，都可以看作是由运动模式加权混合后生成的，而用于描述的数学基础是混合概率密度模型。

1. 混合概率密度模型

混合概率密度模型主要通过使用含有部分未知参数的变量，重新推理或描述待解问题，这类问题也称数据丢失问题。设随机变量空间为 X ， X 由 N 个区域部分组成，即 $X = X_1 \cup X_2 \cup \cdots \cup X_N$ ，其中的任意部分被抽取采样的权重概率为 ω_i，区域对应的概率密度函数为 $p(\boldsymbol{x} | \theta_i)$ ，从而有随机变量 $\boldsymbol{x}$ 的混合概率密度函数

$$p(\boldsymbol{x} | \boldsymbol{\omega}, \boldsymbol{\theta}) = \sum_{i=1}^{N} \omega_i p(\boldsymbol{x} | \theta_i) \tag{6.1}$$

式中， $\boldsymbol{\omega} = (\omega_1, \omega_2, \cdots, \omega_N)$ 、 $\boldsymbol{\theta} = (\theta_1, \theta_2, \cdots, \theta_N)$ 为未知向量。根据贝叶斯后验估计模型，条件概率密度 $p(\boldsymbol{x} | \theta_i)$ 一般为高斯函数，式（6.1）即为混合概率密度模型。已知随机变量的一组观测样本 $\boldsymbol{X}_{\mathrm{o}} = (\boldsymbol{x}_1, \boldsymbol{x}_2, \cdots, \boldsymbol{x}_M)$ ，需要由该模型和观测样本对参数向量 $\boldsymbol{\omega}$ 以及 $\boldsymbol{\theta}$ 进行估计，得到相应的未知向量。然后，从这些参数向量可进一步推测出任意随机变量 $\boldsymbol{x}_j$ 的所属区域。对于给定的观测样本 $\boldsymbol{X}_{\mathrm{o}}$ ，混合概率密度模型对应的似然函数为

$$L(X | \boldsymbol{\omega}, \boldsymbol{\theta}) = \prod_{j=1}^{M} p(\boldsymbol{x}_j | \boldsymbol{\omega}, \boldsymbol{\theta}) = \prod_{j=1}^{M} \left(\sum_{i=1}^{N} \omega_i p(\boldsymbol{x} | \theta_i) \right) \tag{6.2}$$

进而可以得到混合概率密度模型的对数似然函数

$$\ln L(X | \boldsymbol{\omega}, \boldsymbol{\theta}) = \ln \left(\prod_{j=1}^{M} p(\boldsymbol{x}_j | \boldsymbol{\omega}, \boldsymbol{\theta}) \right) = \prod_{j=1}^{M} \ln p(\boldsymbol{x}_j | \boldsymbol{\omega}, \boldsymbol{\theta}) \tag{6.3}$$

式（6.2）和式（6.3）给出了利用混合概率密度模型解算未知向量估计值的数学函数，但是两个函数都具有较高的非线性特点，因此需要采取适当的求解方法。

2. 多层光流约束混合概率密度模型

根据不同的未知向量设置，将混合概率密度模型应用于运动目标检测可以有很多种方案。结合光流估计（Optical Flow）方法，可以利用混合概率密度模型对序列图像中的多层光流进行计算。

按照光流基本约束方程

$$p(\boldsymbol{v} | \nabla_3 \boldsymbol{I}) = \frac{p(\nabla_3 \boldsymbol{I} | \boldsymbol{v}) p(\boldsymbol{v})}{p(\nabla_3 \boldsymbol{I})} \tag{6.4}$$

式中， $\boldsymbol{I}$ 为输入的图像， $\nabla_3 \boldsymbol{I}$ 为时空梯度， $\boldsymbol{v}$ 为位移向量。

将 $\nabla_3 \boldsymbol{I}$ 构成的约束向量 $\boldsymbol{c}_j$ 作为观测值，并将 $\boldsymbol{v}$ 拆解为关于图像空间坐标 $\boldsymbol{x}_j$ 和每层的运动模型（如平移、仿射或投影等二值变换模型）参数向量 $\boldsymbol{a}_i$ 的函数 $v(\boldsymbol{x}_j, \boldsymbol{a}_i)$ ，则对应第 i 层其概率密度为 $p_i(\boldsymbol{c}_j | \boldsymbol{x}_j, \boldsymbol{a}_i)$ ；如果考虑噪声，还可以添加相应的密度函数 $p_0(\boldsymbol{c}_j)$ 。若有 N 个运动层，在混合概率框架下，每层的权重概率为 ω_i ，得到多层光流约束混合概率密度模型为

$$p(\boldsymbol{c}_j | \boldsymbol{x}_j, \boldsymbol{\omega}, \boldsymbol{a}_1, \cdots, \boldsymbol{a}_N) = \sum_{i=1}^{N} \omega_i p_i(\boldsymbol{c}_j | \boldsymbol{x}_j, \boldsymbol{a}_i) \tag{6.5}$$

该式中的权重概率经过归一化处理，如果已知 t 时刻的时空梯度约束向量观测集合为

$\{\boldsymbol{c}_j(\boldsymbol{x}_j,t), j=1,2,\cdots,M\}$，其中 M 为图像像素数或观测采样单元区域数，求解层运动参数集 $\{\boldsymbol{a}_i, i=0,1,\cdots,N\}$ 和概率集 $\{\omega_i, i=0,1,\cdots,N\}$，相应的对数似然函数为

$$\ln L(\boldsymbol{c}_j \mid \boldsymbol{\omega},\boldsymbol{a}_1,\cdots,\boldsymbol{a}_N)=\sum_{j=1}^{M}\ln p(\boldsymbol{c}_j \mid \boldsymbol{x}_j,\boldsymbol{\omega},\boldsymbol{a}_1,\cdots,\boldsymbol{a}_N) \tag{6.6}$$

进而，用 q_{ij} 表示所有观测约束向量隶属于第 i 层的加权概率，计算式为

$$q_{ij}=\frac{\omega_i p_i(\boldsymbol{c}_j \mid \boldsymbol{x}_j,\boldsymbol{a}_i)}{\sum_{k=0}^{N}\omega_k p_k(\boldsymbol{c}_j \mid \boldsymbol{x}_j,\boldsymbol{a}_k)} \tag{6.7}$$

则在式（6.6）函数的局部极值处，待解参数向量 $\boldsymbol{a}_i$ 和 $\boldsymbol{\omega}$ 必须满足两个条件

$$\sum_{j=1}^{M}q_{ij}=\kappa\omega_i\text{ ，}\quad \sum_{j=1}^{M}q_{ij}\frac{\partial}{\partial \boldsymbol{a}_i}\ln p_i(\boldsymbol{c}_j \mid \boldsymbol{x}_j,\boldsymbol{a}_i)=0 \tag{6.8}$$

关于这两个条件的解释是：①似然函数关于权重概率 ω_i 的偏导数必然等于拉格朗日乘数 κ，在乘数作用下，权重概率的和为 1；②似然函数关于运动模型参数向量 $\boldsymbol{a}_i$ 的偏导数必须为 0。

式（6.5）的模型是以计算处理后得到的时空梯度为观测值的，而对于图像数据，最基本的观测信息是图像的像素灰度（亮度）。在序列图像中，以运动模型为基础建立了图像帧之间的映射关系。如果以 t 时刻的图像 $I(t)$ 为参考帧，并根据运动模型参数集 $\{\boldsymbol{a}_i, i=0,1,\cdots,N\}$ 构建了 $N+1$ 种映射关系（包含错误映射或噪声影响），每种映射都对应了一层图像，则 $t+1$ 时刻的图像应是映射后不同图像层的集合，表示为 $\hat{I}(t+1)=\{\hat{I}_i, i=0,1,\cdots,N\}$，其中第 i 层亮度一致关系为

$$\hat{I}_i(\boldsymbol{x},t+1)=I(\boldsymbol{x}+v(\boldsymbol{x},\boldsymbol{a}_i),t) \tag{6.9}$$

基于该关系可建立高斯混合概率密度模型，其公式为

$$p(I(\boldsymbol{x},t)\mid I(\boldsymbol{x},t+1),\boldsymbol{\omega},\boldsymbol{a}_1,\cdots,\boldsymbol{a}_N,\boldsymbol{\sigma})=\sum_{i=0}^{N}\omega_i p_i(I(\boldsymbol{x},t)\mid \hat{I}_i(\boldsymbol{x},\boldsymbol{a}_i,t+1),\sigma_i) \tag{6.10}$$

式中，$\boldsymbol{\sigma}=(\sigma_0,\sigma_1,\cdots,\sigma_N)$ 为高斯函数变量。该式可以进一步将观测值简化为图像帧间分层预测误差值 $\mathbf{er}_i(\boldsymbol{x})=\hat{I}_i(\boldsymbol{x},\boldsymbol{a}_i,t+1)-I(\boldsymbol{x},t)$ 对应于第 i 层 $\boldsymbol{x}$ 处的像素，省略时间变量，则模型改为

$$p(\mathbf{er}(\boldsymbol{x})\mid \boldsymbol{\omega},\boldsymbol{a}_1,\cdots,\boldsymbol{a}_N,\boldsymbol{\sigma})=\sum_{i=0}^{N}\omega_i p_i(\mathrm{er}_i(\boldsymbol{x})\mid \boldsymbol{a}_i,\sigma_i) \tag{6.11}$$

式中，$\mathbf{er}(\boldsymbol{x})=(\mathrm{er}_0(\boldsymbol{x}),\mathrm{er}_1(\boldsymbol{x}),\cdots,\mathrm{er}_i(\boldsymbol{x}))$ 为误差值向量；$p_i(\mathrm{er}_i(\boldsymbol{x})\mid \boldsymbol{a}_i,\sigma_i)$ 符合正态分布 $N(0,\sigma_i^2)$。相应地，有高斯混合概率密度模型的负对数似然函数

$$\begin{aligned}-\ln L(\mathbf{er}(\boldsymbol{x})\mid \boldsymbol{\omega},\boldsymbol{a}_1,\cdots,\boldsymbol{a}_N,\boldsymbol{\sigma})&=-\ln\left(\prod_{j=1}^{M}p(\mathbf{er}(\boldsymbol{x}_j)\mid \boldsymbol{\omega},\boldsymbol{a}_1,\cdots,\boldsymbol{a}_N,\boldsymbol{\sigma})\right)\\&=-\sum_{j=1}^{M}\ln p(\mathbf{er}(\boldsymbol{x}_j)\mid \boldsymbol{\omega},\boldsymbol{a}_1,\cdots,\boldsymbol{a}_N,\boldsymbol{\sigma})\\&=-\sum_{j=1}^{M}\ln\left(\sum_{i=0}^{N}\omega_i p_i(\mathrm{er}_i(\boldsymbol{x}_j)\mid \boldsymbol{a}_i,\sigma_i)\right)\end{aligned} \tag{6.12}$$

则有第 j 个像素属于第 i 层的加权概率 q_{ij} 为

$$q_{ij}=\frac{\omega_i p_i(\text{er}_i(\boldsymbol{x}_j)\,|\,\boldsymbol{a}_i,\sigma_i)}{\sum\limits_{i=0}^{N}\omega_i p_i(\text{er}_i(\boldsymbol{x}_j)\,|\,\boldsymbol{a}_i,\sigma_i)} \tag{6.13}$$

对应地，在似然函数局部极值处理，估计值满足的条件包括

$$\begin{cases}\hat{\omega}_i=\sum\limits_{j=1}^{M}\dfrac{\hat{q}_{ij}}{M} \quad (i=1,2,\cdots,N)\\ \sum\limits_{i=0}^{N}\sum\limits_{j=1}^{M}\hat{q}_{ij}\dfrac{\partial\ln(p_i(\text{er}_i(\boldsymbol{x}_j)\,|\,\hat{\boldsymbol{a}}_i,\hat{\sigma}_i))}{\partial\hat{\boldsymbol{a}}_i}=0\\ \sum\limits_{i=0}^{N}\sum\limits_{j=1}^{M}\hat{q}_{ij}\dfrac{\partial\ln(p_i(\text{er}_i(\boldsymbol{x}_j)\,|\,\hat{\boldsymbol{a}}_i,\hat{\sigma}_i))}{\partial\hat{\sigma}_i}=0\end{cases} \tag{6.14}$$

3．期望最大化算法

在数理统计中，期望最大化（Expectation-Maximization，EM）算法作为一种迭代方法，常被用于寻找概率统计模型参数的极大似然估值，而求解过程需要依靠未观测的隐藏变量。EM 算法的迭代是在期望和最大化两个步骤之间交替进行的：①期望步骤根据隐藏变量分布的当前估计，计算似然对数的期望；②最大化步骤计算能够使似然对数期望最大化的参数，随后该参数作为期望步骤的输入进一步确定隐藏变量的分布。

设有观测样本数据为 $\boldsymbol{X}_\text{o}$，未知参数 $\boldsymbol{\theta}$ 的观测后验概率密度为 $p(\boldsymbol{\theta}\,|\,\boldsymbol{X}_\text{o})$，向 $p(\boldsymbol{\theta}\,|\,\boldsymbol{X}_\text{o})$ 中增加隐藏数据 $\boldsymbol{H}$ 生成添加后验概率密度 $p(\boldsymbol{\theta}\,|\,\boldsymbol{X}_\text{o},\boldsymbol{H})$。利用 EM 算法求取 $p(\boldsymbol{\theta}\,|\,\boldsymbol{X}_\text{o})$ 的最大后验估计分为两部分：①计算关于隐藏数据 $\boldsymbol{H}$ 的条件概率分布对数的期望；②计算满足期望最大化的变量。期望的计算如下

$$\begin{aligned}Q(\boldsymbol{\theta}\,|\,\boldsymbol{\theta}^n,\boldsymbol{X}_\text{o})&\equiv E_{\boldsymbol{H}}[\ln(p(\boldsymbol{\theta}\,|\,\boldsymbol{X}_\text{o},\boldsymbol{H}));\boldsymbol{\theta}^n,\boldsymbol{X}_\text{o}]\\&=\int\ln p(\boldsymbol{\theta}\,|\,\boldsymbol{X}_\text{o},\boldsymbol{H})p(\boldsymbol{\theta}\,|\,\boldsymbol{\theta}^n,\boldsymbol{X}_\text{o})\text{d}\boldsymbol{H}\end{aligned} \tag{6.15}$$

要实现最大化需要求取 $Q(\boldsymbol{\theta}\,|\,\boldsymbol{\theta}^n,\boldsymbol{X}_\text{o})$ 极大的未知参数值 $\boldsymbol{\theta}^{n+1}$

$$\boldsymbol{\theta}^{n+1}=\arg\max_{\boldsymbol{\theta}}Q(\boldsymbol{\theta}\,|\,\boldsymbol{\theta}^n,\boldsymbol{X}_\text{o}) \tag{6.16}$$

式中，未知变量的上标 n 为迭代次数。交替重复期望计算和最大化步骤直至未知变量和其期望收敛，则有迭代终止条件

$$\left\|\boldsymbol{\theta}^{n+1}-\boldsymbol{\theta}^n\right\|<\varepsilon_{\boldsymbol{\theta}},\ \left\|Q(\boldsymbol{\theta}^{n+1}\,|\,\boldsymbol{\theta}^n,\boldsymbol{X}_\text{o})-Q(\boldsymbol{\theta}^n\,|\,\boldsymbol{\theta}^{n-1},\boldsymbol{X}_\text{o})\right\|<\varepsilon_Q \tag{6.17}$$

尽管在迭代中观测数据的似然函数并未得到削弱，但是并不能保证其收敛于极大似然估值。对于多模分布，根据初始点的情况，采用 EM 算法有可能使观测数据似然函数收敛于局部极值，而改善的策略包括随机重启和模拟退火等方法。EM 算法是解决混合概率密度模型问题的典型方法。在式（6.1）的模型中引入隐藏数据 $\boldsymbol{H}=(h_1,h_2,\cdots,h_M)$，相当于分类标识，即如果 $\boldsymbol{x}_j\in\boldsymbol{X}_i$，则有 $h_j=i$，隐藏数据 $\boldsymbol{H}$ 与观测样本数据 $\boldsymbol{X}_\text{o}$ 共同完备数据 $\boldsymbol{C}=(\boldsymbol{X}_\text{o},\boldsymbol{H})$，则式（6.3）的对数似然函数改为

$$\begin{aligned}\ln L(\boldsymbol{C}\,|\,\boldsymbol{\omega},\boldsymbol{\theta})&=\ln L(\boldsymbol{X}_\text{o},\boldsymbol{H}\,|\,\boldsymbol{\omega},\boldsymbol{\theta})\\&=\ln\prod_{j=1}^{M}p(\boldsymbol{x}_j\,|\,h_j)p(h_j)=\sum_{j=1}^{M}\ln\omega_{h_j}p_{h_j}(\boldsymbol{x}_j\,|\,\theta_{h_j})\end{aligned} \tag{6.18}$$

利用 EM 算法解算概率密度模型分为如下两个步骤。

（1）期望步骤。在第 $n+1$ 次迭代中，未知参数的前次估值为 $\boldsymbol{\omega}^n=(\omega_1^n,\omega_2^n,\cdots,\omega_N^n)$ 和 $\boldsymbol{\theta}^n=(\theta_1^n,\theta_2^n,\cdots,\theta_N^n)$，可得 $p_i(\boldsymbol{x}_j\mid\theta_i^n)$，则有 h_j 的条件概率密度为

$$p(h_j\mid\boldsymbol{x}_j,\boldsymbol{\omega}^n,\boldsymbol{\theta}^n)=\frac{p(\boldsymbol{x}_j,h_j\mid\boldsymbol{\omega}^n,\boldsymbol{\theta}^n)}{p(\boldsymbol{x}_j\mid\boldsymbol{\omega}^n,\boldsymbol{\theta}^n)}=\frac{\omega_{h_j}p_{h_j}(\boldsymbol{x}_j\mid\theta_{h_j})}{\sum_{i=1}^{N}\omega_i^n p(\boldsymbol{x}_j\mid\theta_i^n)} \tag{6.19}$$

隐藏数据 $\boldsymbol{H}$ 的联合概率密度为

$$p(\boldsymbol{H}\mid\boldsymbol{X}_{\text{o}},\boldsymbol{\omega}^n,\boldsymbol{\theta}^n)=\prod_{j=1}^{M}p(h_j\mid\boldsymbol{x}_j,\boldsymbol{\omega}^n,\boldsymbol{\theta}^n) \tag{6.20}$$

进而它的期望为

$$\begin{aligned}Q(\boldsymbol{\omega},\boldsymbol{\theta}\mid\boldsymbol{\omega}^n,\boldsymbol{\theta}^n,\boldsymbol{X}_{\text{o}})&=E_{\boldsymbol{H}}[\ln(\boldsymbol{X}_{\text{o}},\boldsymbol{H}\mid\boldsymbol{\omega},\boldsymbol{\theta});\boldsymbol{X}_{\text{o}},\boldsymbol{\omega}^n,\boldsymbol{\theta}^n]\\&=\sum_{j=1}^{M}\sum_{i=1}^{N}\ln(\omega_i p_i(\boldsymbol{x}_j\mid\boldsymbol{\theta}_i))p(i\mid\boldsymbol{x}_j,\boldsymbol{\omega}^n,\boldsymbol{\theta}^n)\end{aligned} \tag{6.21}$$

期望也可以被拆解为 $Q(\boldsymbol{\omega},\boldsymbol{\theta}\mid\boldsymbol{\omega}^n,\boldsymbol{\theta}^n,\boldsymbol{X}_{\text{o}})=Q_{\boldsymbol{\omega}}(\boldsymbol{\omega}\mid\boldsymbol{\omega}^n,\boldsymbol{\theta}^n,\boldsymbol{X}_{\text{o}})+Q_{\boldsymbol{\theta}}(\boldsymbol{\theta}\mid\boldsymbol{\omega}^n,\boldsymbol{\theta}^n,\boldsymbol{X}_{\text{o}})$，并有

$$\begin{aligned}Q_{\boldsymbol{\omega}}(\boldsymbol{\omega}\mid\boldsymbol{\omega}^n,\boldsymbol{\theta}^n,\boldsymbol{X}_{\text{o}})&=\sum_{j=1}^{M}\sum_{i=1}^{N}\ln(\omega_i)p(i\mid\boldsymbol{x}_j,\boldsymbol{\omega}^n,\boldsymbol{\theta}^n)\\Q_{\boldsymbol{\theta}}(\boldsymbol{\theta}\mid\boldsymbol{\omega}^n,\boldsymbol{\theta}^n,\boldsymbol{X}_{\text{o}})&=\sum_{j=1}^{M}\sum_{i=1}^{N}\ln(p_i(\boldsymbol{x}_j\mid\boldsymbol{\theta}_i))p(i\mid\boldsymbol{x}_j,\boldsymbol{\omega}^n,\boldsymbol{\theta}^n)\end{aligned} \tag{6.22}$$

得到期望值后进入下一步计算。

（2）最大化步骤。根据前一步骤得出的期望最大化似然函数可以获得未知参数

$$\begin{aligned}\boldsymbol{\omega}^{n+1}&=\arg\max_{\sum_{i=1}^{N}\omega_i=1}Q_{\boldsymbol{\omega}}(\boldsymbol{\omega}\mid\boldsymbol{\omega}^n,\boldsymbol{\theta}^n,\boldsymbol{X}_{\text{o}})\\\boldsymbol{\theta}^{n+1}&=\arg\max_{\boldsymbol{\theta}}Q_{\boldsymbol{\theta}}(\boldsymbol{\theta}\mid\boldsymbol{\omega}^n,\boldsymbol{\theta}^n,\boldsymbol{X}_{\text{o}})\end{aligned} \tag{6.23}$$

该式中关于混合权重期望的最大化利用拉格朗日乘数方法引入修正函数，有

$$F(\boldsymbol{\omega},\kappa\mid\boldsymbol{\omega}^n,\boldsymbol{\theta}^n,\boldsymbol{X}_{\text{o}})=Q_{\boldsymbol{\omega}}(\boldsymbol{\omega}\mid\boldsymbol{\omega}^n,\boldsymbol{\theta}^n,\boldsymbol{X}_{\text{o}})+\kappa\left(\sum_{i=1}^{N}\omega_i-1\right) \tag{6.24}$$

对该函数求关于混合权重分量 ω_i 和拉格朗日乘数的偏导数，得到方程组

$$\begin{cases}\dfrac{\partial F(\boldsymbol{\omega},\kappa\mid\boldsymbol{\omega}^n,\boldsymbol{\theta}^n,\boldsymbol{X}_{\text{o}})}{\partial\omega_i}=\dfrac{1}{\omega_i}\sum_{j=1}^{M}p(i\mid\boldsymbol{x}_j,\boldsymbol{\omega}^n,\boldsymbol{\theta}^n)+\kappa=0\ (i=1,2,\cdots,N)\\\dfrac{\partial F(\boldsymbol{\omega},\kappa\mid\boldsymbol{\omega}^n,\boldsymbol{\theta}^n,\boldsymbol{X}_{\text{o}})}{\partial\kappa}=\sum_{i=1}^{N}\omega_i-1=0\end{cases} \tag{6.25}$$

求得方程的解，有

$$\begin{cases}\omega_i^{n+1}=\dfrac{1}{M}\sum_{j=1}^{M}p(i\mid\boldsymbol{x}_j,\boldsymbol{\omega}^n,\boldsymbol{\theta}^n)\quad(i=1,2,\cdots,N)\\\kappa=-M\end{cases} \tag{6.26}$$

而关于未知参数期望的最大化需要结合具体问题使用优化搜索方法进行求解。取得该次迭

代解的值后返回前一步骤，继续迭代直至满足收敛条件。

在混合概率密度模型 EM 算法中不能直接解算未知参数，但是一种常用特例——高斯混合概率密度模型可以在 EM 迭代中一并求解。若设高斯混合概率密度函数 $p_i(\boldsymbol{x}\,|\,\mu_i,\sigma_i)$ 满足正态分布 $N(\mu,\sigma^2)$，则未知参数矢量为 $\boldsymbol{\theta}=((\mu_1,\sigma_1),(\mu_2,\sigma_2),\cdots,(\mu_N,\sigma_N))$，关于未知参数的条件期望是

$$\begin{aligned}Q_{\boldsymbol{\theta}}=(\boldsymbol{\theta}\,|\,\boldsymbol{\omega}^n,\boldsymbol{\theta}^n,\boldsymbol{X}_{\text{o}})&=\sum_{j=1}^{M}\sum_{i=1}^{N}\ln(p_i(\boldsymbol{x}_j\,|\,\theta_i))p(i\,|\,\boldsymbol{x}_j,\boldsymbol{\omega}^n,\boldsymbol{\theta}^n)\\&=\sum_{j=1}^{M}\sum_{i=1}^{N}\left(-\frac{1}{2}\ln\sigma_i-\frac{(\boldsymbol{x}_j-\mu_i)^2}{2\sigma_i^2}\right)\cdot p(i\,|\,\boldsymbol{x}_j,\boldsymbol{\omega}^n,\boldsymbol{\theta}^n)+\boldsymbol{C}\end{aligned}\tag{6.27}$$

使用 EM 算法求解可得到概率密度函数的参数

$$\mu_i^{n+1}=\frac{\sum_{j=1}^{M}\boldsymbol{x}_j p(i\,|\,\boldsymbol{x}_j,\boldsymbol{\omega}^n,\boldsymbol{\theta}^n)}{\sum_{j=1}^{M}p(i\,|\,\boldsymbol{x}_j,\boldsymbol{\omega}^n,\boldsymbol{\theta}^n)},\quad \sigma_i^{n+1}=\frac{\sum_{j=1}^{M}p(i\,|\,\boldsymbol{x}_j,\boldsymbol{\omega}^n,\boldsymbol{\theta}^n)(\boldsymbol{x}_j-\mu_i^{n+1})}{\sum_{j=1}^{M}p(i\,|\,\boldsymbol{x}_j,\boldsymbol{\omega}^n,\boldsymbol{\theta}^n)}\quad(i=1,2,\cdots,N)\tag{6.28}$$

对于高斯函数，上述解算方法也可以扩展到更高的空间维度，利用 EM 算法可对高斯混合数据给出其生成模型的估计。在图像目标检测任务中，EM 算法主要用来完成聚类分割任务等。如果一个问题能够用后验概率密度模型或者混合概率密度模型进行描述，并最终可归结为极大似然函数，那么就可以用 EM 算法求解，而且作为隐藏数据添加进模型的通常是属性标识信息，能够进一步为分类等操作所使用。

4．运动分割检测方法

关于运动分割问题，常用的算法可分为两类：直接方法和间接方法。直接方法采用式(6.10)的模型，即操作图像的原始像素数据；间接方法针对的是光流的局部测度，采用的是式(6.5)的模型。两式描述了关于运动分割的基本混合概率密度模型，使得可以根据所生成的模型套用 EM 算法进行聚类处理，将像素或光流配属于对应的层。运动分割所依据的主要信息是运动特征，在上述的模型中表示为运动参数，这也是实现运动检测的基础；但是依赖单纯的运动特征是不足以做到有效检测的，还应该包括其他表征属性。

在时序上，序列图像表现为目标的移动和背景的变化。即使对于静止背景的序列图像，由于不同时刻前景目标在不同位置存在遮挡，图像中的背景表征同样会产生变化，而移动背景图像反映为随时间而不断更新。至于目标，也会因为成像角度的改变，在形状、外观等方面显现差别。所以在运动特征之外，运动分割检测可利用的另一类信息是背景或目标的表征属性。将运动特征与表征属性相结合可形成对序列图像中各种目标及背景的动态层表示，还可包括其他先验信息等。

从图像分层的角度，图像可以分为两个基本层次：背景层和目标层。所需要提取的目标位于目标层内，因此，如果将检测的关注重心偏向于背景层，那么在背景层得到完整准确描述的同时，便可以分离出其中的运动目标所在的目标层。对于具有运动背景的序列图像，可通过最大化背景表征与光流矢量相关后验估计同步完成背景的更新和对运动的估计，实现运动分割检测。如果将该问题转化为关于图像观测似然的混合概率密度模型，可表述为

$$p(B^{t+1}\mid \mathrm{Bs}^t, I^{t+1}, \mathrm{Is}^t, \boldsymbol{v}^{t+1}) = \omega_{\mathrm{b}} p_{\mathrm{b}}(B^{t+1}\mid I^{t+1}, \mathrm{Is}^t, \boldsymbol{v}^{t+1}) + \omega_{\mathrm{o}} p_{\mathrm{o}}(B^{t+1}\mid \mathrm{Bs}^t, I^{t+1}, \mathrm{Is}^t, \boldsymbol{v}^{t+1}) \tag{6.29}$$

式中，B 为背景表征模型，Bs 为纠正后的模型，Is 为纠正图像灰度（亮度），上标 t 为时序标识。分析条件概率 $p_{\mathrm{b}}(B^{t+1}\mid I^{t+1}, \mathrm{Is}^t, \boldsymbol{v}^{t+1})$ 和 $p_{\mathrm{o}}(B^{t+1}\mid \mathrm{Bs}^t, I^{t+1}, \mathrm{Is}^t, \boldsymbol{v}^{t+1})$ 的背景模型似然性，有

$$\begin{cases} p_{\mathrm{b}}(B^{t+1}\mid I^{t+1}, \mathrm{Is}^t, \boldsymbol{v}^{t+1}) = p(B^{t+1}\mid I^{t+1})\cdot p(I^{t+1}\mid \mathrm{Is}^t, \boldsymbol{v}^{t+1}) \\ p_{\mathrm{o}}(B^{t+1}\mid \mathrm{Bs}^t, I^{t+1}, \mathrm{Is}^t, \boldsymbol{v}^{t+1}) = p(B^{t+1}\mid \mathrm{Bs}^t, \boldsymbol{v}^{t+1})\cdot p(I^{t+1}\mid \mathrm{Is}^t, \boldsymbol{v}^{t+1}) \end{cases} \tag{6.30}$$

其表明了背景表征与当前图像区域及前一帧背景表征间的近似性。对于光流矢量，进一步补充有矢量的时空相似性 $p(\boldsymbol{v}^{t+1}\mid \boldsymbol{v}^t)$ 和 $p(\boldsymbol{v}^{t+1}\mid \boldsymbol{v}^{t+1}(\Omega))$ 作为约束，$\boldsymbol{v}^t(\Omega)$ 表示像素邻域矢量，从而使得通过式（6.29）的模型可由稀疏光流估计出密集光流。式（6.30）模型的对数似然函数为

$$\begin{aligned} \ln L(B^{t+1}, \boldsymbol{v}^t) = {} & \ln p(B^{t+1}\mid \mathrm{Bs}^t, I^{t+1}, \mathrm{Is}^t, \boldsymbol{v}^{t+1}) + \ln p(\boldsymbol{v}^{t+1}\mid \boldsymbol{v}^t) + \\ & \ln p(\boldsymbol{v}^{t+1}\mid \boldsymbol{v}^{t+1}(\Omega)) + \lambda(1-\omega_{\mathrm{b}}-\omega_{\mathrm{o}}) \end{aligned} \tag{6.31}$$

则背景层的加权概率 q_{b} 和目标层的加权概率 q_{o} 分别为

$$\begin{aligned} q_{\mathrm{b}} &= \omega_{\mathrm{b}} \frac{p(B^{t+1}\mid I^{t+1})\cdot p(I^{t+1}\mid \mathrm{Is}^t, \boldsymbol{v}^{t+1})}{p(B^{t+1}\mid \mathrm{Bs}^t, I^{t+1}, \mathrm{Is}^t, \boldsymbol{v}^{t+1})} \\ q_{\mathrm{o}} &= \omega_{\mathrm{o}} \frac{p(B^{t+1}\mid \mathrm{Bs}^t, \boldsymbol{v}^{t+1})\cdot p(I^{t+1}\mid \mathrm{Is}^t, \boldsymbol{v}^{t+1})}{p(B^{t+1}\mid \mathrm{Bs}^t, I^{t+1}, \mathrm{Is}^t, \boldsymbol{v}^{t+1})} \end{aligned} \tag{6.32}$$

在式（6.31）的局部极值处满足条件

$$\begin{cases} q_{\mathrm{b}} \dfrac{\partial \ln(p(B^{t+1}\mid I^{t+1}))}{\partial B^{t+1}} + q_{\mathrm{o}} \dfrac{\partial \ln(p(B^{t+1}\mid \mathrm{Bs}^t, \boldsymbol{v}^{t+1}))}{\partial B^{t+1}} = 0 \\ (q_{\mathrm{b}}+q_{\mathrm{o}})\cdot \dfrac{\partial \ln(p(I^{t+1}\mid \mathrm{Is}^t, \boldsymbol{v}^{t+1}))}{\partial \boldsymbol{v}^{t+1}} + \dfrac{\partial \ln(p(\boldsymbol{v}^{t+1}\mid \boldsymbol{v}^t))}{\partial \boldsymbol{v}^{t+1}} + \dfrac{\partial \ln(p(\boldsymbol{v}^{t+1}\mid \boldsymbol{v}^{t+1}(\Omega)))}{\partial \boldsymbol{v}^{t+1}} = 0 \end{cases} \tag{6.33}$$

使用 EM 算法对式（6.33）的模型进行求解。首先在期望步骤中估计每一层的加权概率 $\hat{q}_{\mathrm{b}}$ 和 $\hat{q}_{\mathrm{o}}$，然后在最大化步骤中根据优化式（6.33）的条件迭代计算当前背景模型 B^{t+1} 和光流矢量 $\boldsymbol{v}^{t+1}$，有

$$\begin{cases} \boldsymbol{v}(\boldsymbol{x})^{n+1} = \boldsymbol{v}(\boldsymbol{x})^n - (\hat{q}_{\mathrm{b}}+\hat{q}_{\mathrm{o}})\cdot \phi(I^{t+1}(\boldsymbol{x}) - \mathrm{Is}^t(\boldsymbol{x}-\boldsymbol{v}^{t+1}), \delta_{\mathrm{II}}, \beta_{\mathrm{II}}) - \\ \qquad \phi(\boldsymbol{v}^{t+1}(\boldsymbol{x}) - \boldsymbol{v}^t(\boldsymbol{x}), \delta_{\mathrm{tm}}, \beta_{\mathrm{tm}}) - \sum\limits_{\mu\in\Omega_{\boldsymbol{x}}} \phi(\boldsymbol{v}^{t+1}(\boldsymbol{x}) - \boldsymbol{v}^{t+1}(\mu), \delta_{\mathrm{sp}}, \beta_{\mathrm{sp}}) \\ B(\boldsymbol{x})^{n+1} = B(\boldsymbol{x})^n - \hat{q}_{\mathrm{b}}\cdot \phi(B^{t+1}(\boldsymbol{x}) - I^{t+1}(\boldsymbol{x}), \delta_{\mathrm{IB}}, \beta_{\mathrm{IB}}) - \\ \qquad \hat{q}_{\mathrm{o}} \phi(B^{t+1}(\boldsymbol{x}) - \mathrm{Bs}^t(\boldsymbol{x}-\boldsymbol{v}^{t+1}), \delta_{\mathrm{BB}}, \beta_{\mathrm{BB}}) \end{cases} \tag{6.34}$$

该模型的似然性和先验信息之间的关系是用自由度为 3 的 t 分布描述的，关于其鲁棒的误差函数是以负对数形式给出的，其导数函数 $\phi(\boldsymbol{x}, \delta, \beta)$ 可定义为

$$\phi(\boldsymbol{x}, \delta, \beta) = \beta \frac{-4\boldsymbol{x}}{\delta^2 + \boldsymbol{x}^2} \tag{6.35}$$

该函数将有助于迭代的有效性和稳定收敛。在式（6.34）中关于背景模型和光流矢量的迭代计算中的参数，根据表征相似性、运动特征等先验信息预置给定，光流场的连续性在矢量迭代中有所体现，并附加了时空条件的约束性。而在所有权重的作用下，应对背景的表征模型进行适时更改。光流矢量引起的变化同时要求式（6.29）的模型混合权重有相应更新

$$\begin{cases} \omega_{\mathrm{b}}^{t+2} = \eta_1 \cdot \omega_{\mathrm{b}}^{t+1} + \eta_2 \cdot \hat{q}_{\mathrm{b}} + \eta_3 \left[1 - \exp^{-\frac{(\nu^{t+1})^2}{2\sigma_{\mathrm{mp}}^2}} \right] \\ \omega_{\mathrm{o}}^{t+2} = \eta_1 \cdot \omega_{\mathrm{o}}^{t+1} + \eta_2 \cdot \hat{q}_{\mathrm{o}} + \eta_3 \cdot \exp^{-\frac{(\nu^{t+1})^2}{2\sigma_{\mathrm{mp}}^2}} \end{cases} \tag{6.36}$$

至此构成计算循环，随序列图像逐步生成背景表征模型并实现对目标的分割检测。运动分割混合概率密度模型的优势是仅需要初始的稀疏光流和精确的图像纠正，因此非常适用于序列图像的处理需求，可作为一种具有较强实用性的技术方法。

针对飞行器的特殊应用和实际情况条件，由其他途径获得的信息参数也可以用于检测。根据飞行器序列图像运动检测的要点，其中的一些内容可作为先验信息对检测进行约束，如给定飞行器的飞行高度及镜头焦距等基本信息；目标在图像中的尺寸可限制于一定的范围内，而将图像的分辨率、飞行器速度、目标一般运动速度等综合后可作为运动特征的先验条件。

将这些信息代入运动检测的方式是通过混合概率密度模型或后验概率密度模型对问题进行描述。在马尔可夫随机场框架下，同样以图像的像素亮度（灰度）为观测数据，并以高斯分布表示各类特征属性信息在时序上的改变，而信息的不确定性是隐含在其互协方差矩阵之中的。那么根据辅助信息数据，调节互协方差矩阵中的方差值，便能够对模型施加影响，使辅助信息数据起到引导检测的作用。具体的解算方法同样可采用 EM 算法，还可以进一步实现对目标的跟踪。

6.2.2　基于深度学习的目标检测

基于深度学习的目标检测算法使用的是卷积神经网络（Convolutional Neural Network，CNN）学习特征方式，这种学习特征方式能自动发现检测及分类目标所需要的特征，同时通过卷积神经网络将原始输入信息转换成更抽象、更高维的特征，这种高维特征具有强大的特征表达能力和泛化性，所以其在复杂场景下的性能表现较好，可满足航空图像目标检测的大部分需求。本节将介绍基于深度学习的目标检测算法的发展过程、评价指标，并以基于 YOLOv5 网络的地面目标检测为例，展示使用深度学习算法对航空图像的检测过程。

1. 基于深度学习的目标检测算法的发展过程

基于深度学习的目标检测算法根据其算法流程特点，大致可以分为两类：两阶段目标检测算法和单阶段目标检测算法。两阶段目标检测算法的主要代表是 Regions with Convolutional Neural Networks Features（R-CNN）系列，此类检测算法的检测精度较高，但是检测速度较慢。单阶段目标检测算法的代表是 Single Shot Multi Box Detector（SSD）系列、You Only Look Once（YOLO）系列和 Anchor-Free 系列，此类检测算法的检测精度相对低，但是检测速度很快，其应用得较广泛。

2014 年，两阶段目标检测算法 R-CNN 系列的提出，使目标检测算法正式进入深度学习时代，但是算法耗时严重，无法实际应用。通过对算法的深入理解和改进，SPP-Net、Fast R-CNN 及 Faster R-CNN 等算法被相继提出，算法速度提升上百倍，基本满足实时应用需求。随着算法应用的增多，算法的缺点也暴露出来，算法对小目标的检测效果不理想是其中之一。研究人员通过对特征融合方法进行研究，提出了 FPN、Cascade R-CNN、M2Det

等算法，大幅改善了小目标的检测效果，大大提升了算法的检测精度。

为了从方法论上解决两阶段目标检测算法的耗时问题，以 YOLO 系列为基础的单阶段目标检测算法被提出，YOLOv2、YOLOv3、YOLOv4 逐步解决了 YOLOv1 算法的检测框定位不准、小目标检测效果差及算法精度低等问题。YOLOv2 开始引入了单阶段目标检测算法的 Anchor 机制，为算法带来了新的问题，如 Anchor 参数设置麻烦、正负样本比例严重失衡等。为了解决这些问题，研究人员提出了 Anchor-Free 系列算法，如 CornerNet、CenterNet 等，通过设计更加合适的特征表达形式，提升了目标检测算法的精度和速度。为了使网络能够精确地检测目标，研究人员提出了一些评价指标来评价算法的检测性能。

2. 算法的评价指标

对基于深度学习的目标检测算法需要设计一些评价指标来反映目标检测算法检测到的物体边界框的准确程度。其主要评价指标包括边界框交并比（Intersection-Over-Union，IOU）、精确率（Precision）、召回率（Recall）、平均精确率（Average Precision，AP）、平均精确率均值（Mean Average Precision，mAP）。

（1）边界框交并比。在目标检测任务中，b_{gt} 和 b_{pred} 分别表示物体的真实边界框和检测到的边界框。b_{gt} 和 b_{pred} 的 IOU 被用来评价所预测的边界框的准确程度，即交区域面积与并区域面积的比值

$$\text{IOU}(b_{pred}, b_{gt}) = \frac{\text{Area}(b_{pred} \cap b_{gt})}{\text{Area}(b_{pred} \cup b_{gt})} \tag{6.37}$$

边界框交并比的阈值是一个预定义的常数，用 Ω 表示。当 $\text{IOU}(b_{pred}, b_{gt}) > \Omega$ 时，认为 b_{pred}（检测到的边界框）中的图像为正样本（包含物体），否则为负样本（背景）。

（2）精确率和召回率。基于交并比和交并比阈值可以计算目标检测的精确率和召回率，使用真阳率（True Positive，TP）表示正样本被正确预测的数量，假阳率（False Positive，FP）表示负样本被预测为正样本的数量，假阴率（False Negative，FN）表示正样本被错误预测为负样本的数量。精确率 Precision 反映了模型预测的正样本中真实正样本的比例

$$\text{Precision} = \frac{\text{TP}}{\text{TP} + \text{FP}} \tag{6.38}$$

召回率 Recall 反映了模型正确预测的正样本占所有真实正样本的比例

$$\text{Recall} = \frac{\text{TP}}{\text{TP} + \text{FN}} \tag{6.39}$$

（3）平均精确率。平均精确率（AP）结合了不同置信度下的精确率和召回率，通过计算 Precision-Recall 曲线下的面积来衡量模型的性能

$$\text{AP} = \int_0^1 \text{Precision}(t)\text{d}t \tag{6.40}$$

（4）平均精确率均值。在多类别的目标检测任务中，由于待检测物体可能存在不同的所属类别，通常用平均精确率均值（mAP）作为评价指标，它能够计算不同类别的精确率均值，其计算如下（N 为物体类别的数量，表示算法对第 n 个类别的物体的评价精确率）

$$\text{mAP} = \frac{\sum_{n=1}^{N} \text{AP}_n}{N} \tag{6.41}$$

3. 基于 YOLOv5 网络的地面目标检测

YOLOv5 的网络框架包括一个用于特征提取的骨干网络、一个用于多尺度特征融合的特征融合层、一个用于目标位置和类别预测的目标检测头。YOLOv5 的模型结构如图 6.3 所示。

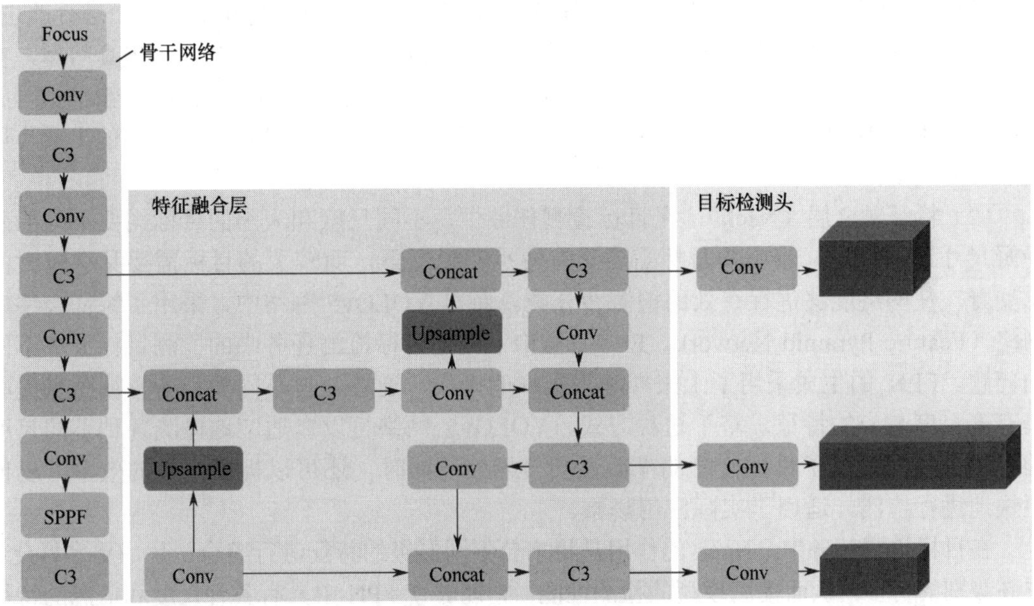

图 6.3　YOLOv5 的模型结构

（1）骨干网络（Backbone）。Backbone 是目标检测模型的一个重要组成部分，它负责提取输入图像的特征。YOLOv5 网络采用了 CSPDarknet53 作为其 Backbone 结构，Backbone 主要由 Conv 模块、C3 模块和快速空间金字塔池化（Spatial Pyramid Pooling-Fast，SPPF）模块构成。

Conv 模块主要由卷积层（Conv2d）、批标准化（Batch Normalization，BN）层和激活函数组成，主要目的是对输入数据实现特征提取和转换。其中，卷积层的主要作用是从输入的数据中提取特征信息，它采用卷积操作对输入数据进行处理，生成对应的特征图，是一种可以有效捕捉数据局部关系的操作。卷积层通常由多个卷积核组成，每个卷积核都会在输入数据的不同区域进行卷积操作。卷积核的大小和数量可以根据任务的不同来进行调整，以提取不同的特征信息。卷积层之后是 BN 层，其主要作用是对网络在训练过程中的中间特征进行标准化处理。它在每个批次的数据上计算均值和标准差，并对数据进行归一化处理，使其具有零均值和单位方差。这样做的目的是消除不同特征之间的相关性，减少输入分布的变化，使网络在训练过程中更加稳定和快速。激活函数连接在 BN 层之后，这里使用 Sigmoid 线性单元（Sigmoid Linear Unit，SiLU），能够使网络的输出控制在 0～1 范围内。

C3 模块由多个使用 3×3 卷积核的 Conv 模块交替连接。模块用多个小卷积核来代替大卷积核的操作能够在保证感受野尺寸的前提下，增大网络的深度，提高拟合能力。在 C3 模块中，第一个 Conv 模块的步幅被设置为 2。此外 C3 模块还包含由两个 Conv 模块组成的瓶颈层（Bottleneck Layer）模块，这样的组合方式能够将提取的特征图的尺寸减半，使网络更好地关注物体的全局信息。之后 Conv 模块的步幅均被设置为 1，使特征图的空间分辨率和局部特征被更好地保留。此外，更多的卷积核能够对数据进一步提取特征，丰富特征的多样性。

SPPF 模块在空间金字塔池化（Spatial Pyramid Pooling，SPP）模块的基础上进行改进，这两种模块的目的都是解决输入图像在进行裁剪、缩放处理后可能会产生的失真问题，在保持空间分辨率的同时提取多尺度的特征信息，提高模型的性能和灵活性。在输出相同的情况下，SPPF 模块的处理速度比 SPP 模块更快。SPPF 模块在 YOLOv5 网络中的主要作用是融合多尺度特征。

（2）特征融合层（Neck）。在目标检测任务中，不同尺度和大小的目标需要不同的感受野尺寸进行检测。较小的目标需要具有较小的感受野，而较大的目标需要具有较大的感受野，使网络能够进行有效的检测和分类。而在 YOLOv5 网络中，采用了特征金字塔网络（Feature Pyramid Network，FPN）结构来处理目标检测任务中的检测目标大小不同的问题。FPN 的生成采用了上采样和下采样的操作，通过处理不同大小的特征图来提取具有多尺度响应的特征。基于这种方式，YOLOv5 网络可以自适应地检测各种不同尺度的目标，从而提高了目标检测的准确性和鲁棒性。同时，还可以提高模型的效率，以便更快地进行检测，适用于实际应用场景。

在目标检测任务中，Neck 的作用是将来自不同层级的特征进行整合，生成更多样化、更高级别的特征，从而提高模型的检测性能。它能够使 FPN 中具有各种尺度和信息的特征图之间产生联系，并输入目标检测头（Head）中用于最终的预测操作，从而提高模型对目标区域的检测敏锐性、鲁棒性和准确性，同时更好地处理复杂背景、遮挡等情况，使模型更具实际应用和推广的可能性。

YOLOv5 采用路径聚合网络（Path Aggregation Network，PANet）作为其 Neck 结构，它通过路径聚合的方式将来自不同层级的特征进行融合，获取多尺度的语义信息，从而提高目标检测的准确性。PANet 的特征融合过程如下。

首先，PANet 根据主干网络的不同层级生成一组具有不同分辨率的特征图。

然后，在 PANet 中，高分辨率的特征图会通过下采样操作（如步长为 2 的卷积）来降低分辨率，形成低分辨率的特征图。

接下来，PANet 使用上采样操作（如双线性插值）将低分辨率的特征图上采样到与高分辨率特征图相同的分辨率。

最后，将上采样得到的特征图与原始的高分辨率特征图进行融合，得到一个更加丰富的特征图，从而用于目标检测。

通过 PANet 的特征融合，YOLOv5 可以有效地获取图像不同层级的特征信息。这样的特征融合结构可以提高目标检测的准确性，使模型能够更好地处理不同尺度的目标。

（3）目标检测头（Head）。在 YOLOv5 中，目标检测头由多个卷积层、池化层和全连接层组成，用于预测目标的边界框位置和类别，主要包括 Anchor、Classification 和 Regression 三个关键部分，它们分别用于生成边界框、预测类别和调整边界框的位置。其中，Anchor 是一组预定义的边界框，每个 Anchor 都具有固定的尺度和宽高比。在 YOLOv5 训练过程中，通过计算输入图像与 Anchor 之间的 IOU，将每个目标与一个 Anchor 进行匹配。通过这种方式，每个 Anchor 都被分配一个目标，并将目标的位置信息编码到 Anchor 中。Classification 部分负责预测边界框内目标的类别，它基于目标特征，使用全连接层或卷积层将其映射到预定义的类别数。对于每个 Anchor，Classification 会给出目标属于每个类别的概率。采用激活函数对类别概率进行归一化，以获得每个类别的预测概率。Regression 部分负责调整边界框的位置，以更准确地匹配目标的位置，它使用全连接层，根据特征图对边界框的位置进行预测。通常使用线性激活函数或无激活函数的全连接层来输出边界框的坐标偏移值。这些偏移值将被应用于 Anchor 的位置和尺度，以校正边界框的位置和大小。

综合对上述模块的介绍，首先，YOLOv5 在设计上更加注重算法的高效性，采用了多尺度训练和深度可分离卷积等技术来减小模型的参数量和计算量，从而极大地提高了检测速度。其次，YOLOv5 的整体网络结构也较为简洁，将特征提取和检测两部分整合在一起，使得模型设计更易于理解和修改。此外，YOLOv5 的特征融合层还可以适用于不同尺度和分辨率的图像，具有很强的通用性。

采用 YOLOv5 网络对航空图像进行检测时，由于地面目标通常具有较小的尺度，并且主要从自上而下的角度进行观察，因此在检测前需要将 YOLOv5 网络模型在 VisDrone 数据集上进行微调。经过训练的深度网络模型可以有效地处理航空图像并标记潜在的目标区域。

VisDrone2019 数据集是由 AISKYEYE GROUP 收集并标注的。基准数据集包括 288 个视频片段，由 261 908 帧序列图像和 10 209 帧单独的图像组成，覆盖范围广泛，采集了相隔数千千米的 14 个不同地区的城市和农村的稀疏或拥挤的场景，包括行人、车辆、自行车等物体。人工标注数据中包含超过 260 万个感兴趣的目标区域，分 10 个类别。实验中，经过训练参数调优后的 YOLOv5 网络模型能够较好地对航拍图像中的目标进行检测，检测结果如图 6.4 所示。

图 6.4　基于 YOLOv5 的检测结果

6.2.3　红外图像小目标检测

在航拍的红外图像目标检测任务中，由于红外图像具有较大的随机噪声和非均匀性干扰，因此给背景估计带来困难，从而影响目标的检测结果。尤其是对于航拍的红外图像中弱小目标的检测，目标成像在红外焦平面上尺寸小、信噪比低，且有时受自然气象条件（天气、风速、风向、气温、太阳辐射等）、背景环境等因素的影响，很难有效地实时分离目标。因此近些年来，红外图像小目标的检测研究工作已越来越受人们重视。

小目标检测算法总体来说包括两大步骤：（1）对单帧图像进行背景抑制，找出少量候选目标点；（2）根据目标像素在序列图像中运动的连续性原则，从候选目标点中找到真正的目标点。

奇异值分解（Singular Value Decomposition，SVD）滤波方法以其良好的数值稳健性和自适应性，常被用于图像的背景抑制与去噪。使用该方法可以有效地抑制背景，但过度抑制也会将淹没在背景中的小目标排除在候选目标点之外而使其丢失，故无法有效地获得真正的目标。

粒子滤波（Particle Filter，PF）方法因能处理非线性、非高斯问题而被广泛应用于动态系统的状态估计，具有简单灵活、适用范围广和鲁棒性高的优点。但当图像中存在小目标被噪声遮挡时，会出现目标运动状态预测错误以致检测错误的现象。出现这一现象的原因是粒子滤波用于目标跟踪的过程实际上是一个模板匹配与更新的过程，当小目标被遮挡时会引起目标区域灰度值的变化，若此时对目标模板不恰当地更新，则会导致预测错误。

针对红外图像中小目标漏检和误检问题，本节将介绍一种 SVD 背景抑制和粒子滤波相结合的红外图像小目标检测方法。该方法基于 SVD 背景抑制和粒子滤波，通过设定新的粒子滤波模板更新规则，使目标参考模型在目标被抑制的情况下维持不变，在目标未被抑制的情况下通过确定的目标位置及时更新，这样可提高粒子滤波的预测稳健性，从而避免因粒子滤波预测错误而导致的检测错误问题；当小目标被过度抑制时，通过粒子滤波获得目标状态的最优估计来确定此时的目标位置，可有效地避免因过度抑制背景而导致小目标丢失从而无法正确检测的问题。

1. 奇异值分解

设矩阵 $\boldsymbol{A}$ 为 $m\times n$ 矩阵，不妨设 $m\geqslant n$，且矩阵 $\boldsymbol{A}$ 的秩为 r，$r\leqslant n$，则它的奇异值分解为

$$\boldsymbol{A}=\boldsymbol{U\Sigma V}^{\mathrm{T}} \tag{6.42}$$

式中，$\boldsymbol{U}$ 为 $m\times m$ 正交矩阵；$\boldsymbol{V}$ 为 $n\times n$ 正交矩阵；$\boldsymbol{\Sigma}$ 为 $m\times n$ 奇异值矩阵，其一般形式为

$$\boldsymbol{\Sigma}=\begin{bmatrix} \boldsymbol{\Lambda}_{r\times r} & \boldsymbol{0}_{r\times(n-r)} \\ \boldsymbol{0}_{(n\times r)\times r} & \boldsymbol{0}_{(n-r)\times(n-r)} \\ \boldsymbol{0}_{(m-n)\times r} & \boldsymbol{0}_{(m-n)\times(n-r)} \end{bmatrix} \tag{6.43}$$

式中，$\boldsymbol{\Lambda}_{r\times r}=\mathrm{diag}(\sigma_1,\sigma_2,\cdots,\sigma_r)$，$\sigma_1\geqslant\sigma_2\geqslant\cdots\geqslant\sigma_r>0$ 为矩阵 $\boldsymbol{A}$ 的非零奇异值。若 $\boldsymbol{U}=[\boldsymbol{u}_1\ \boldsymbol{u}_2\ \cdots\ \boldsymbol{u}_m]$，$\boldsymbol{V}=[\boldsymbol{v}_1\ \boldsymbol{v}_2\ \cdots\ \boldsymbol{v}_n]$，则式（6.42）可以变形为

$$\boldsymbol{A}=\boldsymbol{U\Sigma V}^{\mathrm{T}}=\sum_{i=1}^{r}\sigma_i\boldsymbol{u}_i\boldsymbol{v}_i^{\mathrm{T}} \tag{6.44}$$

式中，σ_i 为矩阵 $\boldsymbol{A}$ 的第 i 个奇异值；$\sigma_i \boldsymbol{u}_i \boldsymbol{v}_i^{\mathrm{T}}$ 为由第 i 个奇异值 σ_i 分解重构出的矩阵，在这里称为图像 $\boldsymbol{A}$ 的第 i 个成分，则矩阵可以认为是 r 个成分的线性和。

按照矩阵范数理论，奇异值与常量 2 范数和矩阵 F 范数相关联

$$\|\boldsymbol{A}\|_2 = \max_{x \neq 0} \frac{\|\boldsymbol{A}\boldsymbol{x}\|_2}{\|\boldsymbol{x}\|_2} = \sigma_1 \tag{6.45}$$

$$\|\boldsymbol{A}\|_{\mathrm{F}} = \sqrt{\sum_{i=1}^{m}\sum_{j=1}^{n}|a_{ij}|^2} = \sqrt{\sum_{i=1}^{r}\sigma_i^2} \tag{6.46}$$

式中，a_{ij} 为矩阵 $\boldsymbol{A}$ 中第 i 行第 j 列的元素。

基于此，可以选择合适的成分重构图像，以满足特定的图像处理需求。如果关注图像的轮廓，则可以将奇异值较大的部分作为原始图像的近似，这在图像去噪和压缩中得到了广泛应用。如果更关注图像的细节，则选择奇异值较小的部分作为图像的近似，以去除大部分的图像背景，这就是背景的估计与抑制。

因此利用奇异值分解，通过选取合适的成分集重构图像，即选择特定的成分 $S = \{i, j, \cdots, k \mid 0 < i, j, \cdots, k < r\}$ 重构矩阵，可得到背景抑制后的图像 $\tilde{\boldsymbol{A}}$

$$\tilde{\boldsymbol{A}} = \sum_{i \in S} \sigma_i \boldsymbol{u}_i \boldsymbol{v}_i^{\mathrm{T}},\quad S = \{i \mid 0 < i < r\} \tag{6.47}$$

2. 粒子滤波

粒子滤波是一种基于蒙特卡罗模拟的非线性滤波方法，它的核心思想是用随机采样的粒子表达密度分布，适用于任何能用状态空间模型表示的非线性系统，以及传统卡尔曼滤波无法表示的非线性系统。

将粒子滤波应用于目标状态估计需要通过一种递推估计的思想来估计出目标的当前状态。所谓目标状态，一般是指目标的空间位置，对于要求对目标姿态进行测量的场合，则目标状态还可能包括目标的旋转角度、尺度等。粒子滤波算法最终求出的是一种后验概率的表示形式，并通过若干粒子的加权来得到目标的状态估计。每个粒子表示目标状态空间中的一个点，目标的实际运动情况是这个状态空间中的一个解，通过衡量每个粒子与真实解的距离，距离小的粒子获得较大的权值，距离大的粒子获得较小的权值，所有粒子的加权即可表示目标运动状态的估计值。

下面阐述粒子滤波理论应用于目标状态估计问题的几个要点，主要包括目标的先验特征、系统状态转移、系统观测量、后验概率的计算和重采样。

（1）目标的先验特征：一般是区别其他目标的特征，可以是人为指定的某种特征描述，如目标的灰度分布特征、轮廓、颜色等。对目标先验特征的描述决定了贝叶斯滤波的先验概率形式，粒子滤波中每个粒子的初始状态也由此决定。

（2）系统状态转移：目标状态的时间更新过程。以求解 t 时刻目标状态的后验概率为例，由于运动目标的自主运动趋势一般比较明显，粒子传播可以是一种随机运动过程，若目标只做平移运动，则其运动服从一阶自回归过程方程

$$\boldsymbol{x}_t = a\boldsymbol{x}_{t-1} + \boldsymbol{w}_{t-1} \tag{6.48}$$

式中，$\boldsymbol{x}_t$ 为目标在 t 时刻的状态，$\boldsymbol{w}_{t-1}$ 为归一化噪声量，a 为常数。显然，当 $a=1$ 时，t 时

刻粒子的状态将是$t-1$时刻的状态叠加一个归一化噪声量。当目标的状态传播具有速度或加速度时，应当采用高阶自回归模型。

（3）系统观测量：最直观的是指t时刻所得到的视频图像，可以是灰度图像，也可以是经过处理后所提取的各种特征量，如颜色、轮廓、纹理、形状等。使用观测量对系统状态转移的结果进行验证，实际上是一个相似性度量的过程。由于每个粒子都代表目标状态的一种可能性，系统观测的目的就是使与实际情况相近的粒子获得的权值大一些，与实际情况相差较大的粒子获得的权值小一些。

（4）后验概率的计算：一般可以采用两种准则。一是最大后验准则，即以得到最大权值的粒子的状态为最终后验概率的表示形式。目前一般跟踪方法都采用这种准则，这种准则很直观，即“最相似的就是可能性最大的”。二是加权准则，即各粒子根据自身权值大小决定其在后验概率中所占的比例。加权准则更能体现粒子滤波方法的优越性，由众多粒子根据各自的重要性来综合决定最终结果，也就是最相似的占有最大的比例。

（5）重采样：在传播过程中，有一部分偏离目标实际状态的粒子的权值会越来越小，以至于最终只有少数粒子具有大的权值，此时仍需花费计算资源在这些小权值粒子上。这些小权值粒子尽管也代表目标状态的一种可能性，但是当可能性太小时，应当忽略这部分粒子，而将重点放在可能性较大的粒子上。重采样技术在一定程度上可以缓解这个问题，抛弃部分权值过小的粒子，而从权值较大的粒子衍生出一些粒子。

这样构成了基于粒子滤波的整个目标状态预测框架，如图 6.5 所示，从$t=0$时刻开始，系统进行初始化，确定目标状态的先验概率表示形式，给各个粒子赋初始值。在下一时刻，首先进行系统状态转移，各粒子遵循一定的状态转移方程进行自身的状态传播；然后得到观测值，进行系统观测，计算各粒子的权值（与目标实际状态的相似度）；最后粒子加权，得到后验概率输出值，同时粒子经过重采样继续进行系统状态转移，构成一个循环目标状态预测框架。

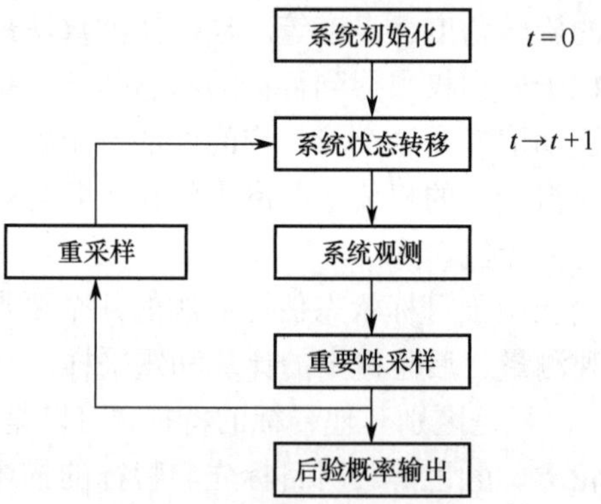

图 6.5 目标状态预测框架

根据目标状态预测框架，设系统t时刻的状态向量为$\boldsymbol{x}_t$，观测向量为$\boldsymbol{y}_t$，观测序列$\boldsymbol{y}_{1:t}=\{\boldsymbol{y}_1,\boldsymbol{y}_2,\cdots,\boldsymbol{y}_t\}$，则目标状态估计问题转换为计算后验概率$p(\boldsymbol{x}_t\mid\boldsymbol{y}_{1:t})$。

粒子滤波的核心是利用一组加权的随机样本$\{\boldsymbol{x}_t^{(n)},w_t^{(n)}\}_{n=1}^N$来近似表示后验概率$p(\boldsymbol{x}_t\mid\boldsymbol{y}_{1:t})$，系统动态求解由贝叶斯迭代推理过程完成。其中$x_t^{(n)}$表示第$n$个粒子，可由状

态转移方程根据 $t-1$ 时刻的状态来计算；$w_t^{(n)}$ 表示第 n 个粒子的归一化权值，定义为

$$w_t^{(n)} = p(\boldsymbol{y}_t \mid x_t^{(n)}),\ \sum_{n=1}^{N} w_t^{(n)} = 1 \tag{6.49}$$

式中，$p(\boldsymbol{y}_t \mid x_t^{(n)})$ 表示样本 $x_t^{(n)}$ 的观测概率，则 t 时刻的系统状态估计为

$$X_t = \sum_{n=1}^{N} w_t^{(n)} x_t^{(n)} \tag{6.50}$$

3. 基于奇异值分解的背景抑制和粒子滤波的红外图像小目标检测

基于奇异值分解的背景抑制和粒子滤波的联合检测算法步骤如下。(1) 利用 SVD 滤波方法对红外图像背景进行抑制，得到候选目标点。(2) 结合目标运动的连续性，采用粒子滤波算法预测目标的运动状态，得到一个目标搜索窗口。(3) 将采用 SVD 单帧检测得到的候选目标点和采用粒子滤波算法预测得到的目标搜索窗口相结合进行判断：若目标搜索窗口内有候选目标点出现，则认为该目标为真实目标，并用此目标的中心位置代替目标搜索窗口的中心来更新粒子滤波中的目标参考模型，从而进一步精确目标位置，提高粒子滤波的预测鲁棒性；若目标搜索窗口内没有候选目标点出现，则认为此帧目标被抑制，此时不更新目标参考模型，并将目标搜索窗口的中心位置作为目标，这样通过结合粒子滤波上一帧的目标运动状态来获得此目标状态的最优估计，从而有效地解决目标被过度抑制的问题。

通过分析 SVD 的原理，可得与背景抑制有关的 SVD 的主要理论特性。(1) 奇异值反映了矩阵的能量分布。奇异值越大，其对应的成分占矩阵的比例就越大；奇异值越小，其对应的成分占矩阵的比例就越小。(2) 矩阵的扰动会使每个奇异值及相应的基底（矩阵分解后，SVD 奇异值对应的左右奇异矢量的内积）发生变化。奇异值越大，相同程度的扰动对它的影响越小，但是奇异值小的部分会受到较大的扰动。(3) 对二维图像的 SVD 分解，奇异值大的部分对应的成分反映了图像的轮廓信息，奇异值小的部分对应的成分反映了图像的细节部分。

因此，根据以上特性，将其应用于红外图像小目标检测的背景抑制中，关键是要确定重构图像的成分集 S。奇异值大小反映了对应成分在图像中所占的比例大小，目标是否出现会影响图像的每个奇异值，奇异值较大的部分对应的相对差很小，奇异值较小的部分对应的相对差较大，而奇异值很小的部分虽然相对差变化很大，但由于其数值很小，对图像成分变化的影响也很小。因此通过分析可以得出，奇异值大的部分所对应的成分反映了背景信息，奇异值小的部分表征噪声特性，处于中间位置的部分往往反映了目标的变化。

根据上述分析，认为红外图像中小目标的成分集对应中间位置，则经过 SVD 背景抑制后的图像可表示为

$$\hat{\boldsymbol{A}} = \sum_{i=t_{\text{low}}}^{t_{\text{up}}} \hat{\lambda}_i \boldsymbol{u}_i \boldsymbol{v}_i^{\text{T}} \tag{6.51}$$

其中

$$\hat{\lambda}_i = \sum_{i=t_{\text{low}}}^{t_{\text{up}}} \sigma_i /(t_{\text{up}} - t_{\text{low}} + 1) \tag{6.52}$$

式中，t_{up}、t_{low} 分别为奇异值的上、下截止点。对于截止点，可根据适当的门限准则来选取。根据实验发现，红外图像模型与可见光模型中各成分间的奇异值关系类似，因此，t_{up} 可根据图像的强度来选择。分析表明，图像的第一个奇异值往往远大于其余奇异值，并且在本算法中采用 SVD 背景抑制的目的是获取候选目标点，因此为了在一定程度上避免漏检，选择 t_{low} 时可以直接排除第一个奇异值。

对图像进行背景抑制后，所得的结果含有目标、少量噪声和背景残差。可用统计方法对图像进行阈值分割，根据内曼-珀森（Neyman-Person）准则得到的阈值分割门限为

$$T = \mu + K\sigma^2 \tag{6.53}$$

式中，μ、σ^2 分别为图像的灰度均值和方差；K 为与虚警概率有关的系数，一般近似为图像的幅度信噪比。

根据粒子滤波的理论，将其应用于红外图像小目标位置预测，关键是要确定目标的状态转移模型和观测模型。用 $\boldsymbol{X}_t$ 表示目标在 t 时刻的状态向量，通常为目标中心位置，由于粒子随机样本的多假设性使得粒子滤波并不十分依赖系统的状态转移模型，因此可采用二阶自回归模型作为状态转移模型来描述两帧之间的运动特性，即

$$\boldsymbol{X}_t - \boldsymbol{X}_{t-1} = \boldsymbol{X}_{t-1} - \boldsymbol{X}_{t-2} + \boldsymbol{U}_t \tag{6.54}$$

式中，$\boldsymbol{U}_t$ 为假设满足零均值高斯随机过程的状态偏移量。

下面通过比较参考目标和目标样本的相似性来确定目标的观测模型。对于红外目标，一般都没有明显的形状、颜色信息，因此选择灰度分布特征描述红外目标，用直方图估计概率密度分布从而描述红外目标的灰度分布，灰度分布 $p_{\boldsymbol{y}} = \{p_{\boldsymbol{y}}^{(u)}\}_{u=1,2,\cdots,B}$（$B$ 为灰度量化等级）可表示为

$$p_{\boldsymbol{y}}^{(u)} = \sum_{i=1}^{M} k\left(\left\|\frac{\boldsymbol{y}-\boldsymbol{x}_i}{h}\right\|^2\right)\delta[b(\boldsymbol{x}_i)-\mu] \tag{6.55}$$

式中，$\boldsymbol{y}$ 为目标的中心位置；$\boldsymbol{x}_i$ 为目标区域中像素的位置；M 为目标区域的总像素数；h 为目标区域的大小；$k(\cdot)$ 为核函数，选择高斯核函数；$\delta(\cdot)$ 为克罗内克符号；函数 $b(\boldsymbol{x}_i)$ 为 $\boldsymbol{x}_i$ 的灰度值所属的灰度直方图中的条柱。然后对其进行归一化

$$\tilde{p}_{\boldsymbol{y}}^{(u)} = \frac{p_{\boldsymbol{y}}^{(u)}}{\sum_{i=1}^{M} k\left(\left\|\frac{\boldsymbol{y}-\boldsymbol{x}_i}{h}\right\|^2\right)} \tag{6.56}$$

则对于目标样本的灰度直方图分布 $p^{(u)}$ 和参考目标的灰度直方图分布 $q^{(u)}$，系统的观测模型通过比较二者的相似性来建立，相似性度量采用巴氏系数来定义

$$D(p,q) = \sqrt{1 - \sum_{u=1}^{B}\sqrt{p^{(u)}q^{(u)}}} \tag{6.57}$$

采用高斯密度作为测量灰度直方图的似然函数，则观测模型可定义为

$$p(\boldsymbol{y}_i \mid \boldsymbol{x}_i) \propto \mathrm{e}^{-\lambda D^2(p,q)/2} \tag{6.58}$$

式中，λ 为控制参数。则根据粒子滤波理论，样本的权值为

$$w_t^{(n)} = p(\boldsymbol{y}_i \mid \boldsymbol{x}_t^{(n)}) = \frac{1}{\sqrt{2\pi}}\mathrm{e}^{-\lambda D^2(p,q)/2} \tag{6.59}$$

综上可以看出，相似值越小，所对应的样本权值越大，代表样本越可靠。根据状态转移模型和观测模型得到 $\boldsymbol{x}_t$ 和 w_t 后，即可根据式（6.50）估计出 t 时刻的目标状态 $\boldsymbol{X}_t$，得到 t 时刻的目标中心位置 (x_0, y_0)。

6.3　基于机载光电吊舱数据的目标定位与测速

根据飞行平台的导航参数和机载光电吊舱的测量参数对地面目标进行定位和测速是最常用的机载目标侦察手段，它是指利用飞行平台上的导航系统和传感器，如 GNSS、惯性导航仪等，将从图像观测到的目标数据换算为目标的地理空间位置。

机载光电吊舱是一种由光电传感器、控制指令、处理器等组件构成的集成化的机载探测单元，可以通过可见光摄像机、红外传感器、激光测距仪等多种设备组合获取目标的图像和相对距离等数据。飞行平台通过惯导系统等设备，可以提供飞行器的位置和传感器的指向角度等参数，激光测距仪可以提供机载平台与目标之间的距离参数。可以通过一系列的坐标转换计算，把图像中目标的像素坐标换算成地理坐标，根据地理坐标可以进一步对目标在地理空间中进行测速以及后续的应用扩展。

6.3.1　目标地理定位

地理定位算法使用 4 个基本的坐标系，分别设定为：摄像机坐标系 V（$OX_vY_vZ_v$）、载机坐标系 B（$OX_bY_bZ_b$）、导航坐标系 P（$OX_pY_pZ_p$）和地理坐标系 G（$OX_gY_gZ_g$）。

1. 摄像机坐标系 V（$OX_vY_vZ_v$）

摄像机坐标系的原点定义在载机的旋转中心。令摄像机 X_v 轴向上，Z_v 轴沿成像系统的视距（Light Of Sight，LOS）方向指向目标，和 Y_v 轴形成一个正交的右手坐标系。该成像系统安装在双轴光电吊舱云台上，外云台绕 $Z_{云台}$ 轴旋转，形成方位角 β，初始位置为前，向右为正。内云台绕 $Y_{云台}$ 轴旋转，形成俯仰角 α。摄像机坐标系的定义如图 6.6 所示。

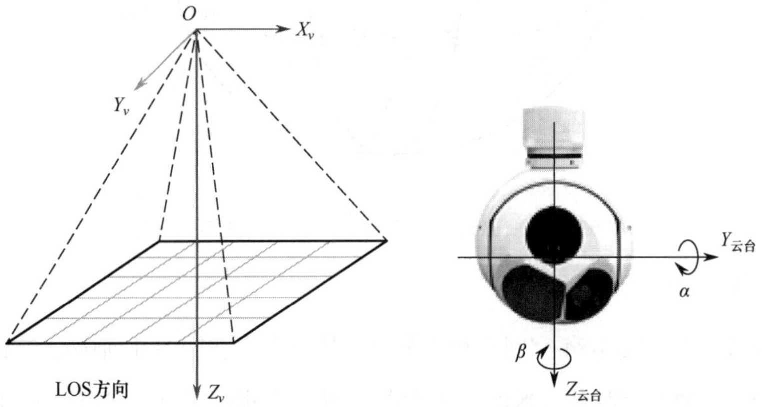

图 6.6　摄像机坐标系（左）和双轴光电吊舱云台（右）的关系

2．载机坐标系 B（$OX_bY_bZ_b$）

载机坐标系的原点与光学平台的中心重合，X_b 轴指向飞行器的头部，Z_b 轴指向飞行器的底部，和 Y_b 轴形成一个正交的右手坐标系。飞行器的定位定向系统（Position and Orientation System，POS）在载机坐标系的基础上安装，其横滚角、俯仰角和偏航角 (ϕ,θ,ψ) 分别围绕 X_b 轴、Y_b 轴及 Z_b 轴旋转。载机坐标系如图 6.7 所示。

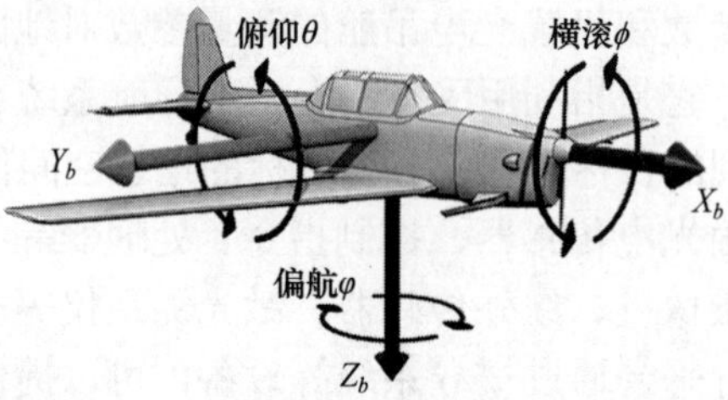

图 6.7　载机坐标系

3．导航坐标系 P（$OX_pY_pZ_p$）

导航坐标系是标准的北东地（North East Down，NED）参考系，坐标系的原点为飞行器的中心，X_p 轴指向正北方，Y_p 轴指向正东方，Z_p 轴垂直于地球表面并指向下。导航坐标系与地理坐标系之间的转换关系如图 6.8 所示。

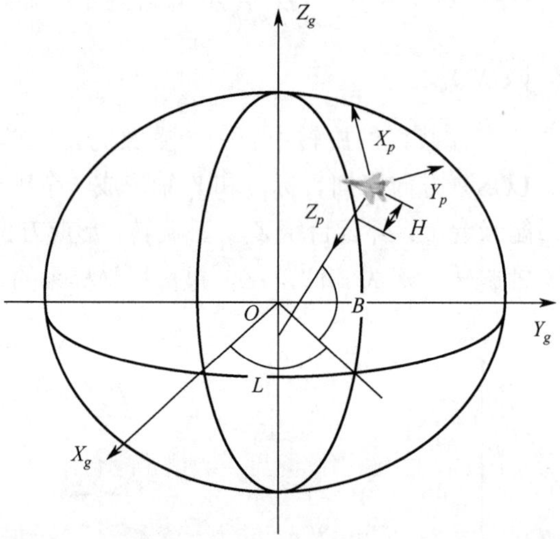

图 6.8　导航坐标系与地理坐标系之间的转换关系

4．地理坐标系 G（$OX_gY_gZ_g$）

地理坐标系采用 WGS-84 空间直角坐标系，其原点为地球的几何中心。X_g 轴指向国际时间服务机构（BIH）1984.0 定义的零子午面和协议地球极赤道的交点，Z_g 轴通过极轴指向北方，和 Y_g 轴形成右手坐标系。椭圆地球模型如图 6.8 所示，其中的点坐标 (x_g,y_g,z_g) 满足

$$\frac{x_g^2}{R_E^2}+\frac{y_g^2}{R_E^2}+\frac{z_g^2}{R_P^2}=1 \tag{6.60}$$

式中，$R_E = 6378137\text{m}$ 为椭球体的半长轴，$R_P = 6356752\text{m}$ 为椭球体的半短轴。

一个点的地理位置可以用纬度、经度和大地高度 (B,L,H) 来表示。点在地理坐标系中的坐标可以表示为

$$P_g=\begin{bmatrix}x_g\\y_g\\z_g\end{bmatrix}=\begin{bmatrix}(R_N+H)\cos B\cos L\\(R_N+H)\cos B\sin L\\ [R_N(1-e^2)+H]\sin B\end{bmatrix} \tag{6.61}$$

式中，$e=\sqrt{\dfrac{R_E^2-R_P^2}{R_E}}$ 为椭球体的第一偏心率，$R_N=\dfrac{R_E}{\sqrt{1-e^2\sin^2 B}}$ 为曲率的主要垂直方向。

地面目标的地理定位如下。当光电吊舱云台处于初始位置时，方位角 β 和俯仰角 α 均为零，且摄像机坐标系和载机坐标系重合。从摄像机坐标系到载机坐标系的转换为

$$\boldsymbol{M}_b^v=\begin{bmatrix}\cos\beta & -\sin\beta & 0\\ \sin\beta & \cos\beta & 0\\ 0 & 0 & 1\end{bmatrix}\cdot\begin{bmatrix}\cos\alpha & 0 & \sin\alpha\\ 0 & 1 & 0\\ -\sin\alpha & 0 & \cos\alpha\end{bmatrix} \tag{6.62}$$

飞行器的定位定向系统（POS）是由全球导航卫星系统（GNSS）和惯性测量单元（IMU）组成的，能够准确测量机载平台的位置信息和姿态信息。机载平台的位置信息包括纬度、经度及大地高度 (B,L,H)，姿态信息包括横滚角、俯仰角和偏航角 (ϕ,θ,φ)。从载机坐标系到导航坐标系的转换为

$$\boldsymbol{M}_p^b=\begin{bmatrix}\cos\varphi & -\sin\varphi & 0\\ \sin\varphi & \cos\varphi & 0\\ 0 & 0 & 1\end{bmatrix}\cdot\begin{bmatrix}\cos\theta & 0 & \sin\theta\\ 0 & 1 & 0\\ -\sin\theta & 0 & \cos\theta\end{bmatrix}\cdot\begin{bmatrix}1 & 0 & 0\\ 0 & \cos\phi & -\sin\phi\\ 0 & \sin\phi & \cos\phi\end{bmatrix} \tag{6.63}$$

从导航坐标系到地理坐标系的转换为

$$\boldsymbol{M}_g^p=\begin{bmatrix}\cos L & -\sin L & 0\\ \sin L & \cos L & 0\\ 0 & 0 & 1\end{bmatrix}\cdot\begin{bmatrix}\cos(-B-0.5\pi) & 0 & \sin(-B-0.5\pi)\\ 0 & 1 & 0\\ -\sin(-B-0.5\pi) & 0 & \cos(-B-0.5\pi)\end{bmatrix} \tag{6.64}$$

由此，从摄像机坐标系到地理坐标系的转换可以表示为

$$\boldsymbol{M}_g^v=\boldsymbol{M}_g^p\cdot\boldsymbol{M}_p^b\cdot\boldsymbol{M}_b^v \tag{6.65}$$

机载平台与目标之间的距离（R_{ng}）可以使用激光测距仪得到。由于激光束和 LOS 方向平行，成像系统到目标的矢量在地理坐标系中可以表示为

$$\boldsymbol{R}_g=\boldsymbol{M}_g^v\cdot[0\quad 0\quad R_{\text{ng}}]^{\mathrm{T}} \tag{6.66}$$

目标的位置 $\boldsymbol{T}_g$ 在地理坐标系中可以表示为

$$\boldsymbol{T}_g=\boldsymbol{P}_g+\boldsymbol{R}_g \tag{6.67}$$

式中，$\boldsymbol{P}_g$ 为从飞机重心到摄像机坐标系原点的偏移矢量。

根据椭圆地球模型，目标的纬度、经度和大地高度可以按相关文献求解。北半球的纬度为正，南半球的纬度为负，则目标的纬度和大地高度可以由以下方程迭代求解

$$\begin{cases} R_0 = R_E \\ H_0 = \sqrt{x_g^2 + y_g^2 + z_g^2} - \sqrt{R_E R_P} \\ B_0 = \arctan\left[\dfrac{z_g}{\sqrt{x_g^2 + y_g^2}} \cdot \left(1 - \dfrac{e^2 R_0}{R_0 + H}\right)^{-1}\right] \\ R_{k+1} = \dfrac{R_E}{\sqrt{1 - e^2 \sin^2 B_k}} \\ H_{k+1} = \dfrac{\sqrt{x_g^2 + y_g^2}}{\cos B_k} - R_k \\ B_{k+1} = \arctan\left[\dfrac{z_g}{\sqrt{x_g^2 + y_g^2}} \cdot \left(1 - \dfrac{e^2 R_{k+1}}{R_{k+1} + H}\right)^{-1}\right] \end{cases} \tag{6.68}$$

根据椭圆地球模型，东半球的经度为正，西半球的经度为负，l=arctan(y_g/x_g)，目标经度可表示为

$$L = \begin{cases} l, & x_g > 0 \\ l + \pi, & x_g < 0 \text{且} l < 0 \\ l - \pi, & x_g < 0 \text{且} l > 0 \end{cases} \tag{6.69}$$

6.3.2 目标测速

现有的目标测速方式众多，主要包括雷达测速、激光测速及视频测速等。（1）雷达测速主要利用多普勒频移原理，根据频率的数值变化计算出目标与雷达的相对速度；（2）激光测速主要是通过观察穿过光栅的移动物体来实现的，运动图像的重合和光栅结构导致探测器输出信号的频率与被测物的移动速度相匹配；（3）视频测速则是结合图像处理实现的，通过测定固定时间间隔的两帧连续序列图像中运动目标的相对位移而实现，或者通过光流原理分离运动目标与静态背景而获取目标的相对运动速度。

以上各种测速设备都有各自的局限性，比如雷达测速会受到电子干扰的影响，且雷达设备的成本相对较高；在激光测速过程中，激光光束必须瞄准垂直于激光光束的平面反射点，由于被测目标的距离较远，且飞行平台处于移动状态，因此给测速带来一定的困难；视频测速需要一定时间的视频数据关联分析，不适用于实时侦测目标速度，且飞行平台在飞行过程中的背景是动态的，其图像处理过程更为复杂。需要强调的是，激光测速与视频测速一般适用于传感器保持静态下的测速，在飞行平台对目标测速过程中，保证传感器固定显然是不现实的。

下面介绍基于光电吊舱云台的目标测速算法，在摄像机随载机运动的情况下，能够实时计算出运动目标的三维速度，有效地反映目标的运动状态。在光电吊舱云台稳定跟踪运动目标的前提下，一方面，在建立目标定位数学模型的基础上，推导便于部署、易于实现

的目标测速算法，另一方面，深入研究目标测速机制，建立包括飞机速度、飞机姿态角速率、摄像机指向角速率等多个变量的测速数学模型。基于光电吊舱云台的测速算法具有较好的实时性和较高的测速精度，且不需要增加额外的设备，故可被装备光电吊舱云台的中大型无人飞行器直接采用。

为了获取一定时间内目标运动的平均速度，需要运动目标的起点位置和终点位置以及时间间隔。现阶段，定位系统趋于成熟，可直接借助目标定位结果进行测速。因此，求取目标运动速度的关键是利用已知的测量数据，求取目标起点和终点在同一参考坐标系下的坐标。

选取 a 时刻目标的地理坐标系作为参考坐标系，将问题的求解分为以下 4 个步骤。

（1）求取 a 时刻目标在大地直角坐标系下的坐标 (x_g^a, y_g^a, z_g^a) 以及纬度 B_a、经度 L_a 和大地高度 H_a。摄像机坐标系下的目标坐标 $\boldsymbol{t}_c = [0\ 0\ r]^{\mathrm{T}}$，$r$ 为激光测距值，是已知量；$\boldsymbol{p}_g = [x_p\ y_p\ z_p]$ 为载机在大地直角坐标系中的坐标，$\boldsymbol{p}_g$ 可根据由导航系统测出的载机经度、纬度和大地高度求得。

根据坐标转换原理，有

$$\boldsymbol{t}_c = \mathrm{Rot}_B^C \cdot \mathrm{Rot}_N^B \cdot \mathrm{Rot}_G^N \cdot (\boldsymbol{t}_g - \boldsymbol{p}_g) \tag{6.70}$$

式中，Rot_G^N 为从空间直角坐标系到地理坐标系的转换；Rot_N^B 为从地理坐标系到载机坐标系的转换；Rot_B^C 为从载机坐标系到摄像机坐标系的转换。根据式（6.70），目标在空间直角坐标系中的坐标为

$$\boldsymbol{t}_g = (\mathrm{Rot}_T^C \cdot \mathrm{Rot}_B^T \cdot \mathrm{Rot}_N^B \cdot \mathrm{Rot}_G^N)^{-1} \cdot \boldsymbol{t}_c + \boldsymbol{p}_g \tag{6.71}$$

求得 $\boldsymbol{t}_g$ 后，目标在大地直角坐标系下的坐标可通过相关公式求解。

（2）求取 b 时刻目标在空间直角坐标系中的坐标 (x_g^b, y_g^b, z_g^b)，求解方法同上。

（3）求取 (x_g^b, y_g^b, z_g^b) 在参考坐标系下的坐标 (x_n, y_n, z_n)。

由于选取 a 时刻目标的地理坐标系作为参考坐标系，因此此步骤本质上是将 b 时刻目标的大地直角坐标转换为 a 时刻目标的地理坐标，具体表达式为

$$\begin{bmatrix} x_n \\ y_n \\ z_n \end{bmatrix} = \begin{bmatrix} \cos B_a \cos L_a & \cos B_a \sin L_a & \sin B_a \\ -\sin L_a & -\sin B_a \sin L_a & \cos B_a \\ -\sin B_a \cos L_a & -\sin B_a \sin L_a & \cos B_a \end{bmatrix} \cdot \begin{bmatrix} x_g^a - x_g^b \\ y_g^a - y_g^b \\ z_g^a - z_g^b \end{bmatrix} \tag{6.72}$$

（4）求取目标在天向、东向、北向的平均运动速度。

设 a 时刻和 b 时刻的时间间隔为 t，目标在参考坐标系下的平均运动速度为

$$\begin{cases} v_x = \dfrac{x_n}{t} \\ v_y = \dfrac{y_n}{t} \\ v_z = \dfrac{z_n}{t} \end{cases} \tag{6.73}$$

式中，v_x、v_y、v_z 分别为目标的天向、东向、北向的平均运动速度。

6.4 视觉 SLAM 系统

同步定位与建图（Simultaneous Localization And Mapping，SLAM）技术是从机器人研究领域发展起来的一项技术，其研究内容是将移动机器人放置到未知的位置和环境中，依靠自身的传感器不断创建该环境的三维地图，同时确定载体平台在环境中的位置。SLAM 技术需要有较高的计算效率，以满足机器人独立完成环境探索任务的即时性要求，其输出的三维模型可以是反映环境大致情况的概略三维地图。

视觉 SLAM 能够利用视觉传感器捕获的图像序列对机载平台进行运动估计，可以在 GPS 拒止的环境中提供飞行器的相对定位信息。SLAM 的框架通常包括图像信息读取、视觉里程计、后端优化、回环检测与建图。其中，视觉里程计作为 SLAM 系统的前端，能够利用传感器读取的图像信息来估计相机运动，其实现方法根据处理技术的不同可以分为直接法和特征点法两类。直接法基于灰度不变假设，使用每帧图像的全部像素信息，通过优化像素误差来计算相机的位置姿态，对图像的光度变化比较敏感。而特征点法需要对图像进行特征的提取与匹配，通过匹配的特征构建并优化重投影误差来优化相机的位置姿态，其相关研究的积累比较丰富，系统性能相对稳定。

对于大部分传统视觉 SLAM 系统，无论是直接法还是特征点法，均以基于场景为静态且主要变化由相机运动造成的假设为前提。然而在实际环境中，动态物体的存在是不可避免的，如运动的行人和车辆。从动态物体中提取的特征跟踪点会提高系统的不确定性，降低对相机位置姿态估计的精度，甚至导致定位失败。因此，对动态物体的感知和处理成为提高视觉 SLAM 系统的同步定位与建图精度的重要突破方向。

本节将介绍一种基于在 ORB-SLAM2 框架上进行改进的顾及动态目标的载体平台运动估计算法，能够减少运动物体对载体平台定位的影响，提高算法的精度。

6.4.1 视觉 SLAM 基本概念

近 20 年，视觉 SLAM 取得了快速的发展，它依靠光学图像作为数据，对相机或载体平台进行定位，并获得周围环境的三维地图信息。视觉 SLAM 具有成本低、功耗低、体积小等优点，结合嵌入式开发的能力，在飞行器和移动机器人等领域受到很多研究人员的关注。2007 年，英国帝国理工学院的 Davison A. J.等人提出了 MonoSLAM 系统，实现了通过单目相机进行同步定位与建图的目标，它是较早期的一种可靠的视觉 SLAM 系统。同时期，牛津大学的 Klein G. 等人设计了一套名为并行跟踪与建图（Parallel Tracking And Mapping，PTAM）的视觉 SLAM 系统，创造性地将整个系统划分为两个线程：跟踪线程和建图线程，这成为后续诸多 SLAM 系统的参考基准。

慕尼黑工业大学的 Engel J.等人于 2014 年提出了 LSD-SLAM 系统，将直接法应用到了半稠密的单目 SLAM 中，可以构建大规模的半稠密的三维环境地图。同时，Forster C. 等人提出了一种将直接法和特征点法结合的半直接视觉里程计（Semi-Direct Monocular Visual Odometry，SVO）。虽然直接法在跟踪和匹配方面能够节省计算资源，但其稳定性仍有待提高。

基于特征点提取与匹配的方法能够保证在 SLAM 跟踪中位姿估计的准确性，经典的 ORB-SLAM 和 ORB-SLAM2 都是基于特征跟踪的经典 SLAM 系统。而且，ORB-SLAM 和 ORB-SLAM2 都采纳了多线程机制，使用了 ORB 特征点和三个主要的并行线程：实时追踪特征点的跟踪线程、构建局部光束法平差优化地图的局部建图线程以及通过位姿图优化消除累积漂移误差的回环检测线程，这可以使系统在大场景、大回环下长时间运行，从而保证了相机轨迹与地图的全局一致性。

在基于优化的视觉 SLAM 系统中，特征点法是一种经典的优化算法。它针对特征匹配后的两帧图像，依据光束法平差（Bundle Adjustment，BA）优化方法，对相机的 6 个自由度位姿和三维空间中的路标点同步优化，其目标函数如下

$$(\boldsymbol{T}^*, \boldsymbol{p}^*) = \underset{(\boldsymbol{T},\boldsymbol{p})}{\arg\min} \sum_{i=1}^{m} \sum_{j=1}^{n} \| z_{i,j} - h(\boldsymbol{T}_{i,i-1}, \boldsymbol{p}_j) \|^2 \tag{6.74}$$

式中，$z_{i,j}$ 表示路标点 $\boldsymbol{p}_j$ 在第 i 帧图像中得到的观测，也就是图像特征点的像素坐标，此坐标通常依靠特征提取与匹配得到。$h()$ 为一个映射函数，表示在经过变换矩阵 $\boldsymbol{T}_{i,i-1}$ 变换后，路标点 $\boldsymbol{p}_j$ 在第 i 帧图像中的预测值。总体而言，就是获取一个最优的变换矩阵 $\boldsymbol{T}_{i,i-1}$，使得像素之间的重投影误差取到最小。

BA 优化方法可以成功优化相机位姿的关键前置条件是所匹配的特征点属于静态的目标，但是在实际情况中通常含有动态物体，如运动的汽车、行人等。若运动的物体在图像中占据了一定空间，将会导致目标函数朝着错误的方向进行优化，最后将引发传感器的运动轨迹和环境地图的建立之间产生不可忽视的偏差。为了更加生动地表达此问题，利用空间点的投影和图模型来描述，如图 6.9、图 6.10 所示。

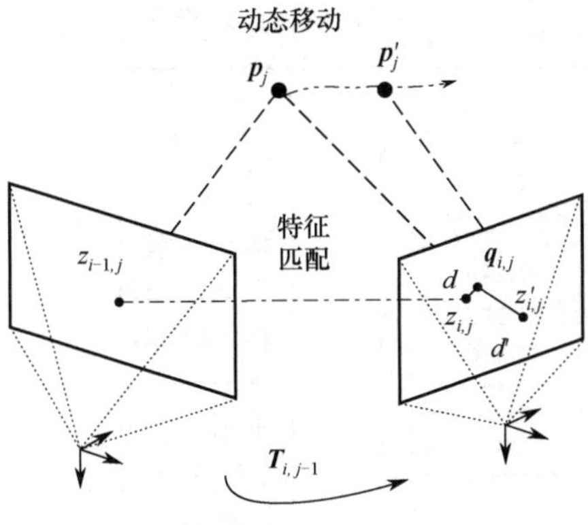

图 6.9　空间点投影与匹配

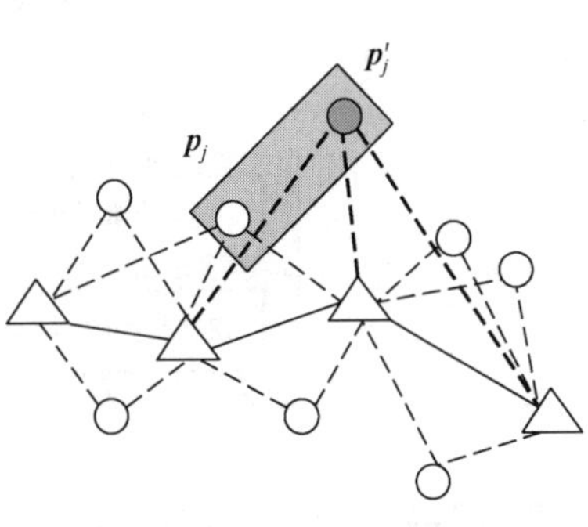

图 6.10　路标点和相机位姿图模型

在图 6.9 中，$z_{i-1,j}$ 为前一帧图像中的特征像素通过特征匹配之后抵达当前帧图像中的位置 $z_{i,j}$。同时，使用 BA 优化方法在优化过程中预测出 $z_{i,j}$ 所对应的预测值 $\boldsymbol{q}_{i,j}$，二者会存在一定的偏差 d，所以需要循环地优化 $\boldsymbol{T}_{i,i-1}$ 来减小 d。若空间点 $\boldsymbol{p}_j$ 是一个动态目标，在它移动至 $\boldsymbol{p}'_j$ 位置后，在当前帧中对应的匹配像素变成了 $z'_{i,j}$，如果按照其余静态点计算获得的变换矩阵 $\boldsymbol{T}_{i,i-1}$ 来预测此点，那么位置同样运动至 $\boldsymbol{q}_{i,j}$，这将导致其和观测值之间的距

离变大，致使最后获得的 $\boldsymbol{q}_{i,j}$ 不是最优解。若将优化过程转换成图模型，如图 6.10 所示（三角形代表相机位姿，圆形代表空间中的路标点，实线代表相机位姿之间的限制，虚线代表路标点和相机之间的观察约束）。如果路标点 $\boldsymbol{p}_j$ 运动到 $\boldsymbol{p}_j'$，那么相机和路标点原来的约束量会改变，还有一定的概率添加（或减少）新的约束（红色虚线为本来的约束，蓝色虚线为路标点运动之后导致的改变，见本书最后的彩插页），这会对后面信息矩阵的结构和迭代优化的结果产生影响。同时新出现（或消失）的约束还将对回环检测产生严重的影响，故在求解相机位姿前过滤图像中动态物体所在的部分是一种较为直观易懂的行为，因此这也是大部分研究人员面向动态环境下的视觉 SLAM 问题所采取的方法。下面分别对 ORB-SLAM2 算法、顾及动态目标的改进 SLAM 算法和基于神经辐射场的 SLAM 算法进行介绍。

6.4.2　ORB-SLAM2 算法

ORB-SLAM2 是一个基于特征点的实时单目 SLAM 系统，在大规模的、小规模的、室内的、室外的环境都可以运行。该系统包含所有 SLAM 系统共有的模块：跟踪（Tracking）、建图（Mapping）、重定位（Re-Localization）、回环检测（Loop Closing）。由于 ORB-SLAM 系统是基于特征点的 SLAM 系统，因此能够实时计算出相机的轨迹，并生成场景的稀疏三维重建结果。ORB-SLAM2 在 ORB-SLAM 的基础上，还支持标定后的双目相机和彩色-深度（Red Green Blue-Depth，RGB-D）相机。

ORB-SLAM2 主要由三大并行线程构成：跟踪、局部地图构建和回环检测。其算法流程框图如图 6.11 所示。

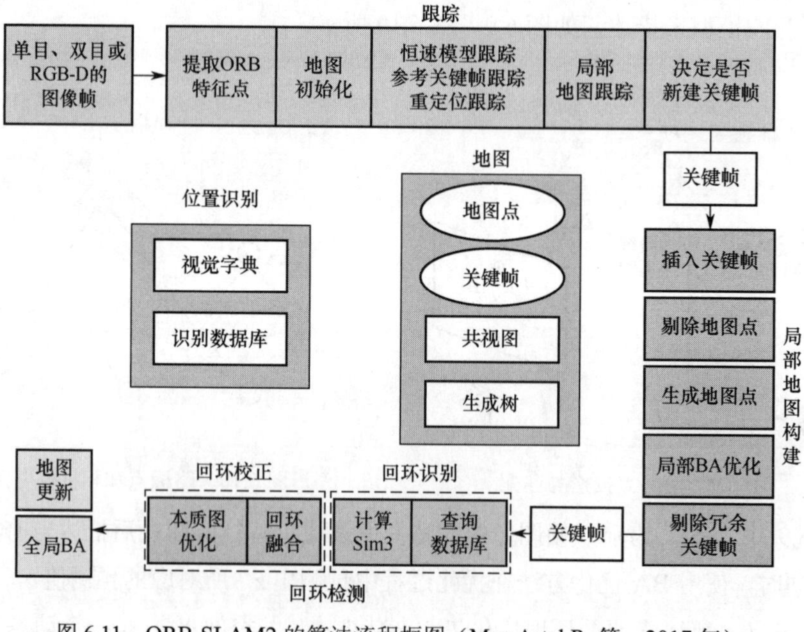

图 6.11　ORB-SLAM2 的算法流程框图（Mur-Artal R. 等，2017 年）

1. SLAM 系统初始化

在 SLAM 系统中，初始的传感器位姿和初始的地图对后续的处理起至关重要的作用。

而由于单目相机无法获得环境中的尺度信息，因此其初始化步骤相对复杂，下面对初始化过程进行单独说明。

若单目相机初始化器还没创建，则需要创建初始化器。创建初始化器时，需要进行一系列判断，只有两帧图像具有足够的特征匹配并且能够三角化时，才进行下一步的计算。若上一帧的特征点足够多而当前帧的特征点过少，则匹配失败，删除初始化器；在初始化帧和当前帧之间进行特征匹配，若匹配的特征点太少，则匹配失败，删除初始化器。

初始化器创建成立后，单目初始化过程首先将两个关键帧的特征匹配和三角化后的三维点插入地图。处理所有的地图点（添加地图点、构建关键帧和地图点的双向联系等）；使用全局光束法平差（Global BA）优化所有关键点位姿和地图点；归一化平移尺度和坐标点尺度，更新地图点坐标和位姿。

初始化成功后，每次传入一帧新图像，都会首先进行初始位姿估计，然后生成局部地图，再对局部地图中的地图点和当前位姿进行 BA 优化。在成功估计当前帧的初始化位姿后，基于当前位姿更新局部地图并优化当前帧位姿，最后创建关键帧。关键帧的插入和局部地图的更新过程主要是由跟踪线程和局部地图构建线程实现的。

2. 跟踪线程（主线程）

跟踪（tracking）：主要工作是从图像中获得 ORB 特征点，根据上一帧进行姿态估计，或者通过全局重定位初始化位姿，然后跟踪已经重建的局部地图，优化位姿，再根据一些规则确定新的关键帧。主要的计算步骤包括以下几个。

（1）对新采集的一帧图像，提取其中的 ORB 特征点；

（2）由前一帧图像估计出当前帧的位姿；

（3）根据当前帧的位姿计算地图跟踪点，以优化当前帧的位姿；

（4）判断当前帧是否作为一个关键帧。

对关键帧的要求：判断当前帧的质量，要求当前帧的地图点足够多，同时与参考关键帧的重合程度不能有太长的时间间隔；确定是否进行过重定位，如果进行过重定位，重定位后的位姿不会太准，不能当作参考帧。

3. 局部地图构建线程

这一部分主要完成局部地图构建（Local Mapping），包括对关键帧的插入、验证最近生成的地图点并进行筛选，然后生成新的地图点。接着使用局部光束法平差（Local BA），最后对插入的关键帧进行筛选，去除多余的关键帧。同单目 SLAM 一样，ORB-SLAM2 也经常插入关键帧，接着剔除多余的关键帧。

4. 回环检测线程和全局 BA 优化

这一部分主要分为两个过程：回环检测和全局 BA 优化。回环检测首先进行检测并验证环路，其次对环路进行修正，优化姿态图。与单目 ORB-SLAM 相比，ORB-SLAM2 存在尺度漂移的可能性。ORB-SLAM2 的立体/深度信息使尺度可观测，并且几何验证和位姿图优化不再需要处理尺度漂移，基于刚体变换而不是相似性。

ORB-SLAM2 在位姿图之后加入了一个全局 BA 优化来实现最优解。这种优化的代价可能很高，因此需要在单独的线程中执行以允许系统继续建图和循环检测。然而这带来了新的挑战：将 BA 优化的输出与地图的当前状态合并，如果在优化运行时检测到一个新的循环，算法将中止优化并继续关闭循环，这将再次启动全局 BA 优化。这是通过生成树将更新关键帧的修正（从未优化的姿势到优化的姿势的转换）传播到未更新的关键帧来实现的，未更新的点根据应用于其参考关键帧的校正进行转换。

6.4.3 顾及动态目标的改进 SLAM 算法

顾及动态目标的改进 SLAM 算法在 ORB-SLAM2 的框架基础上结合深度学习和几何约束的方法来提高系统在动态环境下的鲁棒性，主要为 RGB-D 相机设计，系统的总体框架如图 6.12 所示。

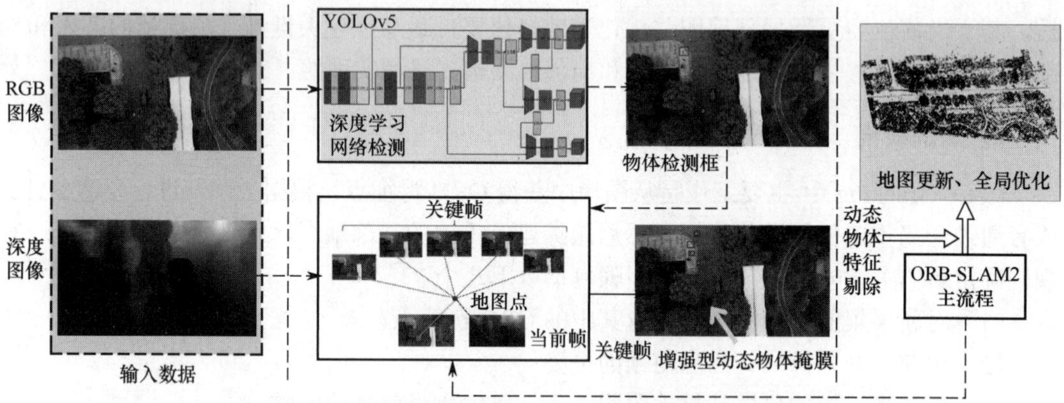

图 6.12 顾及动态目标的改进 SLAM 算法系统的总体框架

由图 6.12 可以看出，由于 RGB-D 相机能够直接采集图像中每个像素的深度信息，系统利用提取的深度信息，增加了一个基于深度变化的多视图几何方法的运动一致性判断模块，该模块可针对目标检测遗漏的区域进行判断。

1. 基于 YOLOv5 模型的动态物体检测

顾及动态目标的改进 SLAM 算法利用 YOLOv5 的语义知识检测先验的动态物体，针对航空图像，主要检测的类别为行人和车辆。图 6.13 所示为基于 YOLOv5 的检测结果。

由于训练样本及先验物体的类别有限，在复杂情况下使用目标检测网络检测动态区域可能会出现漏检的情况，如图 6.14 所示：用圆圈圈住的区域为驾驶着电动车的人，由于预训练的数据集中没有这一类别，因此 YOLOv5 网络无法将其识别出来，但该区域是动态区域，因此需要结合基于多视图几何的方法进一步检测。

图 6.13　基于 YOLOv5 的检测结果

图 6.14　目标检测无法满足的情况

2. 基于多视图几何方法的动态物体检测

对于目标检测网络的漏检情况，使用多视图几何方法可从像素层面进行进一步的判断。首先，对于输入的每帧图像，在用目标检测网络确定动态区域后，使用位于静态区域的特征点进行轻量级的相机跟踪，得到当前帧的一个估计位姿。计算当前帧与每个关键帧之间的距离和旋转来衡量重叠度，选择与其重叠度最高的最多 5 个关键帧，根据三角测量原理，将其中的二维像素特征点 $\boldsymbol{x}=[u\ v\ 1]^{\mathrm{T}}$ 转换到世界坐标系中得到三维地图点 $[X\ Y\ Z\ 1]^{\mathrm{T}}$，简化的计算方程表示为

$$\begin{bmatrix} X \\ Y \\ Z \\ 1 \end{bmatrix} = Z\boldsymbol{T}_{\mathrm{CW}}^{-1}\boldsymbol{K}^{-1}\begin{bmatrix} u \\ v \\ 1 \end{bmatrix} \tag{6.75}$$

式中，$\boldsymbol{T}_{\mathrm{CW}}$ 为从世界坐标系到相机坐标系的转换矩阵，$\boldsymbol{K}$ 为相机的内参矩阵。利用轻量级相机跟踪得到的当前帧位姿，将世界坐标系下的地图点投影到当前帧中，得到特征点 $\boldsymbol{x}'$ 和投影深度 Z_{proj}。

计算相机光心和特征点 $\boldsymbol{x}$ 与 $\boldsymbol{x}'$ 连线之间的夹角 φ，即视差角

$$\varphi = \frac{180}{\pi}\arccos\frac{\boldsymbol{x}\cdot\boldsymbol{x}'}{\|\boldsymbol{x}\|_2\,\|\boldsymbol{x}'\|_2} \tag{6.76}$$

如果这个角度大于 30°，那么该点可能存在被遮挡的情况，此时将其划分到动态区域。此外，将关键帧的特征点投影到当前帧中得到的投影深度 Z_{proj} 与在当前帧的深度图中直接获得的深度 Z' 进行比较，如果差值超过了某个阈值，则认为该特征点落在了动态区域。

在当前帧的深度图中，利用获得的动态像素进行区域增长，得到动态区域的像素级掩膜。图 6.15 中用黑色像素展示了利用上述方法得到的掩膜区域，可以看到，针对目标检测网络不能满足的情况，多视图几何方法能给出补充的检测结果。

图 6.15　利用多视图几何方法检测掩膜区域（黑色像素区域）

6.4.4　基于神经辐射场的 SLAM 算法

神经辐射场（Neural Radiance Fields，NeRF）算法由 Mildenhall B. 等人在 2020 年欧洲计算机视觉国际会议（ECCV）上首次进行了介绍，之后迅速席卷了计算机视觉三维重建领域。NeRF 是一种隐式场景表示的新视角合成算法，利用深度学习技术，从多视图图像中提取出观测场景和对象的几何形状与纹理信息，然后生成一个连续的三维辐射场，从而可以在任意角度和距离下呈现出高度逼真的三维模型。神经隐式表示（Neural Implicit Representation）在对象几何表示、场景补全、新视图合成及生成模型方面显示出了很好的结果。NeRF 建立在已有相机位姿的情况下，但在大多数的动态应用任务中，相机位姿是未知的。随后，越来越多的工作应用 NeRF 既估计相机位姿，又对环境进行重建。

神经网络技术已经在一些 SLAM 系统中用于处理中间步骤，比如使用 Super Point 进行特征提取、Super Glue 用于特征匹配、NetVlad 用于回环检测、Mono-Depth 进行深度估计等。相比上述对中间步骤的替代，基于 NeRF 的 SLAM 算法提供了一套全新的技术框架，可以端到端地替代传统 SLAM。

Rosinol A. 等人于 2022 年提出了 NeRF-SLAM 算法，这是一种结合稠密单目 SLAM 和层次化体素神经辐射场（Hierarchical Volumetric Neural Radiance Fields）的三维场景重建算法，能实时地用序列图像实现准确的辐射场构建，并且不需要位姿或深度信息。其核心思想是使用单目 SLAM 估计的相机位姿和深度图以及它们的不确定度作为监督信号，训练 NeRF 场景表征。

iMAP 技术在实时稠密 SLAM 系统中应用了神经隐式表示，对于处理室内房间尺寸的数据显示了良好的跟踪和建图结果。然而，当扩展到更大的场景时，如一个由多个房间组成的公寓，在稠密重建和相机跟踪精度方面都可以观察到显著的性能下降。iMAP 的关键限制因素源于它使用了一个单一的多层感知机（MLP）来表示整个场景，它只能随着每个新的、潜在的部分场景而进行全局更新 RGB-D 观测。MLP 用于编码和存储特征，以实现连贯性和平滑度先验。

浙江大学提出了一种名为 NICE-SLAM 的系统结构，通过引入分层场景表示（Hierarchical Scene Representation）来整合多层局部信息，获得稠密的地图生产能力。NICE-SLAM 系统用预先训练好的几何先验来优化这种表示，可以在大型室内场景上进行稠密重建。分层场景表示结合了多层次网格特征和预先训练的解码器的占用预测。几何图形被编码到三个特征网格（对应粗糙层、中间层及精细层场景细节）中的 MLP 多层感知机解码。

在重建过程中，NICE-SLAM 以一种从粗到细的方式使用中间层和精细层这两个特征网格，首先通过优化中间层特征网格来重建几何结构，然后使用精细层进行细化。具体而言，根据数据的尺寸信息，中间层特征网格采用 32cm 的体素，主要用于捕获场景的基本几何结构和布局信息。精细层特征网格则使用 16cm 或更小尺寸的体素，能够表达更细致的局部几何特征。这种分层场景表示既保证了系统的计算效率，又为高质量建图奠定了基础，为了在场景几何图形中捕捉更小的高频细节，以残差的方式添加到精细层特征网格中。特别地，精细层特征解码器将相应的中间层特征和精细层特征作为输入，并输出一个来自中间层占用的偏移量。粗糙层特征网格的目的是捕捉场景的高级几何图形，并独立于中间层和精细层进行优化。在建图过程中，以一种分阶段的方式来执行优化，以最小化几何损失（Geometric Loss）和光度损失（Photometric Loss）进行局部 BA 优化，共同优化所有层次的特征网格、颜色解码器及选定个数的关键帧的相机外参。与其他神经隐式 SLAM 系统相比，该系统更具可扩展性、高效性和鲁棒性。

尽管基于 NeRF 的 SLAM 系统提升了场景稠密重建的能力，但实时增量的建图系统依然面临关键挑战。比如，现有算法采用固定容量的全局模型，限制了对更大场景和更长视频序列的可扩展性；由于误差累积，现有算法在大规模室内场景中面临精度和鲁棒性方面的挑战。

6.5　视频目标跟踪

一种普遍采用的视频目标跟踪流程如下：首先获取上一帧中跟踪目标的位置；然后对上一帧的目标建立描述模型，同时对上一帧的背景进行建模；接着在当前帧对全局建立描述模型，并用上一帧确定的目标和背景模型区分当前帧的目标和背景；最后在当前帧标记出对应的目标并更新目标的模型状态，逐帧迭代直到目标消失（见图 6.16）。

根据建模使用的数据类型，可以将视频目标跟踪分为单模态跟踪和多模态跟踪。单模态跟踪使用单一传感器捕获的目标进行跟踪和定位，如激光、可见光和红外摄像机等；多模态跟踪是指将多种传感器的跟踪结果融合，得到一种跟踪目标的复合状态。

根据搜索目标的跟踪策略，可将视频目标跟踪分为生成式跟踪和判别式跟踪。生成式跟踪是一种贪心式跟踪策略，在假设目标不会在下一帧消失的基础上寻找最为相似的目标区域；判别式跟踪相比生成式跟踪更加鲁棒，其在当前帧的几个潜在位置寻找最为相似的区域作为跟踪结果。有效地将不同帧之间的潜在区域关联起来是视频目标跟踪中最重要的一环，本章接下来将讨论在使用可见光单模态下不同跟踪策略得到的不同跟踪效果，主要介绍基于核相关的视频目标跟踪算法、基于卡尔曼滤波的视频目标跟踪算法及基于匈牙利算法的目标关联方法。

图 6.16 在图像中标记出跟踪目标

6.5.1 基于核相关的视频目标跟踪算法

在核相关的方法中，视频目标跟踪问题被描述为一个在线学习的问题。给出初始帧中包含目标物体的一个图像块，最终目标就是找到一个分类器，这个分类器可以判断图像中的一部分是这个物体的外观还是一些背景元素。这个分类器可以在视频中的多个位置进行评估，以便检测出后续跟踪内容。同样，每个被跟踪的目标也用于更新这个分类器，因此这个问题被描述成一种在线学习问题。

对于分类器来说，最关键的是能够集中于兴趣目标（正样本）的特征。但是对于判别式的分类器，仅仅关注目标的特征是不够的，对于背景的一些特征同样需要关注。而对于一帧视频或一幅图像而言，其大部分区块都是由背景干扰等负样本构成的，用于学习背景信息的样本足够多。从一幅图像中几乎可以获取无数个负样本，但是目标跟踪任务对于时间是很敏感的，样本越多，在线训练消耗的时间也越多，所以需要在尽可能多地选取样本和维持较低的计算量之间找到一种协调。一种常规的做法是在所有负样本中随机抽取几个作为训练用的负样本，但是负样本的欠采样本身很影响跟踪效果。因此在进行在线学习时，需要迅速采集尽可能多的负样本，同时这些样本还要容易学习。核相关滤波（Kernel Correlation Filter，KCF）跟踪算法是 Henriques 等人在 2015 年修改完善的一种可以用于实时目标跟踪的算法，下面将详细介绍 KCF 的流程细节。

1. 循环矩阵与快速线性回归

在视频目标跟踪中，可以使用一个显式函数来表达目标或者使用一个隐式函数来区分目标与背景。其最终目的都是找到一个函数 $f(\boldsymbol{x})=\boldsymbol{w}^{\mathrm{T}}\boldsymbol{x}$ 来描述目标 $\boldsymbol{x}$ 的状态，而求得这个函数的闭式解可以使用岭回归的方法。对于这个岭回归问题，可以将其建模为

$$\min_{\boldsymbol{w}}\sum_i (f(\boldsymbol{x}_i)-y_i)^2+\lambda\|\boldsymbol{w}\|^2 \tag{6.77}$$

式中，$\boldsymbol{w}$ 为需要使用岭回归求解的参数；$\boldsymbol{x}_i$ 为采样得到的样本；y_i 为回归的目标或这些样本对应的标签或响应值；λ 为正则参数，用来防止整体模型过拟合。对于 $\boldsymbol{w}$ 来说，其闭式解的形式应为

$$\boldsymbol{w} = (\boldsymbol{X}^{\mathrm{T}}\boldsymbol{X} + \lambda \boldsymbol{I})^{-1}\boldsymbol{X}^{\mathrm{T}}\boldsymbol{y} \tag{6.78}$$

其中，矩阵 $\boldsymbol{X}$ 的每一行都是样本 $\boldsymbol{x}_i$，向量 $\boldsymbol{y}$ 中的每个元素都是标签 y_i，$\boldsymbol{I}$ 为单位矩阵，其维数与样本和标签个数相同。为求出函数 $f(\boldsymbol{x})$ 的参数，通常需要解一个大型线性方程组，对矩阵求逆等工作都是需要进行大量计算的，这在跟踪的实时需求中是不被允许的，因此需要使用一种较为特殊的样本选取和样本构造方式减少需要的算力。

对于样本 $\boldsymbol{x}_i$，使用一个 $n\times1$ 向量表示这个样本并把它作为基准样本。基于这个基准样本可以构建出一些虚拟样本，这些虚拟样本是通过对基准样本做变换得到的，把这些样本组合到一起用于参数 $\boldsymbol{w}$ 的训练。对于一个向量，对其做圆周位移是最为简洁、直观的变换。对于向量 $\boldsymbol{x}$，由于其长度为 n，因此对它圆周位移 n 次，每次位移 1 个元素，将所有位移后的向量堆叠到一个矩阵中，可以得到一个循环矩阵 $\boldsymbol{X}$

$$\boldsymbol{X} = \boldsymbol{C}(\boldsymbol{x}) = \begin{bmatrix} x_1 & x_2 & x_3 & \cdots & x_n \\ x_n & x_1 & x_2 & \cdots & x_{n-1} \\ x_{n-1} & x_n & x_1 & \cdots & x_{n-2} \\ \vdots & \vdots & \vdots & & \vdots \\ x_2 & x_3 & x_4 & \cdots & x_1 \end{bmatrix} \tag{6.79}$$

这个循环矩阵的模式完全是由基准样本的向量 $\boldsymbol{x}$ 确定的，使用循环矩阵构造的循环训练样本如图 6.17 所示。

(a) 原始样本

(b) 循环训练样本

图 6.17　使用循环矩阵构造的循环训练样本

对于任何一个循环矩阵，它都可以使用一个离散傅里叶变换（Discrete Fourier Transform，DFT）得到，而且这个变换还不需要考虑它的基准序列是怎样的，变换公式如下

$$\boldsymbol{X} = \boldsymbol{F}\mathrm{diag}(\hat{\boldsymbol{x}})\boldsymbol{F}^{\mathrm{H}} \tag{6.80}$$

式中，$\boldsymbol{F}$ 为一个常复数矩阵，这个矩阵与基准样本的向量 $\boldsymbol{x}$ 无关；$\hat{\boldsymbol{x}}$ 为基准样本的向量 $\boldsymbol{x}$ 的 DFT 形式，即 $\hat{\boldsymbol{x}} = F(\boldsymbol{x})$；$\mathrm{diag}(\cdot)$ 表示对角矩阵，矩阵中的非零元素与括号内向量的元素相同。常复数矩阵 $\boldsymbol{F}$ 是 DFT 矩阵，这个矩阵是一个可以将任何输入向量转换为 DFT 形式的矩阵，如 $F(\boldsymbol{x})$。式（6.80）也可以看作对一个循环矩阵做特征分解的过程。

当训练数据是一个循环矩阵时，就可以使用上述过程来简化式（6.78）中的求线性解的过程，对矩阵的运算就可以简化成对矩阵对角线上元素的运算。因此，将式（6.78）中

随机采样的数据转换为一个由基准样本构建成的循环矩阵。由于矩阵由复数元素构成，式（6.78）中的 $\boldsymbol{X}^{\mathrm{T}}\boldsymbol{X}$ 也变为了 $\boldsymbol{X}^{\mathrm{H}}\boldsymbol{X}$，根据式（6.80）可以化简为

$$\begin{aligned}\boldsymbol{X}^{\mathrm{H}}\boldsymbol{X} &= \boldsymbol{F}\mathrm{diag}(\hat{\boldsymbol{x}}^*)\boldsymbol{F}^{\mathrm{H}}\boldsymbol{F}\mathrm{diag}(\hat{\boldsymbol{x}})\boldsymbol{F}^{\mathrm{H}} \\ &= \boldsymbol{F}\mathrm{diag}(\hat{\boldsymbol{x}}^*)\cdot\mathrm{diag}(\hat{\boldsymbol{x}})\boldsymbol{F}^{\mathrm{H}} \\ &= \boldsymbol{F}\mathrm{diag}(\hat{\boldsymbol{x}}^*\odot\hat{\boldsymbol{x}})\boldsymbol{F}^{\mathrm{H}}\end{aligned} \tag{6.81}$$

式中，$\odot$ 运算表示两个向量逐元素相乘，$\hat{\boldsymbol{x}}^*\odot\hat{\boldsymbol{x}}$ 表示两个信号在频域上的自相关。将式（6.81）的化简方式反复代入式（6.78），可以得到最终的化简结果

$$\hat{\boldsymbol{w}} = \mathrm{diag}\left(\frac{\hat{\boldsymbol{x}}^*}{\hat{\boldsymbol{x}}^*\odot\hat{\boldsymbol{x}}+\lambda}\right)\hat{\boldsymbol{y}} = \frac{\hat{\boldsymbol{x}}^*\odot\hat{\boldsymbol{y}}}{\hat{\boldsymbol{x}}^*\odot\hat{\boldsymbol{x}}+\lambda} \tag{6.82}$$

其中，分式表示按元素除法。对于所有向量的 DFT 变换，很容易在空间域上对其做逆变换恢复成原始向量序列。通过构建由采集样本合成的循环矩阵，回归目标外观函数的计算复杂度从原始岭回归的 $O(n^3)$ 减小到最终式（6.82）中逐元素运算的 $O(n)$，DFT 的计算复杂度也可以控制在接近线性的 $O(n\ln(n))$，对于中间数据存储和运算量都是几个数量级的减少。

2. 快速非线性核函数回归

使用循环矩阵可以将线性回归的运算量大幅降低，有效地提高了在线学习目标特征的效率。相比线性回归函数，非线性回归函数有着更有效的描述能力，随之而来的是伴随样本数量增大而增加的计算量。同样，要想降低计算量而达到实时要求，一种办法是欠采样，但欠采样通常会对跟踪效果产生影响。因此，与线性回归类似，在非线性回归中同样需要找到类似的可以快速构建学习样本并完成在线学习的方式，而在线性回归中使用的循环矩阵及其在频域中的 DFT 同样可以将非线性回归函数简化。

将之前描述的线性问题映射到非线性空间中，需要将原本的线性解 $\boldsymbol{w}$ 变为一组样本经过非线性变换的组合的形式

$$\boldsymbol{w} = \sum_i \alpha_i \varphi(\boldsymbol{x}_i) \tag{6.83}$$

式中，参数 α_i 为需要优化的变量。相应地，在快速线性回归中两组采样做点乘时也由原来的 $\boldsymbol{X}\boldsymbol{X}^{\mathrm{T}}$ 变为 $\varPhi^{\mathrm{T}}(\boldsymbol{X})\varPhi(\boldsymbol{X}')$，将其转换为一个核函数 $K(\boldsymbol{X},\boldsymbol{X}')$。每两个样本之间的乘积都存储在一个 $n\times n$ 核矩阵 $\boldsymbol{K}$ 中，其中每个元素为

$$K_{ij} = K(\boldsymbol{x}_i,\boldsymbol{x}_j) \tag{6.84}$$

经过由线性空间到非线性空间的映射之后，式（6.78）即可转换为

$$\boldsymbol{\alpha} = (\boldsymbol{K}+\lambda\boldsymbol{I})^{-1}\boldsymbol{y} \tag{6.85}$$

式中，$\boldsymbol{K}$ 为核矩阵，$\boldsymbol{\alpha}$ 为估计参数向量。在使用循环矩阵构成训练样本时，只需证明核矩阵 $\boldsymbol{K}$ 也是循环矩阵，便可同快速线性回归中那样使用 DFT 自相关的化简方式进行简化计算。只要核函数 $K(\boldsymbol{X},\boldsymbol{X}')$ 满足线性性质，即 $\boldsymbol{M}\cdot K(\boldsymbol{X},\boldsymbol{X}')\cdot\boldsymbol{M}^{\mathrm{T}} = K(\boldsymbol{M}\cdot\boldsymbol{X},\boldsymbol{M}\cdot\boldsymbol{X}')$，循环矩阵 $\boldsymbol{X}$ 经过核函数运算得到的核矩阵 $\boldsymbol{K}$ 就是一个循环矩阵。因此，只要选择满足这种线性性质的核函数即可，大部分常用的核函数（诸如高斯核函数、线性乘积核函数、χ^2 核函数等）都

满足线性性质。在选用这些满足线性性质的常用核函数后，式（6.85）即可化简为

$$\hat{\boldsymbol{\alpha}}=\frac{\hat{\boldsymbol{y}}}{\hat{\boldsymbol{k}}^{xx}+\lambda} \tag{6.86}$$

式中，$\hat{\boldsymbol{k}}^{xx}$ 为核矩阵 $\boldsymbol{K}$ 的第一行的 DFT 序列。通过类比转换，使用循环矩阵构建训练数据在非线性模型下同样可以像线性模型一样进行简化及加速。

对于目标跟踪任务，很难对图像中某个单一区块使用 $f(\boldsymbol{x})$ 这一函数描述目标状态，通常情况都是在图像的几个候选区域中使用 $f(\boldsymbol{x})$ 评价这个区域是需要跟踪的目标所在区域的可能性。对于这些待评价的候选区域，同样可以使用循环矩阵对其建模。至此，只需将核函数 $K(\boldsymbol{X},\boldsymbol{X}')$ 中的 $\boldsymbol{X}$ 替换成原始目标区域、$\boldsymbol{X}'$ 替换成候选区域，就可以完全满足式（6.86）的化简算式，对于每个候选区域为跟踪目标的可能性，也可以使用 DFT 与相关运算得到。

3. 高速核相关函数

尽管通过上述推导过程已经找到了更快的训练方法和检测方法，但目前的算法都依赖一个核相关矩阵计算。对于这个核相关矩阵，需要计算两个输入向量和其所有相对位移向量的核运算结果。对于一个长度为 n 的向量，计算的时间复杂度是 $O(n^2)$，这同样是很影响计算时间的一个因素。使用循环矩阵同样可以在核计算中有效地简化计算。

（1）点乘核与多项式核。一个点乘核可以表示为

$$K(\boldsymbol{x},\boldsymbol{x}')=g(\boldsymbol{x}^{\mathrm{T}}\boldsymbol{x}') \tag{6.87}$$

式中，$g(\cdot)$ 为任意一种函数，这个函数作用于矩阵中的每个元素。对于一个这样的核运算，计算出的核矩阵 $\boldsymbol{K}$ 中的每个元素可以表示为

$$\boldsymbol{k}_i^{xx'}=K(\boldsymbol{x}',P^{i-1}\boldsymbol{x})=g(\boldsymbol{x}'^{\mathrm{T}}P^{i-1}\boldsymbol{x}) \tag{6.88}$$

式中，P^{i-1} 为一个循环位移算子，它代表将向量 $\boldsymbol{x}$ 循环位移 $i-1$ 位。将所有的元素都堆叠在一起，使用向量的形式表示核矩阵

$$\boldsymbol{k}_i^{xx'}=g(C(\boldsymbol{x})\boldsymbol{x}') \tag{6.89}$$

对于这个形式，很容易使用 DFT 来化简

$$\boldsymbol{k}_i^{xx'}=g(F^{-1}(\hat{\boldsymbol{x}}^*\odot\hat{\boldsymbol{x}}')) \tag{6.90}$$

式中，$F^{-1}(\cdot)$ 为 DFT 逆变换。相应地，对于多项式核 $K(\boldsymbol{x},\boldsymbol{x}')=(\boldsymbol{x}^{\mathrm{T}}\boldsymbol{x}'+a)^b$，也可以有类似的化简

$$\boldsymbol{k}_i^{xx'}=(F^{-1}(\hat{\boldsymbol{x}}^*\odot\hat{\boldsymbol{x}}')+a)^b \tag{6.91}$$

（2）径向基函数和高斯核函数。径向基函数的形式可以描述为

$$K(\boldsymbol{x},\boldsymbol{x}')=h\left(\|\boldsymbol{x}-\boldsymbol{x}'\|^2\right) \tag{6.92}$$

式中，$h(\cdot)$ 为任意一种函数，这个函数作用于矩阵中的每个元素。与点乘核函数类似，在径向基函数的核矩阵 $\boldsymbol{K}$ 中的每个元素可以表示为

$$\boldsymbol{k}_i^{xx'}=K(\boldsymbol{x},P^{i-1}\boldsymbol{x}')=h\left(\left\|\boldsymbol{x}-P^{i-1}\boldsymbol{x}'\right\|^2\right) \tag{6.93}$$

对其展开可以发现，径向基函数的核矩阵实际上是一种特殊的点乘核矩阵

$$\boldsymbol{k}_i^{xx'}=h\left(\|\boldsymbol{x}\|^2+\|\boldsymbol{x}'\|^2-2\boldsymbol{x}'^{\mathrm{T}}P^{i-1}\boldsymbol{x}'\right) \tag{6.94}$$

其中，P^{i-1} 循环位移算子并不会影响 $\|\boldsymbol{x}\|^2$ 的计算，根据帕什瓦定理，对一个周期信号做时延并不会改变其在频域上的能量。对于任意一个 i，$\|\boldsymbol{x}\|^2$ 和 $\|\boldsymbol{x}'\|^2$ 都是一个定常数，利用上一段的结果，可以将其化简为

$$\boldsymbol{k}_i^{\boldsymbol{xx}'} = h\left(\|\boldsymbol{x}\|^2 + \|\boldsymbol{x}'\|^2 - 2F^{-1}(\hat{\boldsymbol{x}}^* \odot \hat{\boldsymbol{x}}')\right) \tag{6.95}$$

由于高斯核函数是一种特殊的径向基函数

$$K(\boldsymbol{x},\boldsymbol{x}') = \exp\left(-\frac{1}{\sigma^2}\|\boldsymbol{x}-\boldsymbol{x}'\|^2\right) \tag{6.96}$$

因此也可以得到相应的化简结果

$$\boldsymbol{k}_i^{\boldsymbol{xx}'} = \exp\left(-\frac{1}{\sigma^2}(\|\boldsymbol{x}\|^2 + \|\boldsymbol{x}'\|^2 - 2F^{-1}(\hat{\boldsymbol{x}}^* \odot \hat{\boldsymbol{x}}'))\right) \tag{6.97}$$

经过上述化简，常用的核函数的计算复杂度从原本的 $O(n^2)$ 变为 DFT 需要消耗的 $O(n\ln(n))$。

6.5.2 基于卡尔曼滤波的视频目标跟踪算法

使用核相关的视频目标跟踪算法可以快速、高效地获得跟踪位置，但相应地也存在一些局限性。首先，对于核相关的视频目标跟踪算法，要求其输入的目标区域和待跟踪区域的大小相同，目标的边界框自从出现以后一直不变化。但在一般的视频序列中，目标区域大小并不是保持恒定的，因此使用核相关的视频目标跟踪算法很容易导致目标边界框漂移，进而导致跟踪失败。其次，核相关的视频目标跟踪算法在目标被遮挡时仍然会估计出一个目标的潜在位置，这时很可能描述的是遮挡物的位置与外观。在这种目标被遮挡又出现的情况下，使用核相关的视频目标跟踪算法得到的跟踪边界框很容易停滞在遮挡物上，导致跟踪失败。

目标跟踪也可与深度学习相结合，以提高对目标定位的精度。跟踪–学习–检测（Tracking-Learning-Detection，TLD）算法框架流程就是将跟踪与检测相结合而提出的一种跟踪算法设计流程，也称为由检测到跟踪（Tracking-by-Detection）流程。在由检测到跟踪流程框架中，较为经典的是使用卡尔曼滤波实现对目标的预测更新，估计出目标的最优位置。首先，使用预测模型，对当前跟踪到的目标统一预测其在当前帧的位置；然后，根据观测模型，从检测结果中得到当前帧能够观测到的目标位置；接着，使用度量函数为每个预测值匹配一个观测值；最后，使用更新模型，得到在当前帧中能跟踪到的目标的最大后验估计值。下面对基于卡尔曼滤波的视频目标跟踪算法做简要介绍，Tracking-by-Detection 算法框架如图 6.18 所示。

1. 跟踪状态描述

在 Tracking-by-Detection 算法框架中，算法的输入是一组目标检测 $\boldsymbol{O} = \{\boldsymbol{o}_1, \boldsymbol{o}_2, \cdots, \boldsymbol{o}_n\}$，其中，$n$ 表示跟踪目标的个数。对于一个跟踪目标 $\boldsymbol{o}_1$ 来说，它是由 7 部分组成的：$\boldsymbol{o}_1 = (t_i, u_i, v_i, w_i, h_i, \text{class}_i, \text{conf}_i)$，其中，$t_i$ 表示当前目标的时间戳，(u_i, v_i, w_i, h_i) 表示这个目标边界框左上角的像素坐标以及边界框的宽和高，class_i 表示目标的种类，conf_i 表示该目标是这个种类的置信度。整个 TLD 算法的目的就是从这些检测结果中找出一组轨迹

$\boldsymbol{T}_* = \{\boldsymbol{T}_1, \boldsymbol{T}_2, \cdots, \boldsymbol{T}_m\}$，用来描述目标的运动规律，其中，每条轨迹 $\boldsymbol{T}_i = \{\boldsymbol{o}_{i_1}, \boldsymbol{o}_{i_2}, \cdots, \boldsymbol{o}_{i_n}\}$ 都是一组按时间排序的检测结果。

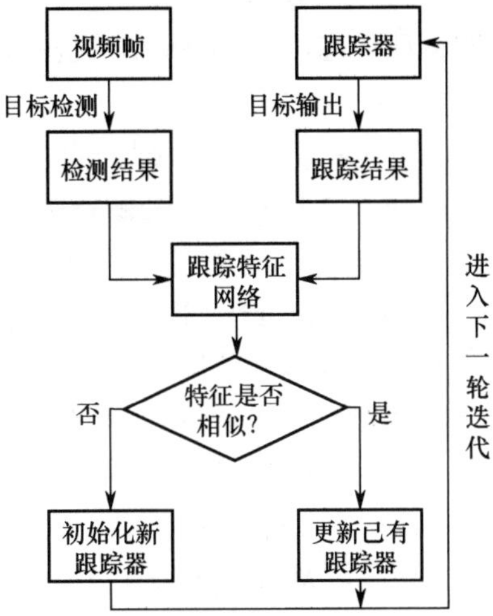

图 6.18　Tracking-by-Detection 算法框架

2. 基于卡尔曼滤波的目标物理位置跟踪算法

在卡尔曼滤波中，对于目标所处状态的描述不是仅用一个边界框和一个置信度这样简单，通常需要描述目标所处的位置 $[x, y]$、目标边界框的宽和高 $[w, h]$，以及这些状态量对应的变化趋势 $[\dot{x}, \dot{y}, \dot{w}, \dot{h}]$。

对于视频中的目标来说，在帧间的运动可以使用匀速运动来近似，因此在当前帧中使用预测矩阵预测目标位置就可以表示为

$$\begin{bmatrix} x_t \\ y_t \\ \dot{x}_t \\ \dot{y}_t \end{bmatrix} = \begin{bmatrix} 1 & 0 & \Delta t & 0 \\ 0 & 1 & 0 & \Delta t \\ 0 & 0 & 1 & 0 \\ 0 & 0 & 0 & 1 \end{bmatrix} \begin{bmatrix} x_{t-1} \\ y_{t-1} \\ \dot{x}_{t-1} \\ \dot{y}_{t-1} \end{bmatrix} \tag{6.98}$$

式中，t 为当前帧的时间戳，Δt 为帧间间隔时间。相应地，由于帧间间隔时间都在毫秒级，使目标边界框的宽、高都近似不变，于是当前帧的目标边界框的宽、高及其变化趋势都可以按照如下这种方式预测

$$\begin{bmatrix} w_t \\ h_t \\ \dot{w}_t \\ \dot{h}_t \end{bmatrix} = \begin{bmatrix} 1 & 0 & 0 & 0 \\ 0 & 1 & 0 & 0 \\ 0 & 0 & 1 & 0 \\ 0 & 0 & 0 & 1 \end{bmatrix} \begin{bmatrix} w_{t-1} \\ h_{t-1} \\ \dot{w}_{t-1} \\ \dot{h}_{t-1} \end{bmatrix} \tag{6.99}$$

基于旧的位置估计，新的位置在一定时间内相对准确，但随着时间推移，每次估计中存在的误差都被累积，经过长时间的预测，轨迹一定会偏离真实轨迹。所以，对于每次估计结果的描述不应只是变量，而应该是高斯随机变量。在这个高斯随机变量中，可能性最大的位置应该是当前估计的位置，也是这个高斯分布的均值 μ，相应地，每个变量也应有各自的方差 σ^2。而在设置的目标运动状态中，目标位置与运动趋势实际上是一组相关变量：

一个目标的运动速度越快，它运动的距离就越长，它能到达的位置也就越远；相反，运动速度越慢，运动的距离就越短，能到达的距离也就越近。将这种相关性用矩阵形式表示，就得到了这个高斯随机变量的协方差矩阵 $\boldsymbol{\Sigma}$ 。

以一个向量 $\boldsymbol{z}$ 表示目标的运动状态，对整体运动状态的预测过程就可以写为

$$\boldsymbol{z}_t = \boldsymbol{P}_t \boldsymbol{z}_{t-1} \tag{6.100}$$

$$\boldsymbol{\Sigma}_t = \boldsymbol{P}_t \boldsymbol{\Sigma}_{t-1} \boldsymbol{P}_t^{\mathrm{T}} \tag{6.101}$$

式中，$\boldsymbol{P}$ 为在 t 时刻对目标运动状态进行预测的预测矩阵，是当设计目标在帧间按照匀速直线运动时就已经确定好的矩阵，也就是两个上一帧的状态转移到新一帧的状态分别左乘的矩阵的堆叠。在 Tracking-by-Detection 算法框架中，在新一帧图像出现的同时还会输入这个帧的检测结果，这个也称对于当前帧的实际观测量，记为 $\boldsymbol{u}_t$ 。观测结果与目标运动状态不相同，对于目标的位置及边界框可以直接观测得到，但是无法直接观测得到它们的变化趋势，因此运动状态与观测值之间还有一个观测矩阵，记为 $\boldsymbol{H}_t$

$$\boldsymbol{u}_t = \boldsymbol{H}_t \hat{\boldsymbol{z}}_t \tag{6.102}$$

$$\boldsymbol{R}_t = \boldsymbol{H}_t \hat{\boldsymbol{\Sigma}}_t \boldsymbol{H}_t^{\mathrm{T}} \tag{6.103}$$

式中，$\hat{\boldsymbol{z}}_t$ 为当前帧的最优估计值，$\boldsymbol{u}_t$ 为当前的实际观测量，$\boldsymbol{R}_t$ 为表示当前帧观测量的不确定性的协方差矩阵。将式（6.102）中的实际状态替换成根据上一帧状态预测出的当前帧状态，就可以得到当前帧预测结果在观测空间的观测量

$$\boldsymbol{u}_t' = \boldsymbol{H}_t \boldsymbol{z}_t \tag{6.104}$$

$$\boldsymbol{\Sigma}_t' = \boldsymbol{H}_t \boldsymbol{\Sigma}_t \boldsymbol{H}_t^{\mathrm{T}} \tag{6.105}$$

同时，也可以由当前帧的观测结果得到实际观测量 $\boldsymbol{u}_t$ 与其协方差 $\boldsymbol{R}_t$ 。将两个高斯分布相乘后，可以得到最优估计区域

$$\hat{\boldsymbol{z}}_t = \boldsymbol{z}_t + \boldsymbol{K}'(\boldsymbol{u}_t - \boldsymbol{H}_t \boldsymbol{z}_t) \tag{6.106}$$

$$\hat{\boldsymbol{\Sigma}}_t = \boldsymbol{\Sigma}_t - \boldsymbol{K}' \boldsymbol{H}_t \boldsymbol{\Sigma}_t \tag{6.107}$$

$$\boldsymbol{K}' = \boldsymbol{\Sigma}_t \boldsymbol{H}_t^{\mathrm{T}} (\boldsymbol{H}_t \boldsymbol{\Sigma}_t \boldsymbol{H}_t^{\mathrm{T}} + \boldsymbol{R}_t)^{-1} \tag{6.108}$$

式中，$\hat{\boldsymbol{z}}_t$ 、$\hat{\boldsymbol{\Sigma}}_t$ 分别为当前帧的最优估计值与协方差。卡尔曼滤波的估计流程如图 6.19 所示。

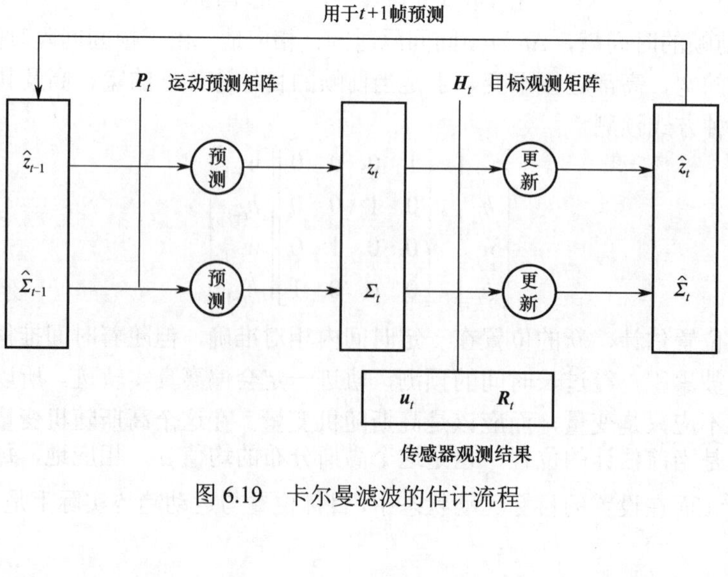

图 6.19 卡尔曼滤波的估计流程

在上述预测过程中，对于目标的估计与观测都是在像素空间下完成的，当跟踪目标在图像中聚集出现时就很容易发生轨迹的交换，这种跟踪漂移是由观测视角带来的歧义导致的（见图 6.20）。对于一个相同的场景，在图片上目标会聚集在一起，但在实际的三维物理空间中，目标之间往往留有大量空隙。引入目标的实际物理位置可以辅助跟踪算法将原本容易在二维像素空间中混淆的目标在三维物理空间中分离开。因此，对前面描述的目标运动状态做出修改，使用目标的物理位置描述目标运动状态

$$[X,Y,W,\dot{X},\dot{Y},\dot{W}] \tag{6.109}$$

式中，$[X,Y]$ 为目标在地平面上的坐标点，W 为目标在地平面上移动的帧间步长，$[\dot{X},\dot{Y},\dot{W}]$ 为各变量对应的变化趋势。重新设计的运动状态依旧可以使用前面描述的预测过程估计出当前帧的最优估计位置。

(a) 分散视角1　(b) 分散视角2　(c) 拥挤视角1　(d) 拥挤视角2

图 6.20　在不同观测角度观测同一场景目标的拥挤程度不相同

在卡尔曼滤波中，需要观测到目标在当前帧的状态才可以对目标在当前帧的预测值做出修正与更新。但是，对于目标在地平面上的实际位置是无法直接观测到的，能够直接观测到的是目标在像平面上的位置 $[x,y]$，因此需要使用目标在像平面上的位置计算出目标在地平面上的位置作为观测值。从像平面到地平面的转换是两个平面之间的转换，这种转换可以使用单应变换描述，两个平面上的坐标也可以使用单应变换矩阵来相互转换

$$\begin{bmatrix} X \\ Y \\ 1 \end{bmatrix} = \boldsymbol{H} \begin{bmatrix} x \\ y \\ 1 \end{bmatrix} = \begin{bmatrix} h_{11} & h_{12} & h_{13} \\ h_{21} & h_{22} & h_{23} \\ h_{31} & h_{32} & h_{33} \end{bmatrix} \begin{bmatrix} x \\ y \\ 1 \end{bmatrix} \tag{6.110}$$

式中，$\boldsymbol{H}$ 为单应变换矩阵。对于任意一个经过标定的相机，可以很容易地将像平面从像素坐标系投影到相机坐标系下，并与地平面之间完成坐标转换；对于未经过标定的相机，可以提取出像平面中拍摄到的景物和地平面上实际景物之间的同名靶标点，通过直接线性变换算法估算得到。经过上述转换，就可以在三维物理空间中实现对目标的运动状态跟踪与更新。

6.5.3　基于匈牙利算法的目标关联方法

跟踪框架的一个理论支撑是目标关联，又称数据关联。目标关联是指将帧与帧之间的目标进行匹配，在算法框架中，是使用当前帧中的观测值修正当前帧中的预测值的必要条件。对于异源图像中的相同景物目标关联，同样需要使用目标关联。目标关联的过程如下：首先，确定需要关联匹配的预测目标和观测目标；然后，在同一状态空间描述预测目标和观测目标，将其转换为一种统一的表达变量；接着，使用度量函数逐一计算预测目标和观

测目标在状态空间中的距离；最后，根据预测目标和观测目标在状态空间中的距离得到最优的匹配对。

根据描述目标的状态空间不同，计算目标之间距离的度量函数也不相同。目标之间的距离可以分为三类：描述目标位置信息的欧氏距离、描述目标外观信息的外观距离、两者结合的混合距离。对一帧中的每个预测目标和每个观测目标都可以使用上述距离对应的度量函数计算出一个距离值，又称损失值。将预测目标和观测目标之间的损失值组合在一起就可以得到一个在当前帧的损失矩阵。对于每个预测目标，至多有一个观测目标与其对应。基于这个条件，可以将整体问题转化为分配问题，即为每个预测目标至多分配一个观测目标与其匹配。解决这种问题用的数据关联方法多为运筹学方法，其中较为经典的是匈牙利算法。

本章接下来将讨论使用匈牙利算法做目标关联匹配与构建预测目标和观测目标之间的损失矩阵的流程。

匈牙利算法最早被用来解决工人工作指派问题，即在满足一些工人只能做特定工作的条件的同时，最大限度地分配工作给工人。匈牙利算法所解决的是求出一张二分图中的最大节点匹配数和最小点覆盖数。二分图（Bipartite Graph）是一种特殊的图结构，在这个图中的所有端点被分成没有交集的两个集合，而且同一集合内的端点之间没有边连接，根据实际问题的关系，在分属于两个集合的端点之间建立边。对于这个二分图的最大匹配数，可以理解为两部分的端点需要做一对一的匹配，其中端点之间有边连接的可以进行匹配，没有边连接的不能进行匹配，在现有边中找出能够互不冲突的最大匹配数，即二分图的最大匹配数。匈牙利算法可以同时解决这两个问题，本节接下来将从目标跟踪的角度阐述如何使用匈牙利算法解决目标关联问题。

1. 匈牙利算法

假设有 n 个预测目标可以与 n 个观测目标相关联，每个预测目标 i 和每个观测目标 j 之间都有一个评分 r_{ij} 来衡量目标之间的相似度或差异性，这个评分是一个正数。考虑现实情况下在两类目标之间不会只有能匹配与不能匹配两种状态，更多情况下是某个目标相较于其他目标更接近待匹配目标，因此将所有的评分堆叠起来构建一个评分矩阵 $\boldsymbol{R}$，其中矩阵中的元素都称为评分元素。

解决分配问题就是要为每个预测目标 i 选择一个观测目标 j，同时保证不会将任何一个观测目标分配给两个不同的预测目标。所有观测目标都被分配给一个预测目标，所有的分配关系都可以排列出来

$$\begin{pmatrix} 1 & 2 & \cdots & n \\ j_1 & j_2 & \cdots & j_n \end{pmatrix} \tag{6.111}$$

找寻全局最优分配方案的问题就可以转化为（当评分表示两个目标之间的相似性时，评分越高，相似程度越大）

$$\arg\max(r_{1j_1} + r_{2j_2} + \cdots + r_{nj_n}) \tag{6.112}$$

为每个预测目标分配一个非负整数 u_i，也为每个观测目标分配一个非负整数 v_j，这两个整数的和要大于这两个目标之间的评分，即 $u_i + v_j \geqslant r_{ij}$，因此最大化评分选择问题就可以转

化为对偶问题

$$\arg\min(u_1 + u_2 + \cdots + u_n + v_1 + v_2 + \cdots + v_n) \tag{6.113}$$

满足上述条件的一组整数可以称为一组覆盖集，而满足 $u_i + v_j \geqslant r_{ij}$ 的评分元素也会被标记，被标记的评分元素的数量到达 n 个且不在同一行同一列时就是整个分配问题的最优解。

整个矩阵的初始覆盖集和被标记的初始评分元素可以通过下面的步骤构建。

（1）对于每行评分元素找出最大值 $a_i = \max\limits_j r_{ij}$，同样对于每列评分元素找出最大值 $b_j = \max\limits_i r_{ij}$，并将各行各列的最大值分别求和，$a = \sum\limits_i a_i$，$b = \sum\limits_j b_j$；

（2）进行分类讨论

$$\text{当} a \leqslant b \text{时，} \begin{cases} u_i = a_i \\ v_j = 0 \end{cases}\text{，否则} \begin{cases} u_i = 0 \\ v_j = b_j \end{cases}\text{。}$$

（3）使用初始覆盖集对评分矩阵做出标记并构建标记矩阵 $\boldsymbol{Q}$

$$q_{ij} = \begin{cases} 1, & u_i + v_j = r_{ij} \\ 0, & \text{其他} \end{cases}$$

至此，对整个评分矩阵的初始标记就做好了，下面将循环进行两步操作使得初始标记逐渐变为最优分配方案。在执行迭代优化之前，首先将标记矩阵每一行的第一个 1 标记为 1^*。

步骤一：首先在标记矩阵 $\boldsymbol{Q}$ 的每一列中搜索 1^*，如果在当前列搜索到了 1^*，就标记当前列为必要列并进入下一列继续搜索；如果在当前列没有搜索到 1^*，则搜索1，如果没有搜索到1，就跳到下一列搜索，如果搜索到1，就标记当前1所在的行为必要行，再进入下一列搜索。

步骤二：在进入步骤二之前首先判断评分矩阵的每一行每一列是否都已经被标记为必要行或必要列，如果都已标记好，则表示已经找到最优分配方案，退出迭代。如果仍有未被标记的元素，则在所有未标记的元素中计算出 $u_i + v_j - r_{ij}$ 的最小值，记为 m。在所有必要行 $u_i > 0$ 的情况下，对非必要行和必要列进行更新

$$\begin{cases} u_i = u_i - m\ (\text{非必要行}) \\ v_j = v_j + m\ (\text{必要列}) \end{cases} \tag{6.114}$$

在有些必要行 $u_i = 0$ 的情况下，对必要行和非必要列进行更新

$$\begin{cases} u_i = u_i + m\ (\text{必要行}) \\ v_j = v_j - m\ (\text{非必要列}) \end{cases} \tag{6.115}$$

将处理后的 u_i 和 v_j 作为新的覆盖集再对整个评分矩阵 $\boldsymbol{R}$ 做标记，再次执行步骤一和步骤二迭代，直到找到最优分配方案。

上述过程比较抽象，下面结合一个具体算例详细介绍使用匈牙利算法解决分配问题的过程。在实际应用中并不需要为整个矩阵设置覆盖集和标记矩阵，往往都在源矩阵上做修改，同时在实际应用中得到的大多数都是损失矩阵，因此寻找的是总和最小的分配策略，这与上述过程中寻找总和最大的策略略有不同。将上述过程中寻找最大值的操作变为寻找最小值，将寻找最小值的操作变为寻找最大值，将步骤二中的加与减操作互换，即可解决寻找总和最小的分配问题，下面介绍具体步骤。

举例：定义 4 个预测目标P_1、P_2、P_3、P_4和 4 个观测目标Q_1、Q_2、Q_3、Q_4，以及它们之间的损失矩阵$\boldsymbol{L}$

$$\boldsymbol{L}=\begin{bmatrix}82 & 83 & 69 & 92\\ 77 & 37 & 49 & 92\\ 11 & 69 & 5 & 86\\ 8 & 9 & 98 & 23\end{bmatrix} \tag{6.116}$$

① 减去每一行的最小值

$$\begin{array}{c} \\ P_1\\ P_2\\ P_3\\ P_4\end{array}\begin{array}{c}\begin{matrix}Q_1 & Q_2 & Q_3 & Q_4\end{matrix}\\ \begin{bmatrix}13 & 14 & 0 & 23\\ 40 & 0 & 12 & 55\\ 6 & 64 & 0 & 81\\ 0 & 1 & 90 & 15\end{bmatrix}\end{array}\begin{array}{c} \\ -69\\ -37\\ -5\\ -8\end{array} \tag{6.117}$$

② 减去每一列的最小值

$$\begin{array}{c}P_1\\ P_2\\ P_3\\ P_4\\ \end{array}\begin{array}{c}\begin{matrix}Q_1 & Q_2 & Q_3 & Q_4\end{matrix}\\ \begin{bmatrix}13 & 14 & 0 & 8\\ 40 & 0 & 12 & 40\\ 6 & 64 & 0 & 66\\ 0 & 1 & 90 & 0\end{bmatrix}\\ \begin{matrix}-0 & -0 & -0 & -15\end{matrix}\end{array} \tag{6.118}$$

③ 标记最少的行与列覆盖当前的所有0

$$\begin{array}{c} \\ P_1\\ P_2\\ P_3\\ P_4\\ \end{array}\begin{array}{c}\begin{matrix}Q_1 & Q_2 & Q_3 & Q_4\end{matrix}\\ \begin{bmatrix}13 & 14 & 0 & 8\\ 40 & 0 & 12 & 40\\ 6 & 64 & 0 & 66\\ 0 & 1 & 90 & 0\end{bmatrix}\\ \begin{matrix}\quad & \quad & \times & \quad\end{matrix}\end{array}\begin{array}{c} \\ \\ \times\\ \\ \times\\ \\ \end{array} \tag{6.119}$$

④ 从所有未标记的元素中找到最小值$m=6$，所有未标记元素减去最小值m，所有被标记过两次的元素加上最小值m

$$\begin{array}{c} \\ P_1\\ P_2\\ P_3\\ P_4\end{array}\begin{array}{c}\begin{matrix}Q_1 & Q_2 & Q_3 & Q_4\end{matrix}\\ \begin{bmatrix}\mathbf{7} & \mathbf{8} & 0 & \mathbf{2}\\ 40 & 0 & \mathbf{18} & 40\\ \mathbf{0} & \mathbf{58} & 0 & \mathbf{60}\\ 0 & 1 & \mathbf{96} & 0\end{bmatrix}\end{array} \tag{6.120}$$

⑤ 重新回到③标记行、列用于覆盖矩阵中的所有0

$$\begin{array}{c} \\ P_1 \\ P_2 \\ P_3 \\ P_4 \end{array}\begin{array}{c} \begin{array}{cccc} Q_1 & Q_2 & Q_3 & Q_4 \end{array} \\ \begin{bmatrix} \mathbf{7} & \mathbf{8} & \mathbf{0} & \mathbf{2} \\ \mathbf{40} & \mathbf{0} & \mathbf{18} & \mathbf{40} \\ \mathbf{0} & \mathbf{58} & \mathbf{0} & \mathbf{60} \\ \mathbf{0} & \mathbf{1} & \mathbf{96} & \mathbf{0} \end{bmatrix} \end{array} \tag{6.121}$$

⑥ 得到最后的分配结果

$$\begin{array}{c} \\ P_1 \\ P_2 \\ P_3 \\ P_4 \end{array}\begin{array}{c} \begin{array}{cccc} Q_1 & Q_2 & Q_3 & Q_4 \end{array} \\ \begin{bmatrix} 7 & 8 & \mathbf{0} & 2 \\ 40 & \mathbf{0} & 18 & 40 \\ \mathbf{0} & 58 & 0 & 60 \\ 0 & 1 & 96 & \mathbf{0} \end{bmatrix} \end{array} \tag{6.122}$$

将这个结果映射回原矩阵中

$$\begin{array}{c} \\ P_1 \\ P_2 \\ P_3 \\ P_4 \end{array}\begin{array}{c} \begin{array}{cccc} Q_1 & Q_2 & Q_3 & Q_4 \end{array} \\ \begin{bmatrix} 82 & 83 & \mathbf{69} & 92 \\ 77 & \mathbf{37} & 49 & 92 \\ \mathbf{11} & 69 & 5 & 86 \\ 8 & 9 & 98 & \mathbf{23} \end{bmatrix} \end{array} \tag{6.123}$$

最终，计算得到最优分配方案$\{P_1 \longleftrightarrow Q_3, P_2 \longleftrightarrow Q_2, P_3 \longleftrightarrow Q_1, P_4 \longleftrightarrow Q_4\}$的损失为$69+37+11+23=140$。

2. 构建目标之间的损失矩阵

使用匈牙利算法解决目标分配问题可以得到两组目标之间的最优分配结果，这得益于匈牙利算法的缜密的迭代过程，但为了得到一个准确的最优分配结果，还需要在预测目标和观测目标之间建立一个准确的损失矩阵 $\boldsymbol{L}$，这个损失矩阵应该正确、客观地描述目标之间的差异性。

关于目标之间的差异性，一般都会体现在目标的外观方面，如目标的颜色信息、姿态信息及目标的边缘轮廓信息。在一个视频序列中，一个目标的外观在短时间内不会有太多改变，因此使用外观特征来抽象目标并用于描述目标之间的差异是很有效的。但在目标出现一些快速运动或目标被环境影响导致目标的一部分被遮挡时，使用外观信息关联目标就会变得相对不稳定。同样，对于异源图像中的目标，使用外观信息关联目标很容易导致误关联的情况出现，这是因为在异源数据中，同一目标的外观颜色一般不会相同，这种外观差异是由采集数据的传感器之间的差异导致的。

除外观信息外，目标的位置信息也是一个会用于构建损失矩阵的信息元素。目标的位置信息一般包括目标在图像中的位置和目标之间的相对位置。无论是静止目标还是正常运动的目标，它在一个视频序列的前后帧中的位移都很小，有时可以忽略不计，因此目标在图像中的位置一般用于视频序列前后帧目标关联中。对于多个目标之间的相对位置关系，在视频序列的前后帧中也可以认为是不变的，目标之间的相对位置多用于异源数据中的全局目标关联。使用位置信息构建损失矩阵需要保证对目标位置描述精确，如果使用不精确的坐标描述目标位置，很容易导致无法准确区分距离相差不大的两个目标，同时，在相对位置不准确的情况下也很难区分聚集在一起的多个目标。在实际应用中通常将位置信息和外观信息结合使用。

（1）使用位置信息构建损失矩阵。在视频序列中，可以使用目标在像素坐标系下的位置信息构建损失矩阵，其原理借鉴了光流法的一个基本假设：在连续时间内观测目标且目标运动是“小运动”，即时间的变化不会引起目标位置的剧烈变化。基于以上假设，在同一视频序列中，同一个目标在相邻帧中的位移应该仅为几个像素，而和其他目标之间的距离应该远超其自身位移的距离。在得到相邻帧中的每个目标边界框的位置与宽、高时，就很容易根据目标边界框的中心点坐标构建出损失矩阵 $\boldsymbol{L}$，损失矩阵中的每个元素 L_{ij} 应为

$$L_{ij}=\sqrt{(u_i-u_j)^2+(v_i-v_j)^2} \tag{6.124}$$

式中，u_i、u_j 分别为目标 i 和目标 j 边界框中心点的像素横坐标，v_i、v_j 分别为目标 i 和目标 j 边界框中心点的像素纵坐标。使用目标边界框中心点坐标构建损失矩阵简单有效，能够直观地表现目标之间的位置差异信息，构建过程如图 6.21 所示，其中 D_i 和 O_i 分别表示预测目标和观测目标。

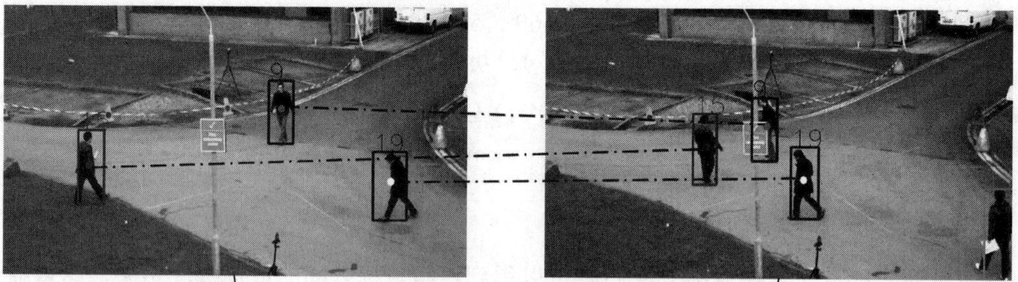

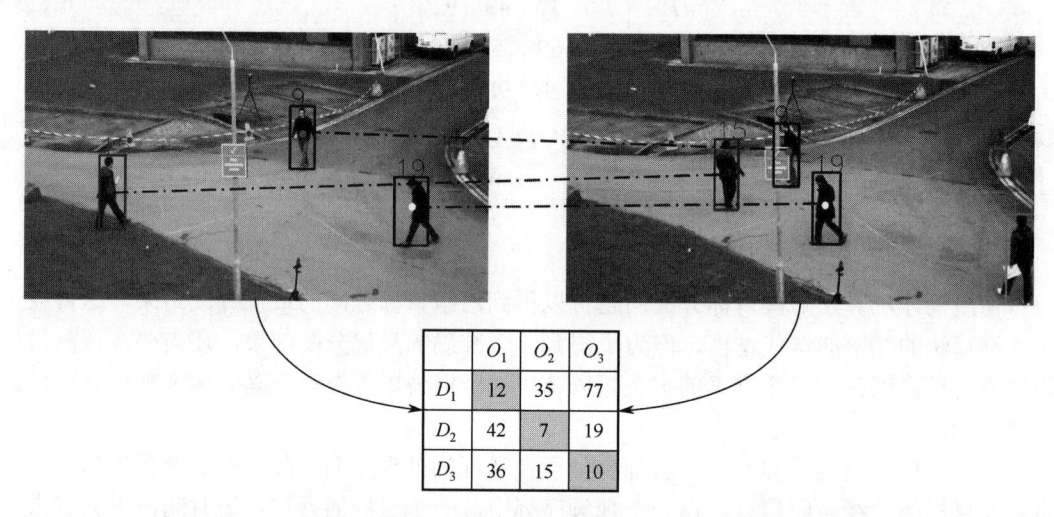

	O_1	O_2	O_3
D_1	12	35	77
D_2	42	7	19
D_3	36	15	10

图 6.21　使用目标边界框中心点坐标构建损失矩阵

在目标被局部遮挡的情况下，目标边界框也会相应变化，边界框中心点在目标帧间位移的基础上又出现了额外位移，就会导致损失矩阵不准确。这种由遮挡带来的误差可以通过将目标在图像平面上的坐标转换到在地平面上的坐标来减小。通过一个单应变换矩阵将目标在图像中的坐标转换到在地平面上的坐标，损失矩阵 $\boldsymbol{L}$ 中每个元素的计算方式变为

$$L_{ij}=\sqrt{(X_i-X_j)^2+(Y_i-Y_j)^2} \tag{6.125}$$

式中，X_i、X_j 分别为目标 i 和目标 j 在地平面坐标系中的横坐标，Y_i、Y_j 分别为目标 i 和目标 j 在地平面坐标系中的纵坐标。当目标被遮挡时，目标边界框中心点不会停留在目标的中心而是会偏向目标的某一部分，这种偏移会与其他目标边界框中心点产生混淆。但将

目标位置变换到地平面后，会将原本在图像平面上容易混淆的目标在三维空间中分散，即在目标之间添加了额外空间用于区分，而这些空间也允许目标坐标出现更多位移，构建过程如图 6.22 所示。

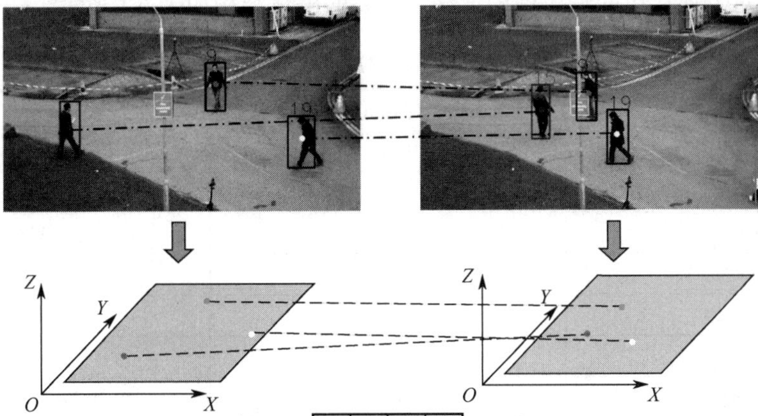

	O_1	O_2	O_3
D_1	11	42	93
D_2	56	15	82
D_3	59	48	17

图 6.22　将目标边界框中心点转换到地平面构建损失矩阵

（2）使用外观信息构建损失矩阵。除位置信息外，目标的外观信息也是构建损失矩阵的一个主要信息。由目标的边界框出发，使用目标之间的边界框交并比（Intersection Over Union，IOU）构建损失矩阵是一种较为直接且有效的方法。根据 IOU 构建损失矩阵同样建立在光流法的“小运动”假设的基础上。目标之间的 IOU 计算方法如图 6.23 所示。

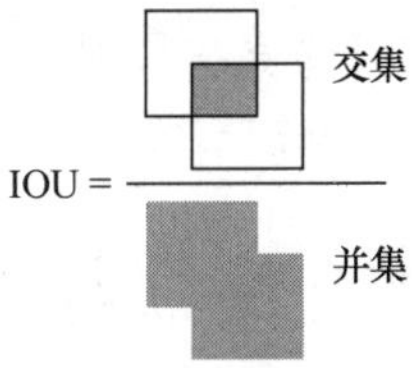

图 6.23　目标之间的 IOU 计算方法

相应地，损失矩阵 $\boldsymbol{L}$ 中的每个元素为

$$L_{ij} = \mathrm{IOU}_{ij} = \frac{\mathrm{BBOX}_i \cap \mathrm{BBOX}_j}{\mathrm{BBOX}_i \cup \mathrm{BBOX}_j} \tag{6.126}$$

其中，BBOX 表示目标在图像中的像素包围框范围。使用 IOU 构建的损失函数是一种计算高效的损失函数，但是在目标位移较大、帧间 IOU 不是很大时损失函数的表现不是很好。因此，借鉴了光流法中的另一个基础假设：在视频相邻帧中，目标的灰度不会发生明显变化。对于目标的外观信息，可以使用目标自身的颜色直方图或从目标提取出的特征点构建的特征直方图描述，现在更常用的做法是使用神经网络提取目标的深度外观特征用于目标外观特征描述。

为构建深度网络，下面选用 ResNet50 作为网络的骨干部分，在其原有的 pool5 层后加入一个含 1024 个神经元的全连接层，并对全连接层的输出做归一化，之后输入 ReLU 激活函数。在得到被激活后的长度为 1024 的高维特征后，再将其输入一个包含 512 个神经元的全连接层，并对全连接层的输出做归一化，网络的整体结构如表 6.1 所示。

表 6.1 网络的整体结构

名称	图像块尺寸（Patch Size）/步进（Stride）	输出层尺寸（Output Size）
Conv 1	3×3/1	32×128×64
Conv 2	3×3/1	32×128×64
Max Pooling 3	3×3/2	32×64×32
Residual 4	3×3/1	32×64×32
Residual 5	3×3/1	32×64×32
Residual 6	3×3/2	64×32×16
Residual 7	3×3/1	64×32×16
Residual 8	3×3/2	128×16×8
Dense 9 and l_2 normalization		1024
ReLU		1024
Dense 10 and l_2 normalization		512

整体网络的初始权重是使用在 ImageNet 上预训练的权重，正式训练是在行人重识别数据集 Market-1501 上进行的，Market-1501 是用于区分行人外观的重识别数据集，与目标识别或目标分类使用的数据集不同，在重识别数据集中所有的图片都是目标的快照，即目标在视频序列中的识别结果。重识别任务是将同一个目标作为相同类别，不同目标作为不同类别，在保证大类别的识别结果相同的前提下，实现小类别的区分。为了提高网络的区分不同目标的能力，使用三元组损失迭代训练，三元组损失函数如下

$$L_3 = \left[m + \sum_{\boldsymbol{x}_{\rm p} \in P(a)} w_{\rm p} d(\boldsymbol{x}_{\rm a}, \boldsymbol{x}_{\rm p}) - \sum_{\boldsymbol{x}_{\rm n} \in N(a)} w_{\rm p} d(\boldsymbol{x}_{\rm a}, \boldsymbol{x}_{\rm n}) \right]_+ \tag{6.127}$$

式中，$\boldsymbol{x}_{\rm a}$ 是锚点样本（anchor），表示当前正在处理的样本；$\boldsymbol{x}_{\rm p} \in P(a)$ 是 $\boldsymbol{x}_{\rm a}$ 的正样本表示与 $\boldsymbol{x}_{\rm a}$ 属于同一类别的样本；$\boldsymbol{x}_{\rm n} \in N(a)$ 是 $\boldsymbol{x}_{\rm a}$ 的负样本表示与 $\boldsymbol{x}_{\rm a}$ 属于不同类别的样本；$w_{\rm p}$ 是正样本的权重，用于调整正样本使其更接近锚点样本；m 是余量，用于控制正样本和负样本之间的距离差异，确保正样本更接近锚点样本，而负样本更远离锚点样本；函数 $[\cdot]_+ = \max(0,\cdot)$ 确保损失值非负。

改用深度特征表达目标外观后，损失矩阵 $\boldsymbol{L}$ 中的每个元素也要相应改变

$$L_{ij} = d(\boldsymbol{x}_i, \boldsymbol{x}_j) \tag{6.128}$$

式中，$d(\cdot\,,\cdot)$ 为计算两个特征向量之间距离的度量函数，在特征向量做归一化后一般为余弦距离。

（3）构建级联损失矩阵用于目标关联。在同时得到使用位置信息和外观信息构建的损

失矩阵后，可以为两个损失矩阵分配权重系数，构建出一个级联损失矩阵用于目标关联

$$L_{ij} = \lambda L_{ij}^{\mathrm{p}} + (1-\lambda)L_{ij}^{\mathrm{a}} \tag{6.129}$$

式中，L_{ij}^{p} 为使用位置信息计算出的损失，L_{ij}^{a} 为使用外观信息计算出的损失，超参数 λ 用来控制在级联损失中每一部分损失对最终关联结果的影响大小。但需要注意的是，位置损失是通过欧氏距离计算得到的，而外观损失是通过余弦距离计算得到的，两者在数值上的尺度并不相同，因此无法直接进行线性组合。为了同时使用两种损失，将损失矩阵相加和的形式转换为级联损失矩阵的形式，具体过程如下。

① 输入在当前帧中已经存在轨迹的目标 $\boldsymbol{T} = \{\boldsymbol{T}_1, \boldsymbol{T}_2, \cdots, \boldsymbol{T}_n\}$，以及在当前帧中的目标检测结果 $\boldsymbol{O} = \{\boldsymbol{o}_1, \boldsymbol{o}_2, \cdots, \boldsymbol{o}_m\}$；

② 通过计算得到位置损失矩阵 $\boldsymbol{L}^{\mathrm{p}}$；

③ 通过计算得到外观损失矩阵 $\boldsymbol{L}^{\mathrm{a}}$；

④ 初始化匹配集 $\boldsymbol{M} = \varnothing$；

⑤ 初始化未匹配集 $\boldsymbol{\mho} = \boldsymbol{O}$；

⑥ for $L_{ij}^{\mathrm{p}}, L_{ij}^{\mathrm{a}}$ in $\boldsymbol{L}^{\mathrm{p}}, \boldsymbol{L}^{\mathrm{a}}$:

　　if $L_{ij}^{\mathrm{p}} > \mathrm{gate_p}$ or $L_{ij}^{\mathrm{a}} > 0.2$:

　　　$L_{ij}^{\mathrm{a}} = \infty$;

　　end if

　end for

⑦ $\boldsymbol{M} = \{(\boldsymbol{T}_i, \boldsymbol{o}_j)\} \leftarrow$ 匈牙利分配算法 $(\boldsymbol{T}, \boldsymbol{\mho}, \boldsymbol{L}^{\mathrm{a}})$；

⑧ $\boldsymbol{\mho} = \boldsymbol{\mho} \setminus \{\boldsymbol{o}_j \mid \boldsymbol{o}_j \text{ in } \boldsymbol{M}\}$；

⑨ $\boldsymbol{T} = \boldsymbol{T} \cup \boldsymbol{\mho}$；

⑩ 最终得到匹配集 $\boldsymbol{M}$ 和更新后的目标 $\boldsymbol{T}$。

其中，在级联关联过程中使用的两个参数 $\mathrm{gate_p}$ 和 0.2 分别描述的是在分配过程中能够接受同一目标之间的最大位置差异和最大外观差异。$\mathrm{gate_p}$ 是一个根据目标大小动态变化的值，一般设置为目标投影到地平面上的边界框对角线长度的一半，其物理意义为在真实世界中目标之间不会出现交叠的情况，即两个目标的一部分占用同一个空间。步骤⑥中的阈值 0.2 描述的是允许同一目标在不同时刻的外观特征之间的最大余弦距离为 0.2，其物理意义为在短时间内，一个目标的外观可能会因观察方向、自身运动和光照等诸多因素而发生一定改变，但不会由一种外观跳变到另一种外观，即突然出现的颜色和外形变化。使用级联关联方法可以有效地同时利用位置信息和外观信息，提高整体关联算法的鲁棒性，具体流程参照图 6.24。

3. 异视角跨相机的目标关联

异视角跨相机的目标关联是指在不同相机的视野中，通过对目标进行检测和关联，将移动物体的轨迹进行连续追踪。多摄像头跟踪模块允许在测量区域内重建其路径。通过这种方式，对移动车辆等目标在某次成像时刻的行为可以定位和外推预测，具有全局和全面的视觉。异视角跨相机的目标关联彻底改变了分析目标行为的视角，并有效地提升了高动态场景的目标探测能力，但随之而来的技术问题也更复杂。

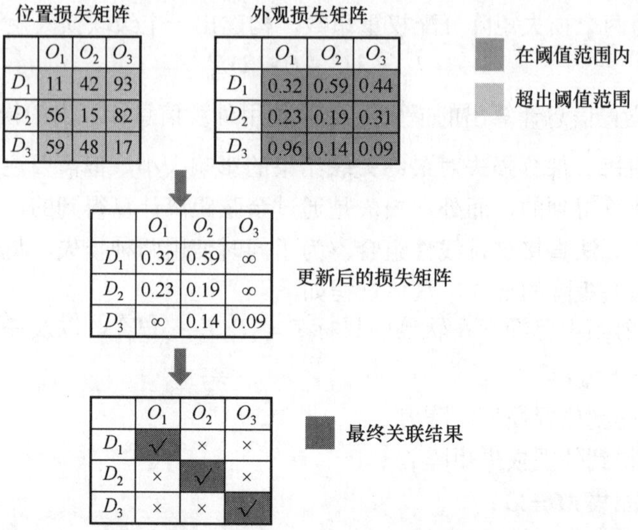

位置损失矩阵

	O_1	O_2	O_3
D_1	11	42	93
D_2	56	15	82
D_3	59	48	17

外观损失矩阵

	O_1	O_2	O_3
D_1	0.32	0.59	0.44
D_2	0.23	0.19	0.31
D_3	0.96	0.14	0.09

更新后的损失矩阵

	O_1	O_2	O_3
D_1	0.32	0.59	∞
D_2	0.23	0.19	∞
D_3	∞	0.14	0.09

最终关联结果

	O_1	O_2	O_3
D_1	√	×	×
D_2	×	√	×
D_3	×	×	√

图 6.24 使用级联损失矩阵进行目标关联

在异视角观测的相机中，目标检测可以利用成熟的深度神经网络检测模型进行处理，比如使用 YOLOv8 等神经网络模型获得图像中的目标检测框。而问题的难点在于如何从跨尺度、特征形态迥异的异视角图像中对相同目标进行关联。一种较为可行的技术路线是通过对异视角观测的图像分别建立以地理位置为属性的欧氏坐标关系，并将异视角图像的地理坐标统一到相同的观测场景框架下。然后，利用目标的定位误差范围和多目标的相对位置关系（类似于一种拓扑图）建立关联约束。此外，在连续观测的序列图像中，利用同一目标关联所获得的连续轨迹作为区分特性，再进行不同目标的区分。图 6.25 展示了一组空中视角和地面视角下，通过目标检测和地理位置关系推导获得的多目标关联的示例。

图 6.25 空中−地面异视角多目标关联的示例

随着多机协同任务的增加，在复杂环境下，设计多机协同的多目标跟踪系统十分必要。上述算法在目标状态融合处理中可以发挥重要作用，提高目标定位和测速状态的计算精度需要依靠精确的滤波方法，如无迹卡尔曼滤波算法、粒子滤波方法、自适应多模型转换方法等。

6.6 本章小结

本章介绍了对机载平台进行自身定位和目标定位的理论方法，以及对图像中的地面目标进行检测和跟踪的方法。全球导航卫星系统和惯性导航系统构成了机载导航系统的主要硬件，而机载导航的信息需要利用坐标系之间的转换关系，并结合计算机视觉领域的图像目标检测技术，才能实现对观测目标的实际地理空间定位以及目标测速。此外，本章对序列图像间目标跟踪使用的算法进行了介绍，包括基于核相关的视频目标跟踪算法、基于卡尔曼滤波的视频目标跟踪算法和基于匈牙利算法的目标关联方法等。

第 7 章　基于航空图像的三维重建

基于航空图像的三维重建的目标是重建真实场景和物体的三维模型，呈现观测对象的几何形状与外表特征（见图 7.1）。三维重建技术被广泛应用于测绘和侦察等任务场景，例如：在工程领域，重建模型被用于监控建筑结构的形变；在文博领域，使用三维重建技术可以对历史建筑进行修复监测和文物数字化建档；在农林领域，根据对植被和作物的三维重建模型来判断植被的生长状态。

基于航空图像的三维重建通常需要对目标进行多角度的观察，这需要强大的算力，所以早期的数据获取成本非常高。传统的卫星观测和航空飞机遥感观测系统，都可以为大范围地形和城市三维建模提供基础观测图像数据。这些遥感平台的飞行高度和观测方式使得所获取图像数据的分辨率和完整度有限，难以满足复杂场景精细化三维模型创建和更新所急需的高空间分辨率、高时间分辨率和多视角观测的数据需求。在无人机出现和普及后，其较低的成本、灵活的三维运动能力、搭载了高清晰度摄像机、具有一定载重能力等特点使得如今人们已经能够以较低成本进行较高精度的大规模场景三维重建，也使得使用无人机成为进行大规模场景三维重建的主要解决方案。

一个场景在不同视角下成像得到的图像具有很强的相关性，图像之间的这些联系是标定和三维重建的基础。本章将首先介绍由运动恢复结构（Structure from Motion，SfM）的技术内容，其数学原理是目前大多数基于图像的三维重建方法的理论基础。然后，对目前的飞行路径规划和深度学习建模等一些新兴技术进行介绍。

图 7.1　基于航空图像的三维重建

7.1　引言

由运动恢复结构技术仅使用图像间的对应特征点，而不需要其他信息，就能计算出摄像机和场景结构的无尺度化的重构。摄像机的内参数可以是离线标定的已知值，也可以作为待优化数据项引入目标方程以进行联合平差求解。解算的最后结果既包含图像特征所对应点的三维空间点坐标，也包含图像的外参数，这使得 SfM 技术具有广泛的应用领域，如在增强现实、机器人导航和自动驾驶等中的应用。SfM 输出了稀疏的三维点云和摄像机的空间位置姿态，为后续的稠密的三维模型重建提供了支持。在 SfM 技术中，为了计算连续的摄像机位置和指向，可以使用惯性测量单元（Inertial Measurement Unit，IMU）或全球导航卫星系统（GNSS）提供成像平台的角速度与加速度，以及在全局坐标系下的位置参数，以作为求解外参数的初值，提高位置姿态计算的精度。

在三维重建过程中，不仅场景会有重建误差，摄像机参数模型也会存在不确定性。由于未知场景在重建过程中无法识别这种不确定性，通常假设将摄像机的内参数设定为已知约束。图像上的失真表现为三维点云的投影误差，它们通常会违反这些约束中的一个或多个。解决办法是通过推导射影重建模型得到一个度量校准数学模型，迭代变换重建参数，直到满足摄像机内参数的所有约束。

多视图立体匹配（Multi-View Stereo，MVS）通常作为 SfM 的后续处理，通过多视图关联计算稠密的视差图，然后从视差图出发，通过三角测量计算出稠密的三维点云或网格化的三维场景数据。点云图是 SfM 和 MVS 重建流程中的中间输出，基于图像计算的三维点云还带有颜色特征信息。经过表面建模和纹理映射等步骤后，三维点云可以转化为三维表面模型。

除了可在视觉感官上对三维重建模型进行评价，研究者通常以下面两个定量的参考指标，评估三维重建模型的质量：（1）精确度，描述了基于三维重建模型上的每个点到对照模型的距离分布的某个统计值，表示重建结果的总体相似程度；（2）完整度，基于对照模型上每个点到重建模型的距离分布的某个统计值，表示重建结果中捕获到了重建目标的多少表面。

如今基于航空图像进行三维重建的技术已经相对成熟，但仍然有许多能够继续提升的方向。（1）如何科学地衡量成像视点的观测效率。目前在衡量视点收益这一角度上缺乏突破性的方法，研究几乎都是各自为战，基于直觉感受提出自己的方法，缺乏可证明性或原则性的依据。（2）如何在尽量短的时间内获取尽量接近最优解的航迹路径规划。当待观测的三维场景规模较大时，离散化后的备选成像视点太多，且视点收益计算本身的复杂度较高，故难以在有效时间内得到最优解。现有很多方法是做多次的近似处理，然后在限定时间内使用迭代的方法尽量逼近最优解，这样既耗时，最终得到的结果也不理想。（3）如何合理地定量评估三维重建结果。对于大规模的三维场景，目标场景的参考数据难以获得，所以很难用定量的手段对三维重建结果直接与真实数据进行比较，评估所得结果的可信度也随之下降。

7.2　对极几何基础

7.2.1　对极几何恢复

根据射影几何的数学基础，利用齐次坐标可以以简洁的数学形式表示出点线面的对偶关系，且能够对无穷远点进行统一的表达。在射影几何理论中，对极几何描述的是两幅图像在射影空间中的位置关系，即对极几何是一种描述二视图几何的基础。二视图几何是基于图像三维重建的基本单元，下面介绍对极几何恢复的基本原理。

7.2.1.1 极线与极点的定义

极线与极点是约束图像之间像素匹配关系的重要几何元素。极线和极点的关系构成了一种叫作对极几何（Epipolar Geometry）的空间关系。对极几何描述的是两幅视图之间的内在射影关系，与外部场景无关，只依赖摄像机内参数和这两幅图像之间的相对姿态。

在基于图像的三维重建处理之前，参考图像上的像素 $\boldsymbol{m}$ 对应的三维空间点 $\boldsymbol{M}$ 在场景中的准确位置是未知的，但它必然在一条通过摄影中心 $\boldsymbol{C}$ 且与成像平面相交于 $\boldsymbol{m}$ 点的直线（视线）上。直线 $\boldsymbol{l}$ 在待匹配的图像的像平面上的投影是直线 $\boldsymbol{l}'$，那么在这个像平面上对应的投影点 $\boldsymbol{m}'$也要在这条线上。更进一步，所有位于 $\boldsymbol{C}$、$\boldsymbol{C}'$和 $\boldsymbol{M}$ 三点所确定的平面上的空间点，在两幅图像上的投影都会落在直线 $\boldsymbol{l}$ 和 $\boldsymbol{l}'$上。可知，$\boldsymbol{l}$ 上的每个点的对应点都在 $\boldsymbol{l}'$上，反之亦然。

$\boldsymbol{l}$ 和 $\boldsymbol{l}'$被称作对应极线（Epipolar Correspondence），在摄影测量领域也叫核线。这种限制关系可以从图 7.2 中反映出来，一个匹配点对 $(\boldsymbol{m},\boldsymbol{m}')$ 的极线 $\boldsymbol{l}$ 和 $\boldsymbol{l}'$与摄影中心 $\boldsymbol{C}$ 和 $\boldsymbol{C}'$及三维空间点 $\boldsymbol{M}$ 满足共面。极线关系可以依据标定参数或从一组已有的点对应的关系中建立起来。

过两个摄影中心 $\boldsymbol{C}$ 和 $\boldsymbol{C}'$的所有极线确定了一组平面，在每个像平面上都可以找到这些平面所对应的极线。例如，图 7.2 中，对 $\boldsymbol{\Pi}$ 平面来说极线就是 $\boldsymbol{l}$ 和 $\boldsymbol{l}'$，在 $\boldsymbol{\Pi}$ 平面上的所有三维空间点都会投影到 $\boldsymbol{l}$ 和 $\boldsymbol{l}'$上，所以说 $\boldsymbol{l}$ 的对应点都在 $\boldsymbol{l}'$上，反之亦然。

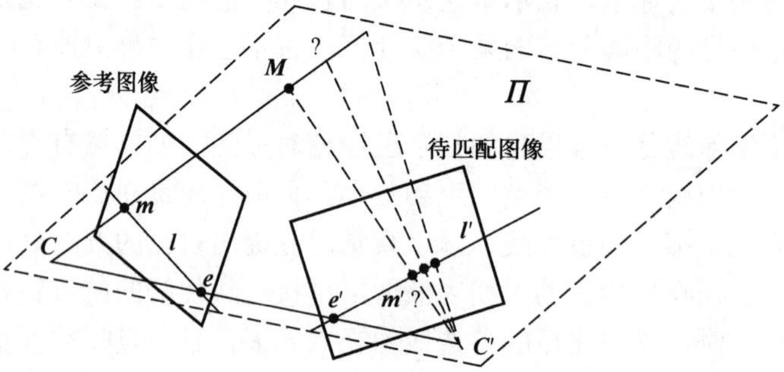

图 7.2 二视图的图像关系

在图 7.3 中可以看到，多个通过两个摄影中心 $\boldsymbol{C}$ 和 $\boldsymbol{C}'$的平面形成了一簇对应极线，对应确定了一组平面束。这些极线都通过两个特殊点 $\boldsymbol{e}$ 和 $\boldsymbol{e}'$，这对点就叫作极点（Epipoles），它们是对应的摄影中心在对方成像平面上的投影，即 $\boldsymbol{e}$ 是 $\boldsymbol{C}'$在参考图像上的投影。

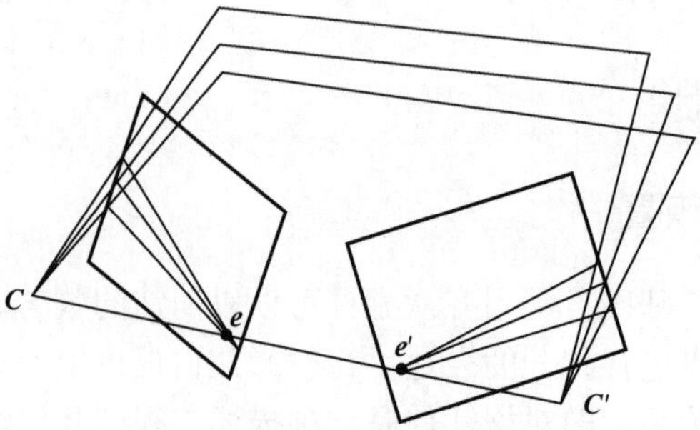

图 7.3 对极几何的极点 $\boldsymbol{e}$ 和 $\boldsymbol{e}'$

根据匹配点必定位于同名极线上的原则，在立体图像密集匹配的过程中，常常先对待匹配图像进行极线水平纠正，即沿极线方向保持待匹配图像的列坐标不变，而在行方向上进行重采样，该极线校正图像没有损失原图像的信息量和属性。

7.2.1.2　基础矩阵解释对极几何

下面用数学方式解释对极几何，点 $\boldsymbol{m}$ 在直线 $\boldsymbol{l}$ 上可以表示为 $\boldsymbol{l}^{\mathrm{T}}\boldsymbol{m}=\boldsymbol{0}$，这条线穿过点 $\boldsymbol{m}$ 和极点 $\boldsymbol{e}$，可以表示为

$$\boldsymbol{l}\sim[\boldsymbol{e}]_{\times}\boldsymbol{m} \tag{7.1}$$

式中，$[\boldsymbol{e}]_{\times}$ 为 3×3 的反对称矩阵，用来表示 $\boldsymbol{e}$ 参与的向量积。

利用直线 $\boldsymbol{l}$ 和摄像机矩阵 $\boldsymbol{P}$，能得到与极线 $\boldsymbol{l}$ 相关的平面 $\boldsymbol{\Pi}$ 的表达式：$\boldsymbol{\Pi}\sim\boldsymbol{P}^{\mathrm{T}}\boldsymbol{l}$，同理，在另一幅图像上有 $\boldsymbol{\Pi}\sim\boldsymbol{P}'^{\mathrm{T}}\boldsymbol{l}'$。结合这两个等式可以得到

$$\boldsymbol{l}'\sim(\boldsymbol{P}'^{\mathrm{T}})^{\uparrow}\boldsymbol{P}^{\mathrm{T}}\boldsymbol{l}\equiv\boldsymbol{H}^{-\mathrm{T}}\boldsymbol{l} \tag{7.2}$$

式中，↑表示摩尔逆（彭罗斯伪逆），式（7.2）中引入 $\boldsymbol{H}^{-\mathrm{T}}$ 的依据是 $\boldsymbol{l}\rightarrow\boldsymbol{l}'\sim\boldsymbol{H}^{-\mathrm{T}}\boldsymbol{l}$。然后，将式（7.1）代入式（7.2）可以得到

$$\boldsymbol{l}'\sim\boldsymbol{H}^{-\mathrm{T}}[\boldsymbol{e}]_{\times}\boldsymbol{m} \tag{7.3}$$

定义 $\boldsymbol{F}=\boldsymbol{H}^{-\mathrm{T}}[\boldsymbol{e}]_{\times}$，式（7.3）可以写成

$$\boldsymbol{l}'\sim\boldsymbol{F}\boldsymbol{m} \tag{7.4}$$

因为 $\boldsymbol{m}'^{\mathrm{T}}\boldsymbol{l}'=\boldsymbol{0}$，于是有

$$\boldsymbol{m}'^{\mathrm{T}}\boldsymbol{F}\boldsymbol{m}=\boldsymbol{0} \tag{7.5}$$

这里的 $\boldsymbol{F}$ 叫作基础矩阵（Fundamental Matrix）。有许多学者研究了这个矩阵的性质，并重点研究如何能够稳定地从一对未标定的图像中解算出基础矩阵。

令第一个摄像机的摄影中心为 $\boldsymbol{C}$，第二个摄像机的摄影中心为 $\boldsymbol{C}'$。根据第一个摄像机矩阵 $\boldsymbol{P}$，即 $\boldsymbol{m}=\boldsymbol{P}\boldsymbol{M}$，可以将与像点 $\boldsymbol{m}$ 所对应的三维空间点 $\boldsymbol{M}$ 所在的射线通过一个标量 λ 参数化表达为

$$\boldsymbol{M}(\lambda)=\boldsymbol{P}^{\uparrow}\boldsymbol{m}+\lambda\boldsymbol{C} \tag{7.6}$$

式中，$\boldsymbol{P}^{\uparrow}$ 为 $\boldsymbol{P}$ 的伪逆。在这条射线上可以找到两个特殊点：摄影中心 $\boldsymbol{C}$（当 $\lambda=\infty$ 时）和 $\boldsymbol{P}^{\uparrow}\boldsymbol{m}$（当 $\lambda=0$ 时）。这两个点被第二个摄像机矩阵 $\boldsymbol{P}'$ 投影到第二幅图像上，得到像点 $\boldsymbol{P}'\boldsymbol{C}$ 和 $\boldsymbol{P}'\boldsymbol{P}^{\uparrow}\boldsymbol{m}$。对应的极线表达式为

$$\boldsymbol{l}'=(\boldsymbol{P}'\boldsymbol{C})\times(\boldsymbol{P}'\boldsymbol{P}^{\uparrow}\boldsymbol{m}) \tag{7.7}$$

像点 $\boldsymbol{P}'\boldsymbol{C}$ 是第二幅图像的极点 $\boldsymbol{e}'$，因此 $\boldsymbol{l}'=[\boldsymbol{e}']_{\times}\boldsymbol{P}'\boldsymbol{P}^{\uparrow}\boldsymbol{m}=\boldsymbol{F}\boldsymbol{m}$，有

$$\boldsymbol{F}=[\boldsymbol{e}']_{\times}\boldsymbol{P}'\boldsymbol{P}^{\uparrow} \tag{7.8}$$

单应矩阵可以用两个摄像机矩阵表示为 $\boldsymbol{H}=\boldsymbol{P}'\boldsymbol{P}^{\uparrow}$。如果两个摄像机只存在旋转变换，即 $\boldsymbol{C}$ 也是第二个摄像机的中心，则 $\boldsymbol{P}'\boldsymbol{C}=\boldsymbol{0}$，$\boldsymbol{F}$ 是零矩阵。

如果图像的外参数经过了标定，那么基础矩阵 $\boldsymbol{F}$ 就可以计算出来，相关匹配点的限制约束也可以得到。在图像的位置姿态参数标定关系未知时，可以通过找到一定数量的匹配点对 $(\boldsymbol{m},\boldsymbol{m}')$，根据式（7.5）来计算基础矩阵 $\boldsymbol{F}$。每对对应的相关点都给出一个基础矩阵的约束。

由于 $\boldsymbol{F}$ 是一个仅由归一化尺度决定的 3×3 矩阵，因此矩阵中有 8 个元素是未知的，所

以 8 组匹配点对足以计算基础矩阵 $\boldsymbol{F}$。注意，由于$[\boldsymbol{e}]_{\times}\boldsymbol{e}=\boldsymbol{0}$，利用定义$\boldsymbol{F}=\boldsymbol{H}^{-\mathrm{T}}[\boldsymbol{e}]_{\times}$可以得到$\boldsymbol{Fe}=\boldsymbol{0}$，因此基础矩阵 $\boldsymbol{F}$ 不满秩，它的秩为 2，最后可知 $\boldsymbol{F}$ 的自由度是 7。秩为 2 这个条件作为额外的约束条件，于是只需要 7 组匹配点对就足够计算出基础矩阵 $\boldsymbol{F}$，在后续的 7.3 节中会更详细地讨论计算 $\boldsymbol{F}$ 的方法。

基础矩阵 $\boldsymbol{F}$ 有一些重要的特性。

（1）如果 $\boldsymbol{F}$ 是一对摄像机矩阵$(\boldsymbol{P},\boldsymbol{P}')$的基础矩阵，则 $\boldsymbol{F}^{\mathrm{T}}$ 是按相反顺序的一对摄像机矩阵$(\boldsymbol{P}',\boldsymbol{P})$的基础矩阵。

（2）对于第一幅图像中的任意点 $\boldsymbol{m}$，对应在另一幅图像上的极线为$\boldsymbol{l}'=\boldsymbol{Fm}$。类似地，$\boldsymbol{l}=\boldsymbol{F}^{\mathrm{T}}\boldsymbol{m}'$表示与第二幅图像中的$\boldsymbol{m}'$对应于第一幅图像的极线。

（3）对于任何点 $\boldsymbol{m}$（$\boldsymbol{e}$ 除外），极线$\boldsymbol{l}'=\boldsymbol{Fm}$包含第二幅图像中的极点 $\boldsymbol{e}'$。因此，对于所有点 $\boldsymbol{m}_i$，$\boldsymbol{e}'$满足$\boldsymbol{e}'^{\mathrm{T}}(\boldsymbol{Fm}_i)=\boldsymbol{0}$，总有$(\boldsymbol{e}'^{\mathrm{T}}\boldsymbol{F})\boldsymbol{m}_i=\boldsymbol{0}$，因此$\boldsymbol{e}'^{\mathrm{T}}\boldsymbol{F}=\boldsymbol{0}$，即 $\boldsymbol{e}'$是 $\boldsymbol{F}$ 的左零向量。类似地，$\boldsymbol{Fe}=\boldsymbol{0}$，即 $\boldsymbol{e}$ 是 $\boldsymbol{F}$ 的右零向量。

7.2.1.3 本质矩阵

本质矩阵（Essential Matrix）$\boldsymbol{E}$ 是由摄像机的外参数确定的，与摄像机的内参数无关。本质矩阵就是在归一化图像空间坐标条件下的基础矩阵的特例，基础矩阵是在不考虑摄像机内参数情况下的一种本质矩阵的推广形式。与基础矩阵相比，本质矩阵 $\boldsymbol{E}$ 具有较小的自由度和附加的性质。

设空间点 $\boldsymbol{M}$ 在参考图像（左图像）的像空间坐标系中的单位尺度归一化的向量表示为$\boldsymbol{M}^0$，在目标图像（右图像）的像空间坐标系中的单位尺度归一化的向量表示为$\boldsymbol{M}^1$。注意，这里的 $\boldsymbol{M}^0$ 和 $\boldsymbol{M}^1$ 不是像点的像素坐标，而是单位尺度的像空间坐标系下的坐标表示。$\overline{CM}=\lambda_0\boldsymbol{M}^0$，$\overline{C'M}=\lambda_1\boldsymbol{M}^1$，$\lambda_0$ 和 λ_1 是作用于从摄影中心发出连接像点的射线的距离比例因子。有两个摄像机的像空间坐标由一组旋转和平移$[\boldsymbol{R}|\boldsymbol{t}]$关联：$\boldsymbol{M}^1=\boldsymbol{RM}^0+\boldsymbol{t}$。在等式两边分别先左乘一个 $\boldsymbol{t}$ 的叉积，再左乘一个 $\boldsymbol{M}^1$ 的点积，可以得到

$$\begin{cases}(\boldsymbol{M}^1)^{\mathrm{T}}(\boldsymbol{t}\times\boldsymbol{M}^1)=(\boldsymbol{M}^1)^{\mathrm{T}}\boldsymbol{t}\times(\boldsymbol{RM}^0+\boldsymbol{t})\\ \boldsymbol{0}=(\boldsymbol{M}^1)^{\mathrm{T}}\boldsymbol{t}\times\boldsymbol{RM}^0\end{cases}\tag{7.9}$$

令$[\boldsymbol{t}]_{\times}$表示矩阵$\hat{\boldsymbol{n}}=[0\,0\,1]^{\mathrm{T}}$的反对称矩阵（叉积矩阵），则有

$$\begin{cases}(\boldsymbol{M}^1)^{\mathrm{T}}[\boldsymbol{t}]_{\times}\boldsymbol{RM}^0=\boldsymbol{0}\\ (\boldsymbol{M}^1)^{\mathrm{T}}\boldsymbol{EM}^0=\boldsymbol{0},\ \boldsymbol{E}=[\boldsymbol{t}]_{\times}\boldsymbol{R}\\ [\boldsymbol{t}]_{\times}=\begin{bmatrix}0&-t_z&t_y\\t_z&0&-t_x\\-t_y&t_x&0\end{bmatrix}\end{cases}\tag{7.10}$$

式中，$\boldsymbol{E}=[\boldsymbol{t}]_{\times}\boldsymbol{R}$为本质矩阵。本质矩阵包含两幅图像的相对位置姿态转换关系，它是 3×3 的矩阵，具有旋转和平移信息。

本质矩阵 $\boldsymbol{E}$ 面向像空间坐标系（摄像机坐标系），它不包括摄像机的内参数。但是研究像素在另一个视图上的对应极线，需要用摄像机的内参数将摄像机坐标系和像平面坐标系联系起来。设 $\boldsymbol{K}_0$ 和 $\boldsymbol{K}_1$ 分别为两幅图像的摄像机内参数矩阵，归一化的摄像机像空间坐

标到像平面像素坐标表示可以通过 $\boldsymbol{m}_0 = \boldsymbol{K}_0\boldsymbol{M}^0$ 计算，基础矩阵 $\boldsymbol{F}$ 中编码了两幅图像的对极几何关系，推导可得本质矩阵 $\boldsymbol{E}$ 和基础矩阵 $\boldsymbol{F}$ 的关系为

$$\begin{gathered}(\boldsymbol{K}_1\boldsymbol{M}^1)^{\mathrm{T}}\boldsymbol{F}\,(\boldsymbol{K}_0\boldsymbol{M}^0) = (\boldsymbol{M}^1)^{\mathrm{T}}\boldsymbol{E}\boldsymbol{M}^0 = \boldsymbol{0}\\ (\boldsymbol{K}_1\boldsymbol{M}^1)^{\mathrm{T}}\boldsymbol{F}\boldsymbol{K}_0 = (\boldsymbol{M}^1)^{\mathrm{T}}\boldsymbol{E}\\ \boldsymbol{F} = \boldsymbol{K}_1^{-\mathrm{T}}\,\boldsymbol{E}\,\boldsymbol{K}_0^{-1}\\ \boldsymbol{E} = \boldsymbol{K}_1^{\mathrm{T}}\boldsymbol{F}\boldsymbol{K}_0\end{gathered} \tag{7.11}$$

本质矩阵 $\boldsymbol{E}$ 只有 5 个自由度，尽管旋转矩阵 $\boldsymbol{R}$ 和平移矩阵 $\boldsymbol{t}$ 都有 3 个自由度，但是存在总体尺度的不确定性，这与基础矩阵是一样的。

一个非零矩阵 $\boldsymbol{E}$ 是本质矩阵的条件是：当且仅当它的奇异值分解为 $\boldsymbol{E} = \boldsymbol{U\Sigma V}^{\mathrm{T}}$，$\boldsymbol{\Sigma} = \mathrm{diag}(\sigma_1,\sigma_2,\sigma_3)$，其中 $\sigma_1 = \sigma_2 \neq 0$ 且 $\sigma_3 = 0$，$\boldsymbol{U},\boldsymbol{V} \in \mathrm{SO}(3)$。SO(3) 是包含旋转矩阵的一种特殊正交群，称为三维旋转群。矩阵 $\boldsymbol{E}$ 具有 3 个旋转自由度和 2 个位移自由度。

7.2.1.4　图像的单应变换

二维空间的单应变换 $\boldsymbol{H}$ 描述的是从一个平面到另一个平面的变换。由于成像平面也是一个平面，如果透视投影中的观测场景是一个平面，则成像过程相当于一种单应变换过程的特例。比如，整幅图像中的观测场景是天花板或者平整的地面，那么成像过程就是从一种物理平面到另一个成像平面的转换。

平面 $\boldsymbol{\Pi}$ 上的一点投影到图像 i 上的过程可以通过单应变换 $\boldsymbol{H}_{\boldsymbol{\Pi}i}$ 来描述，这里的单应矩阵的表示依赖平面上投影基的选择。

根据射影几何的知识，二维射影变换（也称二维单应变换）是指二维平面上的单应变换，可以表示为 $\mathbb{R}^2 \to \mathbb{R}'^2$。$\mathbb{R}^2 \to \mathbb{R}'^2$ 的单应转换矩阵被称为单应矩阵，用 $\boldsymbol{H}$ 表示。二维射影平面的基由 4 个不共线的点组成，而单应变换可以由 4 组点对应确定，二维单应矩阵 $\boldsymbol{H}$ 为 3×3 矩阵，它有 8 个自由度（减掉一个尺度因子）。在 λ 不为 0 时，$\boldsymbol{H}$ 和 $\lambda\boldsymbol{H}$ 代表的单应矩阵是等价的。在变换前后，几何元素的共点、共线、交叉比、相切、拐点、切线的不连续性都将保持不变。射影平面中的点坐标的变换表达形式为

$$\boldsymbol{m} \to \boldsymbol{m}' \sim \boldsymbol{H}\boldsymbol{m} \tag{7.12}$$

$$\begin{bmatrix} x' \\ y' \\ 1 \end{bmatrix}_{\boldsymbol{m}'} = \lambda \begin{bmatrix} h_{11} & h_{12} & h_{13} \\ h_{21} & h_{22} & h_{23} \\ h_{31} & a_{32} & 1 \end{bmatrix} \begin{bmatrix} x \\ y \\ 1 \end{bmatrix}_{\boldsymbol{m}} \tag{7.13}$$

对于两幅图像而言，如果它们之间的变换是单应变换，可以有

$$\begin{bmatrix} u_2 \\ v_2 \\ 1 \end{bmatrix} = \lambda \begin{bmatrix} h_{11} & h_{12} & h_{13} \\ h_{21} & h_{22} & h_{23} \\ h_{31} & a_{32} & 1 \end{bmatrix} \begin{bmatrix} u_1 \\ v_1 \\ 1 \end{bmatrix} \tag{7.14}$$

式中，(u_1,v_1)、(u_2,v_2) 分别表示同名点在两幅图像上的像素坐标。如图 7.4 所示，如果场景满足平面性，可以建立两幅图像的单应变换关系。此外，对于一些距离成像设备很远的场景，可以为场景建立平面性假设，此时可以用单应变换进行图像的拼接，如图 7.5 所示。

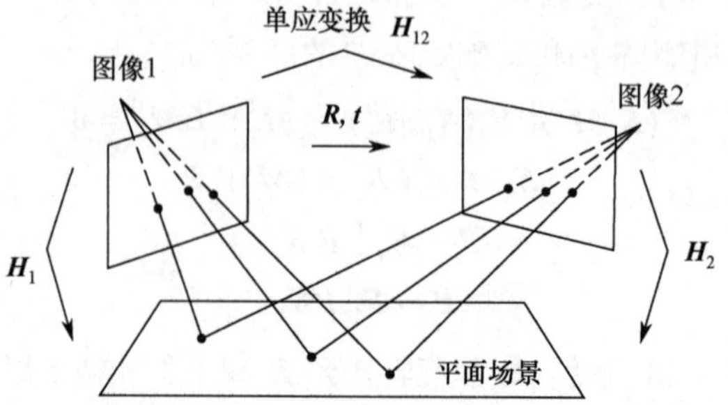

图 7.4 面向平面场景拍摄的照片可以应用单应变换计算变换关系

图 7.5 基于单应变换实现的图像拼接

1. 摄像机矩阵和图像单应矩阵之间的关系

当由透视投影得到了一幅图像 i 时，三维空间中的一个平面 $\boldsymbol{\Pi}$ 上的一个三维点 $\boldsymbol{M}_{\boldsymbol{\Pi}}$，其投影点 $\boldsymbol{m}_{\boldsymbol{\Pi}_i}$ 的关系可以根据单应变换 $\boldsymbol{H}_{\boldsymbol{\Pi}_i}$ 来表达。

设平面为 $\boldsymbol{\Pi} \sim [\boldsymbol{\pi}^{\mathrm{T}}\ 1]^{\mathrm{T}}$，三维点为 $\boldsymbol{M}_{\boldsymbol{\Pi}} \sim [\boldsymbol{m}_{\boldsymbol{\Pi}}{}^{\mathrm{T}} 1]^{\mathrm{T}}$，$\boldsymbol{m}_{\boldsymbol{\Pi}}$ 是投影点坐标，则三维点 $\boldsymbol{M}_{\boldsymbol{\Pi}}$ 落在平面 $\boldsymbol{\Pi}$ 上的充分必要条件是 $\boldsymbol{\Pi}^{\mathrm{T}}\boldsymbol{M}_{\boldsymbol{\Pi}} = \boldsymbol{\pi}^{\mathrm{T}} \cdot \boldsymbol{m}_{\boldsymbol{\Pi}} + 1 = \boldsymbol{0}$。因此，有

$$\boldsymbol{M}_{\boldsymbol{\Pi}} \sim \begin{bmatrix} \boldsymbol{m}_{\boldsymbol{\Pi}} \\ 1 \end{bmatrix} = \begin{bmatrix} \boldsymbol{m}_{\boldsymbol{\Pi}} \\ -\boldsymbol{\pi}^{\mathrm{T}} \cdot \boldsymbol{m}_{\boldsymbol{\Pi}} \end{bmatrix} = \begin{bmatrix} \boldsymbol{I}_{3\times 3} \\ -\boldsymbol{\pi}^{\mathrm{T}} \end{bmatrix} \boldsymbol{m}_{\boldsymbol{\Pi}} \tag{7.15}$$

如果一幅图像的摄像机矩阵表示为 $\boldsymbol{P}_i = [\boldsymbol{A}_i \mid \boldsymbol{a}_i]$，则将三维点 $\boldsymbol{M}_{\boldsymbol{\Pi}}$ 投影到像平面上得到的投影点 $\boldsymbol{m}_{\boldsymbol{\Pi}_i}$ 表示为

$$\begin{aligned} \boldsymbol{m}_{\boldsymbol{\Pi}_i} \sim \boldsymbol{P}_i \boldsymbol{M}_{\boldsymbol{\Pi}} &= [\boldsymbol{A}_i \mid \boldsymbol{a}_i] \begin{bmatrix} \boldsymbol{I}_{3\times 3} \\ -\boldsymbol{\pi}^{\mathrm{T}} \end{bmatrix} \boldsymbol{m}_{\boldsymbol{\Pi}} \\ &= [\boldsymbol{A}_i - \boldsymbol{a}_i \boldsymbol{\pi}^{\mathrm{T}}] \boldsymbol{m}_{\boldsymbol{\Pi}} \end{aligned} \tag{7.16}$$

由此得到 $\boldsymbol{H}_{\boldsymbol{\Pi}_i} \sim \boldsymbol{A}_i - \boldsymbol{a}_i \boldsymbol{\pi}^{\mathrm{T}}$。

取参考平面为 $\boldsymbol{\Pi}_{\mathrm{ref}} = [0\ 0\ 0\ 1]^{\mathrm{T}}$，则相对于参考平面的单应变换表达为 $\boldsymbol{H}_{\mathrm{ref}\,i} \sim \boldsymbol{A}_i$。

可以使用单应变换来实现对特定平面上的点或几何实体从一幅图像变换到另一幅图像。用符号 $\boldsymbol{H}_{ij}^{\boldsymbol{\Pi}}$ 表示将平面 $\boldsymbol{\Pi}$ 的几何元素从图像 i 转换到图像 j 上，可以通过 $\boldsymbol{H}_{ij}^{\boldsymbol{\Pi}} = \boldsymbol{H}_{\boldsymbol{\Pi}j} \boldsymbol{H}_{\boldsymbol{\Pi}i}^{-1}$ 得到 $\boldsymbol{H}_{ij}^{\boldsymbol{\Pi}}$，其与平面的重参数化无关。

在欧氏度量空间中，$\boldsymbol{A}_i = \boldsymbol{K}_i \boldsymbol{R}_i^{\mathrm{T}}$，无穷远处的平面为 $\boldsymbol{\Pi}_{\infty} = [0\ 0\ 0\ 1]^{\mathrm{T}}$，则 $\boldsymbol{H}_{\infty i} \sim \boldsymbol{K}_i \boldsymbol{R}_i^{\mathrm{T}}$，$\boldsymbol{H}_{\infty j} \sim \boldsymbol{K}_j \boldsymbol{R}_j^{\mathrm{T}}$。此时，两幅图像对无穷远处的平面的单应变换为 $\boldsymbol{H}_{ij}^{\infty} = \boldsymbol{K}_j \boldsymbol{R}_{ij}^{\mathrm{T}} \boldsymbol{K}_i$，其中

$\boldsymbol{R}_{ij}=\boldsymbol{R}_i^{\mathrm{T}}\boldsymbol{R}_j$ 为图像 j 相对于图像 i 的转换矩阵。

在透视投影变换和仿射变换中，假设第一幅图像的摄像机矩阵 $\boldsymbol{P}_1=[\boldsymbol{I}_{3\times3}\,|\,\boldsymbol{0}_{3\times1}]$，$\boldsymbol{K}_i$ 未知，此时，对所有平面的单应变换为 $\boldsymbol{H}_{\boldsymbol{\Pi}1}\sim\boldsymbol{I}_{3\times3}$。第 i 幅图像的摄像机矩阵 $\boldsymbol{P}_i$ 分解为

$$\boldsymbol{P}_i=[\boldsymbol{H}_{1i}^{\boldsymbol{\Pi}_{\mathrm{ref}}}\,|\,\boldsymbol{e}_{1i}] \tag{7.17}$$

其中，$\boldsymbol{e}_{1i}$ 是第 i 幅图像的摄影中心投影到第 1 幅图像的位置，即极点。仿射变换下 $\boldsymbol{\Pi}_\infty=[0\ 0\ 0\ 1]^{\mathrm{T}}$，$\boldsymbol{P}_i=[\boldsymbol{H}_{1i}^{\infty}\,|\,\boldsymbol{e}_{1i}]$。因为 $\boldsymbol{m}_{\boldsymbol{\Pi}_i}=\boldsymbol{P}_i\boldsymbol{M}_{\boldsymbol{\Pi}}$，结合式（7.15）和式（7.17），得到

$$\boldsymbol{H}_{1i}^{\boldsymbol{\Pi}}=\boldsymbol{H}_{1i}^{\boldsymbol{\Pi}_{\mathrm{ref}}}-\boldsymbol{e}_{1i}\boldsymbol{\pi}^{\mathrm{T}} \tag{7.18}$$

式（7.18）给出了对所有可能的平面的单应变换的一种重要关系：单应变换可以仅仅取决于其中的项 $\boldsymbol{e}_{1i}[1-\boldsymbol{\pi}']^{\mathrm{T}}$，这意味着在透视投影情况下，在无穷远处的平面的单应变换最多有 3 个公共参数，即 $\boldsymbol{\pi}_\infty$ 在射影空间中的 3 个系数。

2．基础矩阵和图像单应矩阵之间的关系

单应矩阵 $\boldsymbol{H}_{ij}^{\boldsymbol{\Pi}}$ 和基础矩阵 $\boldsymbol{F}_{ij}$ 之间有着重要联系。假设 $\boldsymbol{m}_i$ 是图像 i 上的一点，那么 $\boldsymbol{m}_j\sim\boldsymbol{H}_{ij}^{\boldsymbol{\Pi}}\boldsymbol{m}_i$ 就是在平面 $\boldsymbol{\Pi}$ 上图像 j 中的对应点，因此就可以得到 $\boldsymbol{m}_j$ 位于对应极线上，并且有

$$(\boldsymbol{H}_{ij}^{\boldsymbol{\Pi}}\boldsymbol{m}_i)^{\mathrm{T}}\boldsymbol{F}_{ij}\boldsymbol{m}_i=\boldsymbol{0} \tag{7.19}$$

更进一步，式（7.19）对于图像 i 上的每一点都成立。因为基础矩阵将点映射到极线上，所以 $\boldsymbol{F}_{ij}\boldsymbol{m}_i\sim\boldsymbol{e}_{ij}\times\boldsymbol{m}_j$，式（7.19）等价于

$$\boldsymbol{m}_j^{\mathrm{T}}[\boldsymbol{e}_{ij}]_\times\boldsymbol{H}_{ij}^{\boldsymbol{\Pi}}\boldsymbol{m}_i=\boldsymbol{0} \tag{7.20}$$

将式（7.20）与 $\boldsymbol{m}_j^{\mathrm{T}}\boldsymbol{F}_{ij}\boldsymbol{m}_i=\boldsymbol{0}$ 相比较，在使用这些等式时必须保证图像上的点都落在对应的极线上，于是应符合下列关系

$$\boldsymbol{F}_{ij}\sim[\boldsymbol{e}_{ij}]_\times\boldsymbol{H}_{ij}^{\boldsymbol{\Pi}} \tag{7.21}$$

假设 $\boldsymbol{l}_j$ 是图像 j 上的一条线，$\boldsymbol{\Pi}$ 是 $\boldsymbol{l}_j$ 在空间中反投影得到的一个平面。如果 $\boldsymbol{m}_{\boldsymbol{\Pi}_i}$ 是这个图像中的一点投影到图像 i 的一点，那么在图像 j 中的匹配点一定要位于对应极线上（$\boldsymbol{F}_{ij}\boldsymbol{m}_{\boldsymbol{\Pi}_i}$）。由于这个点也位于 $\boldsymbol{l}_j$ 上，它的求解可以通过作两条线的唯一交点 $\boldsymbol{l}_j\times\boldsymbol{F}_{ij}\boldsymbol{m}_{\boldsymbol{\Pi}_i}$ 得到，因此，单应矩阵 $\boldsymbol{H}_{ij}^{\boldsymbol{\Pi}}$ 就等价于 $[\boldsymbol{l}_j]_\times\boldsymbol{F}_{ij}$。需要注意的是，由于平面 $\boldsymbol{\Pi}$ 在图像 j 上只是一条线，因此这个单应矩阵不是满秩的。为了让这条线不与极线重合，应让 $\boldsymbol{l}_j\sim\boldsymbol{e}_{ij}$，这样这条线就不会包含极点，因为 $\boldsymbol{e}_{ij}^{\mathrm{T}}\boldsymbol{e}_{ij}\neq\boldsymbol{0}$，所以和这个平面相关的单应矩阵为

$$\boldsymbol{H}_{ij}\sim[\boldsymbol{e}_{ij}]_\times\boldsymbol{F}_{ij} \tag{7.22}$$

将这个结果与式（7.17）和式（7.18）相结合，就可以总结出两个视角的摄像机矩阵

$$\begin{aligned}\boldsymbol{P}_1&=[\boldsymbol{I}_{3\times3}\,|\,\boldsymbol{0}_3]\\ \boldsymbol{P}_2&=[[\boldsymbol{e}_{12}]_\times\boldsymbol{F}_{12}-\boldsymbol{e}_{12}\boldsymbol{\pi}^{\mathrm{T}}\,|\,\boldsymbol{e}_{12}]\end{aligned} \tag{7.23}$$

这个结论对于后续的三维重建十分重要，它意味着两个视角中的摄像机摄影姿态可以通过基础矩阵 $\boldsymbol{F}$ 获得，而通过 7 对或更多的匹配点就能够计算出基础矩阵 $\boldsymbol{F}$。

式（7.23）有 4 个自由度，即平面 $\boldsymbol{\pi}$ 的 3 个系数以及 $\boldsymbol{F}_{12}$ 和 $\boldsymbol{e}_{12}$ 之间的一个任意比例。因

此，该式只能用于实例化一对新的图像位置姿态（场景的任意投影表示），而不能用于获取所有序列图像的摄像机矩阵。

7.2.2 求解二视图的基础矩阵

7.2.2.1 八点算法

1. 八点算法基础

重建二视图结构等价于求解基础矩阵 $\boldsymbol{F}$，由于 $\boldsymbol{F}$ 是一个 3×3 的矩阵，1 个比例因子是可调的，因此 $\boldsymbol{F}$ 的未知数是 8。Longuet-Higgins H. C. 在 1981 年提出了一种使用 8 组匹配点对的八点算法，通过建立 8 个观测方程的方法来获得基础矩阵 $\boldsymbol{F}$ 的唯一解。基础矩阵 $\boldsymbol{F}$ 和 1 组匹配点对可以建立一个最简单的关系方程

$$[uu' \quad vu' \quad u' \quad uv' \quad vv' \quad v' \quad u \quad v \quad 1]\boldsymbol{f} = \boldsymbol{0} \tag{7.24}$$

式中，$\boldsymbol{f} = [F_{11} \quad F_{12} \quad F_{13} \quad F_{21} \quad F_{22} \quad F_{23} \quad F_{31} \quad F_{32} \quad 1]^{\mathrm{T}}$ 为包含基础矩阵 $\boldsymbol{F}$ 元素的向量，$\boldsymbol{m} = [u \quad v \quad 1]^{\mathrm{T}}$ 和 $\boldsymbol{m}' = [u' \quad v' \quad 1]^{\mathrm{T}}$ 是像点坐标。通过将其中 8 个方程叠加到矩阵 $\boldsymbol{A}$ 中，可得到以下方程

$$\boldsymbol{Af} = \boldsymbol{0} \tag{7.25}$$

如果系数矩阵 $\boldsymbol{A}$ 的秩是 8，则 $\boldsymbol{f}$ 存在确定（非零）解，可以直接用线性算法计算。

很明显，当有更多的匹配点对可用时，可以使用冗余观测来最小化噪声的影响。八点算法的线性方程组可以很容易地扩展到更多的点。在这种情况下，每个匹配点对都能建立一行方程，式（7.25）中系数矩阵 $\boldsymbol{A}$ 的行数将大得多。此时，系数矩阵 $\boldsymbol{A}$ 的秩可能是 9，因为系数矩阵 $\boldsymbol{A}$ 是 $n \times 9$ 的矩阵，在这种情况下，最后一个奇异值不会完全等于零。

从更多的匹配点建立的方程组能够用奇异值分解（Singular Value Decomposition，SVD）求解。将 SVD 应用于 $\boldsymbol{A}$，对 $\boldsymbol{A} = \boldsymbol{USV}^{\mathrm{T}}$ 分解得到了 $\boldsymbol{U}$ 和 $\boldsymbol{V}$ 正交矩阵，$\boldsymbol{S}$ 是包含奇异值的对角矩阵。这些奇异值 σ_i 是正的，并且是递减的。$\boldsymbol{f}$ 的解就是系数矩阵 $\boldsymbol{A}$ 的最小奇异值对应的奇异向量，也就是 $\boldsymbol{V}$ 的最后一列是 $\boldsymbol{f}$ 的解。当 σ_9 被约束等于零时，$\boldsymbol{V}$ 的最后一列是正确的解（需要保证 8 个方程是线性无关的，这相当于保证其他奇异值都是非零的）。

对 SVD 的一种二维图示解释如图 7.6 所示。矩阵 $\boldsymbol{V}$ 的最后一列向量是解向量 $\boldsymbol{f}$ 在约束条件 $\|\boldsymbol{f}\| = 1$ 下取得的 $\|\boldsymbol{Af}\|$ 最小的解。SVD 的 $\boldsymbol{V}$ 的最后一列就是 $\boldsymbol{f}$ 的最小二乘解，即 $\boldsymbol{f} = \boldsymbol{V}_n$。然后，能够很容易地由解向量 $\boldsymbol{f}$ 重构基础矩阵 $\boldsymbol{F}$。

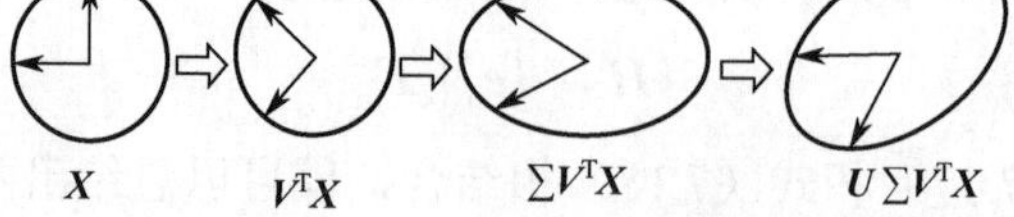

图 7.6 SVD 的二维图示解释

基础矩阵 $\boldsymbol{F}$ 有一个重要的特点就是奇异性，$\boldsymbol{F}$ 的秩是 2。但是在匹配结果有噪声的情况下，该矩阵不满足秩为 2 的约束。如果 $\boldsymbol{F}$ 是非奇异的，这意味着不存在所有极线都经过的真正的极点，但这些极线将覆盖形成一个小区域范围。对此，一种解决办法是在超定线性方程组的解中，找到一个解使矩阵满足最接近秩为 2，该矩阵作为 $\boldsymbol{F}$ 的近似解。

在使用 SVD 解得基础矩阵后，要增加一个奇异性约束（系数矩阵的秩小于 9），最简便的方法就是修正上述算法中求得的矩阵 $\boldsymbol{F}$。设最终的解为 $\boldsymbol{F}'$，在 $\det \boldsymbol{F}' = 0$ 条件下，最终的解是使得 Frobenius 范数（二范数）$\|\boldsymbol{F} - \boldsymbol{F}'\|$ 最小的 $\boldsymbol{F}'$。其求解过程是使用 SVD 处理 $\boldsymbol{F}$，将分解 $\boldsymbol{F} = \boldsymbol{UDV}^{\mathrm{T}}$，此时的对角矩阵 $\boldsymbol{D} = \mathrm{diag}(r,s,t)$，满足 $r \geqslant s \geqslant t$。用 0 代替 t，则 $\boldsymbol{F}' = \boldsymbol{U}\mathrm{diag}(r,s,0)\boldsymbol{V}^{\mathrm{T}}$。$\boldsymbol{F}'$ 是最小化范数 $\|\boldsymbol{F} - \boldsymbol{F}'\|$ 的解，即最终的解。

用八点算法求解二视图的基础矩阵有两个步骤：首先，建立线性方程 $\boldsymbol{Af} = \boldsymbol{0}$，由系数矩阵 $\boldsymbol{A}$ 的最小奇异值对应的奇异向量 $\boldsymbol{f}$ 求出初始线性解 $\boldsymbol{F}$；然后，根据奇异性约束，使 Frobenius 范数 $\|\boldsymbol{F} - \boldsymbol{F}'\|$ 取得最小值的 $\boldsymbol{F}'$ 作为最终的解。

八点算法的优点是容易实现，且线性求解的运行速度快；然而缺点也很明显，即该算法对噪声敏感。

2. 归一化八点算法

在实践中，对方程组进行归一化非常重要。系数矩阵 $\boldsymbol{A}$ 的元素是由图像的像素坐标计算而来的，数值变换区间相差多个数量级。这种情况下 SVD 极易受坐标值测量噪声的干扰，而使结果不稳定。

为了提高解的稳定性和精度，往往会对输入点集的坐标先进行归一化处理。例如，通过将图像的像素坐标转换到区间 $[-1,1]\times[-1,1]$，使得原点为质心，从而使矩阵 $\boldsymbol{A}$ 的所有元素都具有相同的数量级。归一化八点算法使用了各向同性，也就是使得各个点做缩放之后到坐标原点的均方根距离都等于 $\sqrt{2}$。

具体实现过程：求取所有特征点的像素坐标平均值，所有点的坐标值减去平均值，求各点到所有点的平均值的平均欧氏距离，将平均欧氏距离缩放为原来的 $\sqrt{2}$ 倍。

最后，根据归一化的像素坐标计算出基础矩阵 $\boldsymbol{F}^*$之后，还需要解除归一化，即用归一化计算的基础矩阵 $\boldsymbol{F}^*$求出实际图像的 $\boldsymbol{F}$，$\boldsymbol{F} = \boldsymbol{T}'^{\mathrm{T}}\boldsymbol{F}^*\boldsymbol{T}$，其中 $\boldsymbol{T}$ 和 $\boldsymbol{T}'$分别是对左、右图像像素坐标转换的归一化转换矩阵。

3. 非线性最小二乘算法

八点算法最小化的误差是一个代数误差，然而理想的最小化目标函数是一个几何意义上的标量。几何意义上可以采取的误差度量是点与外极线之间的距离 $D(\boldsymbol{m},\boldsymbol{l})$。假设每个特征点上的噪声都是独立的零均值高斯，所有点的标准差都相同，则以下形式的最小化会产生最大似然解

$$C(\boldsymbol{F}) = \sum[D(\boldsymbol{m}',\boldsymbol{Fm})^2 + D(\boldsymbol{m},\boldsymbol{F}^{\mathrm{T}}\boldsymbol{m}')^2] \tag{7.26}$$

其中，使用 $D(\boldsymbol{m},\boldsymbol{l})$ 表示点 $\boldsymbol{m}$ 和线 $\boldsymbol{l}$ 之间的正交距离。这一标准可以通过一种列文伯格–马奎特（Levenberg-Marquard，LM）算法最小化，通过非线性最小二乘算法得到的结果可用于初始化。

7.2.2.2　七点算法

实际上，二视图结构的基础矩阵 $\boldsymbol{F}$ 只有 7 个自由度。如果准备解非线性方程，那么七点算法就足够了，在这种情况下，必须在计算期间附加强制保证秩为 2 的约束条件。

采用与式（7.25）中类似的形式，使用 7 组匹配点对，构建右零空间形式的线性方程组。这个空间可以参数化为 $\boldsymbol{v}_1+\lambda\boldsymbol{v}_2$ 或 $\boldsymbol{F}_1+\lambda\boldsymbol{F}_2$，其中 $\boldsymbol{v}_1$ 和 $\boldsymbol{v}_2$ 分别是通过 SVD 获得的 $\boldsymbol{V}$ 的后

两列，$\boldsymbol{F}_1$ 和 $\boldsymbol{F}_2$ 是对应的矩阵。秩为 2 的约束条件的数学形式是

$$\det(\boldsymbol{F}_1+\lambda\boldsymbol{F}_2)=a_3\lambda^3+a_2\lambda^2+a_1\lambda+a_0=0 \tag{7.27}$$

式（7.27）是与λ相关的三次多项式，可以简单地用解析法求解，共有 1 个或 3 个真正的解。特殊情况下，$\boldsymbol{F}_1$ 很容易单独检查，即它应该满足秩为 2 的条件。如果图像中仅有 7 组匹配点对，当基础矩阵有 3 个解时，无法确认哪个解是真解；如果图像中有多余的匹配点对，可以选择满足 $\boldsymbol{Af}=\boldsymbol{0}$ 的匹配点对数量最大的解为最后的输出。

7.2.2.3　鲁棒算法

上述方法的问题是它们不能检测处理异常的点对应。如果匹配点集被少量异常值（Outlier）污染，结果可能是完全失败的。异常值的破坏性干扰对于所有类型的最小二乘算法，甚至是非线性方法，都是普遍存在的。二阶类型的误差函数对于包含高斯类型噪声的观测是理想的。问题是如果有一个异常值远离真实情况，此时不满足高斯噪声条件，求解的结果会完全偏离实际值。

1. 随机采样一致性检验

Fischler M. A. 和 Bolles R. C. 提出了解决以上问题的算法，该算法被称为随机采样一致性检验（Random Sample Consensus，RANSAC）算法，可以被应用于多种场合的异常值检测问题。

RANSAC 算法的基本思想如下。首先，从整体数据集中随机抽取获得一个观测样本子集，然后，利用子集数据根据参数求解方程计算出一个模型的解。如果采样的子集中没有异常值，那么该组参数解将是正确的，并且能够正确地将所有数据分为正常值（Inlier）和异常值（Outlier）。然而，并不能保证随机采样的这组点集总是不包含异常值的。所以，操作中重复地进行随机抽取子集这个过程，每次使用子集进行模型求解和正常值误差判别，当绝大多数的值满足判别准则时，认为得到正确的解。正确的解被确定为具有最多观测数据支持的解，即观测数据对模型的复核个数最大。

将 RANSAC 算法运用到基础矩阵 $\boldsymbol{F}$ 的求解工作中，可以设匹配点与外极线的距离不超过一定的像素距离阈值（如 1.96σ像素），则将其视为可用的匹配点输入，其中σ表示特征位置上的噪声量。实际上，σ很难估计，实践中可以将其设置为 0.5 像素或 1 像素。

另一个问题是需要进行多少次重复采样。在理想情况下，可以尝试每个可能的子集，但这通常在计算上是不可行的。因此，我们采取足够大的样本数 k，以给出一个概率 $\varGamma$ 超过 95%的条件选出一个好的子样本。这个概率的表达式是

$$\varGamma=1-[1-(1-\epsilon)^p]^k \tag{7.28}$$

式中，ϵ为异常值的概率，p 为每个样本的观测量。在求基础矩阵 $\boldsymbol{F}$ 的情况下，根据七点算法的要求，有 p=7。表 7.1 给出了一些ϵ值所需的样本数。用该算法可以很容易地处理异常值高达 50%的情形。高于 50%时，需要的样本数会变得非常大。

表 7.1　对于给定的离群观测的比例分数，确保 $\varGamma\geqslant 95\%$ 所需的七点算法的样本数

ϵ	5%	10%	20%	30%	40%	50%	60%	70%	80%
样本数	3	5	13	35	106	382	1827	13692	233963

一种方法是先确定算法应处理的异常值干扰程度，然后相应地设置样本数（例如，处理高达 50%的异常值意味着 382 次采集样本）。实际上，观测数据中的异常值比例通常比较小，即使在使用少量采集样本时，也可以快速迭代找到正确的解。

一旦匹配点对集合中的正常值和异常值被正确区分开，下一步就可以使用所有正常值来优化模型的解。下面总结了二视图的对极几何求解过程。

（1）在两幅图像上分别使用特征提取算法提取特征点，并且对两幅图像的特征点进行特征匹配，获得初始匹配点对；

（2）从所有的匹配点对中，随机采样选取 7 组匹配点对，根据 7 组匹配点对计算一个基础矩阵 $\boldsymbol{F}$，并统计能够满足 $\boldsymbol{F}$ 的正常值（Inlier）个数；

（3）统计 Inlier 的比例，如果满足式（7.28）中的 $\Gamma > 95\%$，则继续下一步；否则，跳回第（2）步；

（4）使用所有的 Inlier，重新计算一个优化的 $\boldsymbol{F}$；

（5）根据 $\boldsymbol{F}$ 寻找新的匹配点对；

（6）再一次使用所有的匹配点对优化 $\boldsymbol{F}$。

计算出了 $\boldsymbol{F}$ 就等于求出了对极几何关系，它可以用于引导匹配算法找到更多的匹配。之后寻找匹配点时，目标图像上的点只有落在极线上，才会被考虑是否是匹配点。对于参考图像中的一个特征点，只考虑在目标图像的对应极线周围的一个小跨度（1 像素或 2 像素）内寻找特征点进行匹配。也就是说，将图像特征匹配从二维空间搜索限制成了沿着极线方向的一维搜索，由此提高了匹配效率。

除 RANSAC 算法外，与之类似的还有一个最小平方中值（Least Median of Squares，LMS）估计算法。RANSAC 算法是用符合拟合阈值的点的个数来进行计分的，LMS 估计算法是根据数据中所有点的距离中值进行计分的。LMS 的优点是不需要有阈值和误差方差的先验知识；其缺点是如果离群值外点的数量比例大于 50%，则算法会直接失败，因为中值的数据点就是一个异常值。

2. RANSAC 举例

使用鲁棒算法能够根据两幅图像的像点特征对应，求解二视图的基础矩阵 $\boldsymbol{F}$。根据 RANSAC 算法剔除误匹配可以有效改善 $\boldsymbol{F}$ 的求解效率和精度。图 7.7 给出了一组检验 RANSAC 算法的实验图，图片内容为北京市密云区古北水镇景区的复古建筑照片，两幅图像分别为在进行 RANSAC 验证前、后的特征匹配对应结果。图 7.7（a）是验证前的基于特征空间相似性度量函数获得的特征匹配对应结果，可以看出其中存在一定量的误匹配结果。图 7.7（b）是经过 RANSAC 验证后获得的特征匹配对应结果，可以观察到消除误匹配的特征匹配对应结果更加符合实际情况，图中没有了错乱的相互交叉的匹配连接线。

两个视图射影几何的计算要求匹配点对所对应的内容是在三维场景中的，并且运动不仅仅是纯旋转。如果观察到的三维场景只覆盖一个平面区域，则基础矩阵最多确定 3 个自由度。当摄像机的运动是纯旋转时也是如此。只有一个摄影中心，是不能观测到深度信息的。在没有噪声的情况下，对这些退化情况的检测不会太困难。但实际采集的数据是存在噪声的，方程中剩余的自由度是由噪声决定的，此时估计退化问题就显得更加困难。

Torr P. 等人提出了这个问题的解决方法。基于对 Akaike 信息准则的扩展，在多个视觉几何模型（如基础矩阵、单应矩阵等）中选择最优模型，避免过拟合，并在退化情况下保持鲁棒性。具体而言，通过计算基础矩阵（对应三维场景变换）、一般单应矩阵（三维场景是一个平面）、旋转诱导的单应矩阵（摄像机仅旋转而无平移），而选择残差最小的模型。Akaike 信息准则包括考虑额外自由度（当数据结构不需要时，最终拟合噪声）对预期剩余量的影响，归根结底就是对模型自由度函数中的观测残差加上一个惩罚项，这使得不同模型之间的公平比较是可行的。

(a) 基于特征空间相似性度量函数获得的特征匹配对应结果

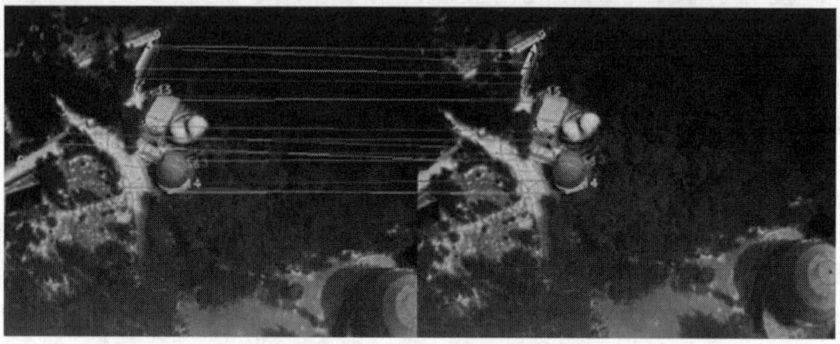

(b) 经过RANSAC后获得的特征匹配对应结果

图 7.7 在进行 RANSAC 验证前、后的特征匹配对应结果

7.2.3 三视图和四视图几何计算

可以用与之前介绍的二视图几何计算类似的方式确定三视图或四视图几何。由于满足三视图或四视图几何的结构点肯定也会满足二视图几何，因此可以采用级联的方式进行匹配。首先从连贯的两两视图中估计二视图几何的结构，然后通过比较两组连续的成对匹配，推导出三重匹配。再对这些三联体使用鲁棒方法处理，只需要 6 个三重匹配点，就能够确定三视图几何的结构。对于四视图几何的情况，也可以使用类似的方法。

7.3 摄像机位置姿态和场景结构恢复

在本节中，视图之间的关系和特征匹配关系将用于重建场景的结构和摄像机的位置姿态（简称位姿），这一系列过程称为由运动恢复结构（Structure from Motion，SfM）。

首先选取两幅图像，建立初始重建帧；然后在此帧中确定其他视图的摄像机的位置姿态，每次添加其他视图都会对初始重建结果进行扩展和调整优化，这样，也能对那些与参考视图没有共同特征的视图进行姿态估计。通常，一幅视图只会与序列图像中的前一幅视图进行匹配。在大多数情况下，这样做是没问题的，但在某些情况下，如当摄像机前后移动时，将新视图与许多其他视图关联起来就很不一样。一旦确定了整个序列的结构和位置姿态，就可以通过摄影光束法平差（Bundle Adjustment，BA）来调整结果。然后通过自校正将模糊度限制到物理尺度。最后，使用整体光束法平差得到结构和位置姿态的最优估计。

7.3.1　初始化图像位置姿态和场景结构

第一步是选择两个适合初始化结构和位置姿态的视图。一方面，这一对视图之间要有足够的匹配特征；另一方面，视图之间不应太靠近，避免退化，以使初始重建结构的效果较为理想。第一个条件很容易验证，第二个条件在未标定摄像机的情况下很难验证。对此使用基于图像距离的准则验证，这个距离是平面单应变换的点与目标图像中对应点之间的中间距离的均值，有

$$\text{median}\{D(\boldsymbol{Hm}_i,\boldsymbol{m}_i')\} \tag{7.29}$$

根据两幅视图之间的匹配，可以确定平面单应矩阵 $\boldsymbol{H}$ 如下

$$\boldsymbol{H}=[\boldsymbol{e}]_\times\boldsymbol{F}+\boldsymbol{e}\boldsymbol{a}_{\min}^{\mathrm{T}} \tag{7.30}$$

其中

$$\boldsymbol{a}_{\min}=\arg\min_{\boldsymbol{a}}\sum_i D(([\boldsymbol{e}]_\times\boldsymbol{F}+\boldsymbol{e}\boldsymbol{a}^{\mathrm{T}})\boldsymbol{m}_i,\boldsymbol{m}_i')^2$$

实际上，初始视图的选择可以通过最大化匹配数与前面定义的基于图像的距离的乘积来完成。当在稀疏视图之间匹配特征时，可以选择连续帧作为初始重建视图对。然而，当在视频序列上跟踪特征时，视频序列具有很高的冗余度，选择序列中前后间隔一定时间的视图就很有必要。

已知一对摄像机矩阵 $\boldsymbol{P}_1$ 和 $\boldsymbol{P}_2$，能够唯一确定基础矩阵 $\boldsymbol{F}_{12}$，但反过来不成立。由基础矩阵来确定摄像机矩阵最好的情况也要相差一个右乘 3D 射影矩阵。在相差一个射影变换的意义下，摄像机矩阵可以由基础矩阵确定。

三维重建的结构和位置姿态是需要依附一套坐标系定义来表达的。通常，参与初始化的两幅视图图像确定了参考坐标系，让世界坐标系与第一幅图像的像空间坐标系相同。选择第二个摄像机是为了得到极线校正的对应关系 $\boldsymbol{F}_{12}$。

对应于基础矩阵 $\boldsymbol{F}_{12}$，一对规范形式的摄像机矩阵如式（7.31）所示。第一幅图像和第二幅图像在世界坐标系下的旋转矩阵和位置矩阵组成的位置姿态分别为

$$\begin{cases}\boldsymbol{P}_1=[\boldsymbol{I}_{3\times3}\,|\,\boldsymbol{0}_3]\\ \boldsymbol{P}_2=[[\boldsymbol{e}_{12}]_\times\boldsymbol{F}_{12}+\boldsymbol{e}_{12}\boldsymbol{a}^{\mathrm{T}}|\lambda\boldsymbol{e}_{12}]\end{cases} \tag{7.31}$$

式（7.31）并非完全由对极几何（$\boldsymbol{F}_{12}$ 和 $\boldsymbol{e}_{12}$）决定，同时还包含 4 个自由度，即 $\boldsymbol{a}$ 和 λ。$\boldsymbol{a}$ 确定参考平面的位置，它是仿射层或度量层中无穷远的平面。对于本节提出的重建结构和位置姿态的方法，$\boldsymbol{a}$ 可以任意设定，例如 $\boldsymbol{a}=[0\ 0\ 0]^{\mathrm{T}}$。$\lambda$确定了结构重建的全局比例，可以简单地设置参数$\lambda$为 1，或者可以将两个初始视图之间的基线的尺度设置为 1。设置 $\boldsymbol{a}$ 的参数用于确定准欧氏坐标系的方法，这种方法可以避免出现过大的射影畸变。这一内容是必要的，因为不是算法的所有部分都严格满足透视投影关系。

7.3.2 由本质矩阵提取摄像机矩阵

本质矩阵 $\boldsymbol{E}$ 可以通过归一化的像空间坐标由式（7.10）计算或者通过基础矩阵使用式（7.11）求解得到。一旦本质矩阵 $\boldsymbol{E}$ 已知，就可以从 $\boldsymbol{E}$ 中提取出摄像机矩阵。从本质矩阵 $\boldsymbol{E}$ 中提取的摄像机矩阵，除无法确定总体尺度外，可以获得 4 个可能的解。

一个非零矩阵 $\boldsymbol{E}$ 是本质矩阵，需要满足的充要条件是：当 $\boldsymbol{E}=\boldsymbol{U\Sigma V}^{\mathrm{T}}$ 分解时，$\boldsymbol{\Sigma}=\mathrm{diag}(\sigma_1,\sigma_2,\sigma_3)$，需要满足 $\sigma_1=\sigma_2\neq 0$ 且 $\sigma_3=0$，且 $\boldsymbol{U},\boldsymbol{V}\in \mathrm{SO}(3)$。

设第一幅图像的矩阵为 $\boldsymbol{P}_1=[\boldsymbol{I}/\boldsymbol{0}]$，第二幅图像的矩阵为 $\boldsymbol{P}_2=[\boldsymbol{R}/\boldsymbol{t}]$。求解的过程需要将本质矩阵 $\boldsymbol{E}$ 分解为一个反对称矩阵 $\boldsymbol{S}$（等同 $[\boldsymbol{t}]_\times$）和一个旋转矩阵 $\boldsymbol{R}$ 的乘积，即 $\boldsymbol{E}=\boldsymbol{SR}$。引入两个临时的矩阵

$$\boldsymbol{W}=\begin{bmatrix}0&-1&0\\1&0&0\\0&0&1\end{bmatrix},\boldsymbol{Z}=\begin{bmatrix}0&1&0\\-1&0&0\\0&0&0\end{bmatrix}\tag{7.32}$$

明显可知，$\boldsymbol{W}$ 是正交矩阵，$\boldsymbol{Z}$ 是反对称矩阵。根据线性代数知识可知，反对称矩阵 $\boldsymbol{S}$ 可以分解为 $k\boldsymbol{UZU}^{\mathrm{T}}$ 的形式（由于具有尺度任意性，乘以比例因子 k 后的 $k\boldsymbol{S}$ 与 $\boldsymbol{S}$ 是等价的），其中 $\boldsymbol{U}$ 为正交矩阵。在符号不定的情况下，$\boldsymbol{Z}=\mathrm{diag}(1,1,0)\boldsymbol{W}$。在尺度不定的情况下，$\boldsymbol{S}=\boldsymbol{U}\mathrm{diag}(1,1,0)\boldsymbol{WU}^{\mathrm{T}}$，进而可知

$$\boldsymbol{E}=\boldsymbol{SR}=\boldsymbol{U}\,\mathrm{diag}(1,1,0)(\boldsymbol{WU}^{\mathrm{T}}\boldsymbol{R})\tag{7.33}$$

这是对 $\boldsymbol{E}$ 的奇异值分解，按照必要条件有两个相等的奇异值。相反，具有两个相等奇异值的矩阵可以分解为 $\boldsymbol{SR}$ 的形式。因为 $\boldsymbol{E}$ 的两个奇异值是相等的，所以奇异值分解不是唯一的，事实上有一个单参数的奇异值分解族。

$\boldsymbol{S}$ 的形式表现在它的左零空间与 $\boldsymbol{E}$ 的左零空间相同，所以有 $\boldsymbol{S}=\boldsymbol{UZU}^{\mathrm{T}}$。旋转矩阵可以写为 $\boldsymbol{R}=\boldsymbol{UXV}^{\mathrm{T}}$，其中 $\boldsymbol{X}$ 是某个旋转矩阵，有

$$\boldsymbol{U}\mathrm{diag}(1,1,0)\boldsymbol{V}^{\mathrm{T}}=\boldsymbol{E}=\boldsymbol{SR}=(\boldsymbol{UZU}^{\mathrm{T}})(\boldsymbol{UXV}^{\mathrm{T}})\tag{7.34}$$

所以，$\boldsymbol{U}\mathrm{diag}(1,1,0)\boldsymbol{V}^{\mathrm{T}}=\boldsymbol{U}(\boldsymbol{ZX})\boldsymbol{V}^{\mathrm{T}}$，$\boldsymbol{ZX}=\mathrm{diag}(1,1,0)$。又因为 $\boldsymbol{X}$ 是某个旋转矩阵，根据要求，有 $\boldsymbol{X}=\boldsymbol{W}$ 或者 $\boldsymbol{X}=\boldsymbol{W}^{\mathrm{T}}$ 的形式。

设 $\boldsymbol{E}$ 的 SVD 为 $\boldsymbol{U}\,\mathrm{diag}(1,1,0)\boldsymbol{V}^{\mathrm{T}}$，则

$$\begin{cases}\boldsymbol{S}=[\boldsymbol{t}]_\times=\boldsymbol{UZU}^{\mathrm{T}}\\ \boldsymbol{R}=\boldsymbol{UWV}^{\mathrm{T}}\ \text{或}\ \boldsymbol{UW}^{\mathrm{T}}\boldsymbol{V}^{\mathrm{T}}\\ \boldsymbol{t}=\boldsymbol{U}(0\ 0\ 1)^{\mathrm{T}}=\boldsymbol{u}_3\end{cases}\tag{7.35}$$

此时会有 4 个可能的摄像机矩阵，即

$$\begin{cases}\boldsymbol{P}'=[\boldsymbol{UWV}^{\mathrm{T}}\mid +\boldsymbol{u}_3]\\ \boldsymbol{P}'=[\boldsymbol{UWV}^{\mathrm{T}}\mid -\boldsymbol{u}_3]\\ \boldsymbol{P}'=[\boldsymbol{UW}^{\mathrm{T}}\boldsymbol{V}^{\mathrm{T}}\mid +\boldsymbol{u}_3]\\ \boldsymbol{P}'=[\boldsymbol{UW}^{\mathrm{T}}\boldsymbol{V}^{\mathrm{T}}\mid -\boldsymbol{u}_3]\end{cases}\tag{7.36}$$

很明显，前两个解之间的区别仅仅是从第一幅图像到第二幅图像的平移向量的方向相

反。第 3 个解和第 1 个解的区别是，围绕连接两个摄影中心的基线旋转 180°，这两个解的关系是一种扭曲的相关。关于 4 种可能的摄像机矩阵的关系在图 7.8 中给出，其中只有一个解能够满足重建点位于两个摄像机的前方，即只有一个可靠解。因此，在实践中只需用一个点来测试，从而确定它是否在两个摄像机的前方，足以确定摄像机矩阵 $\boldsymbol{P}$ 是 4 个不同解中的哪个。

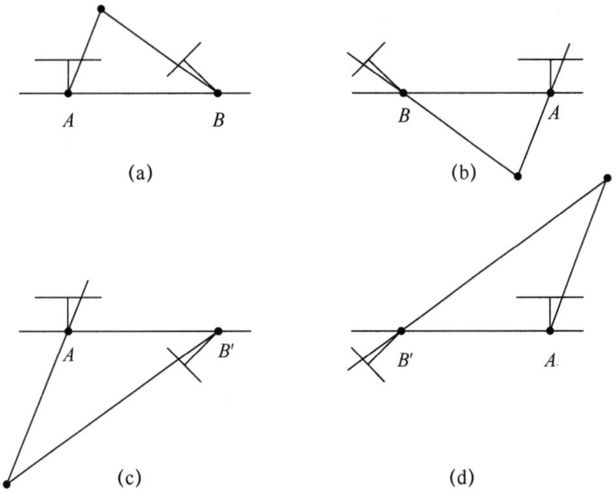

图 7.8　使用本质矩阵求解的 4 个可能的摄像机矩阵的解

在两个摄像机矩阵完全确定后，就可以通过三角测量方法（见图 7.9），即前方交会，对匹配点进行三维空间点的坐标计算，获得场景结构的初始化。从两幅视图计算场景结构的重建的步骤如下：

（1）在两幅图像上分别提取特征点并进行匹配，得到匹配对应的点对集合；

（2）按照 7.2.2 节的步骤计算基础矩阵 $\boldsymbol{F}$，并由它计算出初始化的两幅图像的摄像机矩阵 $\boldsymbol{P}$；

（3）对两幅图像之间的每一组点对应使用三角测量方法重建出它们对应的三维空间点的三维坐标。

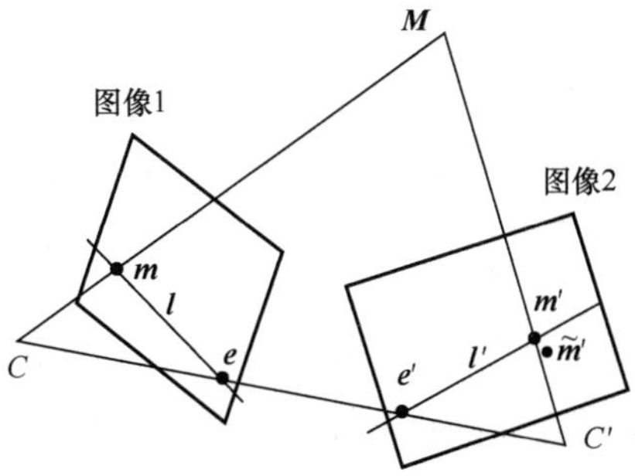

图 7.9　用三角测量方法计算三维空间点

在实践中上述步骤会有一些变化。例如，如果摄像机已经被离线标定获得内参数矩阵 $\boldsymbol{K}$，那么就会使用本质矩阵 $\boldsymbol{E}$ 而不是基础矩阵 $\boldsymbol{F}$ 提取摄像机矩阵 $\boldsymbol{P}$。此外，还可以使用关于摄像机的运动、场景约束或部分摄像机标定内参数的信息来获得重构的优化。

受噪声的影响，两幅图像上从光心发出连接图像点的视线，并不能保证准确地相交于三维空间中的一点。在没有做标定的情况下，应该在图像中进行最小化误差来优化参数，而不是在投影三维空间中进行最小化误差优化。因此，三维点 $\boldsymbol{M}$ 的重投影点与图像点之间的距离最小化目标函数为

$$D(\boldsymbol{m}_1, \boldsymbol{P}_1\boldsymbol{M})^2 + D(\boldsymbol{m}_2, \boldsymbol{P}_2\boldsymbol{M})^2 \tag{7.37}$$

Hartley R. 和 Sturm P. 指出，选出重建点的极平面十分必要。一旦确定了这个极平面，从极平面上选择最佳点就很简单了。一束极平面只有一个参数，因此问题的维数就从三维降到一维。最小化式（7.37）就等价于最小化

$$D(\boldsymbol{m}_1, \boldsymbol{l}_1(\infty))^2 + D(\boldsymbol{m}_2, \boldsymbol{l}_2(\infty))^2 \tag{7.38}$$

其中，$\boldsymbol{l}_1(\infty)$ 和 $\boldsymbol{l}_2(\infty)$ 描述的是极平面束得到的极线。在图像中，在 $\boldsymbol{l}_2(\infty)$ 上最靠近 $\tilde{\boldsymbol{m}}'$ 的点会被选中。由于这些点是在极线中对应的，因此它们的视线会在三维空间中相交于一点。

7.3.3 更新结构和位置姿态

7.3.2 节讨论了从两幅图像中获取初始重建结果的方法，本节继续讨论如何向现有重建结果中添加新的图像视图。首先确定新添加的图像的位置姿态，然后根据添加的图像视图更新重建结构，最后优化新的重建点。

对于每幅新添加的图像视图，首先确定它在现有重建结构中的位置姿态，然后更新重建结构，如图 7.10 所示。

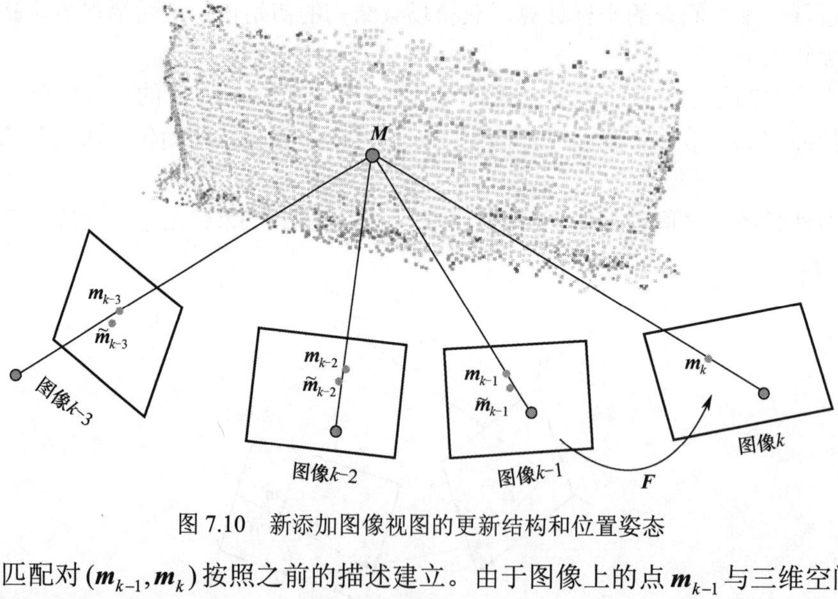

图 7.10　新添加图像视图的更新结构和位置姿态

图像匹配对 $(\boldsymbol{m}_{k-1}, \boldsymbol{m}_k)$ 按照之前的描述建立。由于图像上的点 $\boldsymbol{m}_{k-1}$ 与三维空间点 $\boldsymbol{M}$ 相关联，图像 k 的姿态就可以用多组 $(\boldsymbol{M}, \boldsymbol{m}_i)$ 这样的“三维−二维”匹配关系计算出来。

首先，用重建对极几何的方法，将第 k 帧图像与前面相连的图像进行关联。然后，利用已重建的三维点与前面图像视图上的点的匹配对应关系，推导当前帧图像的二维到三维的对应关系。在此基础上，使用与 7.2.2.3 节类似的鲁棒算法计算摄像机矩阵 $\boldsymbol{P}_k$，在这种情

况下，至少需要 6 组匹配点对来计算 $\boldsymbol{P}_k$。如果一个三维重建点对于所有视图（包括新视图）的所有重投影误差都小于一个阈值，就可以将这个点当作内部点。一旦确定了 $\boldsymbol{P}_k$，就可以将之前重建的三维点投影到当前帧图像上，这样可以找到一些新增的匹配点来优化 $\boldsymbol{P}_k$ 的估计值。这一过程意味着逐渐地将搜索范围由整幅图像限制到了极线上，以找到三维点在图像上的投影点。

上述的处理流程只会将图像与前一幅图像关联。这里隐含了一个假设，即一旦一个点没有出现在新的图像视图中，它之后就不会再进行匹配处理。尽管许多序列图像存在这样的情况，但这种假设并不总是成立的，比如拍摄的路径存在一些往返点，这些点会再次出现。如果没有一种处理机制，能将更早前和之后的跨越多帧的图像建立关联，那么这些往返出现的点可能会被计算为一个新的三维点，实际上这些点已经被之前的匹配关系计算过一次。

如果需要解决这样的问题，就需要进行闭环检测（Loop Closing）。如果不考虑闭环检测，当摄像机在场景中做往复运动时，随着序列图像的增加，误差会不断累积，从而导致三维重建的结果不佳。闭环检测不但是提高三维重建精度的必要工作，而且是机器视觉同步定位与建图（Simultaneous Localization And Mapping，SLAM）技术中的一项核心研究内容。

7.3.4　PnP 问题

PnP（Perspective-n-Point）问题要解决的是，给定世界坐标系下的三维点的三维坐标和与之对应图像的像素坐标以及摄像机的内参数矩阵，求解摄像机的位置姿态，如图 7.11 所示。PnP 算法的本质与摄影测量学中的单像空间后方交会是一致的，可以使用直接线性变换（Direct Linear Transform，DLT）法进行问题求解。单像空间后方交会以单幅图像为基础，在假设摄像机的内参数抑制的情况下，从该图像所覆盖的场景范围内若干已知三维坐标的控制点和对应的图像坐标测量值出发，根据共线条件方程线性化，迭代求解图像在摄影时刻的外方位元素。

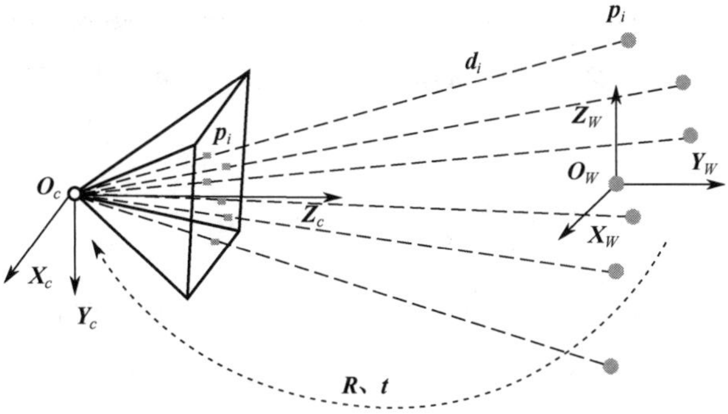

图 7.11　PnP 问题

在 DLT 法中，由于每对像点和三维空间点对应可列出 2 个方程，因此若有 3 个已知控制点，则可列出 6 个方程，求解 6 个外方位元素的改正数。实际应用中为了提高解算精度，常有多余的观测方程，通常是在图像上均匀地选择多个已知三维坐标的控制点的像点，使用最小二乘平差方法进行计算。

实际上，关联三组不共线的三维点和图像点就可以恢复图像的姿态，称为透视三点（Perspective-3-Point，P3P）问题。直接线性变换法只考虑了线性变换意义下的最优解，没有考虑点的几何约束。而 P3P 考虑了三角形形状约束，给出三角形形状约束意义下的最优解，所以 PnP 问题实际上是 P3P 问题的扩展。

7.4 光束法平差

7.4.1 光束法平差模型

在光束法平差（Bundle Adjustment，BA）算法中，光束是指三维空间点、摄影中心和像点构成三点共线的光束，所以把三维点、图像位置姿态和像点整体优化的方法称为光束法。图像匹配后进行三维坐标计算的过程易受各种干扰的影响，重建的三维空间点在反向投影时会出现偏差，并且在测量过程中受测量仪器精度以及人为因素等外在条件的影响，总存在测量偏差，因此处理误差问题尤为重要，观测值个数通常要大于确定未知量的必要观测个数，即存在多余观测。多余观测间有差异，测量平差的目的就是消除这些偏差从而得到最可靠的结果并对测量的成果进行精度评价。

摄像机拍照的时候，三维空间点投影到图像上是实际投影。根据图像的内参数、外参数和像平面点的匹配信息，可以用三角测量方法重建三维空间点坐标。将重建得到的三维空间点按照图像的摄像机矩阵进行再次虚拟投影，会得到在图像上的第二次投影的像素坐标，即重投影。受各方面参数精度的影响，真实的物方三维空间点在图像平面上的投影（观测量）和重投影（计算得到的估计量）存在差值，这一差值为重投影误差。从根本上讲，多数 BA 算法都是最小化重投影误差的一种优化算法。

图 7.12 表示了一个简单的 SfM 光束法平差中的空间点和像平面点的对应关系。光束法平差以一个投影光束作为平差计算的基本单元，将透视投影的成像方程作为数学模型的基本方程。在二维像平面上的一个像点观测量 $\boldsymbol{m}_{ij}$ 表示在第 j 幅图像上的第 i 个观测点，它关联第 j 幅图像的摄像机矩阵 $\boldsymbol{P}_j$， $\boldsymbol{P}_j = \boldsymbol{K}[\boldsymbol{R}_j|\boldsymbol{t}_j]$。最终，光束法平差的目标函数是最小化同名点的重投影误差和，即

$$\min_{\boldsymbol{P}_j,\boldsymbol{M}_i}\sum_{i}^{n}\sum_{j}^{m}\|\boldsymbol{m}_{ij}-f(\boldsymbol{P}_j,\boldsymbol{M}_i)\| \tag{7.39}$$

式中，$f(\boldsymbol{P}_j,\boldsymbol{M}_i)$ 为观测量第 i 个观测点 $\boldsymbol{M}_i$ 在第 j 幅图像的摄像机矩阵 $\boldsymbol{P}_j$ 的成像，它是一个非线性表达式，模型中的 m 和 n 分别表示图像个数和观测点个数。$f(\boldsymbol{P}_j,\boldsymbol{M}_i)$ 除了包含世界坐标系下的三维点和图像的位置姿态，还包含摄像机的内参数，因此，可以将图像的内参数、外参数纳入一个误差方程，进行成像模型的整体优化求解。就主体而言，求解过程首先需要将目标函数线性化，然后根据初始值进行迭代优化计算，直到待求参数收敛。

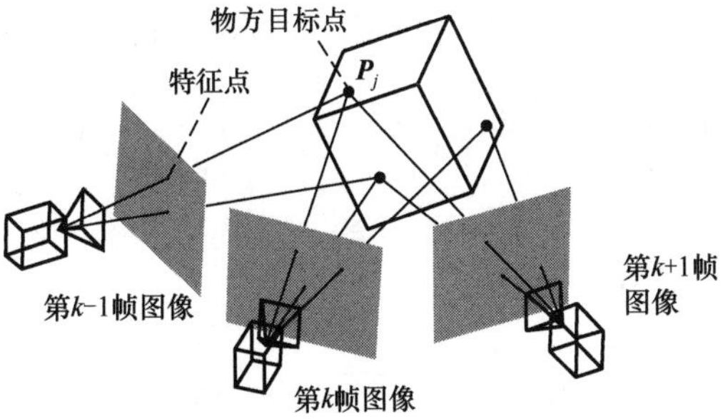

图 7.12　空间点和像平面点的对应关系

表示估计精度的常见度量是使用均方根误差（Root Mean Square Error，RMSE），其以像素为单位测量，定义为

$$\mathrm{RMSE}(\boldsymbol{P},\boldsymbol{M})=\sqrt{\frac{\sum_{i}^{n}\sum_{j}^{m}\|\boldsymbol{m}_{ij}-f(\boldsymbol{P}_j,\boldsymbol{M}_i)\|}{N}} \tag{7.40}$$

式中，N 为式（7.39）中要参与求和的所有残差项的数目。通常，在光束法平差调整前的典型 RMSE 值为几像素，而调整后的值可以达到亚像素。

光束法平差调整算法的框架允许使多种不同类型的传感器与基于图像的 SfM 技术在一个原则性的优化框架中相结合。比如，使用全球导航卫星系统（Global Navigation Satellite System，GNSS）和惯性测量单元（Inertial Measurement Unit，IMU）估计载体的位置姿态，来提升三维重建的精度。将异源设备采集的数据约束与 SfM 约束融合的一种简单方法是在式（7.39）中添加额外的项来惩罚 $\boldsymbol{P}_j$ 与 GNSS 和 IMU 信号的预测摄像机模型参数的偏差。

7.4.2　最小二乘原理

最小二乘（Least Squares，LS）法是对过拟合模型的一种最优解估计方法，也是应用最为广泛的一种凸优化求解方法。过拟合的情形也可以称为超定系统（Overdetermined System）。在一组包含未知数的方程组中，如果方程的数量大于未知数的数量，那么这个系统就是一个超定系统。超定方程组一般是没有解析解的，只能求近似解。最小二乘法就是求超定方程组近似解的一种方法。在高斯白噪声的假设条件下，最小二乘解等价于极大似然估计解。

假设，给定了 n 组独立状态变量 $\boldsymbol{x}=[x_1\ x_2\ \cdots\ x_n]^{\mathrm{T}}$ 和对应的观测量 $\boldsymbol{y}=[y_1\ y_2\ \cdots\ y_n]^{\mathrm{T}}$，最终目标是计算一组未知的模型参数 $\boldsymbol{P}=[p_1\ p_2\ \cdots\ p_m]^{\mathrm{T}}$，使得求解模型 $f(\boldsymbol{x}:\boldsymbol{P})$ 能最优拟合观测量 $\boldsymbol{y}$，把模型的计算残差项记为 $\eta_i=y_i-f(x_i:\boldsymbol{P})$。

残差的概率满足高斯分布，即

$$P(\boldsymbol{P}\mid \boldsymbol{y})=P(\boldsymbol{\eta})=\frac{1}{\sqrt{(2\pi)^n|\boldsymbol{Q}|}}\exp\left(-\frac{1}{2}\boldsymbol{\eta}^{\mathrm{T}}\boldsymbol{Q}^{-1}\boldsymbol{\eta}\right) \tag{7.41}$$

式中，$\boldsymbol{Q}$ 为残差矩阵的协方差矩阵，等权估计条件下 $\boldsymbol{Q}$ 以单位矩阵取代。最大化求解参数 $\boldsymbol{P}$ 的后验概率 $P(\boldsymbol{P}\mid \boldsymbol{y})$，对式（7.41）等号两边取对数并求偏导。令偏导数等于 0，对最大

化后验概率问题就推导出了最小二乘求解形式，即转化为最小化公式

$$\min\left(\frac{1}{2}\boldsymbol{\eta}^{\mathrm{T}}\boldsymbol{\eta}\right)=\min\left(\frac{1}{2}(\boldsymbol{y}-f(\boldsymbol{x}:\boldsymbol{P}))^{\mathrm{T}}(\boldsymbol{y}-f(\boldsymbol{x}:\boldsymbol{P}))\right) \tag{7.42}$$

由于这样一个系统通常没有准确的解析解，LS 法通过最小化误差平方和可得到最接近绝对解的解，目标能量函数为

$$\min E_{\mathrm{LS}}=\min\frac{1}{2}\sum_{i=1}^{n}\| y_i-f(x_i:\boldsymbol{P})\|_2^2 \tag{7.43}$$

7.4.3 高斯-牛顿算法

在非线性最小二乘法中，高斯-牛顿（Gauss-Newton，GN）算法具有收敛速度快的特点，因此被广泛应用。

设模型参数向量为 $\boldsymbol{P}\in\mathbb{R}^M$，观测量表示为 $\boldsymbol{y}\in\mathbb{R}^N$，估计量为 $\hat{\boldsymbol{y}}=f(\boldsymbol{x}:\boldsymbol{P})\in\mathbb{R}^N$，估计量的残差为 $\boldsymbol{\eta}=\boldsymbol{y}-\hat{\boldsymbol{y}}$，初始参数估计值为 $\boldsymbol{P}_0$，求解的最终目标是找到能够满足 $\min E_{\mathrm{LS}}=\frac{1}{2}\boldsymbol{\eta}^{\mathrm{T}}\boldsymbol{\eta}$ 的参数估计 $\hat{\boldsymbol{P}}$。每个残差项取决于具体的模型方程 f，非线性方程根据泰勒级数展开，推导表达式的过程为

$$f(\boldsymbol{P}_0+\boldsymbol{\delta}_{\mathrm{P}})\approx f(\boldsymbol{P}_0)+\boldsymbol{J}\boldsymbol{\delta}_{\mathrm{P}} \tag{7.44}$$

$$\|\boldsymbol{y}-f(\boldsymbol{P}_1)\|\approx\|\boldsymbol{y}-f(\boldsymbol{P}_0)-\boldsymbol{J}\boldsymbol{\delta}_{\mathrm{P}}\|=\|\boldsymbol{\eta}_0-\boldsymbol{J}\boldsymbol{\delta}_{\mathrm{P}}\| \tag{7.45}$$

其中，$\boldsymbol{J}=\partial f/\partial\boldsymbol{x}$ 表示雅可比（Jacobian）方程，$\boldsymbol{J}$ 除可以用求导解法外，也可用数值解法得到。按照线性最小二乘（Linear Least Squares，LLS）求解方法

$$\boldsymbol{J}^{\mathrm{T}}\boldsymbol{J}\boldsymbol{\delta}_{\mathrm{P}}=\boldsymbol{J}^{\mathrm{T}}\boldsymbol{\eta} \tag{7.46}$$

得到方程

$$\boldsymbol{\delta}_{\mathrm{P}}=(\boldsymbol{J}^{\mathrm{T}}\boldsymbol{J})^{-1}\boldsymbol{J}^{\mathrm{T}}\boldsymbol{\eta} \tag{7.47}$$

LS 法适用于系数矩阵无噪声、观测向量包含随机误差的模型，而且依赖参数的初始值。GN 算法可以保证在待求参数具有理想的初始值条件下快速收敛，因此，常作为求解非线性最小二乘模型的有效算法。

7.4.4 列文伯格-马奎特算法

使用 SfM 技术时，图像数目和匹配点对的数量通常都非常大，而且三维空间点与像点的对应关系并不是在所有的图像上都能找到对应。在进行联合求解建立的光束法目标方程时，目标方程的系数矩阵为稀疏块状结构。在缺少控制点或者控制点精度过于低的环境下，使用 GN 算法求解光束法平差模型难以保证参数初始值接近最优值，导致系数矩阵出现非正定型，从而会使 GN 算法不收敛。模型的解严重依赖待求参数的初值，初值不理想时，模型的解将会收敛到局部最优或无法收敛。因此，在很多模型求解中采用一种改进算法取代 GN 算法。

列文伯格–马奎特（Levenberg-Marguardt，LM）算法是一种带有阻尼项的改进 GN 算法。通过阻尼项的调节作用，该算法在初始解远离最优解时，有最速下降法的特点；在当前解靠近最优解时，收敛速率较快，相当于 GN 算法。

LM 算法的法方程可以表示为

$$\boldsymbol{J}^{\mathrm{T}}\boldsymbol{J}\boldsymbol{\delta}_{\mathrm{P}}+\lambda\boldsymbol{\delta}_{\mathrm{P}}=(\boldsymbol{J}^{\mathrm{T}}\boldsymbol{J}+\lambda\boldsymbol{I})\boldsymbol{\delta}_{\mathrm{P}}=\boldsymbol{J}^{\mathrm{T}}\boldsymbol{\eta} \tag{7.48}$$

式中，λ 为阻尼系数，$\boldsymbol{I}$ 为单位矩阵。当 λ 取较小的数值时，$\boldsymbol{\delta}_{\mathrm{P}}^{\mathrm{LM}}\approx\boldsymbol{\delta}_{\mathrm{P}}^{\mathrm{GN}}$；当 λ 取较大的数值时，LM 解近似为 $\boldsymbol{\delta}_{\mathrm{P}}^{\mathrm{LM}}\approx(1/\lambda)\boldsymbol{J}^{\mathrm{T}}\boldsymbol{\eta}$，由于 $\boldsymbol{J}^{\mathrm{T}}\boldsymbol{\eta}$ 是向量 $\boldsymbol{\eta}^{\mathrm{T}}\boldsymbol{\eta}$ 的梯度函数，$\boldsymbol{\delta}_{\mathrm{P}}$ 的步进变化等价于梯度下降法。

λ 的选取对算法的收敛起着重要的作用，一般地，λ 的选取与系数矩阵 $\boldsymbol{J}^{\mathrm{T}}\boldsymbol{J}$ 的对角线元素存在一定的联系，因此取 $\lambda=\tau\max_{ii}(\boldsymbol{J}^{\mathrm{T}}\boldsymbol{J})$。增强的法方程可以写为

$$\boldsymbol{N}'\boldsymbol{\delta}_{\mathrm{P}}=\boldsymbol{J}^{\mathrm{T}}\boldsymbol{\eta} \tag{7.49}$$

$$\boldsymbol{N}'=\boldsymbol{J}^{\mathrm{T}}\boldsymbol{J}+\tau\mathrm{diag}(\boldsymbol{J}^{\mathrm{T}}\boldsymbol{J})$$

LM 算法的优势在于：λ 能够自适应地调节，能量损失函数 $\boldsymbol{\eta}^{\mathrm{T}}\boldsymbol{\eta}$ 随着改正数 $\boldsymbol{\delta}_{\mathrm{P}}$ 的递减而减小，从而避免了 GN 算法中的大步进缺点。总之，由于自适应阻尼项的调节，LM 算法可以保证在最优解附近快速地收敛。LM 算法通过增加阻尼项使系数矩阵为非奇异的且为正定矩阵，可以克服 GN 算法过于依赖系数矩阵状态的缺点，提高算法的鲁棒性。

LM 算法迭代终止的条件为以下条件中的一条：（1）梯度幅值低于设定的一个阈值；（2）相对改正数 $\delta_{k+1}-\delta_k$ 小于一个设定阈值；（3）残差 $\boldsymbol{\eta}$ 的大小低于一个设定阈值；（4）残差迭代相对变化 $\eta_{k+1}-\eta_k$ 小于一个阈值；（5）完成设定的最大迭代次数。

当可以获得描述观测量的不确定性的协方差矩阵 $\boldsymbol{\Sigma}$ 的时候，上述算法中的欧氏距离范数可以由 $\boldsymbol{\Sigma}^{-1}$ 范数（平方马氏距离，Squared Mahalanobis Distance）取代，然后目标函数就变为最小化 $\boldsymbol{\eta}^{\mathrm{T}}\boldsymbol{\Sigma}^{-1}\boldsymbol{\eta}$，得到的增强的法方程表达式为

$$(\boldsymbol{J}^{\mathrm{T}}\boldsymbol{\Sigma}^{-1}\boldsymbol{J}+\lambda\boldsymbol{I})\boldsymbol{\delta}_{\mathrm{P}}=\boldsymbol{J}^{\mathrm{T}}\boldsymbol{\Sigma}^{-1}\boldsymbol{\eta} \tag{7.50}$$

求解这样的法方程相当于求解加权最小二乘问题，相应的 LM 算法也将权重因素考虑进去。

为克服 GN 算法对参数初始值的强依赖性，LM 算法从系数矩阵状态出发，对系数矩阵进行重构，使其保持正定性。此过程需要根据阻尼系数 λ 的每一次变化，对标准方程进行重新计算。在式（7.49）中，τ 可以为任意值，在具体迭代计算过程中，需要对 τ 进行一定的约束。τ 选取的数值过大，阻尼系数 λ 相应地变大，导致参数修正的幅度极小，从而难以获得较快的收敛解；相反，τ 选取的数值过小，难以保证系数矩阵 $\boldsymbol{N}'$ 为正定矩阵，不能有效地减轻非线性方程的病态性。

因此在 LM 算法的迭代计算过程中，不恰当的 λ 往往会导致参数出现异常解的情况。而在具体的摄像机投影关系重建的平差模型中，阻尼参数的选择往往是没有先验知识的，这一情况使 LM 算法的应用性较差。一般采用多次试验的方法获取合适的阻尼系数，使其

参数解的精度较高。

7.4.5 光束法平差的 LM 算法模型

本节介绍 LM 算法具体应用于 SfM 技术中的光束法平差的优化求解中。算法模型的观测值为像点坐标$[\boldsymbol{u}\ \boldsymbol{v}]^{\mathrm{T}}$，根据投影成像模型计算第$i$个空间点在第$j$幅图像上的重投影的像点坐标$\hat{\boldsymbol{m}}_{ij}$（估计值）

$$\hat{\boldsymbol{m}}_{ij}=[\hat{u}_{ij}\ \hat{v}_{ij}]^{\mathrm{T}}=f_{ij}(\boldsymbol{K},\boldsymbol{R}_j,\boldsymbol{t}_j,\boldsymbol{M}_i) \tag{7.51}$$

式中，$\boldsymbol{K}$、$\boldsymbol{R}_j$、$\boldsymbol{t}_j$分别为摄像机的内参数矩阵、第j幅图像的旋转参数矩阵和平移参数矩阵。根据空间点的观测量和图像参数，最小化重投影误差表达式为

$$\min_{\boldsymbol{K},\boldsymbol{R}_j,\boldsymbol{t}_j,\boldsymbol{M}_i}\sum_i^n\sum_j^m\sigma_{ij}\left[(u_{ij}-\hat{u}_{ij})^2+(v_{ij}-\hat{v}_{ij})^2\right] \tag{7.52}$$

由于不是所有的空间点在所有的像平面上都可见，为独立分析图像参数和空间点参数的影响，假设摄像机的内参数是恒值，这里根据物理含义将式（7.51）中的图像参数和空间点分为两类独立参数，表示为$\boldsymbol{a}_j$和$\boldsymbol{b}_i$，即$f(\boldsymbol{R}_j,\boldsymbol{t}_j,\boldsymbol{M}_i)=f(\boldsymbol{a}_j,\boldsymbol{b}_i)$。将光束法平差问题整合到 LM 算法模型中，参数向量表达式和观测量表达式分别为

$$\begin{aligned}\boldsymbol{P}&=(\boldsymbol{a}_1^{\mathrm{T}}\ \cdots\ \boldsymbol{a}_m^{\mathrm{T}}\ \boldsymbol{b}_1^{\mathrm{T}}\ \cdots\ \boldsymbol{b}_n^{\mathrm{T}})^{\mathrm{T}}\\ \boldsymbol{y}&=(u_{11}\ v_{11}\ \cdots\ u_{1m}\ v_{1m}\ \cdots\ u_{nm}\ v_{nm})^{\mathrm{T}}\end{aligned} \tag{7.53}$$

待优化的能量项中的残差项为$\boldsymbol{\eta}=\boldsymbol{y}-\hat{\boldsymbol{y}}$。至此，光束法平差问题转化为 LM 算法的数学模型形式，最优化的求解结果是实现了图像参数和三维场景点的优化解。

7.4.6 稀疏光束法平差

由于三维空间结构的点云的每一部分点只是在部分图像上可见，在另一部分图像上是不可见的，因此当观测量很大时，这种情况导致组成的目标方程系数矩阵是非常稀疏的。用 LM 算法直接求解法方程的计算量是参数$\boldsymbol{P}$的元素个数的二次型复杂度，直接求解有巨大的计算难度。幸运的是，由于法方程系数矩阵具有稀疏性和成块的特点，可以探索稀疏光束法平差的分块求解方法，从而有效解决计算效率问题。

已知像点测量的估计值$\hat{\boldsymbol{m}}_{ij}$只依赖第$i$幅图像的参数，因此，对于$\forall i\neq k$，有$\partial\boldsymbol{m}_{ij}/\partial\boldsymbol{a}_k=0$；同理，$\hat{\boldsymbol{m}}_{ij}$对于除第$j$个点外的空间点都不具有相关性，因此对于$\forall j\neq k$，有$\partial\boldsymbol{m}_{ij}/\partial\boldsymbol{b}_k=0$（$\boldsymbol{a}_k$和$\boldsymbol{b}_k$分别是图像外参数和空间点坐标分开的独立表示）。为方便表示，定义$A_{ij}=\partial\boldsymbol{m}_{ij}/\partial\boldsymbol{a}_k$，$B_{ij}=\partial\boldsymbol{m}_{ij}/\partial\boldsymbol{b}_k$。进一步，LM 算法中的待估计参数项的改正数可以分别表示为$(\boldsymbol{\delta}_a^{\mathrm{T}},\boldsymbol{\delta}_b^{\mathrm{T}})^{\mathrm{T}}$。

为描述稀疏性，以$m=3$个图像、$n=4$个空间点进行举例，对应的观测方程的雅可比矩阵$\boldsymbol{J}$的具体形式为

$$J=\frac{\partial f}{\partial \boldsymbol{P}}=\begin{bmatrix} A_{11} & 0 & 0 & 0 & B_{11} & 0 & 0 \\ A_{12} & 0 & 0 & 0 & 0 & B_{12} & 0 \\ A_{13} & 0 & 0 & 0 & 0 & 0 & B_{13} \\ 0 & A_{21} & 0 & 0 & B_{21} & 0 & 0 \\ 0 & A_{22} & 0 & 0 & 0 & B_{22} & 0 \\ 0 & A_{23} & 0 & 0 & 0 & 0 & B_{23} \\ 0 & 0 & A_{31} & 0 & B_{31} & 0 & 0 \\ 0 & 0 & A_{32} & 0 & 0 & B_{32} & 0 \\ 0 & 0 & A_{33} & 0 & 0 & 0 & B_{33} \\ 0 & 0 & 0 & A_{41} & B_{41} & 0 & 0 \\ 0 & 0 & 0 & A_{42} & 0 & B_{42} & 0 \\ 0 & 0 & 0 & A_{43} & 0 & 0 & B_{43} \end{bmatrix} \tag{7.54}$$

可以明显看出，雅可比矩阵 $\boldsymbol{J}$ 具有分块稀疏的特点，根据 $\boldsymbol{J}$ 得来的法方程系数矩阵因此也存在分块稀疏的特点。为提高计算效率，下面推导稀疏矩阵的分块优化求解方法。首先，将式（7.54）构画成图 7.13（a），以更形象地表示。对应地，根据雅可比矩阵构建的法方程的形式为 $\boldsymbol{J}^{\mathrm{T}}\boldsymbol{J}\boldsymbol{\delta}_{\mathrm{P}}=\boldsymbol{J}^{\mathrm{T}}\boldsymbol{\eta}$，其结构如图 7.13（b）所示，显然法方程延续了稀疏矩阵的特点。

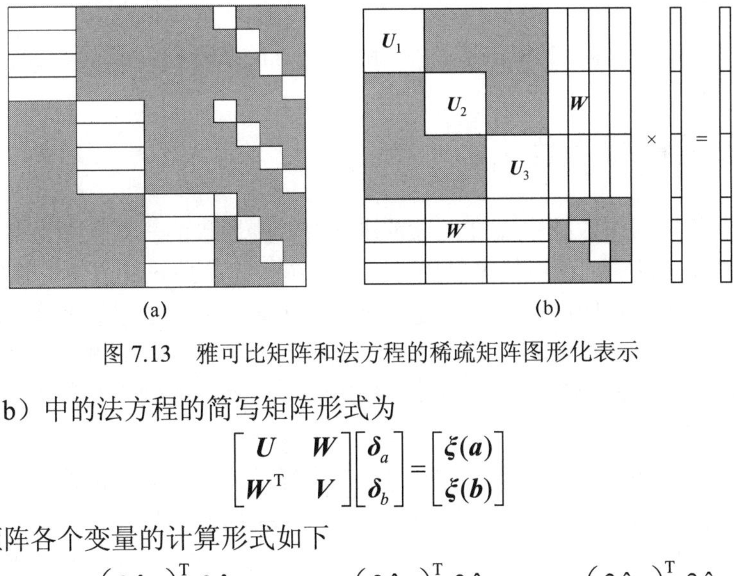

图 7.13　雅可比矩阵和法方程的稀疏矩阵图形化表示

图 7.13（b）中的法方程的简写矩阵形式为

$$\begin{bmatrix} \boldsymbol{U} & \boldsymbol{W} \\ \boldsymbol{W}^{\mathrm{T}} & \boldsymbol{V} \end{bmatrix}\begin{bmatrix} \boldsymbol{\delta}_a \\ \boldsymbol{\delta}_b \end{bmatrix}=\begin{bmatrix} \boldsymbol{\xi}(\boldsymbol{a}) \\ \boldsymbol{\xi}(\boldsymbol{b}) \end{bmatrix} \tag{7.55}$$

其中，矩阵各个变量的计算形式如下

$$\boldsymbol{U}_j=\sum_i\left(\frac{\partial \hat{\boldsymbol{m}}_{ij}}{\partial \hat{\boldsymbol{a}}_j}\right)^{\mathrm{T}}\frac{\partial \hat{\boldsymbol{m}}_{ij}}{\partial \hat{\boldsymbol{a}}_j},\ \boldsymbol{V}_i=\sum_j\left(\frac{\partial \hat{\boldsymbol{m}}_{ij}}{\partial \hat{\boldsymbol{b}}_i}\right)^{\mathrm{T}}\frac{\partial \hat{\boldsymbol{m}}_{ij}}{\partial \hat{\boldsymbol{b}}_i},\ \boldsymbol{W}_{ij}=\left(\frac{\partial \hat{\boldsymbol{m}}_{ij}}{\partial \hat{\boldsymbol{a}}_j}\right)^{\mathrm{T}}\frac{\partial \hat{\boldsymbol{m}}_{ij}}{\partial \hat{\boldsymbol{b}}_i} \tag{7.56}$$

$$\boldsymbol{\xi}(\boldsymbol{a}_j)=\sum_i\left(\frac{\partial \hat{\boldsymbol{m}}_{ij}}{\partial \hat{\boldsymbol{a}}_j}\right)^{\mathrm{T}}\boldsymbol{\xi}_{ij},\ \boldsymbol{\xi}(\boldsymbol{b}_i)=\sum_j\left(\frac{\partial \hat{\boldsymbol{m}}_{ij}}{\partial \hat{\boldsymbol{b}}_i}\right)^{\mathrm{T}}\boldsymbol{\xi}_{ij}$$

在求解稀疏法方程时，首先等式的两边同时乘以计算辅助矩阵 $\begin{bmatrix} \boldsymbol{I} & -\boldsymbol{W}\boldsymbol{V}^{-1} \\ \boldsymbol{0} & \boldsymbol{I} \end{bmatrix}$，然后可

以得到新的等式

$$\begin{bmatrix} \boldsymbol{U}-\boldsymbol{W}\boldsymbol{V}^{-1}\boldsymbol{W}^{\mathrm{T}} & \boldsymbol{0} \\ \boldsymbol{W}^{\mathrm{T}} & \boldsymbol{V} \end{bmatrix} \begin{bmatrix} \boldsymbol{\delta}_a \\ \boldsymbol{\delta}_b \end{bmatrix} = \begin{bmatrix} \xi(\boldsymbol{a})-\boldsymbol{W}\boldsymbol{V}^{-1}\xi(\boldsymbol{b}) \\ \xi(\boldsymbol{b}) \end{bmatrix} \tag{7.57}$$

式（7.57）可分为上、下两组方程。第一组为

$$(\boldsymbol{U}-\boldsymbol{W}\boldsymbol{V}^{-1}\boldsymbol{W}^{\mathrm{T}})\boldsymbol{\delta}_a = \xi(\boldsymbol{a})-\boldsymbol{W}\boldsymbol{V}^{-1}\xi(\boldsymbol{b}) \tag{7.58}$$

这组方程可用于解出 $\boldsymbol{\delta}_a$，解出来的结果可以代入第二组方程

$$\boldsymbol{\delta}_b = \boldsymbol{V}^{-1}[\xi(\boldsymbol{b})-\boldsymbol{W}^{\mathrm{T}}\boldsymbol{\delta}_a] \tag{7.59}$$

由于方程具有稀疏的块状结构，可以非常有效地计算矩阵 $\boldsymbol{V}$ 的逆。

上述步骤中计算量最大的部分在于求解式（7.58），而这比原来的求解法方程的计算量小得多。对于 20 个图像和 2000 个点的整体平差问题，问题从同时求解 6000 个未知数转换为单次只计算约 200 个未知数。对于 LM 算法而言，可以容易地从上述一般式的优化求解扩展得到。

将稀疏光束法平差的参数矩阵分割成图像参数和空间点参数两类参数，这对于减小计算复杂度有重要的意义。通过剥离空间点参数对图像参数的依赖性，在每次迭代中可以首先独立更新图像参数改正值 $\boldsymbol{\delta}_a$，用科列斯基分解（Cholesky Decomposition）有效地求解这样的对称正定矩阵。然后，在每次迭代中将图像参数的更新结果作为固定值，回代计算空间点参数的改正值 $\boldsymbol{\delta}_b$。通常空间点参数的数据量要比优化问题中的图像参数的数据量大，因此首先更新图像参数改正值 $\boldsymbol{\delta}_a$ 然后回代更新空间点参数的改正值 $\boldsymbol{\delta}_b$ 是非常有效的一种求解策略。利用科列斯基求解稀疏光束法平差在 LM 算法下的法方程，可以极大地提高计算效率。

7.5 航拍轨迹和视点优化

通常为了从机载图像数据中通过三维重建获得观测场景的三维模型，需要事先进行航拍任务的规划设计。目前，商用的可以提供三维地图构建航拍轨迹方案的软件有 Pix4D 和 DroneDeploy 等，该类软件可以为用户提供交互操作，让用户从卫星图像地图上直观地选定观测区域。然后，软件系统会自动地计算生成规则的飞行路径，例如“之”字形往返路径。软件还可以设计指定的飞行平面高度，使用无人机拍摄的图像具有重叠度，以满足三维重建模型的计算需求。

上述商用软件的处理方式不需要复杂的计算来提供路径规划，但缺点也显而易见，即它们使用一个固定的飞行高度和规则化的路径，这使航拍的场景视角非常固定，一些局部细节可能会受到遮挡影响而无法完全捕获。对此，学者提出了不同的路径规划技术，也称场景感知路径规划方法，这项技术使航拍三维重建的过程能够兼顾大场景范围的覆盖度和局部细节。

场景感知路径规划方法从待重建场景的三维几何信息出发，计算精确三维重建所需的拍照视点，进而生成无人机的飞行路径。结合多旋翼无人机高度灵活的机动性能和多视角数据采集能力，场景感知路径规划方法在三维场景的精细重建和更新中表现出良好的应用潜力。这些方法可以大致分为两类：（1）逐步迭代式的“后最佳视角”（Next-Best-View，NBV）方案，也称为一步法，这种方法直接利用场景的先验信息，高效生成路径规划所需

要的必要信息；（2）二次规划式的“先探索后利用”（Explore-Then-Exploit，ETE）方案，也称为两步法，即先通过传统模式采集图像数据，制作生成被测场景对象的概略模型，再根据概略模型的信息生成优化路径并采集图像制作精细模型。

NBV 方案的概念最初是适用于机器人探索未知环境的算法，NBV 方案更符合 SLAM 任务的需求。其本质上是一种贪心算法，核心思想是在每一步探索过程中，根据已经探索区域的情况，从可达的目标区域中选择一个预估视角收益最大的路径点作为目标点，继而规划一条无碰撞且花费最少的路径，到达后更新已探索区域，并进行下一轮路径规划，如此迭代直至完成全部区域的探索。

ETE 方案的整个过程可分为两大步骤。第一步探索过程是先大致得到目标场景的粗糙三维模型，这个模型作为第二步开发过程的输入。探索的模型可以是任务前已有的，也可以是通过简单的规则化的飞行路径拍照并重建生成的。然后，第二步开发过程是根据第一步提供的场景的三维模型，进行新的路径规划计算，确保对场景的局部细节的完全捕获（见图 7.14）。

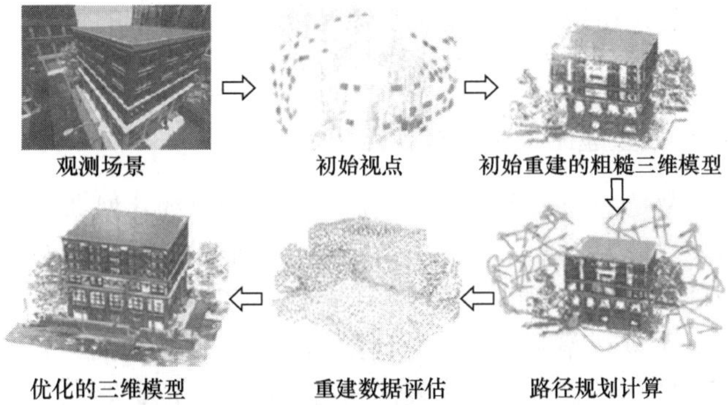

图 7.14　基于 ETE 方案的路径计算流程

此外，如果在 ETE 方案实施过程中，第一步提供的三维模型过于粗糙，以至于第二步规划之后获得的航拍轨迹再重建的三维模型仍然比较粗糙，此时可以在 ETE 方案中借鉴融合 NBV 方案中的多轮迭代思想。不论是 NBV 方案，还是 ETE 方案，使用无人机进行大规模场景的航迹规划的主要流程大致可以概括为三个步骤：（1）生成视点搜索空间；（2）量化视点的收益；（3）路径规划计算。最后，沿着规划的路径进行航拍，利用航拍所采集的图像数据在飞行过程中或结束后对观测场景生成三维重建模型。

7.5.1　生成视点搜索空间

生成视点搜索空间是指将连续的三维空间离散化，在离散的空间中生成可能的适合用于航拍的所有视点位置及观察角度，即形成一个备选视点的集合，也就是路径规划将会用到的搜索空间。

1. 在体素化表达的重建场景中生成视点集合

基于 NBV 方案的路径规划，把重建结果表示为体素堆积的形式，通过离散化的方法把空间表示为体素堆积的形式，如图 7.15 所示。每个体素都拥有至少两个属性：（1）是否已被占据，已被占据则表示不可同行的区域，未被占据则表示可以同行的区域；（2）是否已知，已知表示已经被观察过，未知表示尚未被观察过。

(a) 体素化场景概括表示（高程附色） (b) 飞行器的规划路径

图 7.15 在体素化表达的重建场景中生成视点集合

在初始状态时，所有的空间体素都处于未知和未被占据的状态，随着飞行平台的运动和数据采集场景的重建，在每个位置均会更新其能重建的场景的体素属性。此时，待选的目标视点会是当前场景中已知的且未被占据的位置。

2. 在网格化的场景重建结果中生成视点集合

网格化的三维模型是一种三维数据形式，它是由顶点和几何面元构成的三维模型，三角网形态的网格化模型最为常见。相比体素化的表达形式，网格化的三维模型能够提供更精细的结构，描述观测场景的空间分布。

在 ETE 方案中，可以在整个空间中以体素化的形式构建视点集合。这里的体素不同于图 7.15 中的场景模型的体素化，这里代表的是可能的视点位置取在一些离散化的规则体素的顶点位置。视点的朝向是从若干固定角度中按某种收益选择的，最终会为每个视点位置固定一个角度。

另外，也可以首先对网格模型中的每个面都单独生成一个视点，随后对视点进行聚类。如图 7.16 所示，首先设计一个规则的二维网格，然后将网格映射到包裹三维场景模型的曲面上，随后在曲面上选取备选视点。尽管映射后的网格具有三维形状，但实际保持了规则的二维网格的拓扑。相较于前一种方法，这样做的好处是尽量合理地减小了备选视点的数目，将备选视点的搜索空间从三维降到了二维。

图 7.16 把二维网格映射到包裹三维场景模型的曲面上再选取备选视点

7.5.2　量化视点收益

量化视点收益是指基于当前已选中的视点集合或已部分建成的场景三维模型，对加入一个新的航拍视点对于整体的建模质量能带来多大收益进行量化计算。该量化计算的结果可以纳入路径规划算法中的收益计算函数或反馈函数中。量化视点收益，本质上用于预测视点在路径规划过程中对于最终重建模型质量的贡献度。

1．基于重建质量影响因素直观定义

由于重建模型质量受多种因素的影响，如观察覆盖是否全面、观察角度是否多样、观察的距离是否合适等，且这些因素均难以被量化，故目前量化视点收益的方法均是直觉性的，没有统一的衡量标准。

一种方法是为网格模型中的每个顶点都定义一个半球表面，根据观察距离的远近与角度，每个视点在这个半球表面上能够量化得到一片投影。该顶点对所有视点的半球表面的投影面积之和为该视点的收益。如果不同视点在半球表面上的投影有重叠，后被选中的视点将不会计算投影部分的面积。

另一种方法是为网格模型中的每个表面都定义一个锥形空间区域，在该区域内的视点即被认为是可以观察到该表面的顶点。每个视点的收益定义为该点能够观察到的所有表面的数量总和。

对于单个视点 v 而言，其对三维模型表面上的单个点 p 的覆盖度 $f(p,v)$ 定义为：若 p 对 v 可见，则为观察向量（v 指向 p）在 v 顶点向量上的投影，否则为 0。该定义使得越“正视”顶点的视点对于该顶点的覆盖程度越高。

对于每个顶点 p，可以依照 $f(p,v)$ 得到最优观察点 $\beta_1(p)$ 和 $\beta_2(p)$。于是，考虑到不同视点观察到同一顶点会有重叠区域，每个顶点总的被覆盖的程度被定义为

$$(1-\epsilon)\times f(p,\beta_1(p))+\epsilon\times f(p,\beta_2(p)) \tag{7.60}$$

由于单个视点收益与已经选择的视点集合有关，故在需要的时候，视点的收益是近似固定下来的。例如，在备选视点集合中，通过随机采样的方式假设一个视点观察的先后顺序，而后用加入该视点前、后网格模型被视点覆盖的面积之差当作每个备选视点的固定收益。

2．基于机器学习的方法预测

除分析影响重建质量的因素并将其进行量化外，研究者还尝试着绕过影响因素从结果出发，利用机器学习的方式找到视点选择与最终输出的模型质量的关系。在 NBV 过程中，预测选择某目标视点所带来收益的卷积神经网络框架，输入是体素化的三维空间和选择的视点。每个体素有占有率（Occupancy）和不确定性（Uncertainty）两个值。输出是选择该视点的收益，在 NBV 过程中每次选择评分最高的那个视点。但该方法的一个显著的限制是，在具体对某个大规模场景进行三维重建前，需要在类似的场景中经过训练，且对于相似度稍差的场景（如不具备目标场景所拥有的高楼）效果较差，即对训练数据集的要求较高。一个变通的思想是：训练数据集可以根据照片自动生成，不需要人工标注。使用机器学习的方法，在照片获取的过程中，根据已获取的照片（已经建好的场景）、

所选择的摄像机位置以及使用的多视图几何算法来预测重建结果的好坏，基于此进行实时的路径规划和视角选择。

7.5.3 路径规划

路径规划的数学形式以总飞行时间、总飞行距离或能耗等为限制条件，以最大化路径上视点能观察到的总面积为目的，提高最终输出三维模型的质量，从备选视点集合中选择视点并在视点间生成路径。

在量化好视点收益以后，对于将收益定义在视点上的研究，考虑到每个视点观察到的区域可能与其他已被选中视点所观察到的区域重合，所以，如果两个已选中视点的集合为 V_1 和 V_2，且 $V_1 \subset V_2$，则备选视点 v 被选中所带来的收益提升为

$$\omega(V_1 \cup v) - \omega(V_1) \geqslant \omega(V_2 \cup v) - \omega(V_2) \tag{7.61}$$

所以，根据离散优化问题（也称为组合优化问题）的理论，视点的收益函数应该是子模函数。对于这样的函数优化，可以采用子模函数最大化的方法来解决。对于将收益固定的问题，可以将路径规划问题转化为定向越野问题（Orienteering Problem，OP）。对于备选视点集合且有关收益定义为路径上权重的工作，可以转化为旅行商问题（Traveling Salesman Problem，TSP）进行求解。在实际进行函数优化求解时，可以使用建模语言（如 CVXPY）后部署通用的数学优化计算（如 Gurobi）在限定时间内进行迭代运算。

如图 7.17 所示，采用 ETE 方案进行路径规划的流程是首先构建一个粗糙的模型，然后基于该模型进行新一轮路径规划，并按照规划采集信息，得到更为精细的重建结果。

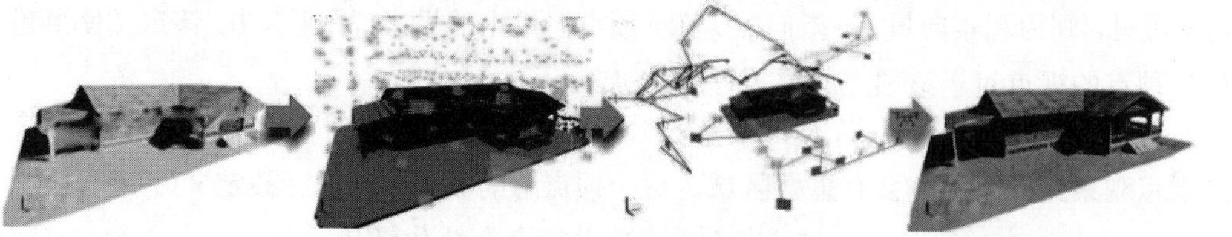

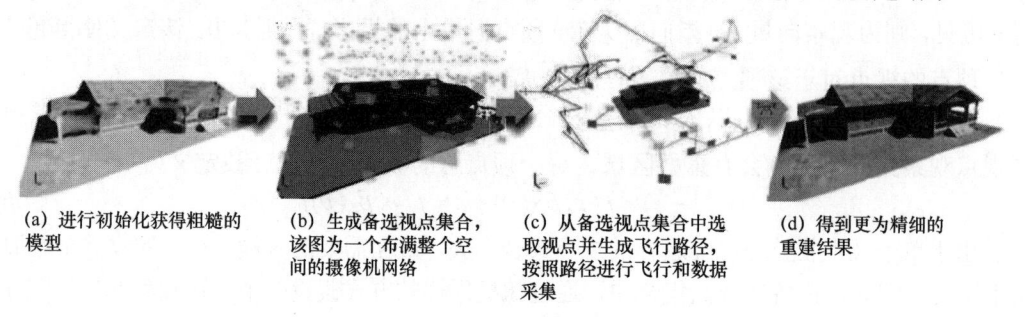

(a) 进行初始化获得粗糙的模型　(b) 生成备选视点集合，该图为一个布满整个空间的摄像机网络　(c) 从备选视点集合中选取视点并生成飞行路径，按照路径进行飞行和数据采集　(d) 得到更为精细的重建结果

图 7.17 ETE 流程概览

大规模采集的非结构化的无序图像数据会制约 SfM 在匹配阶段的特征搜索对应效率。除了连续帧之间的特征跟踪，将分布在不同子序列中的公共特征点路径准确完备地匹配起来，这对于高精度的 SfM 来说是非常重要的。然而对于一个长序列图像来说，使用暴力匹配方式选择所有的图像对进行匹配是极为耗时的。当潜在的匹配点的候选邻近的图像上没有任何先验知识时，每幅图像必须与其他图像进行关联搜索，这样的搜索计算代价几乎是不可接受的。可以用一些类似词袋数的方法快速估计匹配矩阵，匹配矩阵的行、列索引值对应帧号，矩阵元素的数值代表某两帧之间的可能匹配点的数量。但因为这种匹配并不精确，所以匹配矩阵仅是一个对帧间相似度的近似估计。因此，完全信任匹配矩阵选取图像对进行匹配是不可行的，且计算效率低。基于图（Graph）和基于深度学习的技术在特征高效搜索方面提供了新的技术支撑。总之，将高效的图像索引与高质量的特征描述符相结合，可以实现数百万幅图像的高效成对匹配。

7.6　城市场景建模

目前，SfM 技术的基本数学原理已经发展成熟，到了 20 世纪末，使用 SfM 技术已经能够从大型的结构化图像数据（如视频序列）中稳健地计算三维模型，用于实现商业化的解决方案，比如在电影制作中的场景建模等应用。在 SfM 技术中，高质量的特征匹配关联技术至关重要，该技术决定了是否可以从不同姿态和光照下拍摄的图像中构建更长的三维路径和更高质量的结构。

目前，关于改进和完善 SfM 技术的研究主要包括两个方面的内容：（1）实时性，同时计算多个摄像机的欧氏距离，即实时在线地估计出摄像机的位置姿态，甚至在未知摄像机参数的情况下估计出其内参数，这类研究在增强现实应用中具有重要的作用；（2）规模性，研究如何有效地重构出涵盖更长的摄像机拍照路径，获得更大、更复杂的三维场景结构，这类研究主要面向城市类型的大规模建模应用。

7.6.1　城市场景的三维数据采集

7.6.1.1　机载摄影测量点云

从飞行作业的角度出发，摄影测量行业有一套基本的外业流程规范，任务规划的基本内容需要包括：（1）项目准备阶段，对任务需求进行梳理，包括确定航拍区域范围、选择合适的航拍仪器和设备、对航拍轨迹进行规划计算等；（2）调试航拍测量的仪器，包括对摄像机进行正确设置和校准，如初始化设置、参数调整和仪器标定等；（3）根据任务场景进行航迹的规划，在采集过程中需要注意对航拍轨迹参数的控制等；（4）有时为了提高三维建模的精度，需要使用控制点对图像中的特征点进行精确的几何参数校正，可以通过使用全球定位系统等仪器进行控制点的测量。

无人机倾斜摄影测量技术的外业作业是指在规划的目标测绘区域中使用无人机采集图像数据的一系列活动。由于摄影测量技术通过处理目标场景的多个不同视角的图像来生成三维点云数据模型，采集的图像数据源的质量优劣会直接影响生成的点云数据的质量，因此，在图像数据采集的过程中需要把握多个细节。

（1）在图像采集时应确保前、后两帧图像之间达到一定的重叠度。只有重叠度足够大时才能提供更多的对应特征点进行匹配，反之，特征点太少则难以确保重建结果的稳定性和精度。因此，在连续帧的图像采集时，应避免镜头角度出现较大范围的转向。

（2）为了避免重建的三维模型出现空洞和缺失的情况，图像采集时应考虑盲区或者遮挡区域的采集。当难以获取遮挡区域的数据时，可以在地面使用摄像机进行补拍，通过地面和空中协同进行图像采集的方式，最大化地避免无人机采集图像在对地视角的不足。

（3）应该避免在光线过于明亮、昏暗或雾气严重等不良天气下进行图像采集。原因是在光线过亮的情况下容易让图像过曝，导致一些纹理细节丢失；在光线过暗时，采集的图像清晰度下降，特征点匹配难度增大；在雾气严重时，图像中的场景或物体因受雾气遮挡而变得模糊，图像的准确性受到严重干扰。较差的图像质量将大幅降低三维重建的精度。因此，在图像采集时应尽可能地选择无风、光线均衡和空气干净的环境。

无人机倾斜摄影具有采集成本低、机动灵活、速度快等优势。图 7.18 展示了其中一组从无人机序列图像中对大学校园建筑进行三维重建的效果。

图 7.18 从无人机序列图像中三维重建的大学校园建筑的三维点云

7.6.1.2 机载摄影测量点云与激光雷达点云数据的对比分析

基于无人机的摄影测量技术通过采集空中视角下的多视角图像，能够对城市场景进行快速且较大规模的测绘，获取的摄影测量点云包含丰富的纹理细节和光谱信息。然而，在处理复杂的城市立面或遮挡严重的地面结构时，摄影测量点云在精度和地面细节方面不如地面激光雷达点云。地面激光雷达扫描基于激光测距原理，允许进行全天时的数据采集，能够快速捕捉城市场景中的建筑物立面、道路和近地物体等的精细结构，生成的激光雷达点云具有非常高的密度和精度。然而，由于地面激光雷达扫描仪的安装高度限制和高大物体的遮挡，对于建筑物的屋顶或者复杂结构的某些部分，尤其是那些从地面不可见的区域，比如屋顶，很难获得完整的数据。因此，地面激光雷达点云和无人机摄影测量点云在完整性、细节信息和精度等方面具备各自的优势和局限性，但二者在以下这些方面体现出一定的互补性。

（1）在完整性方面。摄影测量点云是基于空中视角下拍摄的多视角图像生成的，不仅包含场景的顶部信息，还包含物体的地面和多个侧面信息，具有较高的数据完整性，然而，由于地面的盲区或者物体遮挡问题，部分地面信息也会出现缺失。相比之下，地面激光扫描仪由于自身安装高度的限制，难以获取建筑物顶部信息，主要收集的是场景的地面和侧面信息，同时遮挡问题存在，因此地面激光雷达点云在完整性方面较差；激光 SLAM 系统搭载在移动平台上，能够更加灵活地在较大区域范围内进行数据采集活动，因此，获取的点云在数据完整性上要优于通过地面激光扫描仪获取的点云，但弱于摄影测量点云。通过地面激光扫描仪采集的点云与使用摄影测量技术获取的点云在数据完整性上的对比如图 7.19、表 7.2 所示。

（2）在光谱信息方面。摄影测量点云基于高分辨率的彩色图像生成，因此具备丰富的光谱信息。对于地面激光扫描仪，可以通过将激光雷达点云数据与光学摄像机采集的图像数据进行融合，融合后的激光雷达点云也具备光谱信息。但如果没有光学摄像机图像数据与激光雷达点云数据进行融合，那么扫描的三维点云就缺少纹理信息，单纯通过激光 SLAM 系统获取的激光雷达点云不具有光谱信息。

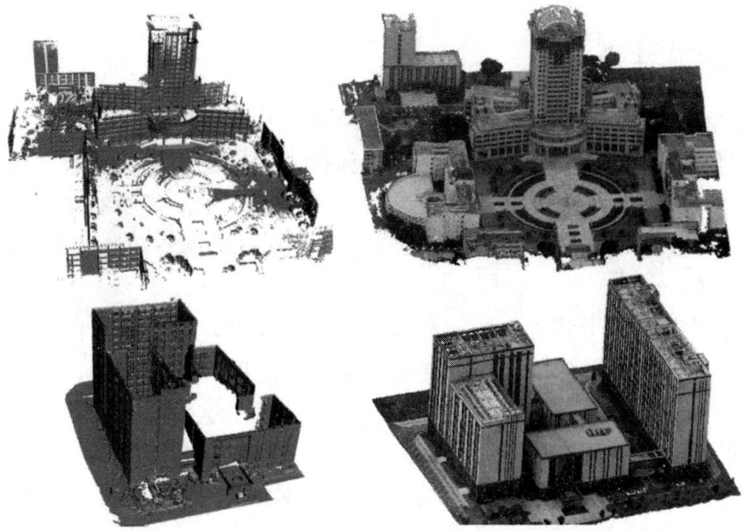

(a) 激光雷达点云　　(b) 摄影测量点云

图 7.19　激光雷达点云与摄影测量点云的对比

表 7.2　激光雷达点云与摄影测量点云的对比

判别类型	激光雷达点云		摄影测量点云
	地面激光扫描仪	地面激光 SLAM 系统	
数据完整性	较差	较地面激光扫描仪更好	较好
精度	较高，可达毫米级	较低，通常在厘米级	较低，通常在厘米级
噪声	较少	较多	明显
光谱信息	较弱	不具有	丰富
点云密度	较高		极高
强度信息	有		无
尺度	已知		未知

（3）在点云的精度方面。激光雷达基于激光测距原理，能够精确计算物体与激光源之间的距离，精度较高。地面激光扫描仪获取的点云精度非常高，可达毫米级。激光 SLAM 系统获取的点云受运动估计误差和建图算法性能等因素的影响较大，精度一般在厘米级。受采集的图像质量、重建算法等因素的干扰，使用摄影测量技术生成的点云精度往往较低，精度一般在厘米级，同时，生成的点云可能出现畸变、失真和扭曲，与实际场景可能存在一定差异。但随着摄影测量三维重建技术的进步，通过图像获取的三维点云的精度呈现越来越高的趋势。

（4）在点云的密度方面。激光雷达点云的密度较高，与设备性能、扫描分辨率、扫描站数和扫描时间等因素相关。摄影测量点云一般具有极高的密度，可以达到每平方米数千个甚至数万个点，生成点云的密度与图像的分辨率、图像数量和重建算法等因素相关。

（5）在尺度信息方面。激光雷达经扫描仪内部进行数据整合与校准后生成已知尺度的点云。对于摄影测量点云，在用无控制点等方式进行校正的情况下，通常提供具有未知尺度的点云。

7.6.2 单体化建模

直接利用序列图像三维重建的技术，从航空图像计算获得的三维模型数据是一种没有语义信息的几何数据。对这类几何数据进行单体化操作，无论是在游戏开发、虚拟现实领域，还是在建筑可视化领域都具有重要的意义。"单体化"指的就是对场景中的对象进行分体化的建模表达，获得一个个单独的、可以被选中的实体，能够单独管理，可以附加属性，可以被查询统计等。

单体化后的模型更易于管理，相比分散的多个子模型，一个单一的模型可以更方便地进行移动、旋转和缩放等操作。此外，在碰撞检测、光照计算等方面，单体化可以简化逻辑处理，减少了对多个模型之间关系的复杂判断和计算，这使得开发人员能够更轻松地操纵整个场景，提高了开发效率和灵活性。此外，单体化可以有效降低资源占用，当多个子模型被单体化后，只需加载一个单一的模型文件，减少了内存占用。单体化也减小了渲染调用次数，降低了 CPU 和 GPU 的负载，这对于运行在资源受限环境下的设备和系统非常重要，如移动设备和嵌入式系统。在网络传输方面，单体化也有明显的优势。多个子模型需要分别传输，而单体化后只需传输一个单一的模型文件，这可以节省带宽和缩短加载时间，并提高数据传输的效率。下面介绍一种对建筑物进行单体化建模的方法和实验处理效果。

1. 数据采集

实验中的观测对象是一个位于沙特阿拉伯吉达市中心的老城区，采集过程使用小型无人机携带单反摄像机进行序列图像拍摄。摄像机型号是 Sony QX100，它具有 20 兆像素，24mm 焦距，地面分辨率为 2.5～3.0cm。无人机上配置一部全球定位系统接收机，另在一处高地架设定点 GPS 观测基站，建立差分 GPS 观测（Differential GPS，DGPS），实现无人机的实时定位，它可以提供增强的实时定位精度（约 10cm）。此位置信息与摄像机的曝光时间进行时间戳匹配，这一步在 BA 算法中为图像外方位元素解算提供了可靠的初始值。

任务开始前，通过在电子地图上设计好飞行路径，飞行高度为地面以上约 50m，将飞行路径载入 DGPS 导航系统。利用机载 DGPS 导航系统的指引，无人机在测区来回飞行覆盖扫描区域。然后，对获得的图像使用多视图立体匹配重建算法，获得点云空间结构数据。图 7.20 给出了三幅原始图像的示例和摄像机外参数恢复结果，以及彩色空间结构点云的恢复结果。

给定了从场景点云中分离出的独立的单栋建筑物点云，下一个目标是从这些点云重建表面几何模型。自动建模的挑战性主要表现在两个方面：首先，使用图像重建的空间点云通常是不均匀的，并含有较高的噪声水平；其次，由于遮挡和照明条件限制，必然存在大面积的数据缺失问题。因此，多数重建研究方法主要是利用屋顶的信息，通过屋顶轮廓线提取和优化设计算法，在一定程度上抑制数据缺陷的影响。一些学者提出了使用一个规则化的马尔可夫随机场（MRF）配置以提取建筑物的屋顶结构，接着对屋顶轮廓进行细化建模，方法流程如图 7.21 所示。

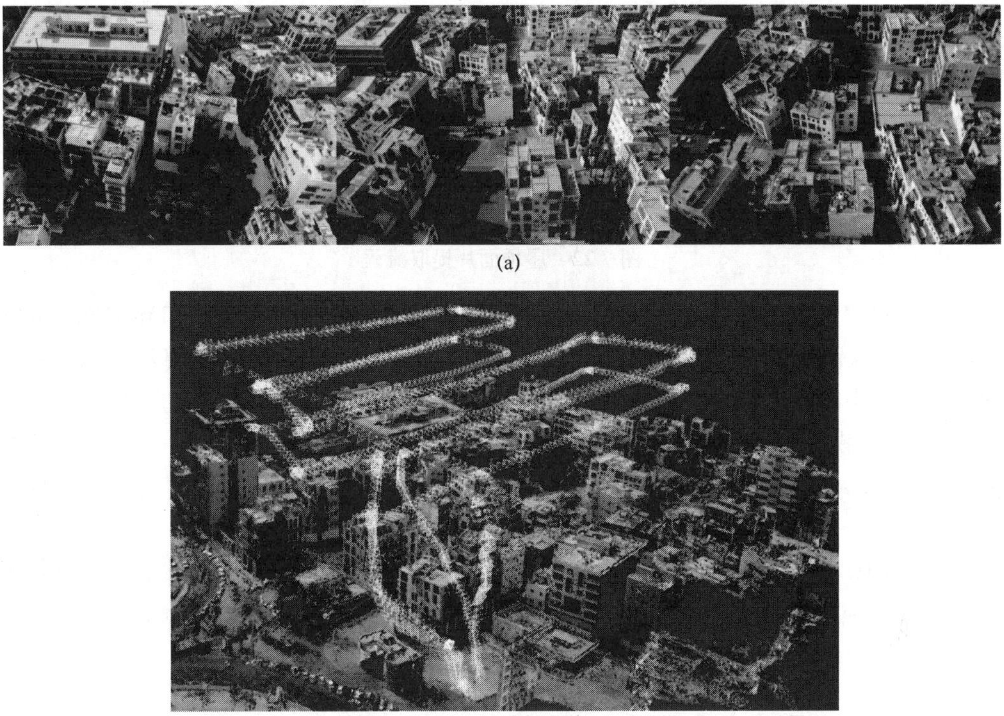

图 7.20　无人机摄像机获得的序列图像和摄影测量重建的三维点云

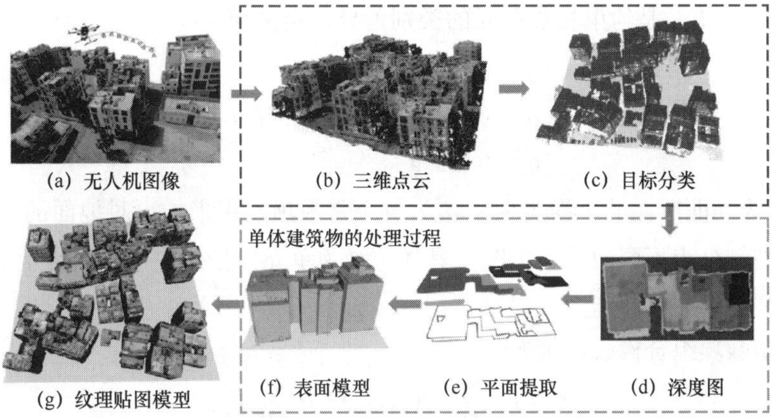

图 7.21　对无人机序列图像中三维重建的点云数据进行数据驱动的建筑物建模

2. 数据处理算法设计

（1）屋顶面元分割。一栋建筑物的屋顶可以假设为多个多边形面片的集合，为了可靠地提取屋顶结构，将建筑物屋顶的每一片多边形都假定为一个对象，问题转化为将屋顶点云向屋顶面片分类的问题，并定义为一个分辨率更高的网格化 MRF 配置模型（见图 7.22）。此网格类似于在前面的场景分割阶段使用的二维格网，但具有更小的划分单元，以确保可以恢复该屋顶结构的更多细节。另一个区别是，在新的网格单元存储的是投影局部点的正射高度。因此，该网格也可以看作一个平行地面的深度图，这为数据处理提供了类似图像处理的思路。

图 7.22　屋顶面片提取流程

首先，对深度图进行双边滤波处理，因为双边滤波器对于减小噪声和异常值是非常高效的，同时可保留数据的边缘信息。经过滤波处理之后，利用 RANSAC 算法对深度图进行平面提取，从中得到一组平面屋顶多边形备选集 F 。由于数据具有压缩的特性，对深度图进行 RANSAC 操作相比直接在三维点云中提取平面具有更高的效率。下一步，对 MRF 进行配置优化，将屋顶点云最优化分割到各个屋顶面片。多目标分类的能量方程由数据项和平滑项组成。

① 数据项：$D(p_i, f_j)$ 标识了对一个单元 $p_i \in P$ 标记为面片 $f_j \in F$ 的似然性，具体定义为从单元 p_i 到相应面片 f_j 的几何距离

$$D(p_i, f_j) = \text{dist}(p_i, f_j) = \boldsymbol{x}_{p_i} \cdot \boldsymbol{n}_{f_j} + D \tag{7.62}$$

式中，$\boldsymbol{n}_{f_j}$ 、D 分别为面片平面的法向量和平移量，构成了平面方程的表达式，即 $Ax + By + Cz + D = 0,\ \boldsymbol{n} = [A\ B\ C]^{\mathrm{T}}$ 。

② 平滑项：$V_{p,q}$ 是约束相邻单元的类别差异，定义为

$$V_{p,q} = \begin{cases} 0 & (l_p = l_q) \\ \delta_1 & (l_p \neq l_q, l_p = l_{\text{Ground}} \text{或} l_q = l_{\text{Ground}}) \\ \delta_2 & (\text{其他}) \end{cases} \tag{7.63}$$

式中，l_{Ground} 为地面所在的平面类别；δ_1 为一个常数项，用来加大对地面的区分；δ_2 为惩罚相邻单元被划分为不同面片的情况，具体定义为单元点投影在不同面片上的投影点的距离，$\delta_2 = \|\text{proj}_m(p), \text{proj}_n(p)\|_2$ 。

将两个函数项组合构成能量方程

$$E(f) = \sum_{p_i \in P} D(p_i, f_j) + \mu \sum_{p,q \in N} V_{p,q} \tag{7.64}$$

式中，P 为格网单元的集合，N 为四邻域单元，μ 为平衡两项的权参数。对于该问题的优化，可使用图割求解方法进行计算。

（2）轮廓线优化。通过面片提取和优化的过程，可以将屋顶点云分类到不同的屋顶面片中，每个屋顶面片都是一个多边形，由于采样噪声存在的影响，通常提取的多边形边界具有严重的锯齿状结构，为此下面设计了一种枢纽点（Pivot Point）轮廓线优化算法。在格网中以多边形轮廓边界的交叉类交点为枢纽点（与三类以上多边形接壤的格网点），将多边形的闭合轮廓线分割成一段段的不规则线片段（Segment）。枢纽点和线片段的提取示意图如图 7.23 所示。

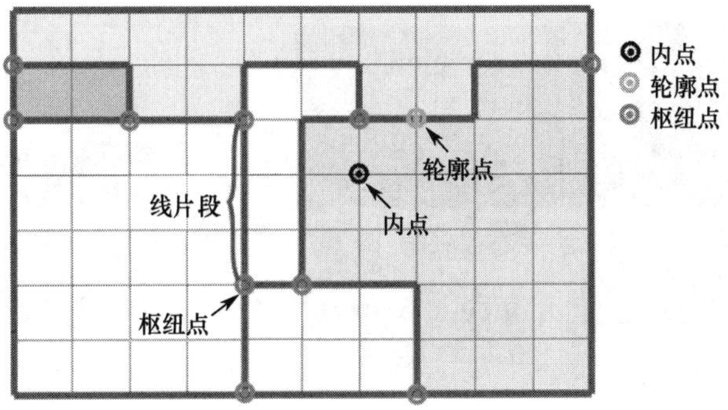

图 7.23　枢纽点和线片段的提取示意图

然后，对每段不规则线片段进行精简优化，具体利用的是 Douglas-Peucker 多边形优化算法，它的优化原理是通过在曲线中找到离端点最远的点，计算该点到端点的连线距离。如果大于分割阈值，则将原线片段在该点一分为二，然后单独对每一段线段再做重复最大距离点检测；如果小于分割阈值，则结束分割，不规则线片段仅保留端点连线，从而将线片段简化。图 7.24 给出了 Douglas-Peucker 算法的操作示意图。

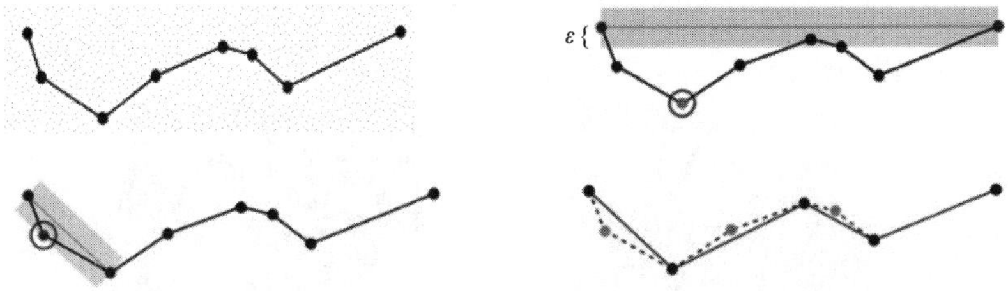

图 7.24　Douglas-Peucker 算法的操作示意图

图 7.25 给出了一组轮廓线优化前、后的对比图，从中可以看出经过提炼的轮廓线的锯齿状现象得到明显改善，并且轮廓线存储由原先的整段格网点完全存储转变为只存储有限的线段端点，在很大程度上提高了存储效率。在获得了屋顶面片的规则化轮廓线后，通过在垂直地面的方向拉伸多边形，可形成柱状三维几何体，并与地面拼合，形成最终的建筑物三维模型。

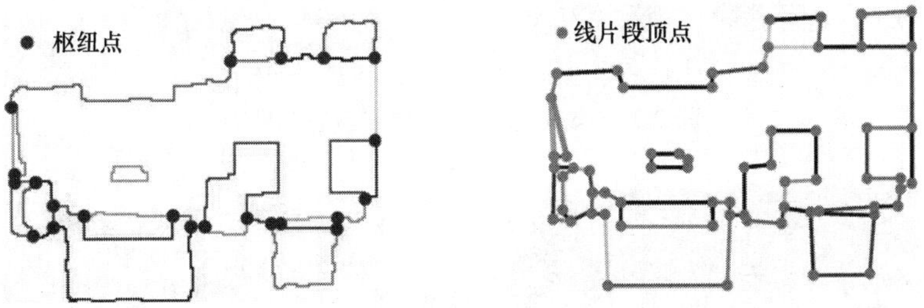

图 7.25　一组轮廓线优化前、后的对比图

3. 实验结果分析与比较

结合算法设计，我们开发了一套面向无人机序列图像恢复的三维点云的处理软件，可以实现建筑物表面几何建模等功能，图 7.26 给出了独立建筑物建模结果。

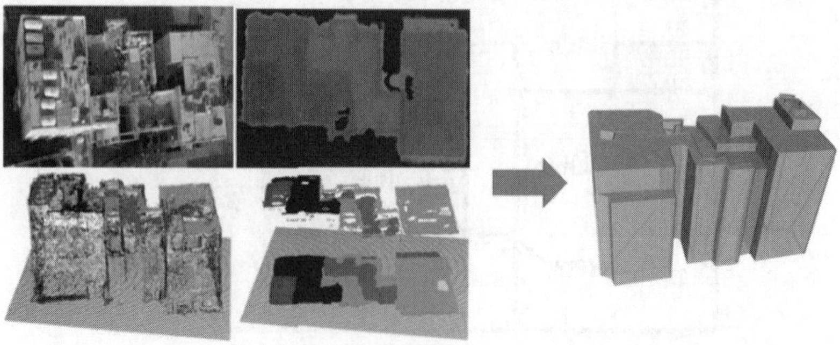

图 7.26 独立建筑物建模结果

图 7.27 和图 7.28 给出了两幅城市场景三维重建的效果图。图 7.27（a）所示的场景数据 1 的空间点云存在强烈噪声，本软件受益于统计分析，有效地补偿了非均匀数据质量的影响。图 7.27（b）为点云分割目标提取的结果。图 7.27（c）和图 7.27（d）分别为格网化多面体模型和纹理渲染后的三维模型。图 7.27 显示了一个大范围的现代居住区的一部分三维建模结果。同样，重建算法完成了从图 7.27（a）三维点云到图 7.27（b）多目标地物分类，并实现图 7.27（c）对独立建筑物点云的表面几何建模，完成图 7.27（d）对整个场景的建模表达。

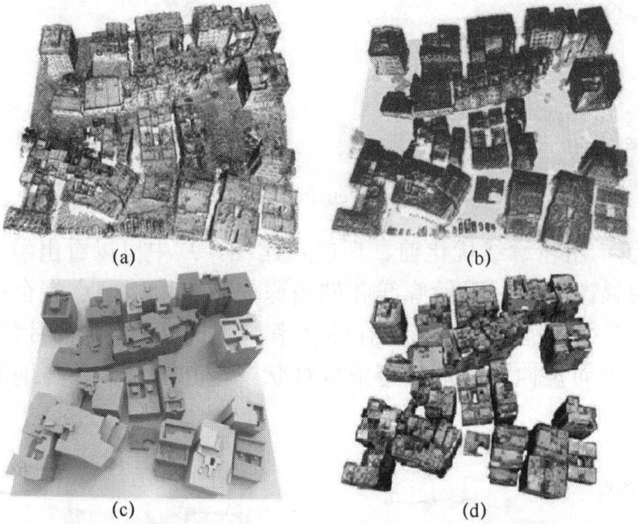

图 7.27 场景数据 1 三维重建的效果图

图 7.28 场景数据 2 三维重建的效果图

正如两幅重建场景图所示，虽然建筑物的屋顶噪声强烈，并且墙面在采样时有大片的缺失区域，但本软件可以成功地检测和重建这些区域的所有建筑物。每栋建筑物都对应生成一个表面致密无缝的、结构紧凑的多面体表面几何模型。这些表面几何模型很好地拟合了扫描点云结构，并且在数据压缩方面显著减小了数据存储量。通过将点云数据转换为多面体表面几何模型，场景的数据存储量从 1.2GB 减小到 530KB，压缩率在 99.95%以上。

为了更直观地评估重建模型的精度，图 7.29 给出了点云和模型叠加的图示，图 7.29（b）中点云的颜色深度表示误差的大小。统计结果表明，在轻型无人机数据采集的条件下，本软件可以实现平均拟合误差优于 0.2m 的精度。

(a)　(b)

图 7.29　点云和模型叠加的图示

7.7　基于 NeRF 和 Gaussian Splatting 的全新方法

传统的基于图像的三维重建技术主要通过几何特征的匹配关联和三角测量方法重建像素的深度信息，如立体视觉、SfM 和 MVS 等技术，都遵循了像素级的匹配和三角测量的处理规则。而随着深度学习技术的发展，三维重建领域也发展了许多面向重建的模型，并取得了显著进展。视角合成方法通常使用一个计算的中间三维场景表征作为中介，生成高质量的虚拟视角图像。根据表示形式，三维场景重建的表示形式可以分为显式（Explicit）和隐式（Implicit）。无论是显式表示还是隐式表示，都是对三维场景的具体表征，这种表征是根据现实场景的观测数据进行推导计算的。

显式表示包括直接使用点云、网格或体素等，其优点是能够对场景进行显式建模，从而合成照片级的虚拟视角；缺点是这种离散表示因为不够精细化会造成重叠等伪影，而且它们对内存的消耗限制了高分辨率场景的应用。

隐式表示通常用一个函数来描述场景几何，建模的过程是计算出一个能够反映场景表面的隐函数（如 Occupancy Field 或 Signed Distance Function，SDF）。隐式表示后来可以从神经网络的角度出发，使用一个多层感知机（Multi-Layer Perceptron，MLP）来近似获得该函数，算法的输入是三维空间坐标，输出是对应的几何信息。隐式表示的好处是它是一种连续的表示，能够适用于大分辨率场景。

7.7.1　神经辐射场（NeRF）

神经隐式表示（Neural Implicit Representation）于 2019 年开始发展，2020 年 Mildenhall B. 等人在欧洲计算机视觉会议上提出神经辐射场（Neural Radiance Fields，NeRF）技术。

将场景表示为连续的三维函数，用神经网络模型预测空间中某个点的颜色和不透明度，旨在通过训练神经网络从多幅二维图像中学习底层场景，来表示观测的复杂三维场景，从而合成新的场景视图。

NeRF 通过优化基于稀疏输入视图的连续体积场函数来合成复杂场景。如图 7.30 所示，NeRF 算法使用一个全连接的（非卷积）深度网络来表示场景，其输入是单个连续的 5 维坐标，包括空间位置 (x, y, z) 和观察方向 (θ, ϕ)，输出是该空间位置处的体积密度和依视角的辐射强度。图 7.30（a）表示沿着摄像机射线对 5 维坐标（空间位置和观察方向）进行采样来合成图像；图 7.30（b）表示将这些空间位置输入 MLP 以生成颜色和体积密度；图 7.30（c）表示使用体积渲染技术将这些值组合成图像；图 7.30（d）说明这个渲染函数是可微的，因此可以通过最小化合成图像与实际观察图像之间的残差来优化场景表示。算法中引入的重要性采样（Importance Sampling）和位置编码（Positional Encoding）使得三维重建的质量得到显著提升，同时 NeRF 算法大大减少了传统三维重建中的伪影。

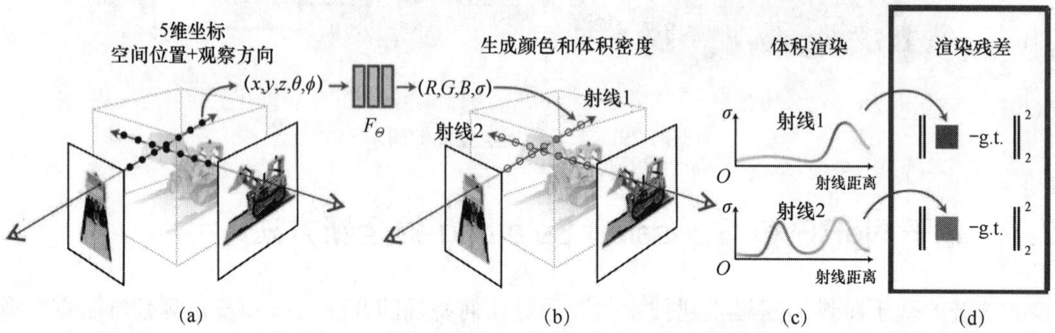

图 7.30 NeRF 算法的流程概述（Mildenhall B. 等，2020 年）

由于 NeRF 类方法采用了基于三维点采样的体渲染方法，在局部弱纹理区域同样会面临多个采样点颜色一致导致歧义的问题。但由于神经网络自带参数拟合的特点，且具有数据平滑的能力，在构建模型的完整性这一点上表现得比较好。NeRF 类方法在小场景或室内场景上，已经打平甚至超越了传统的几何重建方法，但是在大场景上，由于网络学习容量、光照、图像畸变被放大等因素，NeRF 类方法还没有较好的解决思路，现阶段大多是以提高渲染质量为主。下面介绍 NeRF 技术在重建大型城市场景方面的应用推广。

为了使用隐式表示有效地重建大型城市场景，2023 年有学者提出了一种双分支模型架构 Grid-guided NeRF。该架构采用统一的场景表示，在联合学习方案下集成了基于网格和基于 NeRF 的方法。

在预训练阶段使用特征网格对目标场景进行建模，粗略地捕获场景的几何形状和外观。然后，使用粗特征网格来引导 NeRF 的点采样，使其集中在场景表面周围；并且为 NeRF 的位置编码提供有关场景几何形状和采样位置外观的额外特征。在这样的指导下，NeRF 可以在大幅压缩的采样空间中高效地拾取更精细的细节。此外，由于粗级几何和外观信息被明确地提供给 NeRF，轻量级 MLP 足以学习从全局坐标到体积密度和颜色的映射。

在联合学习阶段，粗特征网格通过来自 NeRF 分支的梯度得到进一步优化，对它们进行正则化，以便在单独应用时产生更准确和自然的渲染结果。为了进一步减小内存占用并学习大型城市场景的可靠特征网格，采用 3D 特征网格的紧凑分解来近似而不损失表示能力。因为城市的基本语义布局主要体现在水平面上的分布情况，算法建议先将 3D 特征网格分解为跨越场景的 2D 地面特征平面和沿垂直轴的特征。分解处理的好处是多方面的：首先内存占用显著减小；其次学习到的特征网格被强制分解为高度紧凑的地面特征平面，提供明确且信息丰富的场景布局。在实际渲染新颖视图时，用户可以使用渲染速度更快的网格分支，也可以在牺牲渲染速度的情况下使用具有更多高频细节和空间平滑度的 NeRF 分支。

7.7.2　高斯泼溅

NeRF 技术主要使用隐式的、基于坐标的模型，将空间坐标映射成合成视图的像素值。在 2023 年的 SIGGRAPH 计算机图形学年会上，由 Kerbl B. 等人提出的 3D 高斯泼溅（3D Gaussian Splatting，3D GS）采用了一种和 NeRF 不同的计算方法，它通过优秀的光栅化和新视图合成能力，在大规模情景中表现出独特之处。高斯泼溅不涉及任何神经网络，甚至没有一个小型的 MLP，没有任何“神经”（Neural）元素，一个场景本质上只是空间中的一组点。它的理念来源于“表面点阵”（Surface Splatting），这表明经典的计算机视觉方法仍然在促进最新的相关技术发展。高斯泼溅的简单和明确表示使得它尤其易于解释（见图 7.31～图 7.34）。

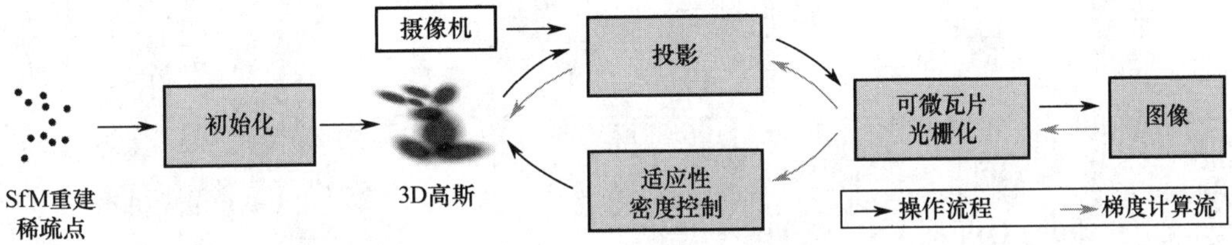

图 7.31　高斯泼溅流程图

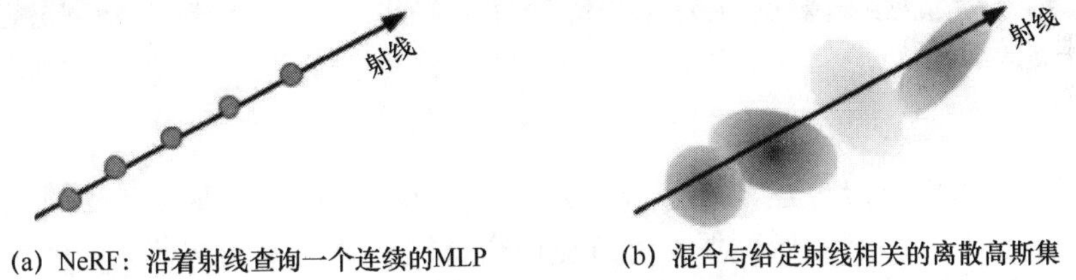
射线
射线
(a) NeRF：沿着射线查询一个连续的MLP
(b) 混合与给定射线相关的离散高斯集

图 7.32　NeRF 和高斯泼溅的概念区别

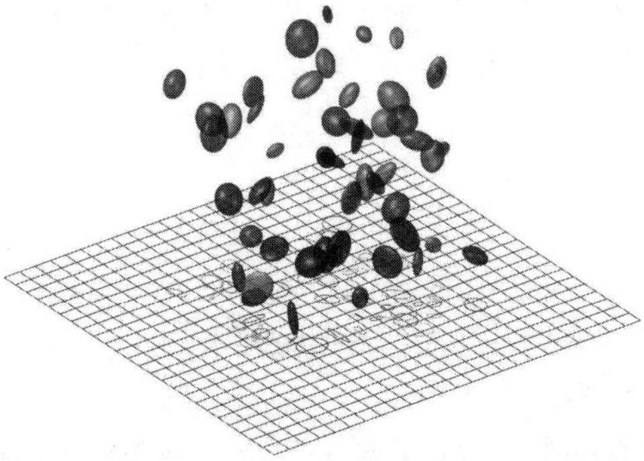

图 7.33　泼溅方法将 3D 高斯投影至像素平面

3D GS 这种创新性方法以使用数百万个 3D 高斯函数为特征，通过明确的场景表示和可微渲染算法，不仅承诺实时渲染能力，而且引入了前所未有的控制和可编辑水平。

在 3D GS 算法中，每个点都是一个 3D 高斯函数，具有自己独特的参数，这些参数根据场景进行拟合，以便将该场景的渲染结果与输入的数据集图像相匹配。具体而言，每个 3D 高斯函数有以下参数化：均值 μ，可解释为位置 (x,y,z)；协方差 Σ；不透明度 $\sigma(\alpha)$，应用了一个 Sigmoid 函数将该参数映射到[0, 1]区间；颜色参数，可以是 3 个值 (R,G,B) 或球谐函数系数。这意味着一个 3D 点可以是一个椭球体，沿着空间中的任意方向旋转和拉伸，它可能需要 9 个参数，但是直接优化这些参数是不可取的，因为协方差矩阵只有在半正定矩阵时才具有物理意义。使用梯度下降法进行优化很难直接对矩阵施加这样的约束，相反可以使用本征矩阵分解的方法从协方差矩阵 Σ 中恢复出椭球体的配准参数。使用 3D 高斯函数的好处在于每个点都有双重影响。一方面，根据其协方差，每个点有效地表示了空间中接近其均值的有限区域；另一方面，它在理论上具有无穷大的范围，这意味着每个 3D 高斯函数都是在整个三维空间上定义的，并且可以对任何点进行评估。

(a) 摄影测量重建　　(b) NeRF　　(c) 高斯泼溅

图 7.34　三维建模的比较

深度学习技术为三维重建领域带来了更多创新和发展机会，加速了三维场景理解和重建的进程。事实上，二维图像数据不可避免地会遗漏一些三维结构信息，尤其是在航空对地观测的实际应用场景中，俯视视角下的很多侧立面信息都会缺失。如果能够在减少数据冗余的同时，强化对各种场景的三维模型表示的先验约束，可能会对设计三维重建的新方法形成启发。

7.8 本章小结

基于航空图像进行大场景的三维重建的工作最早发展自航空摄影测量领域，之后随着三维计算机视觉的发展，自动化的特征搜索匹配和大规模视图的快速相对定向精度不断提高，高精度的大场景三维模型能够得以呈现。航空三维重建不再局限于使用事先设定的飞行路径和拍摄视角进行数据采集，视点和路径优化的研究被不断提出，这些研究的流程可以大致概括为生成搜索空间、量化视点收益、进行路径规划、重建三维场景 4 个步骤。此外，随着相关硬件的发展与技术提升，有许多问题随之解决。近年来，机器学习的加入为三维重建技术注入了新的发展思路，同时提出了更多的挑战，如大规模数据处理、模型泛化、计算效率等问题。无论如何，随着深度学习技术的不断发展和完善，将会对三维重建领域产生更为积极的影响。随着现代航空飞行器技术、多源传感器融合技术、智能感知智能互联技术、大数据技术的快速发展，现代航空图像处理进入了一个大变化时代。

参考文献

[1] 陈述彭，童庆禧，郭华东. 遥感信息机理研究[M]. 北京：科学出版社，1998.

[2] 范晋祥，刘嘉. 精确制导自动目标识别智能化的挑战与思考[J]. 航空兵器，2019，26（1）：30-38.

[3] 高翔，张涛. 视觉 SLAM 十四讲：从理论到实践[M]. 2 版. 北京：电子工业出版社，2019.

[4] 贾玉红，黄俊，吴永康. 航空航天概论[M]. 5 版. 北京：北京航空航天大学出版社，2022.

[5] 江波，屈若锟，李彦冬，等. 基于深度学习的无人机航拍目标检测研究综述[J]. 航空学报，2021，42（4）：524519.

[6] 李德仁，王树根，周月琴. 摄影测量与遥感概论[M]. 北京：测绘出版社，2008.

[7] 李红光，于若男，丁文锐. 基于深度学习的小目标检测研究进展[J]. 航空学报，2021，42（7）：24691.

[8] 李明磊. 计算机视觉三维测量与建模[M]. 北京：电子工业出版社，2022.

[9] 李清泉，黄惠，姜三，等. 优视摄影测量方法及精度分析[J]. 测绘学报，2022，51（6）：996-1007.

[10] 李树楷，薛永祺. 高效三维遥感集成技术系统[M]. 北京：科学出版社，2000.

[11] 梁琛彬，程博，何国金. 1970—2017 年海南岛 Landsat 系列卫星遥感深加工数据集[J]. 中国科学数据，2019，4（2）：115-124.

[12] 刘春，陈华云，吴杭彬. 激光三维遥感的数据处理与特征提取[M]. 北京：科学出版社，2010.

[13] 刘少创. 协同论航空遥感影像理解[D]. 武汉：武汉测绘科技大学，1996.

[14] 刘洵，王国华，毛大鹏，等. 军用飞机光电平台的研发趋势与技术剖析[J]. 中国光学（中英文），2009，2（4）：269-288.

[15] 龙霄潇，程新景，朱昊，等. 三维视觉前沿进展[J]. 中国图象图形学报，2021，26（06）：1389-1428.

[16] 吕翠华，杜卫钢，万保峰，等. 无人机航空摄影测量[M]. 武汉：武汉大学出版社，2022.

[17] 马颂德，张正友. 计算机视觉：计算理论与算法基础[M]. 北京：科学出版社，1998.

[18] 马银才，张兴媛. 航空机载电子设备[M]. 北京：清华大学出版社，2012.

[19] 牛轶峰，刘俊艺，熊进，等. 无人机群协同跟踪地面多目标导引方法研究[J]. 中国科学：技术科学，2020，50：403-422.

[20] 邱茂林，马颂德，李毅. 计算机视觉中摄像机定标综述[J]. 自动化学报，2000，126（01）：43-55.

[21] 阮秋琦. 数字图像处理学[M]. 北京：电子工业出版社，2007.

[22] 宋闯，姜鹏，段磊，等. 新型光电探测技术在精确制导武器上的应用研究[J]. 红外与激光工程，2020，49（6）：210-219.

[23] 孙辉，李志强，张建华，等. 机载光电平台目标交会定位[J]. 中国光学（中英文），2015，8（6）：988-996.

[24] 沈宏海，黄猛，李嘉全，等. 国外先进航空光电载荷的进展与关键技术分析[J]. 中国光学（中英文），2012，5（1）：20-29.

[25] 王程，陈峰，吴金建，等. 视觉传感机理与数据处理进展[J]. 中国图象图形学报，2020（1）：19-30.

[26] 王成，习晓环，杨学博，等. 激光雷达遥感导论[M]. 北京：高等教育出版社，2022.

[27] 王家骐，金光，颜昌翔. 机载光电跟踪测量设备的目标定位误差分析[J]. 光学精密工程，2005，13（002）：105-116.

[28] 王之卓. 摄影测量原理[M]. 北京：测绘出版社，1979.

[29] 王晏民，郭明，黄明. 海量精细点云数据组织与管理[M]. 北京：测绘出版社，2015.
[30] 吴福朝，胡占义. 基础矩阵的 5 点和 4 点算法[J]. 自动化学报，2003，29（2）：175-180.
[31] 吴良斌. SAR 图像处理与目标识别[M]. 北京：航空工业出版社，2013.
[32] 吴启晖，董超，贾子晔，等. 低空智联网组网与控制理论方法[J]. 航空学报，2024，45（3）：028809.
[33] 杨必胜，董震. 点云智能处理[M]. 北京：科学出版社，2020.
[34] 袁保宗. 三维计算机视觉的进展[J]. 电子学报，1992，20（7）：80-86.
[35] 詹总谦，张祖勋，张剑清. 基于稀疏矩阵技术的光束法平差快速算法设计[J]. 测绘通报，2006（12）：5-8.
[36] 张继贤，林祥国，梁欣廉. 点云信息提取研究进展和展望[J]. 测绘学报，2017，46（10）：1460-1469.
[37] 张剑清，潘励，王树根. 摄影测量学[M]. 北京：测绘出版社，2006.
[38] 张永军，张祖勋，张剑清. 利用二维 DLT 及光束法平差进行数字摄像机标定[J]. 武汉大学学报（信息科学版），2002，27（5）：566-571.
[39] 赵兴科，李明磊，张弓，等. 基于显著图融合的无人机载热红外图像目标检测方法[J]. 自动化学报，2021，47（9）：2120-2131.
[40] 郑江滨，李秀秀. 基于视觉的运动目标检测跟踪[M]. 北京：科学出版社，2020.
[41] 钟耳顺，宋关福，汤国安. 大数据地理信息系统：原理、技术与应用[M]. 北京：清华大学出版社，2020.
[42] AGGARWAL S, KUMAR N. Path planning techniques for unmanned aerial vehicles: A review, solutions, and challenges[J]. Computer Communications, 2020, 149: 270-299.
[43] BOLLES R C, BAKER H H, MARIMONT D H. Epipolar-plane image analysis: an approach to determining structure from motion[J]. International Journal of Computer Vision, 1987, 1(1): 7-55.
[44]BROWN D C. Decentering distortion of lenses[J]. Photogrammetric Engineering and Remote Sensing, 1966, 32(3): 444-462.
[45] BUCKLER M, JAYASURIYA S, SAMPSON A. Reconfiguring the imaging pipeline for computer vision[C]. IEEE ICCV. Venice, Italy, 2017: 975-984.
[46] CAI Z, VASCONCELOS N. CASCADE R-CNN: Delving into high quality object detection[C]. 2018 IEEE/CVF Conference on Computer Vision and Pattern Recognition. Salt Lake USA, 2018, 6154-6162.
[47] CHEN C, YANG B. Dynamic occlusion detection and inpainting of in situ captured terrestrial laser scanning point clouds sequence[J]. ISPRS Journal of Photogrammetry and Remote Sensing, 2016, 119: 90-107.
[48] COHEN A, SATTLER T, POLLEFEYS M. Merging the unmatchable: Stitching visually disconnected SfM models[C]. 2015 IEEE International Conference on Computer Vision. Santiago Chile, 2015, 2129-2137.
[49] PAINE D P, KISER J D. Aerial Photography and Image Interpretation[M]. 3rd ed. Hoboken: John Wiley & Sons, Inc., 2012.
[50] DONG C, LOY C C, HE K, et al. Learning a Deep Convolutional Network for Image Super-Resolution[C]. 13th European Conference on Computer Vision. Zurich, 2014, 184-199.
[51] DUAN K, BAI S, XIE L, et al. CenterNet: Keypoint Triplets for Object Detection[C]. 2019 IEEE/CVF International Conference on Computer Vision. Seoul, 2019, 6568-6577.
[52] EISENBEIß H. UAV Photogrammetry[D]. Zurich: Eidgenössische Technische Hochschule Zürich, 2009.
[53] ELTNER A, HOFFMEISTER D, KAISER A, et al. UAVs for the Environmental Sciences, Methods and Applications[M]. Darmstadt: WBG Academic, 2022.
[54] ENGEL J, KOLTUN V, CREMERS D. Direct sparse odometry[J]. IEEE Transactions on Pattern Analysis and Machine Intelligence, 2017, 40(3): 611-625.

[55] ENGEL J, STÜCKLER J, CREMERS D. Large-scale direct SLAM with stereo cameras[C]. 2015 IEEE/RSJ International Conference on Intelligent Robots and Systems (IROS). Hamburg Germany, 2015, 1935-1942.

[56] FAUGERAS O. Three-dimensional computer vision[M]. Cambridge: MIT Press, 1993.

[57] FORSTER C, PIZZOLI M, SCARAMUZZA D. SVO: fast semi-direct monocular visual odometry[C]. 2014 IEEE International Conference on Robotics and Automation (ICRA). New York USA, 2014, 15-22.

[58] FORSTER C, ZHANG Z, GASSNER M, et al. SVO: semidirect visual odometry for monocular and multicamera systems[J]. IEEE Transactions on Robotics, 2016, 33(2): 249-265.

[59] GIRSHICK R. Fast R-CNN[C]. 2015 IEEE International Conference on Computer Vision. Santiago Chile, 2015, 1440-1448.

[60] GIRSHICK R, DONAHUE J, DARRELL T, et al. Rich Feature Hierarchies for Accurate Object Detection and Semantic Segmentation[C]. 2014 IEEE Conference on Computer Vision and Pattern Recognition. Columbus USA, 2014, 580-587.

[61] GONZALES R C, WOODS R E. Digital image processing[M]. 4th ed. New Jersey: Pearson, 2017.

[62] GORTLER S. Foundations of 3D computer graphics[M]. Cambridge: MIT Press, 2012.

[63] HARALICK B M, LEE C N, OTTENBERG K, et al. Review and analysis of solutions of the three point perspective pose estimation problem[J]. International Journal of Computer Vision, 1994, 13(3):331-356.

[64] HARALICK R M, SHANMUGAM K, DINSTEIN I H. Textural features for image classification[J]. IEEE Transactions on Systems, Man, and Cybernetics, 1973, SMC-3(6): 610-621.

[65] HARTLEY R, ZISSERMAN A. Multiple view geometry in computer vision[M]. 2nd ed. Cambridge: Cambridge University Press, 2003.

[66] HE K, GKIOXARI G, DOLLAR P, et al. Mask R-CNN[C]. 2017 IEEE International Conference on Computer Vision (ICCV). Venice Italy, 2017, 2980-2988.

[67] HE K, ZHANG X, REN S, et al. Deep residual learning for image recognition[C]. Proceedings of the IEEE Conference on Computer Vision and Pattern Recognition. New York US, 2016, 770-778.

[68] HE K, ZHANG X, REN S, et al. Spatial Pyramid Pooling in Deep Convolutional Networks for Visual Recognition[J]. IEEE Transactions on Pattern Analysis and Machine Intelligence, 2015, 37(9): 1904-1916.

[69] HENRIQUES J F, CASEIRO R, MARTINS P, et al. High-Speed Tracking with Kernelized Correlation Filters[J]. IEEE Transactions on Pattern Analysis & Machine Intelligence, 2015, 37(3): 583-596.

[70] JENSEN J R. Introductory digital image processing: A remote sensing perspective[M]. Glenview: Pearson Education, 2015.

[71] JIN H, SOATTO S, YEZZI A J. Multi-view stereo reconstruction of dense shape and complex appearance[J]. International Journal of Computer Vision, 2005, 63(3): 175-189.

[72] KERBL B, KOPANAS G, LEIMKÜHLER T, et al. 3D Gaussian Splatting for Real-Time Radiance Field Rendering[J]. ACM Transactions on Graphics, 2023, 42(4)139: 1-14.

[73] KLEIN G, MURRAY D. Parallel tracking and mapping for small AR workspaces[C]. 2007 6th IEEE and ACM International Symposium on Mixed and Augmented Reality. Nara Japan, 2007, 225-234..

[74] KONECNY G. Geoinformation: Remote Sensing, Photogrammetry and Geographic Information Systems[M]. 2nd ed. New York: CRC Press, 2014.

[75] LAW H, DENG J. CornerNet: Detecting objects as paired keypoints[C]. 15th European Conference on Computer Vision. Munich Germany, 2018, 734-750.

[76] LI M, NAN L. Feature-preserving 3D mesh simplification for urban buildings[J]. ISPRS Journal of

Photogrammetry and Remote Sensing, 2021, 173: 135-150.

[77] LI M, ROTTENSTEINER F, HEIPKE C. Modelling of buildings from aerial LiDAR point clouds using TINs and label maps[J]. ISPRS Journal of Photogrammetry and Remote Sensing, 2019, 154: 127-138.

[78] LIN T Y, DOLLÁR P, GIRSHICK R, et al. Feature pyramid networks for object detection[C]. IEEE Conference on Computer Vision and Pattern Recognition. Honolulu USA, 2017, 2117-2125.

[79] LIU J G, MASON PHILIPPA J. Image processing and GIS for remote Sensing Techniques and applications[M]. OxFord: John Wiley & Sons, Ltd., 2016.

[80] LIU W, D ANGUELOV, D ERHAN, et al. SSD: Single shot multibox detector[C]. 14th European Conference on Computer Vision. Amsterdam, 2016, 21-37.

[81] LEUTENEGGER S, LYNEN S, BOSSE M, et al. Keyframe-based visual-inertial odometry using nonlinear optimization[J]. The International Journal of Robotics Research, 2014, 34(3): 314-334.

[82] LOWE D G. Distinctive image features from scale-invariant keypoints[J]. International Journal of Computer Vision, 2004, 60(2): 91-110.

[83] MA Y, SOATTO S, KOSECKA J, et al. An invitation to 3D vision: from images to geometric models[M]. Berlin: Springer Science and Business Media, 2012.

[84] MARR D. Vision: A computational investigation into the human representation and processing of visual information[M]. Cambridge: MIT Press, 2010.

[85] MILDENHALL B, SRINIVASAN P, TANCIK M, et al. NeRF: Representing Scenes as Neural Radiance Fields for View Synthesis[C]. 16th European Conference on Computer Vision. Glasgow, 2020, 405-421.

[86] MUR-ARTAL R, MONTIEL J M M, TARDOS J D. ORB-SLAM: A versatile and accurate monocular SLAM system[J]. IEEE Transactions on Robotics, 2015, 31(5): 1147-1163.

[87] MUR-ARTAL R, TARDÓS J D, ORB-SLAM2: An open-source SLAM system for monocular, stereo, and RGB-D cameras[J]. IEEE Transactions on Robotics, 2017, 33(5): 1255-1262.

[88] NARASIMHAN S G, NAYAR S K. Removing weather effects from monochrome images[C]. 2001 IEEE Computer Society Conference on Computer Vision and Pattern Recognition. Kauai, HI, USA, 2001, 186-193.

[89] PARKER J R. Algorithms for image processing and computer vision[M]. Hoboken: John Wiley and Sons, 2010.

[90] PRINCE S J D. Computer vision: models, learning, and inference[M]. London: Cambridge University Press, 2012.

[91] QI C R, SU H, MO K, et al. PointNet: Deep learning on point sets for 3D classification and segmentation[C]. 30th IEEE Conference on Computer Vision and Pattern Recognition. New York, 2017, 77-85.

[92] QI C R, YI L, SU H, et al. PointNet++: Deep hierarchical feature learning on point sets in a metric space[C]. 31st International Conference on Neural Information Processing Systems. Long Beach USA, 2017, 5105-5114.

[93] QIN T, LI P, SHEN S. Vins-mono: A robust and versatile monocular visual-inertial state estimator[J]. IEEE Transactions on Robotics, 2018, 34(4): 1004-1020.

[94] REDMON J, DIVVALA S, GIRSHICK R, et al. You only look once: unified, real-time object detection[C]. 2016 IEEE Conference on Computer Vision and Pattern Recognition (CVPR). Las Vegas, 2016, 779-788.

[95] REDMON J, FARHADI A. YOLO9000: Better, faster, stronger[C]. 2017 IEEE Conference on Computer Vision and Pattern Recognition, Honolulu US, 2017, 6517-6525.

[96] REMONDINO F, EL-HAKIM S. Image-based 3D modelling: a review[J]. Photogrammetric Record, 2010,

21(115): 269-291.

[97] REN S, HE K, GIRSHICK R, et al. Faster R-CNN: Towards real-time object detection with region proposal networks[C]. 29th International Conference on Neural Information Processing Systems. Montreal Canada, 2015, 91-99.

[98] RUBLEE E, RABAUD V, KONOLIGE K, et al. ORB: An efficient alternative to SIFT or SURF[C]. 2011 IEEE International Conference on Computer Vision. New York, USA, 2011, 2564-2571.

[99] SEITZ S M, CURLESS B, DIEBEL J, et al. A comparison and evaluation of multi-view stereo reconstruction algorithms[C]. 2006 IEEE Conference on Computer Vision and Pattern Recognition. New York, 2006, 17-22.

[100] SZELISKI R. Computer vision: algorithms and applications[M]. London: Springer, 2010.

[101] VASWANI A, SHAZEER N, et al. Attention is all you need[C]. 31st International Conference on Neural Information Processing Systems. Long Beach USA, 2017, 6000-6010.

[102] WEILBERG M. Photogrammetry and remote sensing[M]. New York: White Word Publications, 2017.

[103] WESTOBY M J, BRASINGTON J, GLASSER N F, et al. "Structure-from-Motion" photogrammetry: a low-cost, effective tool for geoscience applications[J]. Geomorphology, 2012, 179:300-314.

[104] XU L, XIANGLI Y, PENG S, et al. Grid-guided neural radiance fields for large urban scenes[C]. 2023 IEEE/CVF Conference on Computer Vision and Pattern Recognition (CVPR). Vancouver Canada, 2023, 8296-8306.

[105] XU S, CHEN S, XU R, et al. Local feature matching using deep learning: a survey[J]. Information Fusion, 2024, 107, 102344.

[106] YANG J, WRIGHT J, HUANG T, et al. Image super-resolution as sparse representation of raw image patches[C]. 2008 IEEE Conference on Computer Vision and Pattern Recognition. Anchorage AK USA, 2008, 1-8.

[107] ZEILER M D, FERGUS R. Visualizing and understanding convolutional networks[C]. 13th European Conference on Computer Vision. Zurich, 2014, 818-833.

[108] ZHAO Q, SHENG T, WANG Y, et al. M2det: A single-shot object detector based on multi-level feature pyramid network[C]. Proceedings of the AAAI Conference on Artificial Intelligence, Hawaii, 2019, 33(01): 9259-9266.

彩插页

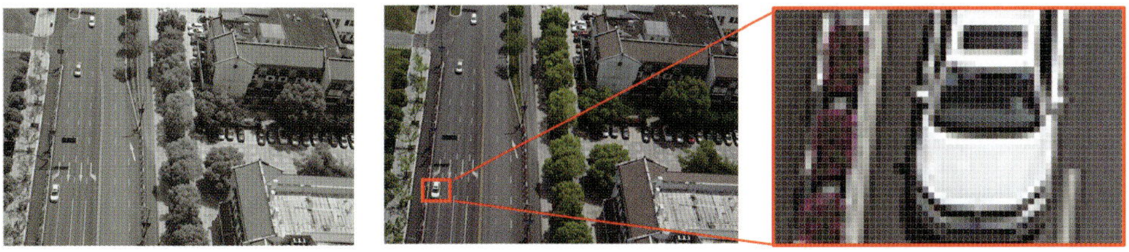

(a) 灰度图像　　(b) 可见光彩色图像　　(c) 局部放大的像素可视化效果

图 1.1　航拍数字图像示例

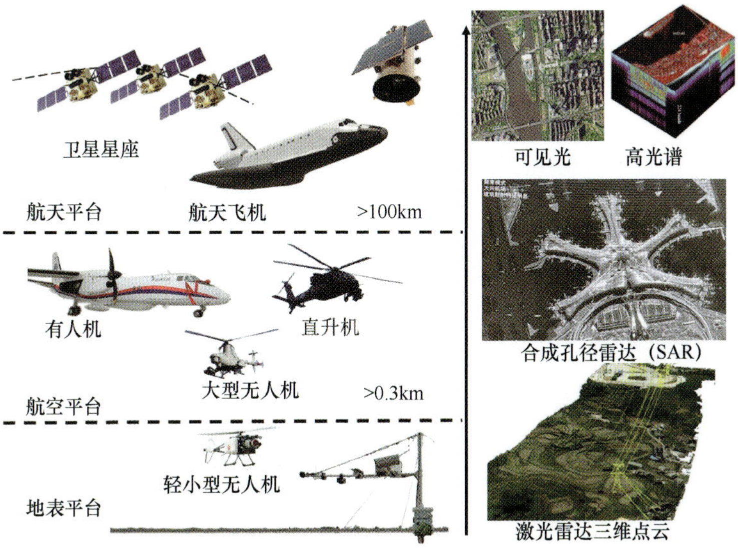

图 1.2　多样化的遥感观测平台和数据形式

(a) 运动像移　　(b) 航空相机的调焦　　(c) 曝光量偏差　　(d) 大气条件

图 1.13　影响航空图像的部分不利因素

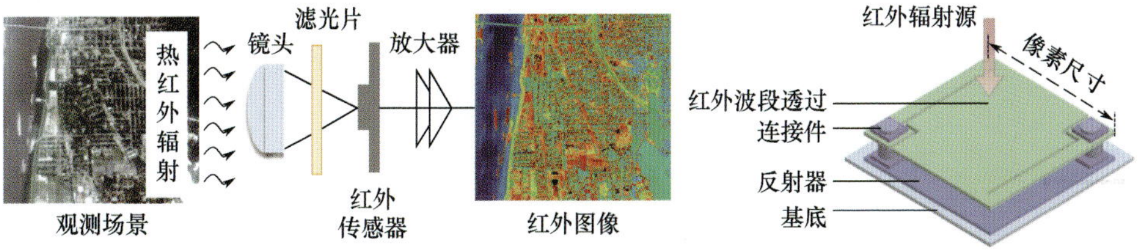

图 2.5　热辐射传感器示例

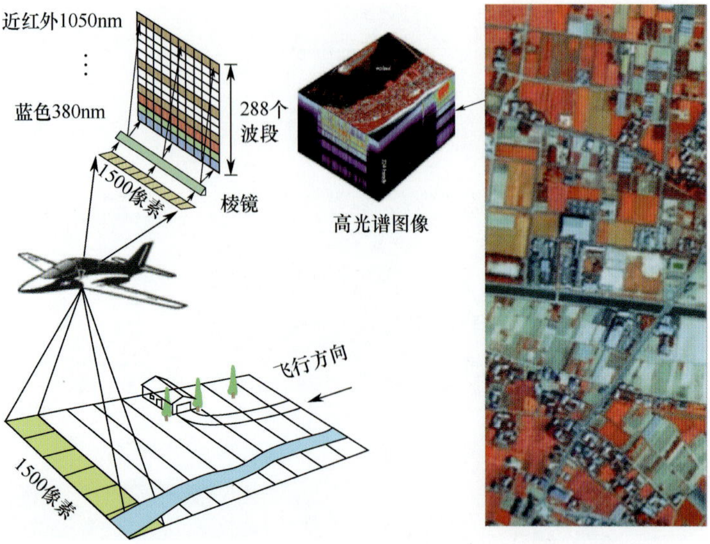

图 2.6 使用线阵阵列推扫式高光谱传感器采集高光谱数据

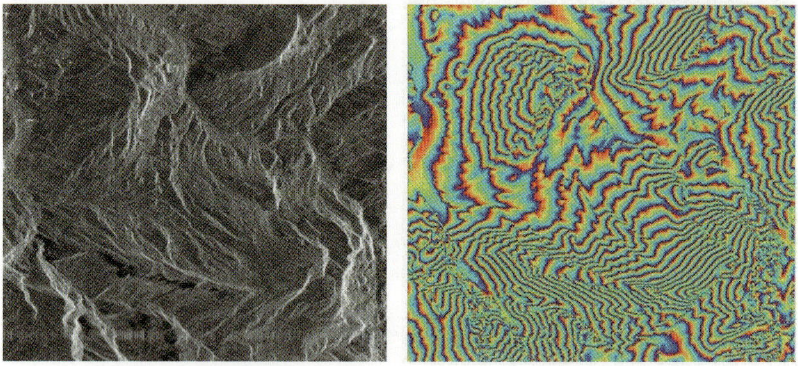

(a) ERS-2 SAR多视图像　　(b) InSAR干涉图

图 2.22 ERS-2 SAR 多视图像和 InSAR 干涉图（2π 周期的条纹类似于显示地形的等高线）

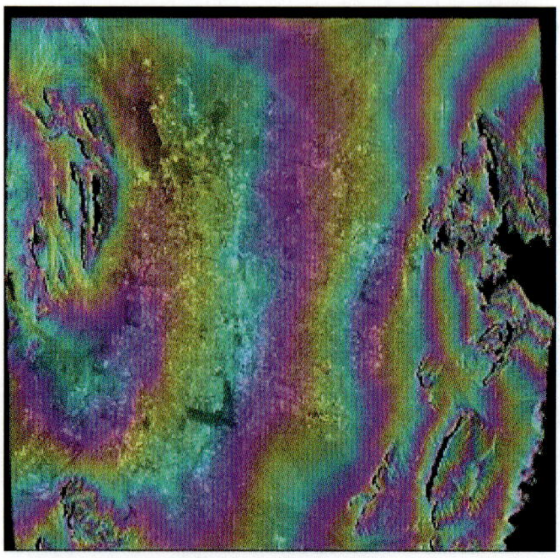

图 2.24 InSAR 提取的 DEM（每个干涉条纹代表 160m 高程差）

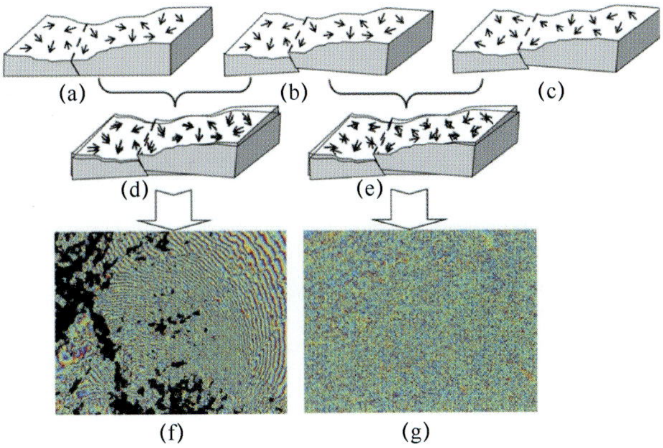

图 2.28 地表形变和随机表面变化对干涉图的影响［图（a）至图（e）中的小箭头表示来自地面散射体的返回 SAR 信号的相角］

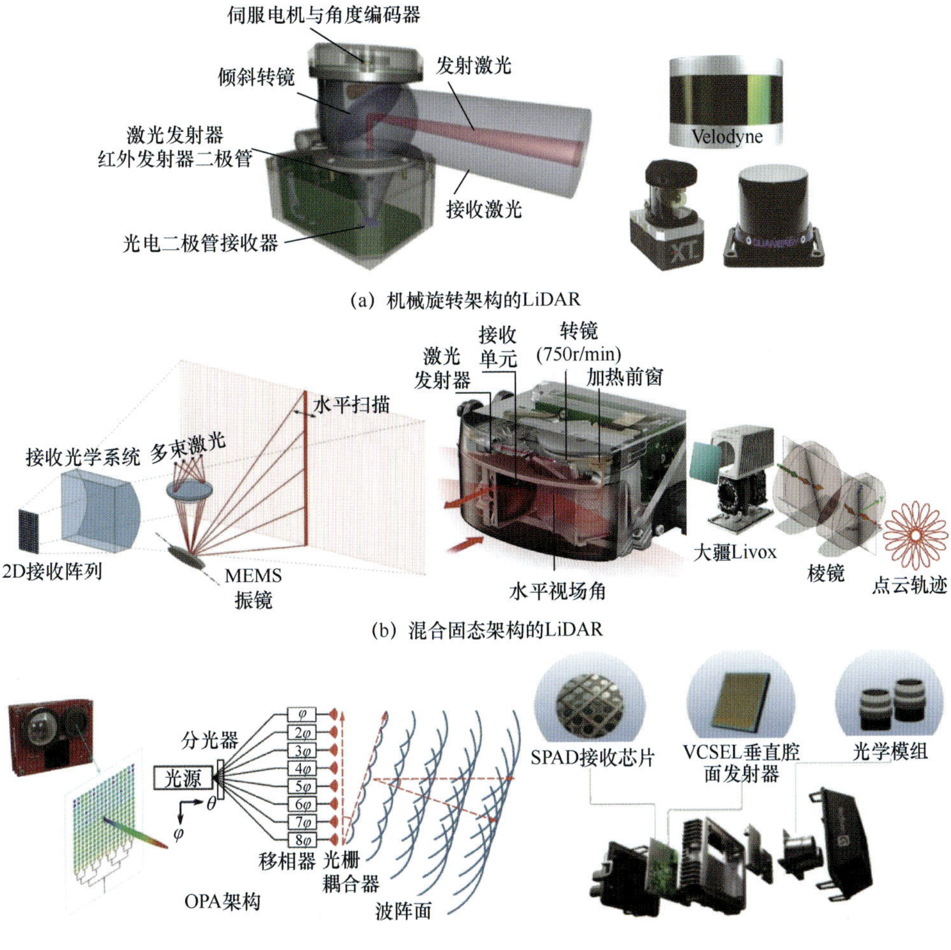

图 2.35 LiDAR 扫描组件的工作方式

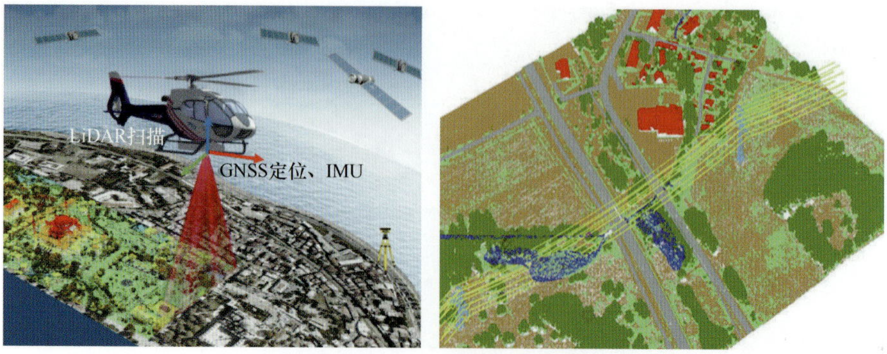

图 2.36 对机载 LiDAR 扫描的三维点云进行地物分类的效果示例

图 2.37 机载 LiDAR 系统对地观测的穿透性

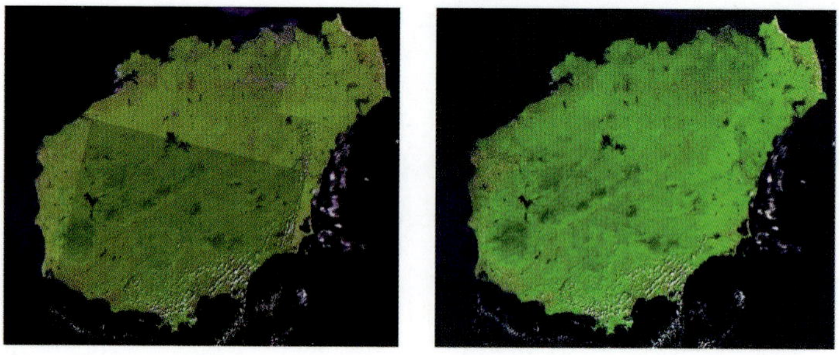

图 3.6 采用直方图匹配进行匀色处理后的遥感图像镶嵌的对比图（梁琛彬等，2019 年）

图 3.21 图像超分辨率重建前、后的航空图像示例

图 3.24　焦距和几何畸变之间的关系

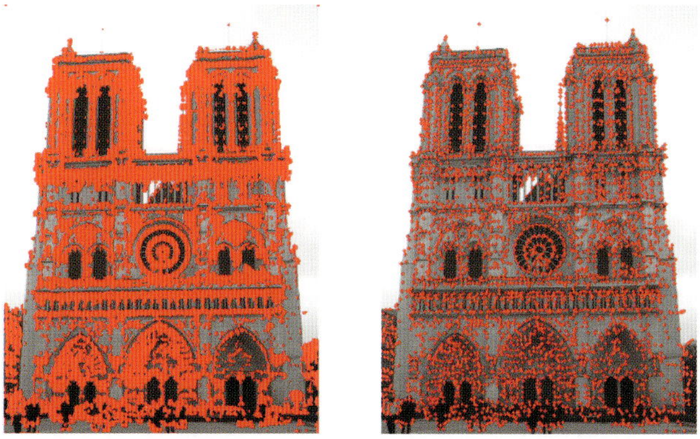

(a) 抑制前　　(b) 抑制后

图 4.9　非极大值抑制前和抑制后的角点提取结果

图 4.20　基于特征相似性计算有许多错误匹配点对

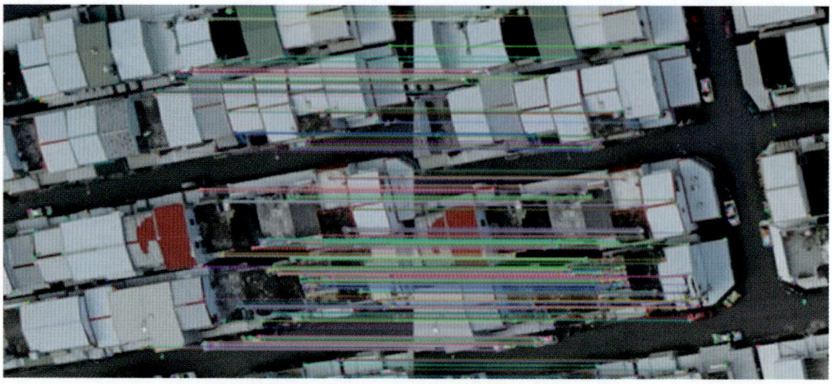

图 4.22 使用 RANSAC 算法结合对极几何约束剔除了错误匹配点对的特征匹配结果

图 4.33 基于 SAM 分割的图像隐含语义的区域掩膜示例

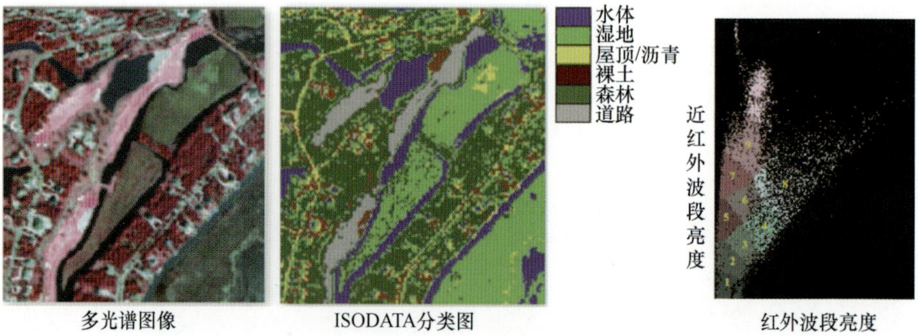

图 5.2 一幅多光谱图像的 ISODATA 算法分类处理示例

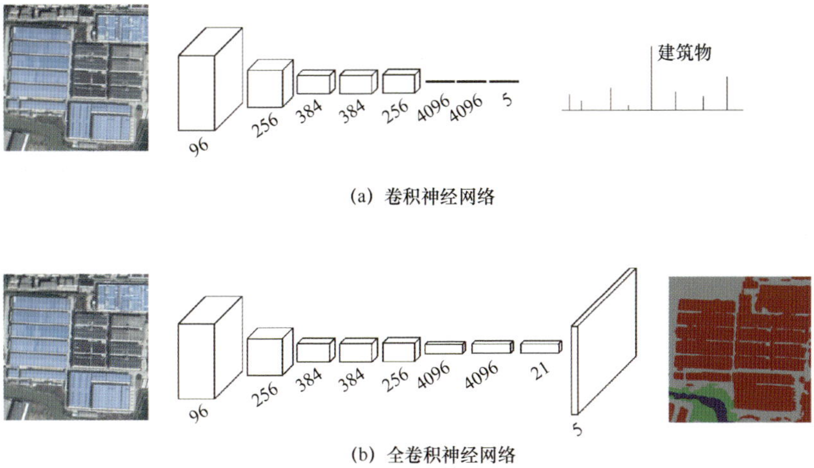

图 5.18 卷积神经网络与全卷积神经网络

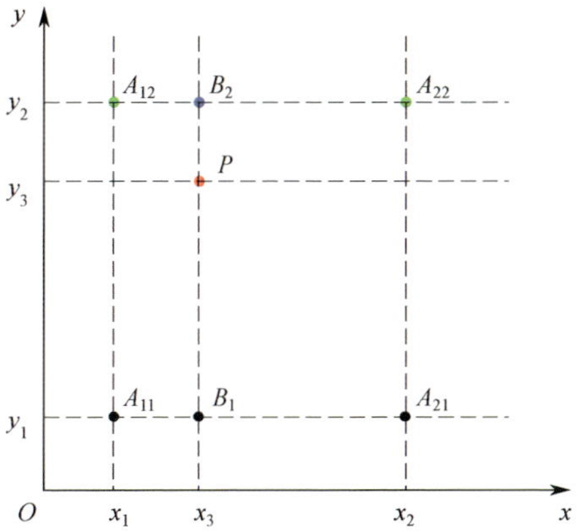

图 5.22 双线性插值

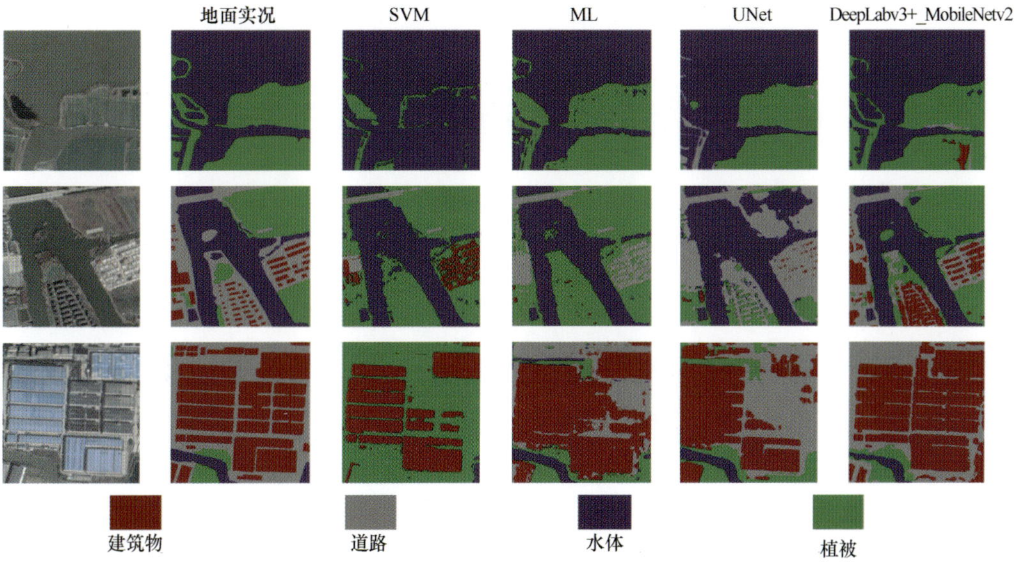

图 5.35 地物分类的可视化结果

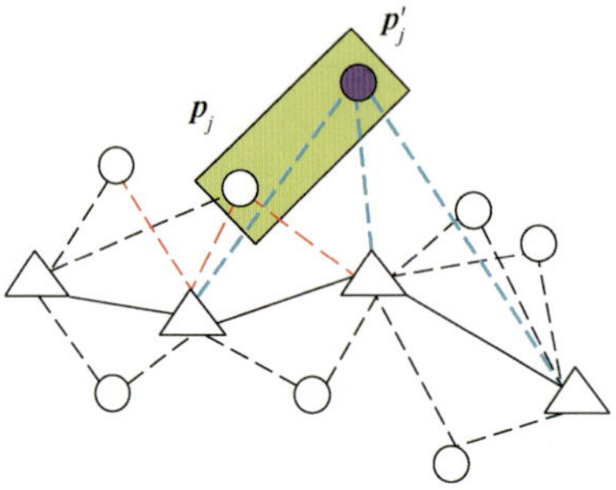

图 6.10　路标点和相机位姿图模型

图 7.1　基于航空图像的三维重建

图 7.16　把二维网格映射到包裹三维场景模型的曲面上再选取备选视点

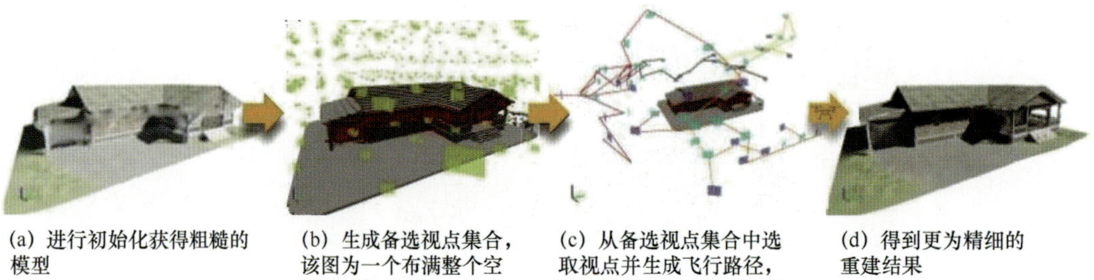

(a) 进行初始化获得粗糙的模型

(b) 生成备选视点集合，该图为一个布满整个空间的摄像机网络

(c) 从备选视点集合中选取视点并生成飞行路径，按照路径进行飞行和数据采集

(d) 得到更为精细的重建结果

图 7.17　ETE 流程概览

图 7.18　从无人机序列图像中三维重建的大学校园建筑的三维点云

(a)

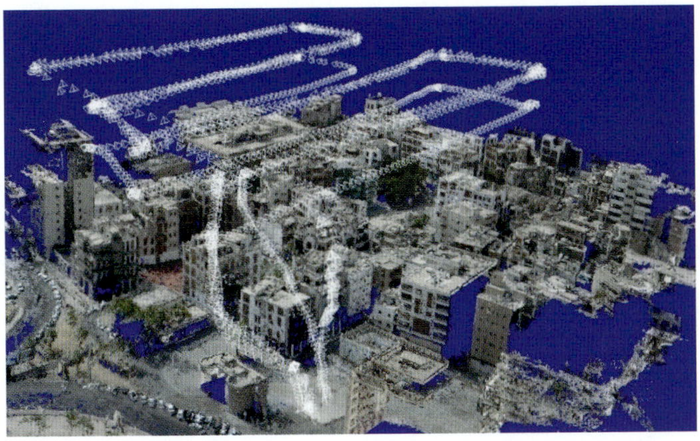

(b)

图 7.20　无人机摄像机获得的序列图像和摄影测量重建的三维点云

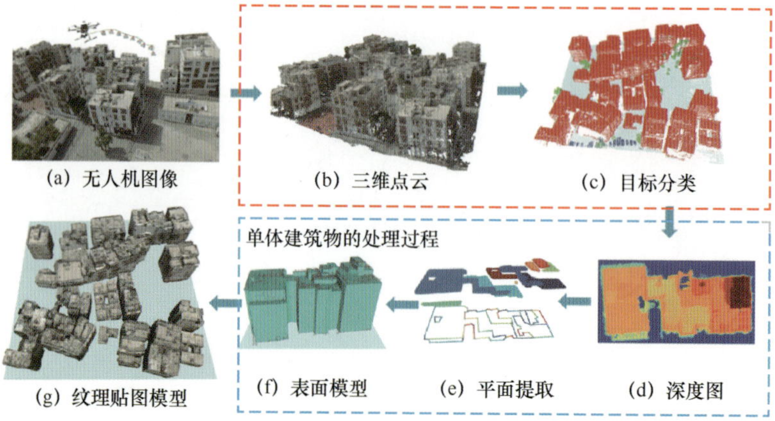

图 7.21　对无人机序列图像中三维重建的点云数据进行数据驱动的建筑物建模

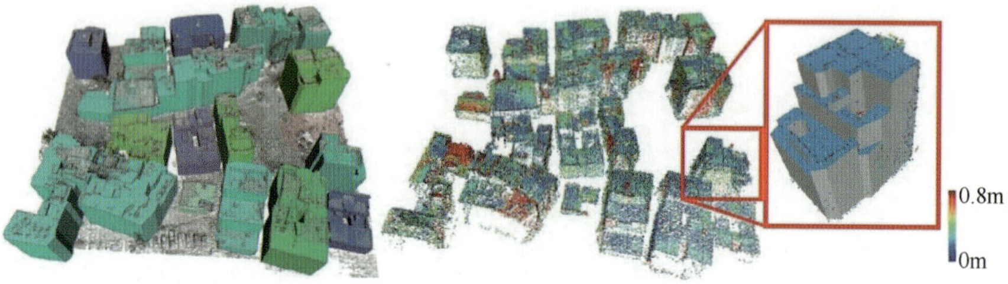

(a)　　　(b)

图 7.29　点云和模型叠加的图示

(a) 摄影测量重建　　　(b) NeRF　　　(c) 高斯泼溅

图 7.34　三维建模的比较